# 図説 地球科学の事典

鳥海光弘
入舩徹男・岩森　光・ウォリス サイモン
小平秀一・小宮　剛・阪口　秀・鷺谷　威
末次大輔・中川貴司・宮本英昭

［編集］

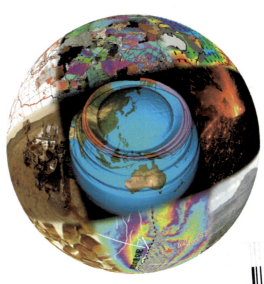

朝倉書店

# は じ め に

　本書は地球と惑星に関する最新の絵解き事典である．これを読むと現代の地球と惑星に関する知識がどれほど膨大なものであるかがわかる．しかも多くの人々にとって，いや人類にとって大いに関心のある，地球における初期生命の痕跡から，地球史の総覧，地球と太陽系の始まりから現代の固体地球や惑星の挙動，地球や惑星の中心部に至るまでの物質構造，巨大地震と爆発的火山噴火，プレート運動と造山運動，地球物質の破壊や流動，第四紀の地殻変動，地球の回転運動等，非常に広範囲の事象を，最新の情報と色彩豊かなイメージを用いて，要領を得た説明によって解き明かしている．本書の目的は，世界的な地球惑星科学上の最新の研究成果を，図を交えてわかりやすく，そして簡潔に説明することである．それは，この宇宙の物質世界の中で，惑星や小天体と地球の自然に関する我々の総合的な理解がどのようであるかを多くの人に提示することでもある．

　21世紀に入って，地球と惑星に関する知識の量は爆発的に増大している．そして理解の質も大きく変化してきた．1920年代から1930年代にかけて量子力学が誕生し，それまでの古典力学の世界から物質の究極的普遍性の素粒子世界への扉が開かれた．それらの基礎的理解のうえに，新たに1960年代から1970年代にかけて生命科学，物質科学，そして地球・宇宙科学に大きな飛躍があった．それが分子生物学やゲノミクスの勃興，半導体・超伝導体などの強相関電子系の物理科学であり，さらにインフレーション宇宙モデル，プレートテクトニクスおよび深部惑星科学である．これらの自然的世界の理解が著しく進展したことによって，21世紀の科学の進展に非常に大きな期待を抱かせたのである．

　20世紀の著しい科学の進展は，研究の技術的基盤の非常に大きな飛躍があったことによる．地球惑星科学では，超高圧高温実験技術，高エネルギー分光技術，超微量質量分析，グローバル観測網と地球トモグラフィ，高分解能分析電子顕微鏡，深海底観測技術，宇宙探査技術，次世代シーケンサー，マイクロアレイチップ技術，そして超高速コンピュータ，計算機物質科学，第一原理分子動力学法，等々が極めて多方面な自然世界の探査を可能としたことは疑い得ない．そして21世紀の扉が開かれた．

　21世紀に入って，地球惑星科学分野には重大な疑問がいくつも浮かび上がってきた．それは，生命発生の場所は地球であったのか，それとも別の星であったのか．火星には生命が存在したのか，存在しているのか．氷衛星の地下海洋には生命は存在するのか．地球における生命の痕跡はいつまで遡れるか．地球や他の太陽系の惑星の公転軌道は大きく変化したのか，それにより全惑星規模の撹乱は惑星進化にどのような影響を起こしたか．生物の大絶滅はどのような地球環境変動とリンクしていたのか．地球磁場変動は中心核のどの部分によるのか．中心核，およびマントル全域の不均質構造とマグマの多様性の関係はどうなっているのか．地震波トモグラフィで見られるマントルイメージは物質構造か，温度あるいは流動構造か．地球内部における水と炭素の分布はどのようであるか．プレート沈み込みの多様性とスタグナントスラブがなぜ起こるか．超巨大地震がなぜ発生するのか．超巨大火山噴火が地球環境に及ぼす破壊的影響はどのようなものか．等々．

*i*

はじめに

　これら多くの疑問には時刻と時間の問題が隠されている．非生命から生命への時刻と時間スケール，全マントル対流の開始と崩壊の時刻と時間スケール，微惑星の衝突の時刻と時間，沈み込み開始からスタグナントスラブへの移行，超巨大地震の準備から発生過程，プレート運動の急変，そして生物の大絶滅等の時刻と時間スケールである．時刻は全地球史あるいは太陽系全史の問題であり，時間スケールはそれぞれの物理過程の時間尺度を示す．これらの詳細な研究は最新の実験技術や観測技術，さらに超高速計算機による新世代計算科学を駆使することによって今世紀になって急速な展開が始まったばかりである．

　本書はこうした 21 世紀に入って展開されている新機軸の地殻やマントルの研究成果を網羅的に提示している．その内容は，以下のようなものとなっている．1 章と 2 章では，プレート境界における造山運動の最新像と初期生命の進化や初期地球の環境変動にみる地球史，3 章と 4 章では，物質科学的にみる最新の地球深部過程，5 章と 6 章では現在の地球変動と地震・津波・火山噴火等の巨大自然災害をもたらす地球現象について詳述し，7 章と 8 章では，地球内部構造の最新像およびマントル対流や地殻のテクトニクスの大規模なシミュレーションを紹介している．そして最後の 9 章では，太陽系を構成する地球型惑星や巨大惑星そしてそれらの衛星や小惑星等について詳細な姿を紹介している．本書により多くの読者が先端研究成果にみる謎解きに興味を覚えることを期待する．それとともに，中学，高校，そして大学や大学院の授業や講義に本書が大いに活用されて，生徒や学生に自然への関心と理解の大きな一助となることがあれば著者らにとって大きな喜びとなるものである．本書に掲載されていない図版や動画，シミュレーション等をデジタル付録とし，ウェブ上で見られるようにしたことで，より効果的に授業あるいは講義に利用可能とした．本書が若い人による地球惑星科学の次世代の展開の一助になることを，著者ら一同心より願っている．


　2018 年 3 月　横浜にて


著者らを代表して

鳥　海　光　弘

# ■編 集 者

鳥 海 光 弘　　海洋研究開発機構海洋科学技術イノベーション推進本部 /
　　　　　　　　東京大学名誉教授

入 舩 徹 男　　愛媛大学地球深部ダイナミクス研究センター

岩 森 　 光　　海洋研究開発機構地球内部物質循環研究分野

ウォリスサイモン　　東京大学大学院理学系研究科

小 平 秀 一　　海洋研究開発機構地震津波海域観測研究開発センター

小 宮 　 剛　　東京大学大学院総合文化研究科

阪 口 　 秀　　海洋研究開発機構数理科学・先端技術研究分野

鷺 谷 　 威　　名古屋大学減災連携研究センター

末 次 大 輔　　海洋研究開発機構地球深部ダイナミクス研究分野

中 川 貴 司　　海洋研究開発機構数理科学・先端技術研究分野

宮 本 英 昭　　東京大学大学院工学系研究科


# ■執 筆 者 (五十音順)

| | | |
|---|---|---|
| 青 矢 睦 月 | 徳島大学 | |
| 赤 荻 正 樹 | 学習院大学 | |
| 飯 尾 能 久 | 京都大学 | |
| 飯 塚 　 毅 | 東京大学 | |
| 石 川 　 晃 | 東京大学 | |
| 一 瀬 建 日 | 東京大学 | |
| 伊 藤 　 慎 | 千葉大学 | |
| 井 上 　 徹 | 広島大学 | |
| 入 舩 徹 男 | 愛媛大学 | |
| 岩 﨑 貴 哉 | 東京大学 | |
| 岩 森 　 光 | 海洋研究開発機構 | |
| ウォリス サイモン | 東京大学 | |
| 氏 家 恒 太 郎 | 筑波大学 | |
| 臼 井 寛 裕 | 東京工業大学 | |
| 歌 田 久 司 | 東京大学 | |
| 榎 並 正 樹 | 名古屋大学 | |
| 遠 藤 俊 祐 | 島根大学 | |
| 太 田 充 恒 | 産業技術総合研究所 | |

| | | |
|---|---|---|
| 太 田 雄 策 | 東北大学 | |
| 大 谷 栄 治 | 東北大学 | |
| 大 林 政 行 | 海洋研究開発機構 | |
| 大 森 聡 一 | 放送大学 | |
| 奥 野 淳 一 | 国立極地研究所 | |
| 小 澤 　 拓 | 防災科学技術研究所 | |
| 小 原 一 成 | 東京大学 | |
| 鍵 　 裕 之 | 東京大学 | |
| 陰 山 　 聡 | 神戸大学 | |
| 片 岡 龍 峰 | 国立極地研究所 | |
| 加 藤 愛 太 郎 | 東京大学 | |
| 金 嶋 　 聰 | 九州大学 | |
| 亀 山 真 典 | 愛媛大学 | |
| 木 戸 元 之 | 東北大学 | |
| 木 村 　 学 | 東京海洋大学 | |
| 木 村 　 淳 | 大阪大学 | |
| 工 藤 　 健 | 中部大学 | |
| 久 保 友 明 | 九州大学 | |

*iii*

## 編集者・執筆者

| | |
|---|---|
| 桑谷　　立 | 海洋研究開発機構 |
| 玄田英典 | 東京工業大学 |
| 纐纈一起 | 東京大学 |
| 小松吾郎 | ダヌンツィオ大学 |
| 小宮　剛 | 東京大学 |
| 小山真人 | 静岡大学 |
| 近藤　忠 | 大阪大学 |
| 境　　毅 | 愛媛大学 |
| 鷺谷　威 | 名古屋大学 |
| 澤木佑介 | 東京大学 |
| 宍倉正展 | 産業技術総合研究所 |
| 篠原宏志 | 産業技術総合研究所 |
| 渋谷岳造 | 海洋研究開発機構 |
| 島　伸和 | 神戸大学 |
| 末次大輔 | 海洋研究開発機構 |
| 鈴木昭夫 | 東北大学 |
| 関根康人 | 東京大学 |
| 高田陽一郎 | 北海道大学 |
| 高橋　太 | 九州大学 |
| 高橋嘉夫 | 東京大学 |
| 田上高広 | 京都大学 |
| 田中　聡 | 海洋研究開発機構 |
| 田中愛幸 | 東京大学 |
| 谷岡勇市郎 | 北海道大学 |
| 土屋卓久 | 愛媛大学 |
| 堤　昭人 | 京都大学 |
| 寺川寿子 | 名古屋大学 |
| 遠田晋次 | 東北大学 |
| 中川貴司 | 海洋研究開発機構 |
| 中久喜伴益 | 広島大学 |
| 中島淳一 | 東京工業大学 |
| 仲西理子 | 海洋研究開発機構 |
| 中村謙太郎 | 東京大学 |
| 中村仁美 | 海洋研究開発機構 |
| 西　真之 | 愛媛大学 |
| 西村卓也 | 京都大学 |
| 野口高明 | 九州大学 |
| 橋本善孝 | 高知大学 |
| 馬場聖至 | 東京大学 |
| 肥後祐司 | 高輝度光科学研究センター |
| 平賀岳彦 | 東京大学 |
| 平田岳史 | 東京大学 |
| 廣井美邦 | 国立極地研究所 |
| 廣瀬　敬 | 東京工業大学 / 東京大学 |
| 富士原敏也 | 海洋研究開発機構 |
| 舟越賢一 | 総合科学研究機構 |
| 古市幹人 | 海洋研究開発機構 |
| 古川善博 | 東北大学 |
| 古村孝志 | 東京大学 |
| 古屋正人 | 北海道大学 |
| 日置幸介 | 北海道大学 |
| 堀　高峰 | 海洋研究開発機構 |
| 松影香子 | 帝京科学大学 |
| 道林克禎 | 静岡大学 |
| 三部賢治 | 東京大学 |
| 宮内崇裕 | 千葉大学 |
| 宮本英昭 | 東京大学 |
| 武藤　潤 | 東北大学 |
| 諸田智克 | 名古屋大学 |
| 八木勇治 | 筑波大学 |
| 吉澤和範 | 北海道大学 |
| 吉田茂生 | 九州大学 |
| 吉田晶樹 | 海洋研究開発機構 |
| 芳野　極 | 岡山大学 |

（所属は 2018 年 3 月現在）

# 目　次

## − CONTENTS −

---

### 第1章　地殻・マントルを含めた造山運動（日本の地質付加体）　　編集担当：ウォリス サイモン

**1.1**　流動するマントル ……………………… 2
〔道林克禎〕

**1.2**　流動する岩石と大陸の変形 …………… 4
〔武藤　潤〕

**1.3**　岩石の破壊と断層 ……………………… 6
〔氏家恒太郎・堤　昭人〕

**1.4**　広くかたく，狭くやわらかいリソスフェア
リソスフェアのレオロジーと岩石の超塑性流動 … 8
〔平賀岳彦〕

**1.5**　付加体と成長する大陸
沈み込み帯における堆積物の付加と侵食 … 10
〔橋本善孝・木村　学〕

**1.6**　沈み込みと変成作用 …………………… 12
〔遠藤俊祐〕

**1.7**　大陸衝突 ………………………………… 14
〔ウォリス サイモン・青矢睦月〕

**1.8**　地殻の超高圧・超高温極限 …………… 16
〔榎並正樹・廣井美邦〕

**1.9**　高地の形成と拡大 ……………………… 18
〔ウォリス サイモン〕

**1.10**　岩石の埋没と上昇 …………………… 20
〔青矢睦月〕

**1.11**　造山運動の時間スケール …………… 22
〔田上高広〕

**1.12**　沈み込み帯の地震 …………………… 24
〔中島淳一〕

---

### 第2章　地球史　　編集担当：小宮　剛

**2.1**　地球・月系の誕生と初期分化 ……… 26
〔玄田英典〕

**2.2**　冥王代地球の痕跡 ……………………… 28
〔古川善博・飯塚　毅・玄田英典〕

**2.3**　初期地球の海底熱水系 ………………… 30
〔渋谷岳造・関根康人〕

**2.4**　太古代‐原生代地質 …………………… 32
〔小宮　剛〕

**2.5**　沈み込み帯の熱史と物質循環 ………… 34
〔大森聡一〕

**2.6**　固体地球の熱化学進化
多圏地球システム相互作用解明へ向けて … 36
〔中川貴司〕

**2.7**　超大陸の形成とウィルソンサイクル … 38
〔吉田晶樹〕

**2.8**　固体地球と生命・表層環境（太古代）… 40
〔小宮　剛〕

**2.9**　固体地球と生命・表層環境（原生代）… 42
〔澤木佑介〕

**2.10**　巨大火成岩区と地球史 ……………… 44
〔石川　晃〕

**2.11**　地球外物質と地球・生命史 ………… 46
〔片岡龍峰〕

**2.12**　核の進化と地球磁場変動 …………… 48
〔吉田茂生〕

---

### 第3章　地球深部の物質科学　　編集担当：入舩徹男

**3.1**　超高圧実験技術の発展 ………………… 50
〔近藤　忠〕

**3.2**　第一原理計算による超高圧物性予測 … 52
〔土屋卓久〕

**3.3**　量子ビームの高圧実験への応用 ……… 54
〔舟越賢一〕

**3.4**　鉱物とマグマの密度・粘性 …………… 56
〔鈴木昭夫〕

*v*

**3.5** 弾性波速度 ················ 58
〔肥後祐司〕

**3.6** 熱伝導度・電気伝導度 ········ 60
〔芳野 極〕

**3.7** 相関係と熱力学 ············ 62
〔赤荻正樹〕

**3.8** マントル深部の物質科学 ······ 64
〔廣瀬 敬〕

**3.9** 核の物質科学 ·············· 66
〔境 毅〕

**3.10** 沈み込むスラブの挙動 ········ 68
〔西 真之〕

**3.11** 含水鉱物と地球深部水の循環 ······ 70
〔井上 徹〕

**3.12** 変形・破壊と地球内部のダイナミクス ····· 72
〔久保友明〕

**3.13** 融解・元素分配と地球内部の分化 ········· 74
〔大谷栄治〕

**3.14** 超深部起源ダイヤモンド ········ 76
〔鍵 裕之〕

**3.15** 新物質の超高圧合成 ············ 78
〔入舩徹男〕

---

**第4章** 地球化学：物質分化と循環 　　　　　　編集担当：岩森 光

**4.1** 岩石・マグマ・超臨界流体 ········· 80
〔三部賢治〕

**4.2** 元素分配・同位体分別 ········ 82
〔太田充恒〕

**4.3** 状態分析と元素循環 ·········· 84
〔高橋嘉夫〕

**4.4** 絶対年代 ················ 86
〔平田岳史〕

**4.5** 相対年代，モデル年代，他の年代測定法 ········ 88
〔平田岳史〕

**4.6** 堆積岩と堆積過程 ············ 90
〔伊藤 慎〕

**4.7** 地球内部－表層の物質循環 ······ 92
〔岩森 光〕

**4.8** マントルの化学構造と進化
全球マントルダイナミクス ············· 94
〔中川貴司・岩森 光〕

**4.9** リソスフェア-アセノスフェアの化学構造
プレートの実態 ··············· 96
〔松影香子〕

**4.10** 地殻の化学構造と進化 ········ 98
〔小宮 剛〕

**4.11** 鉱床・新資源 ·············· 100
〔中村謙太郎〕

**4.12** 沈み込み帯の物質循環 ········ 102
〔中村仁美・岩森 光〕

**4.13** 火山と噴火 ················ 104
〔篠原宏志〕

**4.14** 地震・地殻変動と流体 ········ 106
〔飯尾能久〕

**4.15** ビッグデータ解析 ············ 108
〔桑谷 立・岩森 光〕

---

**第5章** 測地・固体地球変動 　　　　　　編集担当：鷺谷 威

**5.1** プレート運動 ·············· 110
〔鷺谷 威〕

**5.2** 地震に伴う地殻変動 ·········· 112
〔西村卓也〕

**5.3** リソスフェアの変形 ·········· 114
〔工藤 健〕

**5.4** 後氷期地殻変動 ············ 116
〔奥野淳一〕

**5.5** 島弧の第四紀地殻変動 ········ 118
〔宮内崇裕〕

**5.6** 地球重力場と時間変化 ········ 120
〔日置幸介〕

*vi*

| | | | | | | |
|---|---|---|---|---|---|---|
| **5.7** | 地球回転 ————— 122 | | | **5.10** | GNSS ————————— 128 | |
| | 〔古屋正人〕 | | | | 〔太田雄策〕 | |
| **5.8** | 潮汐 ————————— 124 | | | **5.11** | 合成開口レーダー ——— 130 | |
| | 〔田中愛幸〕 | | | | 〔小澤 拓〕 | |
| **5.9** | スロー地震 ————— 126 | | | **5.12** | 海底測地観測 ————— 132 | |
| | 〔小原一成〕 | | | | 〔木戸元之〕 | |

## 第6章 プレート境界の実像と巨大地震・津波・火山
編集担当：鷺谷 威・小平秀一

| | | | | |
|---|---|---|---|---|
| **6.1** | 世界と日本の地震活動 ——— 134 | **6.7** | 内陸地震と活断層 ————— 146 | |
| | 〔鷺谷 威〕 | | 〔遠田晋次〕 | |
| **6.2** | 地震のメカニズムと応力分布 — 136 | **6.8** | 古地震と古津波 ————— 148 | |
| | 〔寺川寿子〕 | | 〔宍倉正展〕 | |
| **6.3** | 大地震の破壊過程 ————— 138 | **6.9** | 地震波動と強震動 ———— 150 | |
| | 〔八木勇治〕 | | 〔古村孝志〕 | |
| **6.4** | 東北地方太平洋沖地震の概要 — 140 | **6.10** | 島弧の火山活動 | |
| | 〔纐纈一起〕 | | 世界・日本の火山分布，火山と噴火のタイプ — 152 | |
| **6.5** | 大地震の発生に至る過程 —— 142 | | 〔小山真人〕 | |
| | 〔加藤愛太郎〕 | **6.11** | 地震活動と火山の相関 —— 154 | |
| **6.6** | 津波 ————————— 144 | | 〔高田陽一郎〕 | |
| | 〔谷岡勇市郎〕 | | | |

## 第7章 地球内部の地球物理学的構造
編集担当：末次大輔・小平秀一

| | | | | |
|---|---|---|---|---|
| **7.1** | 地球の1次元（球殻）構造 — 156 | **7.9** | プレート沈み込み帯の地殻 —— 172 | |
| | 〔歌田久司〕 | | 〔仲西理子〕 | |
| **7.2** | グローバルマントル構造 —— 158 | **7.10** | プレート沈み込み帯のマントル — 174 | |
| | 〔大林政行〕 | | 〔大林政行〕 | |
| **7.3** | 上部マントル ————— 160 | **7.11** | 中央海嶺の地殻 ————— 176 | |
| | 〔一瀬建日〕 | | 〔富士原敏也〕 | |
| **7.4** | マントル遷移層 ————— 162 | **7.12** | 中央海嶺下のマントル —— 178 | |
| | 〔末次大輔〕 | | 〔馬場聖至〕 | |
| **7.5** | 海洋地殻 ——————— 164 | **7.13** | マントルプルーム ———— 180 | |
| | 〔島 伸和〕 | | 〔末次大輔〕 | |
| **7.6** | 海洋マントル ————— 166 | **7.14** | 下部マントル，D"，核-マントル境界 — 182 | |
| | 〔一瀬建日〕 | | 〔田中 聡〕 | |
| **7.7** | 大陸地殻 ——————— 168 | **7.15** | 外核の構造 ————— 184 | |
| | 〔岩﨑貴哉〕 | | 〔金嶋 聰〕 | |
| **7.8** | 大陸マントル ————— 170 | **7.16** | 内核 ————————— 186 | |
| | 〔吉澤和範〕 | | 〔田中 聡〕 | |

# 目次

## 第8章 地殻・マントルシミュレーション
編集担当：中川貴司・阪口 秀

- **8.1** 地殻ダイナミクスシミュレーション …… 188
  〔堀 高峰〕
- **8.2** 全マントル対流シミュレーション
  マントル対流の大規模構造 …… 190
  〔中久喜伴益・中川貴司〕
- **8.3** コアダイナミクスシミュレーション …… 192
  〔高橋 太〕
- **8.4** マントルダイナミクスに関する数値解析手法 …… 194
  〔亀山真典〕
- **8.5** コアダイナミクスに関する数値解析手法 …… 196
  〔陰山 聡〕
- **8.6** 固体地球シミュレーションと可視化 …… 198
  〔古市幹人〕

## 第9章 太陽系天体
編集担当：宮本英昭

- **9.1** 太陽系内の惑星たち …… 200
  〔玄田英典〕
- **9.2** 灼熱の惑星，金星 …… 202
  〔小松吾郎〕
- **9.3** 火星探査の歴史 …… 204
  〔宮本英昭〕
- **9.4** 火星の進化史 …… 206
  〔臼井寛裕〕
- **9.5** 地球の衛星，月 …… 208
  〔諸田智克〕
- **9.6** 木星の活発な衛星たち …… 210
  〔木村 淳〕
- **9.7** 土星の特異な衛星たち
  タイタン，エンセラダス，地下海，メタン循環 …… 212
  〔関根康人〕
- **9.8** 小さく多様な小天体 …… 214
  〔宮本英昭〕
- **9.9** はやぶさとはやぶさ2のミッション …… 216
  〔野口高明〕

文　献 …… 218

索　引 …… 230

---

### 本書デジタル付録について

　本書は，本文の理解をさらに深める図表，写真，動画，シミュレーションソフトを含むデジタル付録（本文中に付録マーク🌐を記載）をご用意しております．朝倉書店公式ウェブサイト『図説 地球科学の事典』書籍紹介ページ (http://www.asakura.co.jp/books/isbn/978-4-254-16072-7/) へアクセスし，ご覧ください．下記QRコードからもアクセスできます．目次の各項目から各々のデジタル付録をご覧いただくことができます．

　なお，具体的な動作環境等はデジタル付録内の注意事項にてご確認ください．

# 図説 地球科学の事典

第1章　地殻・マントルを含めた造山運動（日本の地質付加体）

第2章　地球史

第3章　地球深部の物質科学

第4章　地球化学：物質分化と循環

第5章　測地・固体地球変動

第6章　プレート境界の実像と巨大地震・津波・火山

第7章　地球内部の地球物理学的構造

第8章　地殻・マントルシミュレーション

第9章　太陽系天体

## 1.1
# 流動するマントル

### ●マントルの層構造

マントルは，地球全体の80%以上を占める地球の主要成分であり，地殻底部から中心に向かって410 kmまでを上部マントル，660 kmまでを遷移帯，最下部2900 kmまでを下部マントルと呼び，層構造を持つ．

### ●上部マントルのかんらん岩と構成鉱物

上部マントルの主要な岩石はかんらん石を40%以上含むかんらん岩である．かんらん岩は他に斜方（直方）輝石と単斜輝石が主要な鉱物である．さらに上部マントルの深度や全岩化学組成によって，様々な鉱物が含まれる．上部マントルの流動はかんらん岩の主成分であるかんらん石がほとんど担っている．

### ●上部マントルの流動

上部マントルでは，かんらん岩は海洋プレートが形成される中央海嶺に向かって上昇した後，プレートの下面に沿って水平的な方向に流れを変える．そして，海洋プレートが大陸縁辺部で下方に沈み込んだスラブとともに，かんらん岩は深部へ向かう．また，これとは別に，上部マントルの所々でプルームと呼ばれるかんらん岩の上昇流が存在する．

中央海嶺は海洋プレートが生成される場所であり，そこから海底が両側に拡がるので拡大軸と呼ばれる．中央海嶺下のかんらん岩はソリダス温度よりも高い状態で海洋地殻底部まで上昇し，海洋地殻の元となる玄

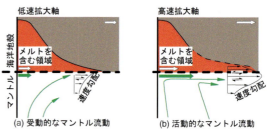

図2 中央海嶺下のマントル流動と速度勾配（文献2をもとに作成）

武岩質メルトを生成している（図1）．その後，かんらん岩は水平方向に流れを変えて中央海嶺から遠ざかる．この間にマントルの最上部に位置するかんらん岩は，上部の海洋地殻側から遠ざかるにつれ，次第に冷やされて流動できなくなり，海洋地殻とともにリソスフェアと一体化して海洋プレートとなる．

拡大軸は，海洋底の両側拡大速度から6 cm/年以下の低速拡大軸と6 cm/年以上の高速拡大軸に分類される（図2）．低速拡大軸ではプレート運動よりもマントル流動の方が遅いため，かんらん岩は海洋地殻に引きずられた（受動的な）流動になる．高速拡大軸では海洋地殻よりも速く流れて逆に引きずる（活動的な）流動になる．流動の違いによって最上部マントルの速度勾配は異なる（図2）．

水平的なマントル流動に対して深部から上昇してくる比較的温度の高いプルームと呼ばれる上昇流が存在する（図1）．プレート直下のプルーム最上部ではかんらん岩から大量の玄武岩質メルトが生成されて地表に

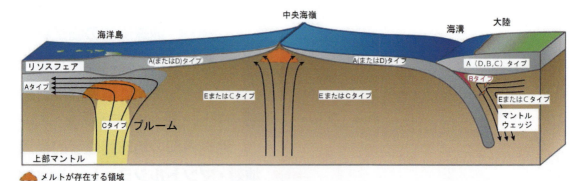

図1 上部マントルの流動のモデル（文献1をもとに作成）．中央海嶺では上昇流がプレートに沿って水平に変わる．マントルウェッジでは沈み込むスラブにさえぎられて水平な流れが下向きに変わる．所々に深部からのプルームが存在する．

海洋島や巨大火成岩岩石区を形成する．
　海洋プレートは海溝で下方に沈み込んでいる（図1）．この沈み込むプレート（スラブ）と沈み込まれる大陸の間のマントル領域をくさび状の形状からマントルウェッジ（またはウェッジマントル）という．水平だった流動はマントルウェッジで沈み込むスラブに沿った下向きに変わる．しかし，スラブを含めたプレートの相互運動の影響を受けると，スラブに沿った水平の向きを持つ場合もある．
　マントルウェッジには沈み込むスラブから水が移動して，かんらん岩のソリダス温度を下げてメルトが生成される．さらに，水はかんらん岩の流れの性質（レオロジー）に大きな影響を与える．

### ● かんらん岩の構造：マントル流動の痕跡

　地表で得られるかんらん岩には，面構造と呼ばれる面状の組織と線構造と呼ばれる鉱物の線状の配向が観察される．この面構造と線構造はマントルが流動した痕跡がかんらん岩に残されたものである．しかし，主成分のかんらん石が粗粒なので面構造と線構造を肉眼で観察するのは専門家でも容易ではない．

### ● かんらん岩の組織

　かんらん岩の組織は，岩石を厚さ 3/100 mm の薄片にすると偏光顕微鏡を利用して観察できる．マントルを流動するかんらん岩は一般的に数 mm の大きさの鉱物で構成された粗粒な粒状組織を持つ（図3）．一方，リソスフェアの一部となったかんらん岩が流動すると，かんらん岩のすべての鉱物が動的再結晶作用によって細粒化していく．この２次的な組織は細粒化の程度によって多様であり，代表的な組織としてポー

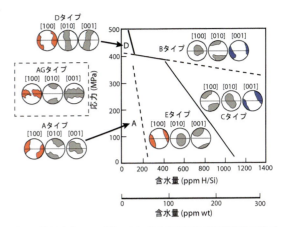

図4　結晶方位ファブリックに対する唐戸らの実験結果に基づく含水量と応力の関係図．AG タイプはこの図には含まれない．文献３の図をもとに作成．

フィロクラスト状組織やマイロナイト状組織がある．
　マントルの流動とは，かんらん岩の主成分であるかんらん石がゆっくり変形する現象である．これをクリープといい，マントルでは拡散クリープと転位クリープが主な変形機構である．拡散クリープではかんらん石の主要元素や空隙（点欠陥）が拡散しながら変形する．転位クリープではかんらん石の転位（線欠陥）が結晶すべり系に応じて移動しながら変形する．かんらん石は直交する３つの結晶軸（a 軸，b 軸，c 軸）がそれぞれ固有の性質を持つ斜方晶系（直方晶系）である．結晶すべり系の表記にはミラー指数（例えば a 軸は［１００］）が使用される．かんらん岩を構成するかんらん石粒子の３つの結晶軸の方位をステレオネットに投影すると特徴的な結晶方位定向配列（crystallographic preferred orientation：CPO）（格子定向配列または格子選択配向，lattice preferred orientation：LPO）が確認される．この特徴を結晶方位ファブリックと呼び，これまでに６つのタイプが確認されている（図4）．結晶方位ファブリックは主に転位クリープによって形成され，流動する上部マントルの内部では，変形環境（応力，温度，圧力，含水量等）によって様々なタイプが発達する（図1）．　　　　　　　〔道林克禎〕

図3　トンガ海溝水深 9000 m 付近のかんらん岩の粒状組織．上部マントルの主成分であるかんらん石は偏光顕微鏡下で観察される干渉色でもっとも色彩豊かな鉱物である．

## 1.2
# 流動する岩石と大陸の変形

### ● 地殻を構成する岩石とその流動を左右する鉱物

　大陸の上部地殻は石英，斜長石，雲母鉱物からなる花崗岩や花崗閃緑岩が主であり，下部地殻は角閃石，輝石や斜長石類からなる閃緑岩や斑れい岩が主である．また島弧では，上部地殻は付加体を構成する堆積岩や火山岩類，下部地殻は角閃岩や変成岩も存在する．これらの岩石を構成する鉱物の流動特性や変形機構は，温度，圧力，ひずみ速度といった物理的条件から，鉱物の組成と水の存在という化学的な条件で大きく変化する．地殻を構成する岩石は多様であるが，地殻全体の変形の特徴から，大陸上部地殻はおもに石英の流動特性で，下部地殻は主に斜長石類の流動特性でその力学特性を単純化できることがわかっている．とくに大陸地殻では，地震の発生が石英の流動を始める温度300℃に相当する深度でなくなる．これはやわらかい鉱物の流動が地震の下限を規定していることを示している．

### ● 鉱物や岩石の流動変形機構

　岩石の流動は鉱物に含まれる欠陥がゆっくりと結晶中を動くことで生じる．とくに，転位と呼ばれる原子の並びが線状に乱れた欠陥が移動することで，結晶は塑性変形する．転位の周囲は結晶格子が歪んでおり，応力を蓄えている．したがって転位密度が増加すると転位がもつれ，結晶はかたくなり，やがて変形は停止する．一方，温度の上昇は元素の移動を容易にし，転位の乗り換え（上昇）と動的再結晶という回復機構を促進する．これらの競合によって，岩石は定常的に流動する．動的再結晶等で岩石が細粒化することで，粒界を通じて物質が変形する機構も活性化する．したがって，細粒な岩石では，粒界でのすべりを伴う拡散クリープへと変形機構の変化が起こる．拡散クリープでの流動強度は粒径に反比例するため，変形機構が遷移すると，粒径の減少によって，岩石は著しくやわらかくなる．このような結晶塑性変形機構が卓越すると，鉱物は配列し，著しく面構造の発達したマイロナイト（図1）と呼ばれる岩石が形成される．また，断層やせん断帯の中心では，鉱物粒子が極度に細粒化したウルトラマイロナイトも存在する．

図1　花崗閃緑岩を母岩とするマイロナイトの露頭写真（左）と採取した岩石の研磨写真（右）．露頭下部に細粒かつ黒色の高ひずみ領域（せん断帯）が存在する．阿武隈帯の畑川破砕帯より採集．

### ● 野外の岩石や露頭に見る地殻の流動

　地殻深部では温度が高いため，岩石は破断することなく流動し，大規模な褶曲や変成帯を形成する．地表付近でも，未固結の堆積物は可塑性が高く，重力の効果や断層運動で流動変形し様々なスケールの褶曲を形成する．一方，活断層やプレート境界等せん断帯の直下では，岩石はどのように流動しているのだろうか？ニュージーランドのアルパイン断層では，現在観測されている変位速度は，ほぼすべて断層の下部延長であるマイロナイト帯の流動が担っている可能性が知られている[1]．アルパイン断層は，ニュージーランドを北東－南西に走り，北側のオーストラリアプレートと南側の太平洋プレートの境界断層である．南島のアルパイン断層西部には，深度20～30kmの角閃岩相で変形したと推定されている幅1～2kmのマイロナイト帯が分布する．断層に近づくほどマイロナイトは強く変形していき断層近傍にはウルトラマイロナイトも露出している．ウルトラマイロナイトの被ったひずみ量から，過去500万年間の断層運動によるひずみ速度の推定は，幅1kmのマイロナイト帯が現在測地学的に観測されている変位速度で変形していると仮定して見積もられたひずみ速度と一致する[1]．両者の一致は，下部地殻においても，アルパイン断層直下では，流動が著しく局所化している可能性を強く示唆する．

# 1. 地殻・マントルを含めた造山運動（日本の地質付加体）

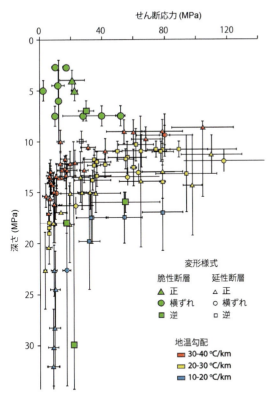

図2 マイロナイト中の石英の動的再結晶粒径から推定した地殻応力分布[2]

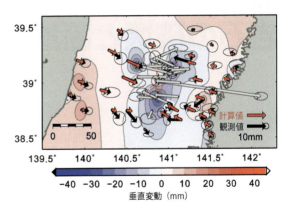

図3 2008年岩手・宮城内陸地震後に観測された余効変動[3]と下部地殻での流動を考慮したモデル計算との比較．矢印が水平変動，色が垂直変動を示す．

## ● 測地学的観測から知る地殻の流動

　GPS等を使った測地学的観測からも，大地震や火山噴火の直後等に地殻深部で流動変形が起こる可能性が指摘されている．2008年岩手・宮城内陸地震の後，東北中部全域で地殻変動（地震後の地殻変動を余効変動という）が観測された[3]（図3）．余効変動は，主に地震断層のゆっくりとした安定すべりと地殻深部からマントルの流動である粘弾性緩和で引き起こされる．観測された地殻変動から両機構を定量的に区分することは簡単ではないが，変動は広域で起こることから，島弧地殻の流動で引き起こされたことを示唆する．地殻やマントルでの流動を模擬したモデル計算から，地殻変動は厚さ20 kmの弾性層下で流動が起こることで説明できる．東北日本の平均的なモホ面深度は30〜40 kmなので，この推定結果は地震直後に中部〜下部地殻深部での流動が遷移的な地殻変動を起こしている可能性を示唆している．

　東北地方太平洋沖地震後の現在も東北地方では活発な余効変動が世界でもっとも稠密に観測されている．とくに火山フロントに沿って，局所的な変動も観測されており，これにより地殻深部の流動特性が明らかになる日も近いだろう．

〔武藤　潤〕

　実験室で変形した岩石と自然の変形岩の間には非常に大きなひずみ速度の差が存在するにもかかわらず，両者は非常によく似た組織を示す．これは自然界の流動した岩石も実験室で観察される変形機構によって変形している証拠となる．岩石の動的再結晶粒径は応力に依存することから，再結晶粒径を使った地殻の流動応力の推定が行われている．様々な地域に露出する断層せん断帯から採取したマイロナイト中の動的再結晶粒径を計測し応力を推定した結果を図2に示す[2]．断層タイプによらず，流動強度は地温勾配に依存し，10〜15 km付近でピークとなる．一方，サンアンドレアス断層等での地震観測から推定された浅部の脆性断層の強度はそれより低い．また実際に推定された応力と実験的に得られた構成則を使い，ひずみ速度を推定すると，$10^{-11}$〜$10^{-15}$ $s^{-1}$となり，多くの地域で推定されている地殻のひずみ速度とも調和的である．このことは地殻の強度は，地震を発生する浅部ではなく，ゆっくりと流動する中部地殻が支えている可能性を示唆している．

1.2　流動する岩石と大陸の変形 | 5

## 1.3 岩石の破壊と断層

### ●岩石の破壊条件

岩石の破壊条件は，封圧や差応力を様々に変化させた三軸圧縮試験によって経験的に求められてきた．図1は，破壊包絡線（failure envelope）と呼ばれる岩石の破壊条件をモール円（Mohr circle）とともに示したものである．岩石の破壊強度は，破壊包絡線に接するモール円の直径（差応力に相当）または破壊包絡線とモール円の接点が示す破壊面上のせん断応力で表される．破壊時のせん断応力（$\tau$）と垂直応力（$\sigma_n$）の関係についてみると，低封圧下では非線形であるのに対し，ある程度封圧が増加すると直線近似でき，$\tau = \tau_0 + (\tan\phi)\sigma_n$ といった式で表すことができる．ここで $\tau_0$ は粘着力（cohesion），$\phi$ は内部摩擦角（angle of internal friction）．このような線形の破壊条件を，クーロンの破壊条件（Coulomb failure criterion）と呼ぶ．

### ●断層の破壊強度

ここで，クーロンの破壊条件が適用できるとして，正断層，横ずれ断層，逆断層の破壊強度を見積もってみよう．静岩圧（lithostatic pressure, $\sigma_z$）が，正断層，横ずれ断層，逆断層の各応力場でそれぞれ最大主応力（$\sigma_1$），中間主応力（$\sigma_2$），最小主応力（$\sigma_3$）に等しいとすると，各断層形成の応力状態は図2のように表せる．この図から，岩石の強度は，正断層，横ずれ断層，逆断層をつくる応力場の順に大きくなることが理解できる．

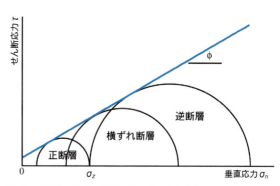

図2 正断層，横ずれ断層，逆断層の破壊強度

### ●摩擦強度と地震時の断層潤滑

既存の破断面や断層面がすべるのに必要なせん断応力を**摩擦強度**（frictional strength, $\tau_f$）と呼ぶ．クーロンの破壊条件と同様，$\tau_f$ と $\sigma_n$ は線形関係にあり，以下の近似式で示される．

$$\tau_f = 0.85\sigma_n \ (\sigma_n \leq 200\,\text{MPa})$$
$$\tau_f = 50 + 0.6\sigma_n \ (\sigma_n \geq 200\,\text{MPa})$$

これら線形関係は，粘土鉱物の一部を除いて岩石の種類によらず成り立つことが知られており，**バヤリーの法則**（Byerlee's law）と呼ばれている．岩石の摩擦係数（coefficient of friction, $\mu$）は，$\tau_f$ と $\sigma_n$ の比つまり $\mu = \tau_f/\sigma_n$ で表すことができ，その値はバヤリーの法則から，およそ 0.6〜0.85 であることがわかる．

このバヤリーの法則で知られる断層における摩擦強度は，すべり速度が毎秒1mm以下，変位量が1cm以下の摩擦実験によって得られたものである．それでは，地震に相当するすべり速度（毎秒0.1〜数 m）で断層がメートルオーダーで大きく変位すると，$\mu$ はどのように変化するのであろうか？ この問に答えるべく，回転式高速摩擦試験機が開発され，様々な岩石や断層物質を用いて地震時の $\mu$ が過去十数年間にわたり調べられてきた．

その結果，すべり速度が毎秒1〜10cmより増加すると，断層を構成する岩石の種類によらず $\mu$ は0.6〜0.85程度の値から0.3以下へと劇的に低下することが明らかとなった[1]（図3）．これは，高速すべりに伴って発生した摩擦熱によって，すべり面での物理化学過程が促進されたことによるものである．このような地震性高速すべり時における断層の摩擦強度低下を

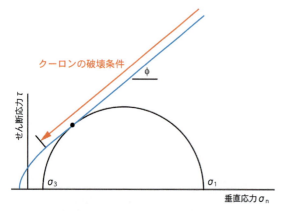

図1 岩石の破壊条件

# 1. 地殻・マントルを含めた造山運動（日本の地質付加体）

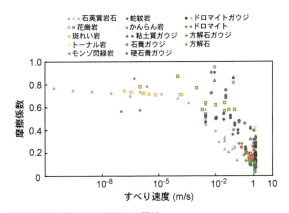

図3　摩擦係数とすべり速度の関係

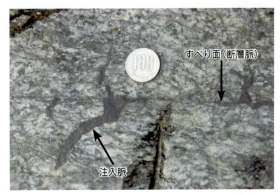

図5　足助せん断帯に見られるシュードタキライトの典型的産状（2015年氏家恒太郎撮影）

断層潤滑 (fault lubrication) と呼ぶ．

断層潤滑を引き起こすメカニズムとしては，熔融潤滑 (melt lubrication)，シリカゲル潤滑 (silica gel lubrication)，炭酸塩鉱物の熱分解 (thermal decomposition of calcite) 等があげられる．また，粉末状断層物質に水を加えて行った高速摩擦実験では，摩擦熱による間隙水圧上昇に伴う摩擦強度低下 (thermal pressurization) も報告されている．

高速摩擦実験で明らかにされた断層潤滑現象の少なくとも一部は，実際の地震性すべり現象に適用できると考えられる．例えば，2011年東北地方太平洋沖地震 ($M_w$ 9.0) を引き起こした日本海溝プレート境界断層物質（スメクタイトに富む遠洋性粘土）を用いた高速摩擦実験では，非常に低い摩擦係数（約0.1）が得られたが[2]（図4），これは残留摩擦熱計測から求めた地震時の摩擦係数とほぼ一致する．

## ●天然の断層における摩擦熱の検出

高速摩擦実験時の物理化学過程で生成されたものと同様のものが天然の断層からも次々と見いだされている．中でも摩擦熔融物が固化してできたシュードタキライト (pseudotachylyte)（図5）はその典型例で，熔融するにはすべり速度が毎秒0.1 m以上である必要があるため，もっとも明確な地震性すべりの地質学的証拠であるとされている．このほかにもシリカゲル由来の生成物，炭酸塩鉱物の一種であるシデライトの熱分解に起因して生成されたマグネタイトが天然の断層から見いだされており，実験で見いだされたのと同様の物理化学過程が天然の断層で起こっていたことが示唆されている．

一方，天然の断層岩分析から見いだされた摩擦発熱の新たな証拠として，方解石中の流体包有物の体積増加，高温の流体で動きやすい微量元素（リチウム，ルビジウム，セシウム等）の変化，炭質物の熟成度増加・石墨化，粘土鉱物の変化（イライト化，緑泥石化），バイオマーカーの変化等があげられる．このうち微量元素の変化と炭質物の熟成度増加・石墨化については，高速摩擦実験によって検証され，地震時の高速すべりで起こりうることが実証されている．

このように高速摩擦実験と天然の断層岩分析を融合させることで，地震時の断層すべり過程とその地質学的描像に関する理解が飛躍的に進んだ．とりわけ沈み込み帯や陸上付加体を対象とした研究が活発に行われている．このような取り組みは，海溝型巨大地震の発生過程を明らかにしていくうえで重要である．

〔氏家恒太郎・堤　昭人〕

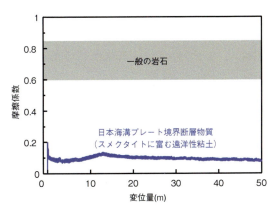

図4　日本海溝プレート境界断層物質の高速摩擦特性

## 1.4
# 広くかたく，狭くやわらかいリソスフェア
## リソスフェアのレオロジーと岩石の超塑性流動

### ● 石が伸びた！

超塑性とは，物を引っ張ると破壊せず，数倍も長い伸びを示す固体の性質のことである．超塑性の発見は80年前の鉛-スズ合金系での発現に遡り，典型的な延性材料である金属のみで発現されるものと長らく信じられてきた．それが，1980年代に金属以外でかつきわめて"かたくて脆い"セラミックス材料であるジルコニアにおいて100%を超える伸長を示すことが，日本で初めて見いだされた．現在では，セラミックス材料においても1000%超えが達成されている．これらの発見により，超塑性が物質によらず，普遍的な変形特性であるという理解になってきた．これまで，変形を受けた岩石においても，材料中の超塑性変形後の微細組織と類似するものがあり，それを岩石中の超塑性流動と考えることはあった．しかし，実際に，地球内部の主要鉱物で超塑性を示すことが示されたのは，金属の超塑性発見から実に75年を経て，つい最近のことである[1]．図1は，マントルの主要鉱物であるかんらん石多結晶体（結晶が集まったもの）が，高温下で最大6倍も長くなった実験結果を示したものである．これは，人工的に地球マントルを模擬した鉱物集合体を作り，それをほぼ半日かけて引っ張ったものである．最終的に破断してしまったものの試料全体を通してほぼ均質に変形したことが見て取れる．図2で，その変形試料の微細構造を示した．約1〜2μmの粒径を持つかんらん石とペリクレース粒子からなり，試料自体は大変形を受けているのにも関わらず，粒子形は等粒状である．岩石が大変形を起こしているのにも関わらず，その中の粒子自身は変形の痕跡を示さないものが，岩石超塑性流動の特徴と考えられている．融けてもいないのに結晶の集合体がどのようにその伸びに至るのか，はたまた破壊してしまうかは，リソスフェアを含め地球内部で生じている大規模な変形の本質である．

### ● 粒径がカギ？

超塑性の面白さ・重要性はひとまずおき，先に，岩石の変形という観点から，リソスフェアについて考えてみよう．リソスフェアとは，剛体的にふるまう地球浅部の領域のことで，それが地表において，測地学的に認識されるのがプレートである．地球内部は岩石か

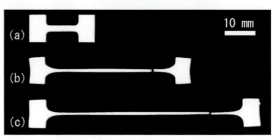

図1　超塑性発現の実際．(a) 変形前，(b) かんらん石＋ペリクレース，(c) かんらん石＋直方輝石＋単斜輝石．

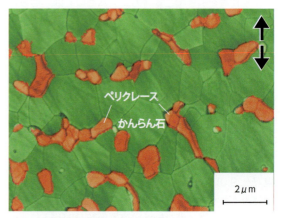

図2　超塑性変形後のかんらん石（緑）＋ペリクレース（赤）試料．矢印は引っ張り方向[1]．

ら構成され，岩石の実体は結晶（鉱物）の集合体である．結晶（固体）は，剛体の代表例であるので，リソスフェアが剛体的であるというのは整合的である．ただし，分割されたリソスフェアの剛体性を許すためには，リソスフェアの"周囲"がやわらかい必要がある．リソスフェアの上部には大気が下部にはやわらかいアセノスフェアが横たわっている（7.3参照）．そして，プレートの境界，つまり個々のリソスフェアの側部にやわらかいものが存在する必要がある．また，プレート内でも，ある局所域で変形が見いだされ，様々な変動地形を生んでいる．つまり，広範囲で見るとかたいリソスフェアも，局所的にはやわらかい性質を持っている．

この"広くかたく，狭くやわらかい"リソスフェアは，なぜリソスフェアにおいて"変形が局所化するのか？"というシンプルな問いとして，長らく地球科学者を悩ませてきた．地質学者は，変形が局所化した場を断層帯やせん断帯と呼び，そこでは，特徴的な岩石

が産することを知っている．浅部では地震等の岩石破壊に伴う岩石（断層粘土やシュードタキライト等），深部では岩石流動の結果と考えられるマイロナイトがそれに相当する．一般には，せん断帯の周囲の岩石と比べて，構成する鉱物は変化せず，鉱物粒子の細粒化が生じている．物質は同じであっても，その微細構造によってかたさが変わるのであれば，変形の局所性を説明できる．実は，最初に紹介した超塑性が，まさに粒径によってかたさが鋭敏に変化する変形のメカニズムである．一定の力が物質に作用している場合，その物質のひずみ速度（$\dot{\varepsilon}$）は粒径（$d$）の間に，

$$\dot{\varepsilon} \propto 1/d^{2\sim3} \tag{1}$$

の関係を持つ．実験室で超塑性を発現できた最大の理由は，天然の岩石を用いずに，実験室で岩石を模擬したきわめて細粒な岩石を人工的に作り，それを実験に用いたことにある．実験室で用いられる通常の変形速度は，自然界のそれと比べて10桁も速い．自然界の変形速度を用いた実験をしていては，実験者が一生を費やしても1実験すら終了できない．岩石の微細構造に敏感な変形メカニズムなので，果たして，人工の岩石は天然の岩石にどれだけ近いのであろうか？　実験は自然界における変形を再現しているのだろうか？　図3に，天然岩石と人工岩石の微細構造を示した．

どちらも，かんらん石粒子の大きさが輝石の粒径と比べて大きく，その粒径比は輝石の割合が増えると小さくなる．これは，鉱物の粒径が，界面エネルギーを駆動力とした粒成長により決定されていることを示し，一般に，割合の一番多い鉱物の粒径（$d_1$）およびその他の鉱物の粒径（$d_2$）の間に

$$d_1 = d_2/f^{0.5} \tag{2}$$

の関係がある．ここで，$f$はその他の鉱物の体積分率である．この関係が，人工的に合成された非常に細粒な（～1μm）岩石から，天然でみられる10μmから

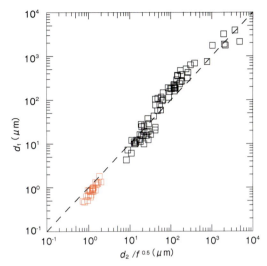

図4　かんらん石および輝石粒径と輝石の体積分率の関係．赤のデータは人工岩石，黒は天然のデータ[3]．

1mm程度の様々な粒径を持つマイロナイトにおいて見いだされた（図4）．

このことは，(2)式の関係をもたらす変形メカニズムが実験室と天然の時間的にも大きさ的にも大きく異なる世界で，同一であったことを示す．(1)式を用いると，周囲の岩石の鉱物粒径を1mm，マイロナイト中の粒径を10μmとすると，マイロナイトは$10^4$から$10^6$もやわらかいことになり，変形が細粒帯で局所化すること，つまりリソスフェア内の局所変形をよく説明する．しかしながら，その細粒粒子を母岩からどのように作るか，という問題が出てくる．変形すると細粒化するという現象は動的再結晶として知られ，リソスフェア内での岩石流動において大きく関わっていることが信じられている．しかし，なぜ動的再結晶が局所的に生じるのか，また，動的再結晶が起きても，図3で示されたように，別な鉱物同士がどのように混ざるのか，まだまだ未解明な問題が残っている．しかし，"混ざる"ことが変形の局所化に大きく関わるというのが多くの研究者の共通見解になりつつあり，今後の研究の展開が待たれる．　　　　〔平賀岳彦〕

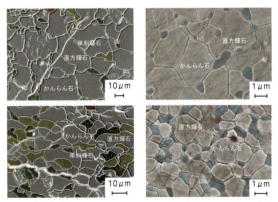

図3　左列がマイロナイト，右列が合成かんらん石＋輝石系[2,3]

## 1.5
# 付加体と成長する大陸
## 沈み込み帯における堆積物の付加と侵食

### ●沈み込み帯の物質収支

プレート収束帯（沈み込み帯）は地殻を構成する物質が地球内部に持ち込まれる唯一の場である．ここでは，沈み込むプレートと一緒に堆積物も深部に持ち込まれるとともに，火成活動による化学的な地殻物質の改変が行われている．すなわち沈み込み帯における物質収支を明らかにすることは，大陸地殻の起源や化学的な物質分化を理解することにつながる．

世界の沈み込み帯は全長およそ4万km（偶然にも地球の円周と同程度）であり，付加型縁辺（accretionary margin）と侵食型（あるいは削剥型）縁辺（erosional margin）に大きく分類できる（図1）．沈み込み帯における堆積物は単純に沈み込むだけでなく，付加して表層に広がったり，逆に表層から侵食されてどんどん地球内部に持ち込まれたりしている．まずは，それぞれの沈み込み帯で，どのようなことが起こっているのか見てみよう．

### ●付加型の沈み込み帯に発達する付加体

世界の沈み込み帯のうち約半分（43%）は，付加型の沈み込み帯と考えられている．付加型の沈み込み帯では，付加作用（accretion）によって付加体（accretionary prism あるいは accretionary complex）という地質体が形成される．海溝に溜まった堆積物が陸側プレートの先端部あるいは深部で陸側プレートに付加することを付加作用と呼び，そのようにしてできた地質体を付加体と呼ぶ．代表的な地域として，西南日本南海トラフ，アラスカ沖アリューシャン海溝等があげられる（図1）．

付加作用は大きく2つに分けられる．1つは先端で衝上覆瓦構造を形成することで付加する引き剥がし付加と，もう1つは深部でデュープレックス構造を形成して付加する底付け付加である（図2）．両者はともに水平な圧縮の力による逆断層と褶曲を主とする構造で，沈み込む側の堆積物を沈み込まれる側に移す効果がある．このとき新しい逆断層が海側に発達することが特徴で，古く深部のものが若く浅部のものにのし上がっていく．すなわち付加体は海側に若い堆積物が分布し，海側へ成長していく構造を示す．例えば，陸上付加体の代表である四万十帯は，北に白亜系，海側の南により若い古第三系が配置している．さらに南の海底では将来陸となる付加体が発達している．

### ●侵食型の沈み込み帯

他方，世界の沈み込み帯のうち残りの半分（約57%）は，侵食型の沈み込み帯であり，付加作用とは逆の構造性侵食作用（tectonic erosion）が起こっている．造構性侵食作用とは，プレート境界上盤側が削られて，削られた物質が沈み込むプレートとともに地球深部へ持ち込まれる作用である．一部の侵食型沈み込み帯では，陸側プレートの先端部で小さな付加体（先端プリズム）が形成されているが，より深部では広範囲にわたって上盤プレートの地殻物質が侵食され，深部に持ち込まれると考えられている．代表的な地域として，東北日本，中米海溝等があげられる（図1）．

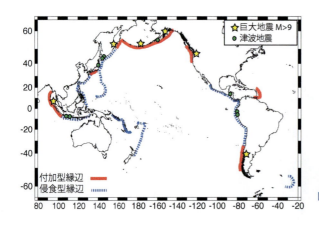

図1 世界の沈み込み帯における「付加型」-「侵食型」の分布と地震（文献1を改変）

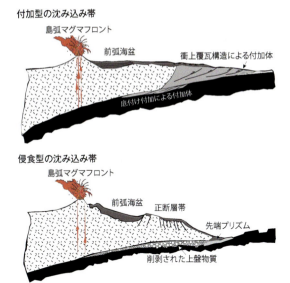

図2　付加型縁辺と侵食型縁辺の断面モデル（文献2を改変）

侵食型縁辺の断面を模式的に見ると，沈み込みプレート境界に沿って深部方向に侵食・削剥された上盤物質が充填されている（図2）．この上盤物質が深部へ持ち込まれるとともに，さらに上盤プレートが侵食されることによって，海底面が沈降する．この海底面の沈降に伴って上盤プレート表層には水平な伸張の力による正断層が発達している（図2）．

## ●付加型と侵食型の違いを生む原因

これら付加型と侵食型の違いを生む原因はなんだろうか？ Clift and Vannucchi (2004) は，世界の沈み込み帯における様々なパラメータをまとめた結果，プレート沈み込み速度が，付加型縁辺と侵食型縁辺を決定する第一義的な原因であることを突き止めた．また，プレート沈み込み速度が遅いほど，海溝の堆積物の厚さが厚くなる傾向が見られた．すなわち，プレート沈み込み速度が遅いほど，海溝の堆積物が厚いほど，付加型になりやすく，逆であれば侵食型になりやすい．これらを二分するプレート沈み込み速度は約76 mm/年，堆積物の厚さは約1 kmである．

プレートの沈み込み速度は，巨視的に見ると海溝に到達しているプレートの年齢に依存している．古いプレートほど冷たく，沈み込み速度は速い．逆に若いプレートほど熱く，沈み込み速度は遅い．また，海溝の水深は古いプレートでは深く，若いプレートでは浅い．例えば，付加型縁辺である西南日本沖南海トラフでは，1500万年から3000万年前のプレートが沈み込んでおり，水深は4000 m程度，沈み込み速度は年間3〜4 cm程度である．一方，侵食型縁辺である東北日本沖日本海溝では，沈み込むプレートの年齢はおよそ8500万年から1億500万年であり，水深は6500〜8000 m程度，沈み込み速度は年間10 cm程度である．

このように，沈み込みプレート境界を大きく二分するとき，大局的には沈み込むプレートの年齢によって，水深，沈み込み速度，堆積物の厚さがコントロールされ，付加型縁辺と侵食型縁辺の違いを決定する．

## ●沈み込み帯の型と地震

地震エネルギーの約90%が沈み込みプレート境界で解放されており，時にマグニチュード9以上の巨大地震が起こる．また，沈み込み帯では津波地震という，一般的な巨大地震とは異なる特徴を持った地震も起こる．津波地震とは，地震の規模に比べて大きな津波を引き起こす地震をいう．また，津波地震はすべり速度が遅く（破壊時間が長く），沈み込みプレート境界の浅部まですべりが到達するという特徴もある．Bilek (2010) は，巨大地震は付加型縁辺で，津波地震は侵食型縁辺で起きやすいという傾向を見いだした（図1）．いくつかの例外を含んでおり，明瞭な傾向ではない．例えば，2011年の東北地方太平洋沖地震では，侵食型縁辺で巨大地震を引き起こしたのみならず，津波地震でもあった．また，アラスカ沖でも付加型縁辺で津波地震が起こっている．

このような地震の特徴と沈み込み帯の型に関連性がある原因には，流体（主に水）の影響が考えられている．堆積物の間隙は流体で埋められている．この流体の圧力が高いと，断層や堆積物の強度は著しく弱められる．付加型縁辺では新しい堆積物が次々と付加するため，先端部分は常に弱い堆積物で構成されるが，侵食型縁辺では，先端部分は大陸地殻の侵食を免れた比較的かたい堆積物からなる．付加型縁辺の弱い堆積物は間隙に多くの流体を大量に含んでいる一方，侵食型縁辺ではすでに流体が抜け間隙の少ないかたい堆積物で構成されている．この違いが沈み込みプレート境界での流体供給，滞留，圧力増加に関わるプロセスに違いをもたらすと考えられている．その実際は不明な点が多く，研究するべきターゲットが数多く残されている．今後我々の沈み込み帯に関する知識が増えることで，沈み込み帯における地震メカニズムをより詳細に検討することが可能になるだろう． 〔橋本善孝・木村　学〕

## 1.6 沈み込みと変成作用

岩石が温度−圧力の変化に伴い，新しい化学平衡 (chemical equilibrium) に向かって鉱物組合せ・鉱物組成・量比を固体のまま変化させ，また岩石組織を改変していくプロセスを変成作用 (metamorphism) と呼ぶ．広域的な変成作用は造山運動 (orogeny) に伴って地下深部で起こり，また変成作用に伴う深部流体の発生や岩石の密度，体積，粘性率等の物性変化は，地殻−上部マントルのダイナミクスに深く関与している．

中央海嶺で誕生した海洋プレートはその表面で冷却されて密度が大きくなり，別のプレート（大陸プレートまたは海洋プレート）の下へと潜り込む．このような沈み込み (subduction) により，沈み込んだ海洋プレート（スラブ）上面の地殻物質とマントルが接触し，くさび状のマントルウェッジが形成される（図1）．冷却した海洋プレートの継続的な沈み込みにより，沈み込み帯深部は高圧でありながら比較的低温という特殊な環境が広域的に実現される地球で唯一の場となる．

沈み込む前の海洋プレートは，玄武岩組成の海洋地殻（下方に向かって玄武岩枕状溶岩，ドレライト岩脈，斑れい岩と成層する）とその下方のマントルかんらん岩からなる．また，海溝に到達するまでのあいだに表面を堆積物に覆われるとともに，海洋地殻とマントルの一部は海水と反応して加水変質している（図1）．

地下約20 km以深まで沈み込んだ海洋地殻は低温高圧変成作用により青色片岩 (blueschist) となる．青色片岩は藍閃石 (glaucophane) 成分に富む青色の角閃石やローソン石 (lawsonite) または緑れん石 (epidote) といった含水ケイ酸塩鉱物を主要構成鉱物として含む．青色片岩のような低温高圧型変成岩の形成には高い含水量を必要とするため，海洋地殻上部の加水変質した部分で選択的に進むであろう．青色片岩はプレート収束域に特徴的に産出し，その存在は過去の沈み込み帯深部が何らかのプロセスによって上昇し，現在地表に露出していることを端的に意味する．

### ● 青色片岩からエクロジャイトへ

部分的に青色片岩化した海洋地殻はさらに深部へと沈み込むと，約500℃以上でざくろ石 (garnet) が主要構成鉱物として加わり，エクロジャイト (eclogite) へと変化する．エクロジャイトは赤色のざくろ石と鮮緑色のオンファス輝石 (omphacite) を主要構成鉱物とする色鮮やかな変成岩である（図2）．オンファス輝石は，ひすい輝石成分を固溶する輝石の一種である．ざくろ石形成反応は脱水反応であり，変質海洋地殻のエクロジャイト化は顕著な脱水と高密度化を伴う．

青色片岩やエクロジャイトに含まれる含水 Ca-Al ケイ酸塩鉱物に注目すると，ローソン石は一般的な「冷

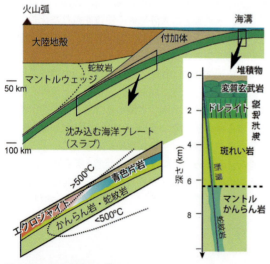

図1 沈み込み帯周辺の模式図

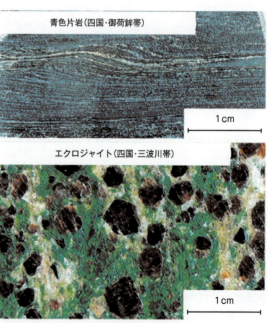

図2 青色片岩とエクロジャイト（付録1）

1. 地殻・マントルを含めた造山運動（日本の地質付加体）

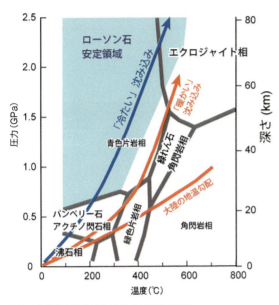

図3 変成相と沈み込むスラブ上面温度構造

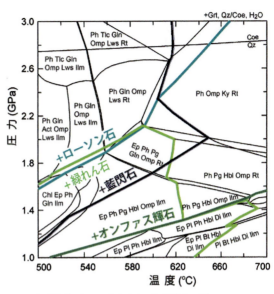

図5 玄武岩系のシュードセクション解析の一例

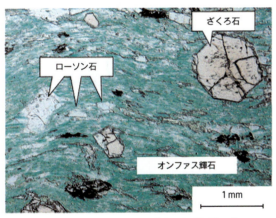

図4 ローソン石エクロジャイトの薄片写真（●付録2）

たい」沈み込み帯，緑れん石は若いプレートの沈み込み等に伴う「暖かい」沈み込み帯に安定である（図3）．ローソン石の含水量は 11.5 wt% と緑れん石（約 2 wt%）に比べて高く，冷たい沈み込み帯では大量の水を沈み込み帯のより深部まで持ち込むことができる．冷たい沈み込み帯深部の岩石は上昇しにくいため，ローソン石エクロジャイト（図4）は手に入りにくい岩石であるが，代表的な沈み込み帯深部物質といえる．

● 沈み込みに伴う相平衡と相変化の解析法

化学平衡が成立している場合，ある一定の全岩組成，温度，圧力条件下で，鉱物組合せ・鉱物組成・量比は一意的に決まる．変成岩岩石学の古典的概念である変成相（metamorphic facies）もこの関係に基づいて

いる．変成相は図3に示されているように，玄武岩起源の変成岩中で起こる主要な化学反応によって温度－圧力面を分割したもので，鉱物組合せのみからおおよその変成温度－圧力が特定できる．各変成相の境界は連続反応で定義されるため，実際には線ではなくかなりの幅を持ち，青色片岩相からエクロジャイト相への移行も漸移的である．また変成相と実際の岩石の種類は必ずしも一致しない．例えば，藍閃石 [$Na_2(Mg, Fe)_3(Al, Fe^{3+})_2Si_8O_{22}(OH)_2$] とオンファス輝石 [$(Ca, Na)(Mg, Fe, Al, Fe^{3+})Si_2O_6$] の量比は温度－圧力に加え，全岩組成の $Na_2O/CaO$ 比に強く依存する．そのため，玄武岩の組成範囲内であっても $Na_2O/CaO$ 比の高い岩石では，エクロジャイト相条件でエクロジャイトではなく，藍閃石を主とする岩石が形成されうる．つまり，沈み込む海洋地殻内部のエクロジャイト化は実際には全岩組成の変動幅を反映して不均質に進む．

反応速度が遅すぎるため，沈み込み帯の比較的低温な相平衡を実験で十分に再現することはできない．しかし近年，個々の岩石の相図を熱力学計算により描くことが可能となっている（シュードセクション解析：図5）．これにより，沈み込む海洋地殻内の複雑な相変化を現実的に解析することが可能になりつつある．

〔遠藤俊祐〕

1.6 沈み込みと変成作用

## 1.7
# 大陸衝突

複数のプレートの集合体であるリソスフェアは大陸域および海洋域という2つのまったく異なる性質を持つ領域からなる．海洋域のリソスフェアは一般に重く，下方に分布するアセノスフェアに対して重力的に不安定であるため沈み込みやすい．一方，比較的厚い大陸地殻（平均30 km程度）はアセノスフェアより軽く，沈み込みにくい．そのため，プレート運動によって大陸同士が近づき，やがて衝突すると，大陸地殻のほとんどは沈み込まずに水平方向に短縮し，上下増厚が起こる．この項目では，インドとアジアの巨大な衝突域に焦点を当て，大陸衝突の基本構造を説明する．

### ● 白亜紀の高速インド移動

現在から1億年さかのぼった頃には，インドとアジア大陸の間に広大なテチス海が広がっていた．そして，インド大陸をのせたテチス海リソスフェアがアジア大陸の下に沈み込むことで，両大陸は近づいていた．様々な年代に形成した岩石に記録された古地磁気のデータからインドの移動経路を推定できる．白亜紀中期–古第三紀（100–55 Ma）の間，インドは約20 cm/年という大変な高速でアジアに近づいていたが，約50 Maにはこの接近が急激に減速している（図1）．海洋性から大陸性に変化するインド北部の堆積環境等の地質学的証拠から，このインドの移動が急減速の時期はインドとアジア大陸縁辺同士の接合，すなわち，大陸衝突の開始期であると考えられる．一方，50 Maから現在までの間も，インドは約5 cm/年の速度で北上し続けている．つまり，衝突開始から現在までインドはアジアに対して約2750 km北方向に移動したことになる．この移動に伴って推定される大規模な水平短縮はどのように大陸の形を変えていったのだろうか？

### ● ヒマラヤ–チベットの断面図

インド–アジア大陸衝突は世界最大の高地を誕生させた．その高地はチベット高原を中心に南側のヒマラヤ山脈，東側の龍門山山脈，北側のクンルン山脈，西側のアルタイ山脈からなる（図2）．インドとアジアの縫合線（図1）には，テチス海リソスフェアの残骸である岩体（オフィオライト）が分布している．南部チベットとヒマラヤ山脈の構成岩類の多くはインド北側の大

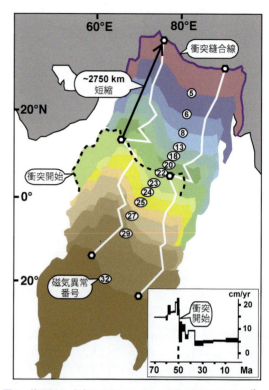

図1 約70 Maから現在までのインド移動経路と速度変化[1]

陸縁辺とテチス海で堆積し，プレート収束と大陸衝突により分厚く寄せ集められたものである．

### ● 衝上断層の役割

衝突によって水平短縮する大陸地殻では衝上断層が発生し，断層で区切られた衝上シートが重なり合うことで元より厚くなる（図3）．また，中・下部地殻では，大規模な褶曲構造の形成や広域的な固体流動も起きると予想される．野外調査や地震反射法等によって明らかにされる衝上断層の形や地層の分布から，水平短縮量を推定することが可能である．例えば，ヒマラヤ南部では≧70 kmの南北運動が推定されている（図3）．

### ● 横ずれ断層の役割

大陸地殻が厚くなり，地表が周辺地域に比べて高くなると重力ポテンシャルエネルギー（Gravitational Potential Energy：GPE）が高まり，プレート収束による増厚効果に逆らうように高地が周囲に対して広

1. 地殻・マントルを含めた造山運動（日本の地質付加体）

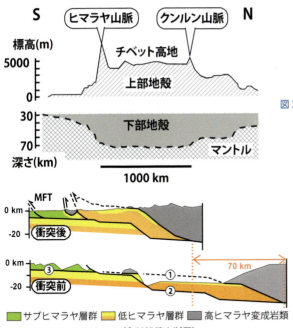

図2 チベットの地殻を示す模式図．地震波速度構造や重力測定によってヒマラヤとチベット高地の大陸地殻の厚さが最大約80km，平均約60kmになっていることが明らかになった．これは通常の安定した大陸地殻の約2倍である．厚くなった地殻領域はマントルより軽いため，標高の高い高地を支えることができる．

図3 ヒマラヤの簡略化された南北断面図[2]（位置関係は図4参照）

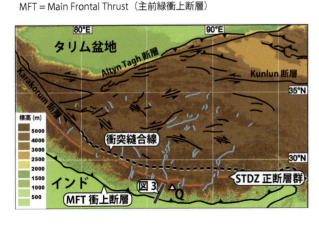

図4 チベット高地とその周辺の主要な活断層[3]．中央部では，横ずれ（黒）と正断層（青・赤）が分布する．Q=チョモランマ．

がろうとする力が働く．プレート収束による水平圧縮とGPEによる水平伸張が釣り合う状態は地殻の層厚，あるいは同地域の平均標高の限界を決定する．10km近くまでそびえ立つ山も一部にはあるが，平均的な地球の高地の限界は約5000mである．この限界に達した地域を圧縮すると標高はさらに高くなることはできず，そのかわりに地殻が横方向に移動しようとする．その移動を可能とする主要な地質構造は横ずれ断層である．チベットの北部における主要な活断層は東西方向に延長した横ずれ断層である（図4）．

● 正断層の役割

ヒマラヤ山脈とチベット南部には，複数の正断層も記載されている．これらは東西伸長を示すN-S走向系（type I）と南北伸長を示すE-W走向系（type II）の2種類に大別できる．type IIの主要な断層群はSouthern Tibetan Detachment Zone（STDZ）をなす．大陸衝突が続いているなかで，標高を下げる効果がある正断層運動が起こっていることはどのように説明できるだろうか？ 以下のモデルが提案されている．【type I】については，1）横ずれ断層の間に発達する局所的な pull apart 構造である．2）チベット高地の下方に分布する高密マントル領域がより暖かい低密のものに置き換えられることで，標高とGPEが増し，広域的な伸張応力場になった．3）地殻が有効粘性の高い流体のようにインド側に向かって弧をなしながら南方へ流動し，東西伸張が発生した．【type II】については，中部地殻の流動が原因であると考えられるが，流動の規模について意見が分かれる（1.9参照）．

〔ウォリス サイモン・青矢睦月〕

1.7 大陸衝突 | 15

## 1.8 地殻の超高圧・超高温極限

世界各地から，圧力3GPaを超えるような高圧や1000℃を超えるような高温の，従来は想像されなかった条件下で形成された岩石が報告されるようになった．そして，我々は，直接観察することができない地球深部の様子を，これらの岩石から読み取ることができるようになった．

### ● 超高圧変成作用と超高圧変成岩

超高圧変成作用 (ultrahigh-pressure metamorphism)とは，石英($SiO_2$)の高圧相であるコース石(図1)が安定となるおよそ2.7GPaから3.0GPa以上の高圧条件に達する沈み込み帯の深部で進行する広域変成作用である．

コース石を含む超高圧変成岩は，1984年に西アルプス・Dora Mairaとノルウェー・West Gneiss Regionから相次いで報告され，80〜100km以深まで沈み込んだ地殻物質が再び地表に戻るという，それまでに想像されていた以上に地殻−上部マントル間で大規模な物質循環が起こっていることを明らかにした．そして，現在では，ダイヤモンド(C)が安定な条件下(深さ120〜140km以深，圧力3〜4GPa以上)で形成された超高圧変成岩も報告されており(図2)，さらにコース石の高圧相であるスティショフ石が安定な約300km以深(圧力10GPa以上)で形成された可能性がある岩石も報告されている．

超高圧変成岩は，かつてのまたは現在形成されつつある世界各地の大陸衝突帯 (continental collision zone)

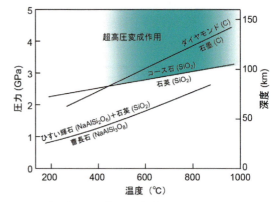

図2　超高圧条件の指標鉱物の安定関係

から報告されており，その代表例がアルプスやヒマラヤ地域である．超高圧変成岩の形成年代は，そのほとんどが約5億4000万年よりも若い顕生代(Phanerozoic)であり，それは地球が冷却するにつれて地温勾配が次第に低くなったことと関係している可能性が高い．

超高圧変成作用の痕跡をよく残している代表的な岩石はエクロジャイトであり，それは泥質片麻岩や花崗片麻岩等$SiO_2$に富む岩石中のブロックとして産する(図3)．これら片麻岩中に超高圧条件を示す直接的な証拠はほとんど記録されていないが，まれにざくろ石やジルコン中にコース石やマイクロ・ダイヤモンドが

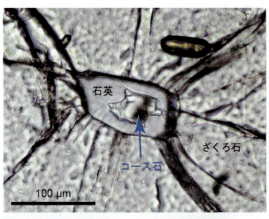

図1　ざくろ石に包有されるコース石の偏光顕微鏡写真

図3　花崗片麻岩中に産するエクロジャイトのブロック(現在はほとんどが角閃岩に変わっている)

包有されていることがあり，片麻岩もエクロジャイトと同様に超高圧変成作用を受けていることがわかる．大陸衝突により沈み込むプレートの速度が低下したり<u>沈み込み</u>が停止したりすることと，片麻岩のように密度の小さい岩石の浮力が組み合わさって，超高圧変成岩は地表へもたらされたのかもしれない．

● **超高温変成作用と超高温変成岩**

<u>超高温変成作用</u>(ultrahigh-temperature metamorphism)とは地殻構成岩を900℃あるいは950℃以上の高温条件で安定な広域変成岩へと変化させる作用のことである．このような高温条件は地殻構成岩がマグマに捕獲される場合には容易に達成されるが，それとは別の広域的な現象である．超高温変成作用の存在は1960年代末に南極のエンダービーランドの太古代ナピア岩体を構成する岩石に，石英と直に接したサフィリンが確認されたことから明らかになった．それまでサフィリン($(Mg, Fe)_2 Al_4SiO_{10}$)は石英を含まない岩石だけに産出するものと考えられていた．ちょうど同じ頃，$MgO-FeO-Al_2O_3-SiO_2$系での合成実験と理論的解析からも1000℃を超す高温ではサフィリン＋石英の組合せが安定になることが示された．「サフィリン＋石英」のほかに「珪線石＋斜方(直方)輝石」等も超高温変成作用を特徴づける鉱物組合せである(図4)．図5にそれらの安定な温度圧力条件を示す．

図5には地殻深部の温度圧力条件が角閃岩相と<u>グラニュライト</u>相の変成相に区分されること，変成相は鉱物どうしの化学反応に基づいて細分されること，それらの条件に至るための地下の増温率等も示されてい

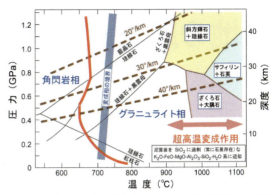

**図5** 地殻構成岩は超高温変成作用によって部分融解し，特徴的な溶け残り鉱物の組合せになる(付録1)

る．注目すべき点は，図5中の赤線よりも高温側では，岩石中に$H_2O$を主成分とする流体が存在しない場合でも，雲母や角閃石等の含水鉱物が他の鉱物と反応して無水鉱物と液(メルト)とに分解する<u>脱水溶融反応</u>(vapor-absent dehydration melting)が進むことである．このため，超高温変成岩は地殻構成岩が<u>部分融解</u>し，溶け残った鉱物が集合したものといえる．一方，生成した液が分離・濃集するとマグマになり，地殻中を上昇する．

超高温変成作用は，最初は，マグマオーシャンの効果が残存し，地温勾配が高かった太古代に限定されると考えられた．しかし原生代や顕生代の造山帯でも確認されるようになり，また角閃岩相からグラニュライト相への連続的な温度上昇(累進変成作用)の延長上にあることも明らかになってきた(図5)．超高温変成作用を引き起こすテクトニクスとしては，マントル・プルームによる玄武岩質マグマの地殻への大規模な底付け(アンダープレーティング)や沈み込んだリソスフェアの剥離(デラミネーション)等が提案されている．また，超高圧変成作用の存在が明らかになり，マントル内まで押し込められた地殻物質が後に減圧と加熱によって超高温変成岩に変化する可能性が指摘された．その一例がボヘミヤ・グラニュライト岩体に産出する花崗岩質の超高温変成岩で，ざくろ石かんらん岩の岩塊を包有している．さらに，現在でもアジア大陸とインド亜大陸との衝突が継続中のチベット高原の地下で超高温変成作用が進行している可能性もある．

〔榎並正樹・廣井美邦〕

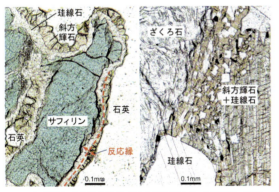

**図4** 超高温変成作用を特徴づける鉱物組合せ．左図では，サフィリンと石英との間に降温時にできた斜方輝石＋珪線石の反応縁ができている(破線は超高温変成時の境界位置)．右図は昇温変成時のざくろ石と黒雲母を消費する反応でできた斜方輝石と珪線石との連晶(2016年，廣井美邦)．

## 1.9 高地の形成と拡大

大陸衝突帯の最大の特徴の1つは分厚い地殻の存在である．地殻がマントルより軽いので厚くなると地表は隆起する．このように形成した高地の存在は動植物生態や気候等地球の環境に計りしれない影響を与える．高地の形成・拡大には大規模な地殻変形が必要である．数kmの深さまでこの変形は脆性的であり主要な変形構造は断層である(1.7参照)．ただし，中・下部地殻は高温・高圧のために，岩石が流動的にふるまい，延性変形が卓越すると考えられる．本項では，大陸衝突域の地殻における岩石流動について解説する．

隆起した衝突帯における浸食等によって深部領域は少しずつ地表に向かって上昇する．数千万年の時間が経つと中・下部地殻にあった岩石が幅広く露出するようになる．これらの地域では，高ひずみ延性変形を示す明瞭な面・線構造や褶曲等の地質構造が普遍的に見られる．このような延性変形が造山プロセスとどのように関係するかを語るために，現在進行中の大陸衝突帯での観察と一緒に議論することが望ましい．チベット・ヒマラヤ造山域はその優れた例である．

### ● チベット地殻における岩石流動の証拠

チベット高地は平均標高が4.5～5.0kmにもかかわらず驚くほど平らな地形を示す(図1)．この地域における降水量は少なく，浸食と堆積物の運搬による地殻物質の再配置は限られているので，この平らな地形を説明するために，地質学的な時間スケールにおける地殻岩石の流動があったと考えられる[1]．つまり，地形に起伏が生じるとそれをならすように中・下部地殻における岩石流動が起きると予想される．

大規模な中部地殻流動が起きた具体的な例としてチベット高地の東縁辺を構成する龍門山地域があげられる．龍門山山脈は数百万年前に隆起したが，隆起と同時期に水平短縮(衝上断層運動)があったことを示す地質構造は少ない．この地域では，隆起地域の地下における中部地殻の流入を仮定すると，衝上断層運動の欠落と地殻増厚を整合的に説明できる(図2)．

### ● チベット地殻の温度構造

地殻が流動的になるためには，比較的高温な状態の岩石が必要である．地殻内の温度構造を推定するためにまず地表における熱流量($Q$ ($Wm^{-2}$))を使う．

$$Q = -k\, dT/dz$$

T＝温度(K)，z＝深さ(m)，k＝熱伝導率($Wm^{-1}K^{-1}$)

チベットでは，比較的に高い熱流量が観測されるの

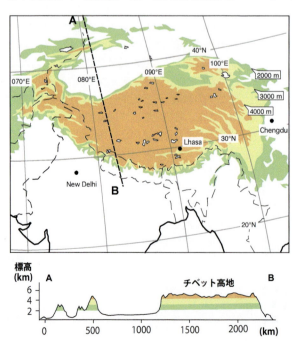

図1 チベット高地と周辺の標高の地図(上)とA-A'を中心とした横幅約100kmの平均標高を示す断面(下)．文献1参照．

# 1. 地殻・マントルを含めた造山運動（日本の地質付加体）

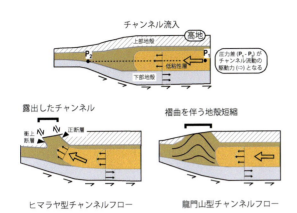

図2 チャンネルフローの考え[2]

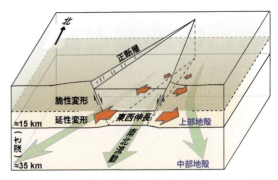

図3 南部チベットが弧をなしながらインド側に向かって流動し，弧の外側が伸長するために正断層が発達する[3]

図4 チベット高地の Nam Co 湖と周辺に分布する湖岸線

で，中部地殻内の温度も高いと予想される．また，チベット南部の中部地殻には，強い地震学的な反射面や高い電気伝導を示す層が確認され，岩石が部分融解するほど高温になっていると解釈されている．温度上昇の主要な原因は放射性元素（主として $^{238}U$，$^{235}U$，$^{232}Th$，$^{40}K$）の存在にある．大陸衝突によって放射性元素の存在領域が増加し，数千万年のタイムスケールで通常の大陸地殻より有意に温度が上昇できる．

## ●流動する地殻領域

高地形成には，地殻における流動が重要であることは疑いはないが，その流動の規模・深さ等について共通見解は得られていない．一つの考えによると流動が中部地殻の比較的薄いチャンネルに集中する．これは「チャンネルフロー」と呼ばれる考えである．一方，地殻は全体的に連結して変形し，上部地殻は中・下部地殻における流動を反映するという考えもある．チャンネルフローの場合，中部地殻は上・下部地殻と独立して流動するので，地表における地殻変動観察から全リソスフェアの変形に関する情報の入手はほぼ不可能となる．そのために，大規模なチャンネルフローの有無がテクトニクス分野の研究者にとってきわめて重要な研究課題である．

大規模なチャンネルフローにあった岩石を実際に観察できる例として一般的にあげられるのがヒマラヤ山脈に分布する Greater Himalayan 層の変成岩類である．ヒマラヤ南斜面における高速侵食がチベット中央から南への大規模な流動を誘発したとされる（図2）．チャンネルフローモデルは STDZ (1.7 参照) という大きな正断層の存在と調和的である．1000 km にわたる巨視的チャンネルフローを成り立たせるために必要なチャンネルにおける有効粘性は，約 $10^{17}$―$10^{19}$ Pa s と推定される．一方，全地殻の流動を仮定すると，より高粘性（$10^{20}$ Pa s）を持つ流動でもチベットの平らな地形を説明できることが示されている．チベット南部に発達した東西伸長を示す正断層群の存在も説明できるというのが全地殻流動モデルの優れた点である（図3，1.7 参照），これらの考えを区別するために中部地殻の有効粘性を推定することが必要であるが，地質学的タイムスケールにおける岩石の物性についてまだ不明な点が多く，未決着問題である．

## ●湖テクトニクス

チベットの地殻の有効粘性を推定するためには，時間と地表変動データが必要である．1つの例は地震後の余効変動である．また，新しい試みとしてチベットに点在する湖の周辺に分布する湖段丘が注目されている．水位の低下により，かつて水平であった段丘はどの程度隆起したかを調べることで数千年の時間スケールにおける粘性を制約できる（図4）．

〔ウォリス サイモン〕

## 1.10
# 岩石の埋没と上昇

いわゆる変成岩は一定以上の地下深部で生じた岩石といえる．では，現在地表に露出する変成岩は過去にどれほどの深さにあったのだろうか？

● 圧力・温度勾配と変成帯のタイプ(型)

変成岩の岩石学的解析 (petrological analysis)では，その変成岩が生じたときの圧力 (pressure)と温度 (temperature)を調べることが主な目的の1つである．そして，求められた圧力は変成岩の上にのっていた岩石柱の荷重によると考えれば，岩石柱の密度から変成圧力を変成岩の位置していた深さに換算できる．密度が約 3.0 g/cm$^3$ である玄武岩の岩石柱を考えると，1 GPa の圧力はおよそ 34 km の深さに相当する．

一方，大きく見れば地球は深いところほど温度が高い．なので，ある変成岩分布地域中で複数の変成岩を調べると，変成圧力が高いものほど変成温度も高いのが普通である．ただし，この圧力と温度の関係は地域によって異なる．変成岩が広く露出する地質体を広域変成帯，または単に変成帯 (metamorphic area)と呼ぶが(図1)，変成帯は圧力上昇に伴う温度上昇の度合い，つまり圧力・温度勾配 (PT 勾配)によって高圧型，中圧型，低圧型というおおむね3タイプに分類される．熱モデル計算などによれば，地球上の平均的な大陸地殻の地温曲線 (geotherm)では，圧力 1 GPa (深さ約 35 km)において岩石の温度は約 700℃に達する(図2)．この地温曲線に近いかやや高温よりの PT 勾配を記録しているのが，岩石学的に定義された中圧型 (intermediate-pressure type)変成帯である．一方，この地温曲線よりも低温・高圧側に変成条件が並ぶ変成帯を高圧型 (high-pressure type)，高温・低圧側に並ぶ変成帯を低圧型 (low-pressure type)と呼ぶ(図2)．

西南日本を例に取ると，三波川帯と領家帯という2つの変成帯が，九州東部から関東まで東西約 800 km にわたって併走している(図1)．このような分布を対の変成帯 (paired metamorphic belts)と呼ぶ．三波川帯と領家帯はともに後期白亜紀(約1億～6600万年前)に生じた変成帯だが，各帯の岩石の圧力・温度条件を見ると，前者は高圧型，後者は低圧型であり(図2)，異なる PT 勾配のもとで形成したことがわかる．また変成圧力を比較すると，領家帯では最大でも 0.7 GPa なのに対し，三波川帯では最低圧部でも約 0.5 GPa，最高圧部は 2.5 GPa に達する．これらは深さにして 20～80 km に相当し，とくに三波川帯高圧部の岩石はマントルの深さ(普通は 35 km 程度以深)に達していたとみられる(図2)．

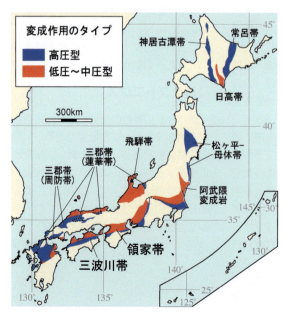

図1 日本の主な広域変成帯．文献1の図に一部加筆した．

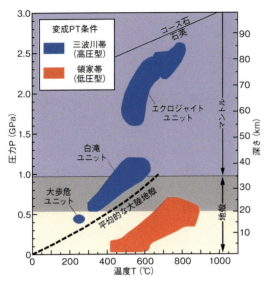

図2　三波川帯と領家帯の変成圧力・温度（PT）条件

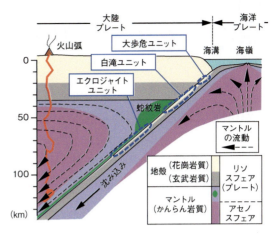

図3　三波川帯の形成位置を示した沈み込み帯の模式図

## 高圧型変成岩の埋没と上昇

野外調査に基づいた地質学的研究（field geology）によれば，三波川変成岩の主な原岩は砂岩・泥岩と玄武岩質岩，チャートであり，これらは海溝付近における海洋プレート層序の組合せに相当する．さらに，その後の変成条件が高圧型，すなわち普通より低温であることから，変成作用は沈み込み境界付近の低温環境で進行したとみなせる．つまり三波川帯とは，沈み込んだ海洋プレート表層部に由来する地質体と考えられる（図3）．近年，三波川帯高圧部にかんらん岩や蛇紋岩といった超苦鉄質岩類（ultramafic rocks），すなわちマントル物質のブロック（径数 cm〜数 km）が散在すること，また超苦鉄質岩類の分布は深さ約 35 km 以深に達した高圧部にほぼ限られることもわかった．この産状は，三波川帯高圧部がマントルの深さまで沈み込み，直上に存在した上盤側のマントル物質を取り込んだことを意味する（図3）．

プレートテクトニクスの成立以来，高圧型変成岩の形成，すなわち地殻の岩石が時としてマントルの深さまで埋没する過程は，プレート収束境界（convergent plate boundary）で2枚のプレートが折り重なる現象，つまり沈み込みや大陸衝突の結果と解釈できるようになった．低密度の花崗岩（約 2.7 g/cm³）を冠する大陸プレートはそれほど深くまで沈み込まないと考えられた時期もあったが，その後，コース石安定領域（図2）に達した「超高圧変成岩」が世界の大陸地域から次々と見つかり，大陸地殻も地下 100 km 以深まで沈み込み得ることが広く受け入れられるようになっ た．つまり，高圧型変成帯は過去のプレート収束境界の遺物なのである．

では，埋没後，高圧型変成岩はいったいどのようにして現在の地表まで上昇してきたのか？　この問題の答えは未だ明らかとはいえない．

## 上昇機構の謎：三波川帯で提案されていること

高圧型変成岩の上昇に関して，これまでに三波川帯の研究から提案されていることをまとめる．まず構造地質学（structural geology）の分野では，変成帯全体を水平方向に引き伸ばして薄くする運動が，変成岩を地表に近づける作用の一翼を担ったという見方がある．また，より深くに位置していたシートが浅い部分のシートに押しかぶさる運動，つまりナップ（nappe）の積み重ね運動が重要な役割を果たしたという見方もある．現在の三波川帯は，もっとも深部に達していたエクロジャイトユニットを最上位とし，その下位に白滝ユニット，大歩危ユニットの順で重なるナップ構造をとっているという考えである．一方，岩石学的研究からは古い海洋プレートが沈み込む「冷たい」沈み込み帯では高圧型変成帯は上昇しにくいとの見方が出ている．これは三波川帯高圧部の埋没と上昇が，海嶺が海溝へと接近し（図3），沈み込み帯としては異常な高温状態が達成された比較的短い期間に起こったという解析結果に基づいている．また，こういった温度上昇によって流動的になった沈み込み帯では，泥質片岩や蛇紋岩といった低密度の岩石がより高密度の岩石を取り囲むことで，浮力による帯全体の上昇が可能になるという提案もある．ただし，沈み込み帯構成岩石の流動特性（レオロジー）は未だあまり明確ではないため，今後の重要な研究課題の1つといえるだろう．

〔青矢睦月〕

## 1.11

# 造山運動の時間スケール

### ●造山運動と放射年代

地球は誕生以来，様々な時間・空間スケールで変動してきたが，その中で，地質学的な時間スケールかつ比較的大規模な空間スケールにおいて生起する固体地球の非弾性ひずみを造山運動と呼ぶ．したがって，造山運動現象は地球物理学的な機器観測では通常検出されず，地形学または地質学的な手法により検出される．

造山運動の時間スケールを明らかにするもっとも一般的な方法は，地質体・地形の形成時期を決定することである．このために，地質層序という基本的枠組みを土台として，様々な年代測定法が開発され岩石／地層等の年代決定に適用されてきた．とくに数値年代を求めるために，天然に存在する放射性核種 (nuclide) の壊変 (decay) を利用する放射年代 (radiometric age) 測定が広く用いられてきた．放射年代 $t$ は一般に以下の式により求められる：

$$t = \frac{1}{\lambda} \ln\left(\frac{D - D_0}{N} + 1\right)$$

ここで，$N$ は親核種の現在量，$D$ は娘核種の現在量，$D_0$ は娘核種の初期量，$\lambda$ は壊変定数である．また，親核種から娘核種への壊変速度は核種ごとに異なるので，親核種の半減期 (half life)（次式）が年代決定に適した時間スケールの目安となる．

$$T_{1/2} = \frac{\ln 2}{\lambda}$$

### ●様々な年代測定法と最近の進展

放射性核種を用いた年代測定は，原理の発見から100年あまりの時間が経過し，数多くの手法が開発され，岩石を始めとする様々な地球物質に広く応用されている．表1に，地質学的な時間スケールで用いられている主要な年代測定法の概要を示す．比較のために，氷河時代や考古学の研究に広く用いられている U-Th 法と $^{14}$C 法も示した．

地質学的時間スケールの年代測定法において放射壊変の様式は多様であるが，共通点として，半減期が10億年程度以上と長いことがあげられる．このため，測定に適した年代範囲には上限（若い方の限界）が存在し，もっとも若い K-Ar (Ar/Ar) 法でも1万年程度までというのが現状である．一般的には，より古い岩石ほど娘核種の蓄積量が多いため，より微量な物質に対して，より高精度な測定が可能となる．これに対し，U-Th 法と $^{14}$C 法では半減期が1000年～10万年オーダーと短いため，測定に適した年代範囲には下限が存在し，それぞれ，50万年と3万年程度である．

地質学的時間スケールの年代測定法において近年進展が著しい分野としては，(1) K-Ar (Ar/Ar) 法を用いた若い火山岩類の年代測定，(2) U, Th を親核種とする一連の年代測定法による岩石の精密年代測定および温度履歴解析（熱年代学），があげられる．

従来，K-Ar (Ar/Ar) 法では100万年より若い年代測定は難しいとされ，$^{14}$C 法との間の年代ギャップが第四紀編年の大きな問題点とみなされていたことがあった．しかし，近年の分析技術と方法論の進展により，1万年オーダーの年代測定が可能となったので，火山噴火の歴史記録や $^{14}$C 法との直接比較も行われている[1]．

U, Th を用いた精密年代測定としては，オーストラリア国立大学が牽引した，SHRIMP を用いたジルコンの高精度分析が1990年頃から世界を席巻した．ジルコンの鉱物断面の成長縞を観察しながら，U-Pb 年代の局所分析を行うことにより，鉱物の成長の時期を正確に決定することができるようになった．ジルコンは他の鉱物に比べて風化変質に強いことから，火山灰鍵層等の正確な年代測定がより広範に行われている．また，ジルコンの U-Pb 年代は結晶の晶出（成長）の時期を与えるため，火山の噴出年代を与える K-Ar (Ar/Ar) 法等との併用により，マグマ溜まりの中での鉱物の滞留時間に対しても新たな情報が得られることになった[2]．

熱年代学の分野では，フィッショントラック (FT) 法と (U-Th)/He 法による低温領域（約50～350℃）での温度履歴解析が大きく進んだ．とりわけ，閉鎖温度 (closure temperature：娘核種が熱拡散せず閉鎖系が保たれる上限温度のこと) の低いアパタイトを用いることにより，他の手法では解析が困難な100℃付近での解析がテクトニクス／地形学等の分野で大きなインパクトを与えた．

### ●山地の隆起・侵食の年代学

プレート運動等に起因する固体地球の非弾性ひずみ

表1 地球科学に広く用いられる放射年代測定法の概要

| 方法 | 核種（親－娘） | 壊変様式 | 半減期（年） | 試料 | 年代範囲（年） |
|---|---|---|---|---|---|
| K-Ar法（Ar/Ar法） | $^{40}K-^{40}Ar$ | 電子捕獲 | $1.25 \times 10^9$ | 雲母，角閃石，カリ長石，火山岩 | $> 10^4$ |
| Rb-Sr法 | $^{87}Rb-^{87}Sr$ | $\beta^-$壊変 | $4.88 \times 10^{10}$ | 雲母，カリ長石，深成岩 | $> 10^7$ |
| U,Th-Pb法 | $^{238}U-^{206}Pb$ | 壊変系列（$\alpha, \beta^-$） | $4.47 \times 10^9$ | ジルコン，モナズ石 | $> 10^6$ |
|  | $^{235}U-^{207}Pb$ | 壊変系列（$\alpha, \beta^-$） | $7.04 \times 10^8$ |  |  |
|  | $^{232}Th-^{208}Pb$ | 壊変系列（$\alpha, \beta^-$） | $1.40 \times 10^{10}$ |  |  |
| Sm-Nd法 | $^{147}Sm-^{143}Nd$ | $\alpha$壊変 | $1.06 \times 10^{11}$ | 火山岩，深成岩 | $> 10^9$ |
| (U-Th)/He法 | $^{238}U-^4He(\times 8)$ | 壊変系列（$\alpha, \beta^-$） | $4.47 \times 10^9$ | アパタイト，ジルコン | $> 10^6$ |
|  | $^{235}U-^4He(\times 7)$ | 壊変系列（$\alpha, \beta^-$） | $7.04 \times 10^8$ |  |  |
|  | $^{232}Th-^4He(\times 6)$ | 壊変系列（$\alpha, \beta^-$） | $1.40 \times 10^{10}$ |  |  |
| フィッショントラック法 | $^{238}U-$核分裂飛跡 | 自発核分裂 | $(4.47 \times 10^9)$ | アパタイト，ジルコン | $> 10^6$ |
| U-Th法 | $^{234}U-^{230}Th$ | $\alpha$壊変 | $2.48 \times 10^5$ | 炭酸塩（方解石等） | $< 5 \times 10^5$ |
| $^{14}C$法 | $^{14}C$ | $\beta^-$壊変 | 5730 | 木片，貝殻，骨 | $< 3 \times 10^4$ |

が進行すると，山地や盆地等の地形が作られる．その形成過程・速度等を復元するには，盆地の場合，堆積物の構造や年代を決定すればよいが，山地の場合，隆起（uplift）に伴う侵食（erosion）により山体が徐々に失われてしまうので復元は容易ではない．

近年，上述した低温領域の熱年代学の進展により，山地の隆起・侵食の精緻な復元が可能になってきた[3]．その方法論的枠組みは以下である（図1）：

1. 山地が隆起すると，徐々に侵食を受け，地下深くの岩石が地表面に現れる．
2. これにより，かつて深部にて高温であった岩石が，等温地温面を横切るように冷却される．
3. 放射年代の手法・鉱物ごとに閉鎖温度が異なるため，この岩石の温度低下に時刻を入れることにより，温度−時間経路（＝熱史）を復元できる．
4. 地下の温度構造を仮定することにより，熱史から深度−時間経路（＝隆起・侵食史）を推定できる．

この方法論を用いた先駆的な研究が，まずヨーロッパ・アルプスにおいて1970年代に始まり，次第に世界の屋根と呼ばれるヒマラヤ，アンデス等の大造山帯に適用され成功を収めた．最近では，日本列島等島弧の若い山地にも適用範囲が広がってきている．これにより，現在の山地・盆地の形成に至る地球表層の上下運動が定量的に復元できるようになった．

● 岩石変形と断層運動の年代学

地震断層（fault）がいつどのように動き，それに伴い熱・水等がどのように発生・移動したかを明らかにすることは，地震発生時の断層面応力問題に加えて，地殻・マントルの熱収支や温度構造そして変動履歴を明らかにするうえで欠かすことができない．地震断層

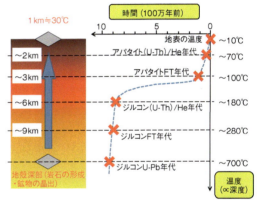

図1 放射年代に基づく山地の隆起・侵食過程復元の概念図（末岡私信）

帯は複雑かつ不均質であり，しかも長い時間スケールにわたって繰り返し活動する場合があることも知られており，活動履歴の全貌解明は容易ではない．しかし，このような難しい地質体に対しても，近年の熱年代学の進展により新たな情報が得られてきている[4]．

断層帯の岩石を年代測定する方法は，アプローチの違いから以下の3つに大別される：

(a) 断層運動による母岩の破砕と細粒化・粘土化および再結晶：断層ガウジ中の雲母粘土鉱物を用いたK-Ar ($^{40}Ar/^{39}Ar$) 法等
(b) 断層摩擦発熱による母岩の加熱イベント：シュードタキライトに含まれるジルコンを用いたフィッショントラック（FT）法と(U-Th)/He法，断層ガウジに含まれる石英等を用いたESR, OSL, TL法等
(c) 断層運動に伴う地下水起源鉱物脈の形成：方解石等の鉱物脈を用いたU-Th法等

これらの方法を駆使して，断層の活動履歴の研究が近年精力的に進められている．　　〔田上高広〕

## 1.12 沈み込み帯の地震

### ●プレートの沈み込み

プレートが別のプレートの下に沈み込んでいる収束境界を沈み込み帯 (subduction zone) という．沈み込み帯の地震活動は，沈み込むプレートの温度構造と密接な関係があるため，例えば，プレート年代が若い沈み込み帯（西南日本やカスカディア等）とプレート年代が古い沈み込み帯（東北日本や伊豆〜マリアナ，トンガ等）では，地震の発生する深さやその分布が大きく異なることが知られている．日本列島は，稠密に展開された地震観測網で得られた地震データの解析により，沈み込むプレートの構造や地震活動の理解が世界でもっとも進んでいる沈み込み帯である．本項では，温度構造が異なる2つのプレート（古く冷たい太平洋プレートと若く温かいフィリピン海プレート）が沈み込む日本列島を例に，沈み込み帯の地震活動の特徴をみていくことにする．

### ●プレート境界地震

沈み込む海洋プレートの上部境界面で発生する逆断層地震をプレート境界地震 (interplate earthquake) という．プレート境界には，様々な大きさのアスペリティ（上盤側のプレートと強く固着しているパッチ）が存在し，小さなアスペリティが単独で破壊すると小さな地震，複数のアスペリティが連動破壊すると大きな地震になると考えられている．太平洋プレートではプレート境界地震の活動がきわめて活発であり，様々な規模の地震が発生している．2011年東北地方太平洋沖地震（$M_w$ 9.0）は岩手県沖から茨城県沖にかけてのアスペリティが連動破壊した巨大プレート境界地震である．また，周囲と相互作用のない孤立したアスペリティが破壊すると，波形の相似性がきわめて高い相似地震となる．一方，東海地方から四国にかけてのフィリピン海プレートではプレート境界地震はほとんど発生していない．これはその発生が危惧されている東海・東南海・南海地震の想定震源域ではプレート境界が強く固着しており，小さなアスペリティが単独ですべることができないためと考えられている．なお，プレート境界地震は温度が350℃を超えると発生しないとされており，プレート境界地震の深さの下限は太平洋プレートでは50〜60 km程度，フィリピン海プレー

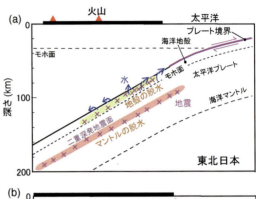
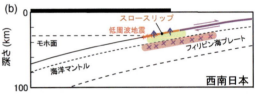

図1 (a) 太平洋プレート，(b) フィリピン海プレートの地震発生の模式図

トでは約30 kmである．

### ●スロースリップと低周波地震

地震・地殻変動観測網の整備により，プレート境界では「スロースリップ（ゆっくりすべり）」が発生することもわかってきた．例えば，フィリピン海プレートでは非地震的にプレート境界がすべるスロースリップや通常の地震よりもやや長い卓越周期を持つ低周波地震 (low-frequency earthquake)・超低周波地震 (very low-frequency earthquake) 等が発生している．スロースリップの時定数は数日〜数週間から1年〜数年と幅が広いことが大きな特徴である．フィリピン海プレートで発生するスロースリップや低周波地震は，プレート境界地震を起こす不安定領域（固着域）（図1bの紫色）とプレート境界が定常的にすべっている安定領域の遷移域で発生している（図2）．低周波地震は遠隔地震の表面波や地球潮汐により誘発されることから，そこでのせん断破壊強度はきわめて小さい（<1MPa）と推測されている．なお，スロースリップや低周波地震が発生する深さ範囲や現象の時定数は，沈み込みごとに多様性あることもわかってきた．そのようなすべり様式の変化は，プレート境界での間隙水圧や摩擦特性の違いに起因すると考えられている．ス

1. 地殻・マントルを含めた造山運動（日本の地質付加体）

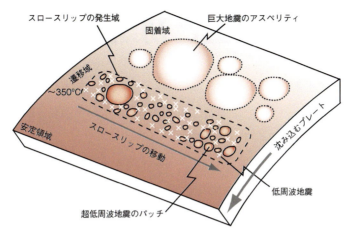

図2　フィリピン海プレートの地震の模式図[1]

ロースリップのすべり速度や時間発展，再来間隔等を精査することで，プレート境界断層での摩擦特性の理解が進展すると期待される．

● プレート（スラブ）内地震の分布

　沈み込むプレート（スラブ）内部では，地殻とマントルに活発な地震活動がみられ，その間では地震はあまり発生しないという特徴的な地震分布（二重深発地震面, double seismic zone）がみられることが多い．二重深発地震面の上面と下面の地震活動の間隔はプレート年代の増加とともに大きくなることから，二重深発地震面の形成はスラブの温度構造と密接に関係すると考えられている（図3）．
　東北地方下の太平洋スラブの地殻で発生する地震を詳しくみると，深さ70〜90 km でとくに地震活動が活発であり，それより深部では地震はプレート表面から徐々に離れ，その数は少なくなる（図1a）．地震が活発な深さは地殻で顕著な脱水が生じる深さとほぼ一致していることから，地震の発生には水が重要な影響を与えると考えられている．このような考えを脱水脆性化説（dehydration embrittlement hypothesis）という．
　フィリピン海スラブ内でも地震が発生しているが，関東と九州を除くと地震の発生は深さ60 km 程度までに限られている．これは年代が若く，温度が高いため，その深さまでに主要な脱水反応が終了してしまうためと考えられている．フィリピン海スラブ内の地震の発生場所（地殻かマントルか）は地域により異なると考えられてきたが，最近の研究では，若く温かいプレートでは，地殻では地震がほとんど発生せず，地震の多くはマントルで発生しているとの指摘もある．

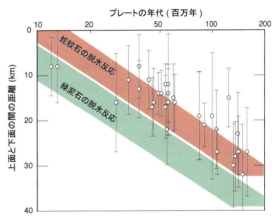

図3　二重深発地震面の面間距離とプレート年代[2]

　二重深発地震面の下面で発生するマントルの地震は蛇紋石の脱水反応位置とよく一致することから，プレートが沈み込む前に形成された蛇紋岩の脱水分解反応との関係が指摘されている（図3）．マントルを蛇紋岩化（含水化）させるモデルとしては，海溝海側斜面で形成される正断層に沿う水の浸透やホットプルーム上をプレートが通過した際のプレート下面からの水の供給等が考えられているが，プレート表面から30〜40 km 深部を広範囲に蛇紋岩化させることができるかどうかの検証は十分でない．一方，マントル最上部の5〜10 km が蛇紋岩化している場合，その蛇紋岩の脱水分解反応で放出された水が，プレート内の圧力勾配により「再配分」され，二重深発地震面の下面付近に含水層を形成する可能性も指摘されている．沈み込むスラブ内の水循環や地震発生メカニズムはまだわからない点が多い．今後の研究の進展に期待したい．

〔中島淳一〕

1.12　沈み込み帯の地震 | 25

## 2.1 地球・月系の誕生と初期分化

### ●太陽系の誕生

およそ46億年前，分子雲と呼ばれる周りよりも密度の高い領域で，ガスが重力的に収縮することによって太陽が誕生したと考えられている．角運動量を持った一部のガスが太陽に落ち込めずに，太陽周りに円盤状に分布する．このガスと塵からなる円盤は，原始惑星系円盤と呼ばれ，この円盤から惑星が作られたと考えられている（図1）．誕生したばかりの星を観測すると，多くの星の周りに円盤状のものが存在していることがわかっており，太陽系の惑星もこのような円盤から作られたと考えられている．

図2に原始惑星系円盤における惑星形成過程を模式的に示した．原始惑星系円盤内のμmサイズの塵は，付着成長および重力不安定によってkmサイズの微惑星と呼ばれる惑星の基本構成天体となる．これら無数の微惑星はお互いの重力で引き合いながら大きな天体である原始惑星へと成長していく．太陽系の地球型惑星領域では，10～20個の火星サイズの原始惑星が形成される．この領域（スノーラインより内側）では，円盤の温度が高いため，原始惑星の主成分は岩石と鉄となる．一方，木星型惑星領域では，数個の巨大な原始惑星（地球質量の数倍）が形成され，水分子が氷として存在できる程度に円盤の温度が低いため，氷が主成分となる．巨大な原始惑星は重力が強いため，周りの円盤ガスを暴走的に集め，木星や土星のような巨大ガス惑星が作られる．さらに遠方領域では，原始惑星

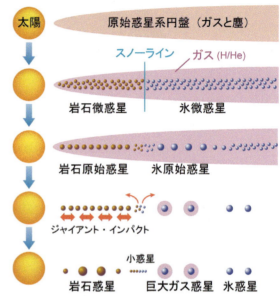

図2 太陽系における惑星形成過程の模式図

の形成に時間がかかるため，巨大な原始惑星が作られるころには，円盤ガスが散逸してしまっており，天王星や海王星のような氷原始惑星のみが取り残される．

地球型惑星領域で作られた10～20個の原始惑星は，円盤ガスが晴れると，互いの軌道が交差し始め，原始惑星同士の衝突が頻繁に起こるようになる．これらの衝突はジャイアント・インパクトと呼ばれ，地球や金星は複数回のジャイアント・インパクトを経験し，現在の大きさにまで成長したと考えられている[1]．

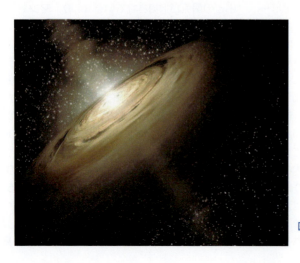

図1 原始惑星系円盤（想像図）（NASA/JPL-Caltech/T. Pyle (SSC)）

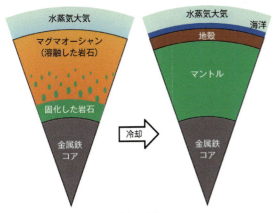

図3 マグマオーシャンの冷却と分化

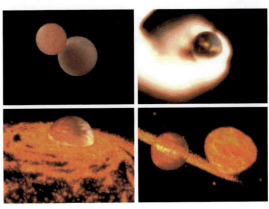

図4 ジャイアント・インパクトによる月の形成（NAOJ 4D2U Project）

## ● マグマオーシャン

ジャイアント・インパクトで解放される衝突エネルギーは凄まじく、衝突によって惑星の大部分が溶融し、マグマの海（**マグマオーシャン**）が形成される。岩石と鉄の混合物が溶融すると、溶融した岩石と鉄は分離し、密度の高い鉄は重力によって惑星の中心部に集まり、岩石で構成されるマントルと金属鉄で構成されるコアとに分化する。たとえ衝突天体がマントルとコアに分化していなくても、複数回起こるジャイアント・インパクトで大規模に溶融するため、惑星の成長過程でマントルとコアの分離が保証される。タングステン同位体比（$^{182}W/^{184}W$）から地球のコア形成年代が太陽系誕生後から約1億年後であることがわかっている。この年代は、ジャイアント・インパクトが頻繁に起こったと理論的に予測されている年代と調和的である。

ジャイアント・インパクトで作られたマグマオーシャンはその後、宇宙空間への放射冷却によって温度が下がっていく。一般的に岩石の液相線とマグマオーシャンの断熱線は、マグマオーシャン下部で交わるため、マグマオーシャンの固化は、下部から上部へと進行する（図3）。このとき、水分子が存在していた場合、マグマオーシャンに溶けていた水分子の濃度が固化とともに上昇するため、マグマオーシャンに溶けきれなくなった水分子は惑星表面から脱ガスをして、水蒸気大気を形成する[2]。マグマオーシャン固化の最終段階はあまりよくわかっていないが、低圧で固化した地殻物質が惑星表面を覆い、マントルと地殻が分化したと考えられている。マグマオーシャン全体が固化するのには数百万年の時間がかかると見積もられている。惑星表面が地殻で覆われると、今度は水蒸気大気が冷却し始め、大量の雨粒となっておよそ千年程度の短時間で地表に海洋が形成される。

## ● 月の起源

1970年代以前は、月の起源として、捕獲説・分裂説・共成長説等が考えられていたが、それらすべての仮説は、月の観測事実をうまく説明できていなかった。例えば、月が地球と比べて揮発性成分と金属鉄に枯渇していること、月が全球的に溶融を経験したこと、地球–月系の大きな角運動量等である。1970年に入ると、アポロ計画で地球に持ち帰られた月試料の分析などから、ジャイアント・インパクト仮説が月の起源の有力な説として浮上してきた。この説は、月の観測事実の大部分をうまく説明すると同時に、地球型惑星形成の段階で普遍的かつ頻繁にジャイアント・インパクトが起こりうるものであることがわかってきたことから、現在でも、月の起源として有力な説となっている[3]。

図4にジャイアント・インパクトによる月形成過程（付録1）を示す。ほぼ現在の大きさまでに成長した地球に、火星サイズの原始惑星が斜め衝突をすることによって、衝突天体の物質が地球周回上にばらまかれ、円盤を形成する。衝突によって全溶融（かつ一部蒸発）した円盤が冷却すると、自己重力不安定によって外側に広がっていき、およそ地球半径の3倍程度離れた場所で月の集積が始まる。この過程はとても早く1ヵ月～1年程度で月が形成される。現在の月は、地球半径の約60倍離れた場所を公転しているが、これは、地球の近くで作られた月が地球との潮汐相互作用によって離れていったことで説明される。実際に、現在の月は、1年間におよそ4cmずつ地球から遠ざかっている。

〔玄田英典〕

## 2.2 冥王代地球の痕跡

### ●冥王代地球の進化

地球最古の岩石は，北西カナダのアカスタ地域に見られる40億年前の花崗岩質片麻岩であり，それ以前の岩石記録のない地球史最初の5億年間を冥王代と呼ぶ．この時代の地球に関する情報は主にジルコンから得られている．ジルコンはZrSiO$_4$の化学組成を持つ正方晶系の鉱物で，ウラン－鉛年代測定法により一粒子ごとの結晶化年代を決定でき，さらに，非常にかたく化学的に不活性であるため侵食・堆積・変成作用を経ても結晶化時の化学的情報を保持しうる．

西オーストラリアのジャックヒルズ地域の32億年前の堆積岩からは，結晶化年代が44億年前にまで遡る冥王代ジルコンが見つかっている（図1）．このことから，地球がほぼ現在の大きさに成長した段階において，ジャイアント・インパクトにより形成されたマグマオーシャンは，遅くとも44億年前までには固化していたことがわかっている．また，いくつかの冥王代ジルコン中のチタン等の微量元素濃度やリチウム同位体組成は，それらの母岩が花崗岩質岩石であったことを示唆する．さらに，冥王代ジルコンの酸素同位体組成が，キンバーライトに含まれるマントル起源のジルコンに比べて重いことから，これらのジルコンの親マグマは，かつて低温下で水により変質された岩石の再融解により生成されたこと，ひいては，その当時には海洋が存在した可能性が示されている．

冥王代地球の描像は，短寿命放射性核種の娘核種の存在量からも得られている．数千万年程度の半減期をもつサマリウム－146（$^{146}$Sm）やヨウ素－129（$^{129}$I）等の放射性核種は，太陽系形成から2～3億年以内にほぼ消滅する．このため，$^{146}$Smの娘核種ネオジム－142（$^{142}$Nd）や$^{129}$Iの娘核種キセノン－129（$^{129}$Xe）存在量に変動が見られた場合，親核種と娘核種間に分別を起こすイベントが，親核種の消滅前に起きたはずである．共に希土類元素であるサマリウムとネオジム間の分別は主にマントルの部分融解時に起きるのに対し，希ガス元素のキセノンとハロゲン元素のヨウ素間の分別は惑星の脱ガス時等に起こりうる．そして，グリーンランドのイスア地域に産する38億年前の玄武岩や堆積岩には，コンドライト隕石に比べて$^{142}$Ndの過剰が見られることから，冥王代地球（43億年前以前）において地殻－マントル分化が起きたことが示されている．また，地球大気はコンドライト隕石に比べると，他のキセノンの同位体よりも$^{129}$Xeに相対的に富むため，44億年前以前に地球内部から脱ガスすることにより地球大気が形成されたと考えられている．

### ●冥王代地球における天体衝突

地球のマグマオーシャンが固化した後，多数の小天体が地球に降り注いだ時期が存在したと考えられている．月のクレータ密度と年代の関係から，天体衝突は45～38億年前に集中しており，現在の隕石の衝突頻度の100倍を超えると見積もられている（図2）．衝突頻度は時間とともに減少する傾向にあるが，38億年前頃に一度ピークがあったとする見解もある（後期隕石重爆撃期）．地球に降ってきた天体の総量としては，上部マントル中の強親鉄性元素（白金やオスミウム等）の濃度から地球質量の0.1～1％程度と見積もられて

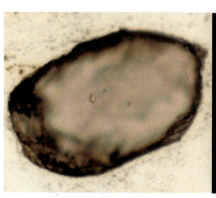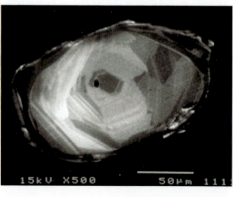

図1　冥王代ジルコンの顕微鏡写真（左）とカソードルミネッセンス像（右）

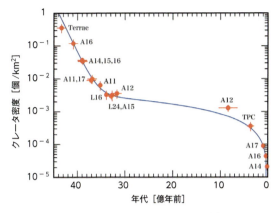

図2 月のクレータ密度と年代の関係．単位面積当たりに存在する月表面の直径1km以上のクレータの数と，アポロ計画などで持ち帰られた月試料から推定されたその場所の年代の関係．データは，文献1から．

いる．小天体の源としては，木星の強い重力によって弾き飛ばされた小惑星帯の天体（および一部は木星以遠の彗星のような天体）や，惑星に集積しきれなかった地球軌道付近の微惑星等が考えられている．

小天体が地球に高速で衝突すると，大気や海の剥ぎ取りが起きる．最近の研究では，地球形成時に獲得した大気は激しく剥ぎ取られ，衝突天体に含まれる大気成分が脱ガスすることによって，大気の入れ替わりが起こったと考えられている[2]．海に関しては，大気ほどではないが，多少の剥ぎ取りや入れ替わりが起こることが予測されている．直径100kmを超える天体の衝突によって，海洋が全蒸発するという激しいイベントも数回は起こったと考えられている[3]．

● 冥王代地球の有機物

地質時代を遡るごとに岩石や鉱物から抽出できる情報は減少していく．とくに地球最初の時代である冥王代では地質記録が極端に乏しい．この時代に生命が誕生していなかったという証拠はないが，生命の痕跡として広く受け入れられる証拠は冥王代の次の時代である太古代の岩石に見つかる．冥王代は地球生命の誕生に向けた環境が整いつつある時代と考えることができるであろう（化学進化の時代）．

地球の海洋への小天体衝突は生命を構成する有機物の生成にも関与していた可能性がある．隕石等の小天体が超高速で海に衝突すると，衝突による熱で大気，海洋，隕石構成物質との間に化学反応が起こる．隕石の中には金属鉄を含むものがあり，そのような金属鉄はこの反応で還元剤として働く．隕石の衝突反応を模擬した実験では，水を還元して水素が生成したり，大気の構成物質である窒素を還元してアンモニアを生成したり，大気に含まれたであろう二酸化炭素，または隕石中に見出されるような炭素と反応して一酸化炭素を生成したりと，小天体の衝突が初期地球に還元的なガスをもたらすメカニズムになっていたと考えられている．さらにはこのような還元的なガスの生成に加えて，それらが反応してタンパク質を構成するアミノ酸や核酸を構成する核酸塩基等が生成した可能性がある．タンパク質は多くの生体反応に不可欠な酵素の主成分であり，核酸塩基はDNAとRNAの構成物質で，生命の遺伝情報を記録する文字として重要な働きを担っている．

アミノ酸や核酸塩基は炭素質コンドライトと呼ばれる炭素を多く含む隕石の一部からも検出されている．後期重爆撃期にはクレータをつくるような大きな天体が降り注いだと考えられているが，これに加えて大気で十分に減速される比較的小さな隕石も多く降ってきていたはずである．その場合，宇宙で生成したアミノ酸や核酸塩基等の有機物が地球への衝突による分解を免れて地表に到達した可能性がある．

RNAは遺伝情報の一部を写し取る分子であり，タンパク質のような触媒としても働くことが知られており，初期生命ではDNAとタンパク質の両方の働きをRNAが担っていたのではないかというRNAワールド仮説が多くの研究者に支持されている．RNA DNAは核酸塩基，糖，リン酸によって構成されている．リボースはRNAの核酸塩基とリン酸を結合する糖であるが，リボースは非常に反応性が高いため生成してもすぐに消費されてしまうことが問題である．しかし，ホウ酸が存在する環境ではリボースの安定性が大きく高まることが知られていることから，RNAの誕生にはホウ酸が不可欠であったと考えられている．グリーンランドのイスア地域に産する約38億年前の岩石にはトルマリンが比較的多く含まれることが知られている．トルマリンはホウ素を含む鉱物であり，当時の地球にホウ素が濃集する環境があった可能性がある．このように，初期地球の環境は生命を構成する有機物の生成に密接に関連していたであろう．

〔古川善博・飯塚　毅・玄田英典〕

## 2.3
# 初期地球の海底熱水系

### ● 海底熱水噴出孔

1977年,東太平洋の海底で熱水噴出孔 (hydrothermal vent) が発見された[1]. これは生物学では20世紀の地球科学における最大の発見の1つに数えられている. なぜなら, これまで暗黒不毛の場所であると考えられてきた深海底に, 太陽光エネルギーに頼らない原始的な生態系が存在することが明らかになったからである (図1). その後, 世界中の海洋底から次々に熱水噴出孔が発見され, 海底火山活動のあるところにはこのような熱水活動が普遍的に起きていることが明らかになってきた.

熱水噴出孔の下, 海洋地殻内では大規模な熱水循環 (hydrothermal circulation) が起きており, 高温高圧状態で熱水 (高温の海水) が周囲の岩石と反応している (図2). このときに岩石と熱水の間で激しい元素の交換が起き, 岩石中の火成鉱物や火山ガラスは様々な変質鉱物に変化する. この反応生成物である変質鉱物の種類や化学組成は熱水の元となる海水化学組成に大きく依存する. 例えば, 海水中の硫酸イオン ($SO_4^{2-}$) と岩石中のカルシウムが結合してできる硬石膏 ($CaSO_4$) は代表的な変質鉱物として大量に形成されるが, これは海水に硫酸イオンが多く溶けているからである. 一方, 熱水の化学組成は岩石と反応することにより劇的に変化する. とくに現在の高温熱水 (〜400 ℃) は二酸化炭素 ($CO_2$) や硫化水素 ($H_2S$) といった火山ガスや岩石中の鉄等の金属成分を大量に溶かし込む. この熱水中の鉄と硫化水素は海水と混ざり瞬時に温度が低下することにより黒色の微粒子である硫化鉄 (FeS) を形成する. これが, 高温熱水噴出孔がブラックスモーカー (black smoker) と呼ばれる所以である.

### ● 初期地球の海底熱水系

現在の海洋中の硫酸イオンは酸素発生型光合成生物によって創り出された酸素により増加した化学成分であり, 硬石膏が海底熱水系で形成されるようになったのは光合成生物の誕生以降のことである. したがって, 初期地球の海水には硫酸イオンはほとんどなく, 上述した硬石膏も海洋地殻中に形成されなかったはずである. 硬石膏は熱水の水素 ($H_2$) 濃度を低く抑える性質があるため, 硬石膏のない初期地球の海洋地殻では現在の熱水よりも高水素濃度の熱水が発生していたと考えられる.

一方, 初期地球の海水は非常に二酸化炭素に富んでいたという特徴もある. この時代の海洋地殻中には硬石膏の代わりに岩石中のカルシウムやマグネシウム等が海水中の二酸化炭素と反応してできた方解石 ($CaCO_3$) やドロマイト ($CaMg(CO_3)_2$) 等の変質炭酸塩鉱物が大量に存在する. このような海底熱水系では, 現在のブラックスモーカーとはまったく異なる組成の熱水が発生する. 熱水系の炭酸塩鉱物は熱水のpHを高める性質があるため, 熱水はアルカリ性になり, 鉄等の金属に乏しく二酸化ケイ素 ($SiO_2$) を主成分とするホワイトスモーカーであったといわれる. さらに, 38億年前や35億年前の海底の溶岩の表面には微生物が溶かしたと思われるチューブ状の小さな穴が見つかっており, 海底下の岩石圏内でも活発な微生

図1 中央インド洋海嶺の熱水噴出孔 (JAMSTEC 提供)

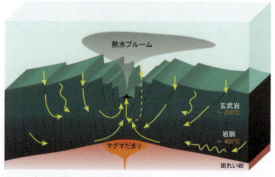

図2 中央海嶺における熱水系の図

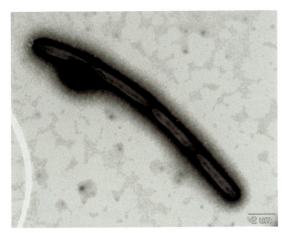

図3 中央インド洋海嶺の熱水から分離された超好熱メタン菌. 122℃でも増殖可能 (JAMSTEC 高井研氏提供).

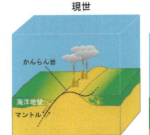

図4 現在と初期地球の海洋底の模式図

図5 35億年前のコマチアイト (東京大学小宮剛氏提供)

物活動があったと考えられている.

### ● 海底熱水系における生命の起源

地質学や生物学等様々な分野の研究を総合して考えると,我々地球上生物の共通祖先は海底熱水環境で誕生したメタン生成菌 (メタン菌, methanogen) である可能性が高いと考えられている (図3). メタン菌は二酸化炭素と水素をメタン ($CH_4$) と水に変えてエネルギーを得ることができる. 現在の地球において,このメタン菌が最終分解者ではなく一次生産者として機能する微生物群集が見つかる場所は,水素に非常に富む熱水活動域のみである. これら水素に富む熱水系は,火山活動が弱くマントルかんらん岩が直接海底に露出しているような場所に存在している. かんらん岩が熱水と反応すると,岩石中の2価の酸化鉄成分 (FeO) が一部酸化されて磁鉄鉱 ($Fe_3O_4$) という鉱物が形成される. このとき,水 ($H_2O$) が還元されて大量の水素が発生するのである.

初期地球において,メタン菌のエネルギー源となる二酸化炭素と水素のうち,二酸化炭素は上述のように海洋に豊富に存在したと考えられている. 一方,当時は海底火山活動が活発であったため海洋地殻が現在よりも厚く,水素の供給源であるマントルが直接海底に露出していたとも考えにくい. そこで,マントルに代わる水素の供給源としてコマチアイト (komatiite) という火山岩が考えられている (図4). コマチアイトはマントルの温度が現在よりも高い24億年前以前にしか存在しなかった超高温マグマが固化した火山岩であり (図5), 初期地球の海洋底にはコマチアイト火山がいたるところに分布していたと考えられる. このコマチアイトもマントルと同様に水素に富む熱水を発生す

ることが実験的に示されており,我々の共通祖先であるメタン菌を支えたのはコマチアイト火山の熱水系であると考えられている.

### ● エンセラダスの海底熱水系

近年では,地球外の天体にも海底熱水系があることが明らかになってきた. 例えば,土星衛星エンセラダス (Enceladus) (日本語ではエンケラドス,エンケラドゥスとも称される) は,厚い氷に覆われた直径500 kmほどの小さな天体であるが,氷の下には大規模な海洋が存在し,南極の氷の割れ目から宇宙空間に内部の海水を噴出させている (9.7 図2 参照). また,2015年にNASAの探査機カッシーニの探査結果とそれを検証する室内実験から,土星の氷衛星エンセラダスには海底熱水活動があることが明らかになった[2]. エンセラダスの海水は二酸化炭素に富み,また,熱水は水素に富んでおり,生命が誕生した頃の原始地球とよく似ている. したがって,エンセラダスは地球における生命の起源を明らかにするための鍵となるのである.

〔渋谷岳造・関根康人〕

## 2.4 太古代−原生代地質

### ● 太古代の地質

太古代の大陸地殻は現在の約20%を占め(図1)，緑色岩帯とそれを貫入する花崗岩類およびその高変成度岩体からなる(図2)．現存する最古の地質体はカナダ・アカスタ片麻岩体で，35.5～40.3億年前の複数のイベントで生じた花崗岩質片麻岩とそれに切られた苦鉄質岩からなる．地質学的産状は苦鉄質岩がより古いことを示すが，絶対年代は得られていない(図3)．花崗岩質大陸地殻の形成にはプレートテクトニクスが必須であるため，大陸地殻は地球誕生時には存在せず，地球史を通じ増減を繰り返し，現在の量(表層の40%)になった．しかし，その推定は大陸地殻のリサイクル量に不確定性が大きく，冥王代までに現在量に達していたとするものから，徐々に増加したとするモデルまで多様である(図1B)．花崗岩類はトーナル岩・トロニエム岩・花崗閃緑岩に属し，重希土類元素に枯渇した特徴を持つ．緑色岩帯は超塩基性岩体，コマチアイト質～玄武岩質火山岩，チャート，炭酸塩岩や縞状鉄鉱層といった化学堆積岩や砕屑性堆積岩から構成される(図4, 5, 6)．コマチアイトや玄武岩にはスピニフェックス組織や枕状構造が見られ，イスア表成岩帯の枕状溶岩は海洋の最古の地質学的証拠とされる(図6B)．それらの火山岩や堆積岩は一見，整合に互層・累重し，厚い火山岩-堆積岩層をなしているように見えるが，実際は堆積岩層の分岐などが示すように，断層によって境界付けられた類似した層序を持つサブユニットが低角の断層によって累重した覆瓦状構造からなる(図4, 5)．さらにそれらの断層は一方に収斂し，デュープレックス構造をなす．それぞれのサブユニットは下位から超塩基性岩・玄武岩ユニット，チャート／縞状鉄鉱層，砕屑性堆積岩からなり，顕生代の付加体で見られる海洋プレート層序に類似する．デュープレックス構造はこの地質体が圧縮場で形成されたことを示し，海洋プレート層序は火成活動や堆積環境が遠洋域から大陸周辺域に変化したことを示す．それらの特徴は太古代緑色岩帯が付加体由来であることを示し，プレートテクトニクスの存在を示唆する．

### ● 原生代の地質

太古代−原生代境界(25億年前)は特定のイベントによって定義されてはいないが，境界を挟む5億年間に，海洋島弧の合体集合による大きな陸地の誕生，マントル熱史や循環の変化，酸素大気の誕生といった表層環境，真核生物の出現といった生命進化等地球が劇的に変わったとされる．以降，超大陸の形成と分裂が繰り返され，また，大きな大陸の誕生は広大な大陸

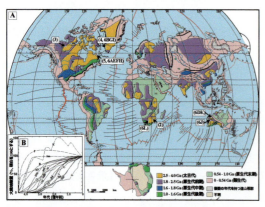

図1 大陸地殻の年代分布(A)と大陸成長曲線(B)．数字やアルファベットは図や写真の位置を示す(付録1)．

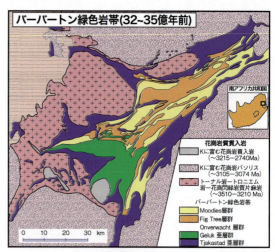

図2 バーバートン緑色岩帯と花崗岩類バソリス．緑色岩帯は下位からOnverwacht, Fig Tree, Moodiesの三層群からなり，Onverwacht層群はコマチアイト，玄武岩やデイサイト質の火山岩とチャート，Fig Tree層群は玄武岩やチャート，縞状鉄鉱層，炭酸塩岩，黒色頁岩，Moodies層群は礫岩等の砕屑性堆積岩から構成される．それらがいくつかの年代の花崗岩類に貫入され，緑色岩-花崗岩体を形成する(付録2)．

2. 地球史

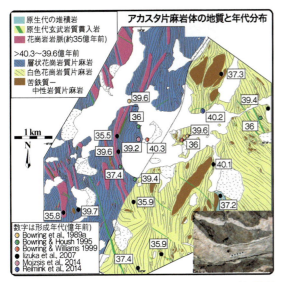

図3 アカスタ片麻岩体地質図と苦鉄質包有岩（右下写真）（付録3）

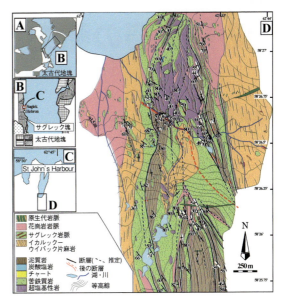

図5 >39億年前の年代を持つヌリアック表成岩類の地質図（付録5）

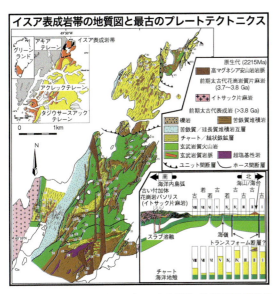

図4 38億年前の年代を持つイスア表成岩帯の地質図（付録4）

図6 太古代～原生代地殻で見られる岩相等．(A)超塩基性岩体，(B)現存する最古の枕状溶岩，(C)かんらん石スピニフェックス組織を有する超塩基性コマチアイト（バーバートン緑色岩帯），(D)チャート，(E)アルゴマ型縞状鉄鉱層，(F)炭酸塩岩，(G)砂質堆積岩，(H)礫岩，(I)現存する最古の生命の痕跡（グラファイト），(J)スーペリオール型縞状鉄鉱層（約25億年前ハマースレー超層群），(K)最古のストロマトライト（ピルバラ），(L)縞状マンガン層（約23億年前ホタゼル層）．A, E, F, H: ヌリアック表成岩類（>39億年前），B, G, I: イスア表成岩帯（38億年前）（付録6）．

棚の形成や厚い正常堆積物の堆積，大陸の分裂に伴うリフト帯の形成につながり，結果として，スーペリオール型の縞状鉄鉱層（図6J）やストロマトライトをしばしば伴う浅海成の炭酸塩岩が広く見られるようになる．大気・海洋の酸素濃度の増加に伴い，層状マンガン層（図6L）がヒューロニアン全球凍結後に形成され，その後縞状鉄鉱層も見られなくなる．一方，赤色砂岩が広く見られるようになる．　　　　〔小宮　剛〕

2.4　太古代-原生代地質　| 33

## 2.5 沈み込み帯の熱史と物質循環

### ● 概観

これまでの研究から描かれた，沈み込み帯の熱史と物質循環に関わる永年変化を図1にまとめた．沈み込み帯の熱史は，広域変成岩の変成条件の永年変化に反映されている．沈み込み帯の熱史の影響は，揮発性成分の循環にもっとも強く現れる．物質循環における沈み込み帯の機能は，太古代では地表からの$CO_2$除去，原生代以降にはマントルへの$H_2O$の運搬に変化した．プレートテクトニクスは，初期地球の$CO_2$大気を除去し，地球の金星化を防ぐための重要な役割を果たしたと考えられる．太古代に上部マントルにもたらされた$CO_2$は，超高温変成岩やカーボナタイトの形成に関連し，一部が地表へとリサイクルした可能性が高い．

### ● 沈み込み帯の熱史

沈み込むプレートが経験する圧力−温度経路は，沈み込み帯を経由して地表の揮発性成分がマントルへ運搬される物質循環を支配する．上部マントルの温度構造や，プレートの年齢，沈み込み角度と速度等が，沈み込むプレートの温度を決める．初期地球の沈み込み帯が現在よりも高温であったことは想像できるが，実証的な記録としては，変成岩のピーク変成条件の永年変化にその歴史を見ることができる(図2)．地表に戻って来た変成岩に記録されたピーク変成条件がその時代の一般的な沈み込み帯の温度を反映するとは限らないことや，超高圧変成岩研究により「みかけのピーク変成条件」は後退変成で改変されていることが多いなど，ある時代の沈み込み帯の温度と変成条件を対応させるのには注意が必要である．それでも，太古代から原生代後期に向かって，沈み込む物質が経験する温度圧力が低温高圧側に拡大したことは図2から読み取れるだろう．年代が，およそ750 Maよりも若くなると，低温高圧型の変成岩が形成し始めるのである．これは，上部マントル温度の低下やプレートサイズの増加により古いプレートが沈み込むようになったこと等が原因と考えられている．

### ● 中央海嶺における熱水変質

中央海嶺の熱水変質作用で$H_2O$や$CO_2$は含水鉱物や炭酸塩鉱物として海洋地殻に固定され，これが地表とマントルを結ぶ物質循環の出発点となる．太古代の付加体に保存されている中央海嶺玄武岩(図3)からは，含水鉱物と同時に大量(10 wt%$CO_2$程度)の炭酸塩が報告されている[2]．炭酸塩を大量に生成する熱水変質は$CO_2$に富む海洋の存在を示唆し，暗い太陽のパラドックス[3]を解決する案として現在の1万倍程度の$CO_2$分圧の大気が存在したと考えるモデルと整合的である．一方で，太古代末から原生代初期には，熱水変質を被った中央海嶺玄武岩の炭酸塩鉱物含有量が減少しており，25億年前頃には大気・海洋の$CO_2$

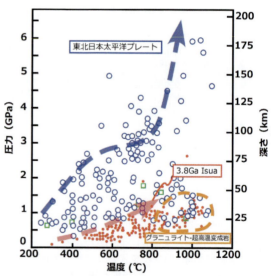

図2 変成岩のピーク変成条件−年代関係[1]．白丸は750 Ma以下，四角は750−1000 Ma，赤丸は1000 Ma以上．沈み込み帯起源であることがわかっている変成岩でもっとも古い38億年前のイスア変成岩帯と現在の東北日本の沈み込みの圧力−温度経路を矢印で示した．点線で囲んだ領域は，下部地殻のグラニュライト〜超高温変成岩，その他は沈み込み帯の広域変成岩である．

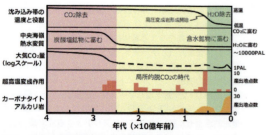

図1 沈み込み帯の熱史と物質循環の永年変化

## 2. 地球史

図3 西オーストラリア，ピルバラ地塊，ノースポールに産出する炭酸化した枕状溶岩（1997年撮影，北島宏輝氏提供）

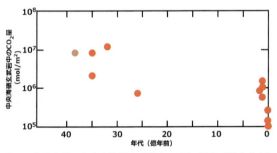

図4 熱水変質した中央海嶺玄武岩中の$CO_2$量の時間変化（文献4に38億年前のイスア変成岩帯のデータを追加）

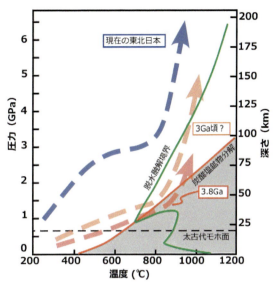

図5 含水玄武岩の脱水融解境界および炭酸塩鉱物の最大安定領域（かんらん岩組成）と沈み込み温度

量が減少したことを示している（図4）．

### ●沈み込み帯の変成作用と物質循環

中央海嶺での熱水変質作用で形成した含水鉱物や炭酸塩鉱物が，プレートの沈み込みによりマントルに運搬される．高圧実験による研究で，マントル深部の高圧条件下では，含水鉱物や炭酸塩鉱物が安定に存在し，マントル深部は$H_2O$や$CO_2$の貯蔵庫として機能することが明らかになっている（付録1,2）．問題は，含水鉱物や炭酸塩鉱物が，沈み込み途中で分解せずに地表から貯蔵庫まで運搬され得るか否か，ということになる．沈み込み帯の熱史と含水鉱物や炭酸塩鉱物の安定領域を合わせると（図5），$H_2O$や$CO_2$の循環を議論できる．

太古代～原生代初期の高温の沈み込みでは，沈み込む物質のたどる圧力–温度経路は玄武岩の含水融解条件をまたぎ，上部マントル浅部でメルトが生成して$H_2O$はマントル深部には運搬されない．一方，炭酸塩鉱物は，イスア変成岩帯で見積もられた圧力–温度経路では微妙に最大安定領域を超えるのだが，少し冷却すれば炭酸塩をマントル深部に運搬可能となる．先に述べた中央海嶺熱水変質の$CO_2$含有量の永年変化を考慮すると，太古代のある時期に，沈み込むプレートは地表からマントルに$CO_2$を運搬するキャリアになったのだろう．太古代～原生代にかけての大気・海洋の$CO_2$の減少は，炭酸塩鉱物の沈み込みによる$CO_2$除去で整合的に説明できる．

### ●原生代の局所的脱ガスと超高温変成岩

超高温変成岩は，原生代に特徴的な岩石である．（図1）．超高温変成岩は，その変成温度に加え$CO_2$に富む流体の浸潤を伴うことが特徴である．$CO_2$流体の浸潤が相対的に$H_2O$の活動度を低下させて，超高温変成条件における岩石の融解を妨げるという効果もあっただろう．また，原生代にはカーボナタイトも出現するようになる．これらの$CO_2$が，太古代に上部マントルにもたらされた地表起源$CO_2$であるとするモデルが提案されている[5]．マントル内で高温の上昇流が発生すると，低圧高温条件では炭酸塩鉱物が分解するため（図5），超高温変成作用の熱源と$CO_2$の起源を両方説明することができる．この脱ガスは局所的であるが，火山活動に匹敵する$CO_2$流入フラックスとして，大気$CO_2$濃度を変動させ表層環境に影響を与えた可能性も示唆されている． 〔大森聡一〕

## 2.6
# 固体地球の熱化学進化
## 多圏地球システム相互作用解明へ向けて

### ●固体地球の熱化学進化過程の制約条件

　固体地球の進化過程は，現在の地球物理観測や地質学的な証拠から判明しているいくつかの制約条件を満たさないといけない．その制約条件は，以下の3つである．1. プレートテクトニクスが活発に存在していること．2. 地球ダイナモ作用によって，ある程度強度の大きな双極子磁場が存在していること．3. 地球中心核における固体の内核の大きさが地震波観測からの推定値程度（およそ1220 km）の大きさで存在していること．以下では，これらの制約条件を満たす情報を引き出すために，必要な素材を紹介していく．

### ●マントルの熱化学進化

　地球内部の熱進化を語るうえで，もっとも重要な物理現象となるものは「マントル対流」である．マントル対流は核の対流よりも非常に低速であるため，核から運び出される熱量もマントル対流によって決定される．つまり，マントル対流によって地球深部から表層まで熱を運ぶことで，地球自身は日々冷却している．現在のようなスーパーコンピュータが十分に発達するまでは，マントル対流による熱輸送過程は対流の強さ（レイリー数）と関連づけて理論化されてきた（パラメータ化対流理論）．パラメータ化対流理論を用いると，初期地球から現在の地球に至るおおまかな熱進化過程を辿ることができる．しかし，パラメータ化対流理論で用いられている「レイリー数」と熱輸送効率の関係は，マントル構成物質の性質に大きく依存するこ

とが最近になって明らかにされた．そのため，最近では，パラメータ化対流理論の代わりに，マントル対流を支配している基礎方程式を直接的にコンピュータシミュレーションすることによって，初期地球から現在の地球の熱進化を解明する研究が行われている．さらに，岩石学ならびに火山学からの要請により，マントル物質が部分融解を経験していることが明らかになっており，現在の地球マントルは化学的に十分に分化していることが知られている．この分化過程を考慮したマントル対流のコンピュータシミュレーションを行うことによって，初期から現在の地球に至るまでの熱化学進化を追跡することが可能である（図1, 2）．

### ●中心核の熱化学進化

　固体地球の中心付近には，金属鉄を主成分とする「核」が存在し，地球の周りを覆っている地球磁場の生成に大きな役割を果たしている（地球ダイナモ現象）．中心核は液体の「外核」と固体の「内核」に分けられる．とくに地球磁場の維持に重要な現象は外核の対流運動によるダイナモ作用である．その運動の時間スケールはマントル対流よりはるかに高速であり，マントル対流と外核の対流運動を同時にコンピュータシミュレーションで再現することは現状のコンピュータテクノロジーでは非常に困難である．そこで，マントルと中心核の進化過程に迫るために，中心核の温度

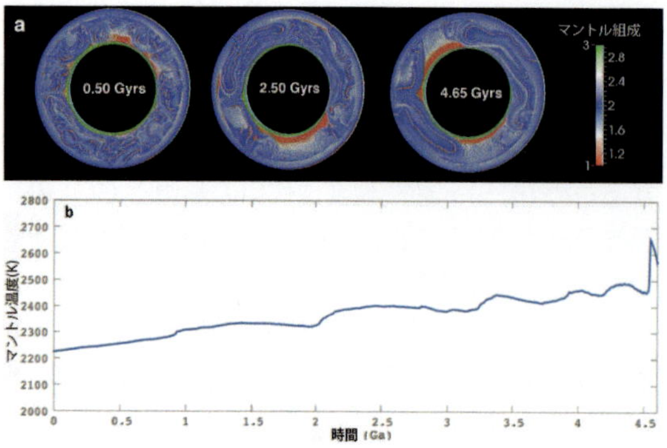

図1　シミュレーションに基づく化学分化作用を考慮したマントル熱化学進化（●付録1）

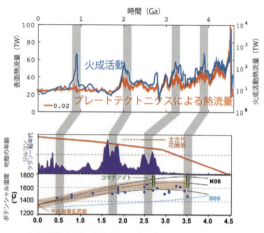

図2　岩石融解実験に基づいて提示されたマントル熱進化データ（JAMSTEC 木村純一氏提供）（●付録2）

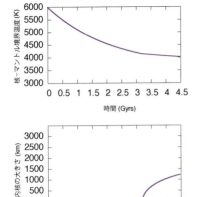
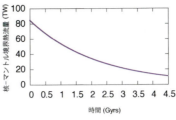
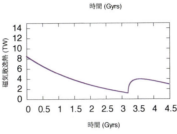

図3 核–マントル境界の熱流量をパラメータ化対流理論に基づく近似をした場合における核の熱進化計算結果．左上：核–マントル境界温度．左下：内核の大きさ．右上：核–マントル境界熱流量（マントルの冷却状態を近似）．右下：磁場の強さの指標としての磁気散逸熱．

分布を「断熱的」と仮定し，核–マントル境界における熱流量をパラメータ化対流理論等で近似した核の熱化学進化理論が多くの研究において用いられており，地球の冷却が磁場強度の永年変化へ与える影響について調べられている（図3）．

● 多圏地球システム相互作用と固体地球進化

これまでは，核とマントルの熱化学進化を別々のものとした扱い，つまり，どちらか一方の化学進化を無視したモデルに基づいた理論を紹介してきたが，本質的にはマントルも核も相互作用をしながら熱化学進化している．しかし，前述の通り，核とマントルの運動スケールの大きな相違により，核とマントルの運動と熱化学進化を同時に取り扱うことは困難である．そこで，前述の核熱化学進化理論において，核–マントル境界の熱流量をパラメータ化対流理論などの近似的な手法で計算するのではなくマントル対流シミュレーションから直接的に計算するモデルを構築する．このような「核–マントル結合熱化学進化モデル」により，

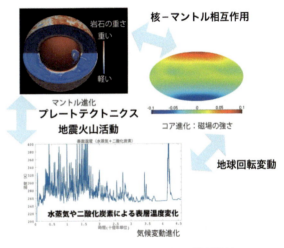

図5 多圏地球システム相互作用の概念図（付録3）

固体地球熱進化の制約条件を説明できるようなマントルや中心核の物性値ならびに初期条件を探索し，核の進化過程を解明しつつある（図4）．将来的には，「核–マントル結合熱化学進化」から，表層の境界条件として惑星の表層温度を記述することができる長期間の気候変動の影響を取り入れて，「多圏地球システム相互作用（図5）」を記述することができるモデルに進化させることが可能である．このモデリングアプローチを用いることで，地球のような長時間安定した気候・プレートテクトニクスを持つ条件を明らかにし，惑星の生存可能性の条件を明らかにすることができるかもしれない．

〔中川貴司〕

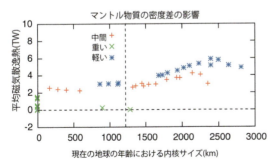

図4 「核–マントル結合熱化学進化」計算によって推定された核熱進化．縦軸：過去20億年における磁場の強さの平均．横軸：46億年後における内核の大きさ．核熱進化は，マントル深部における化学組成変化ともっともよく相関する．

## 2.7 超大陸の形成とウィルソンサイクル

### ●太古代と原生代の超大陸

地球史上で最初の超大陸は30億年前までに誕生したといわれる（図1）．この超大陸は，カープファール（現在のアフリカ南部）とピルバラ（現在のオーストラリア西部），マダガスカル，インドの太古代の地塊を連ねたもので，ウルと呼ばれる[1]．また，現在の北米大陸とグリーンランド（後のローレンシア大陸）を中心に，バルティカ（現在のスカンジナビア半島の一部と東ヨーロッパ），ピルバラ，カラハリ（現在のアフリカ南部）の各クラトンからなるケノーランドと呼ばれる超大陸が約25億年前に存在したとされる（付録1）．

原生代初期の超大陸については，不確定であるが，いくつかの形が復元されている．北米大陸東岸のクラトンとバルティカのクラトンの地質構造の類似性をもとに復元された超大陸はヌーナ（Nuna）と呼ばれ，これに東南極のクラトンを含んだ超大陸はネーナ（Nena）と呼ばれている．さらに，20億年前に形成された世界の造山帯に注目し，パズル合わせのように世界の大陸をひとまとまりに復元した超大陸はコロンビア（Columbia）と名付けられている[2,3]．コロンビアは約19億年前から17億年前に形成され，約15億年前に分裂が始まったとされている（図1，付録2）．

北米大陸東岸に分布する約12億年前から10億年前のグレンビル造山帯と類似した岩石からなる造山帯が，南極の一部やオーストラリアにも分布し，かつてはそれらが帯状に分布していたと考えられる．この造山帯をもつ超大陸はロディニア（Rodinia）と呼ばれ，約10億年前までに形成されたとされる．ロディニアの正確な形はまだはっきりと定まっていないが，地質学的，古地磁気学的データと，ローレンシア大陸やそれを取り囲むクラトンの配置を考えると，地球の低緯度領域を中心に存在していたとされる．

ロディニアは約8億年前から7億年前にかけて，マントルの大規模な上昇流によって，大陸地殻が引き延ばされ，リフト帯が形成されることにより分裂したと考えられている（付録3）．この上昇流によって新しい海嶺と海洋底（現在の太平洋に相当する海で古太平洋と呼ばれる）が生まれると同時に，ローレンシア大陸から東ゴンドワナ大陸（現在のオーストラリア，南極の一部，インド等）が反時計回りに回転して分離したとされる．東ゴンドワナは，やがて，約6億年前から約5億年前には，アマゾニア（現在の南米大陸北部），カラハリ，コンゴ，西アフリカ等からなる西ゴンドワナ大陸と衝突して汎アフリカ造山帯と呼ばれる新しい造山帯を形成した．

6億年前の原生代後期には，ロディニアから分裂したゴンドワナ（Gondwana），ローレンシア，シベリア，バルティカの各大陸があった．5億年前の古生代カンブリア紀になると，ローレンシア，バルティカ，ゴンドワナの間にイアペタス海（Iapetus Ocean）と呼ばれる新しい海が誕生した．4億年前のデボン紀には，シベリア，バルティカが北上し，バルティカはローレンシアと合体した．ゴンドワナとローレンシア，シベリアの間にはそれぞれ，レイク海（Rheic Ocean）と古テチス海（Paleo-Tethys Ocean）と呼ばれる新しい海ができ，この頃までにイアペタス海は消滅した．3億年前の石炭紀になると，シベリア，ローレンシアはさらに北上し，また，当初東半球と西半球にまたいで存在していたゴンドワナは南に約90°移動して南半球に位置するようになり，南北に延びる超大陸パンゲア（Pangea）の原形ができ始めた（図2）．

### ●超大陸パンゲアの形成と分裂

2億4000万年前の三畳紀の頃は，地球上の大陸がもっとも集まった時代であり，パンゲアの輪郭がはっきりした．パンゲアの北半分はローラシア，南半分はゴンドワナと呼ばれている．それらの内海では，古テチス海と入れ替わる形で新しいテチス海（Tethys Ocean）が誕生した．パンゲアを取り囲む大海洋はパンサラッサ（Panthalassa）と呼ばれる（図2）．

パンゲアの分裂が始まったのは，約2億年前のジュラ紀の頃である．約1億5000万年前のジュラ紀後期までには，北米大陸とアフリカ大陸の間の中央大西

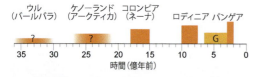

図1 超大陸が存在していた時代．Gはゴンドワナ大陸．

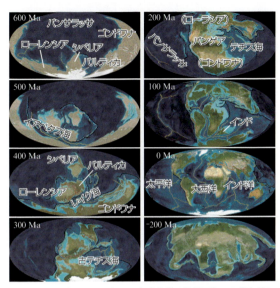

図2　6億年前から現在までの大陸移動の復元図と，2億年後に予想される大陸配置（ロナルド・ブレイキー博士より提供）

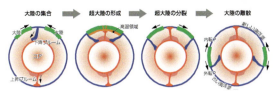

図3　超大陸サイクルのメカニズム[5]．マントル内の青色と赤色は下降プルームと上昇プルーム．表層の緑色の領域は大陸．

洋が先に拡大し始めた．約1億年前の白亜紀中期までには，南米大陸とアフリカ大陸は完全に分断され，南大西洋が広がり始めた．ほぼ同時期には，ジーランディアと呼ばれる大陸がオーストラリアから分裂を始めた（現在，この大陸はニュージーランドを残して約94％の面積が海面下にある）．また，オーストラリア大陸とインド亜大陸が南極大陸から分かれ，インド洋が拡大し始め，インド亜大陸の高速北進に伴いテチス海は徐々に縮小されていった（付録4）．その後，北大西洋が拡大し始め，約5000万年前の古第三紀始新世までには，現在の六大陸の大陸配置がほぼ完成した．約4000万年前までには，インド亜大陸が年間で最大18 cmという速度でユーラシア大陸に衝突したことで，広大なインド洋が形成され，太平洋，大西洋とともに現在の三大洋が揃った（図2）．

## ● 大陸の離合集散のメカニズム

超大陸の形成と分裂の繰り返し，それに伴う大陸の離合集散は超大陸サイクル（Supercontinent cycle）と呼ばれているが，その周期はおよそ7～8億年とみることができる[4]（図1）．超大陸サイクルはマントルの対流運動と密接な相互関係がある．まず，地球上に分散した大陸は，複数の大きなプレートが収束する場所に集合しやすいと考えることが一般的である．プレートはマントルの表層が冷却され，高粘性になった部分であることを考えると，沈み込んだプレートが作るマントルの下降プルームに向かって大陸が集合することで，超大陸が形成されると考えてよい．

超大陸の分裂が起こる原因として考えられるのは，超大陸の熱遮蔽効果とマントル深部からの上昇プルームである[5]（付録5）．前者は，時間を掛けて超大陸の下に溜まった熱が超大陸を水平方向に引き裂いて逃げようとすることで起こる．後者は超大陸の縁辺から沈み込んだプレートがマントル深部まで落下したときに，それを補償するように超大陸の下に上昇プルームが発生し，これが超大陸を引き裂くことで起こる（図3）．一方，超大陸の縁辺に広範囲に沈み込む海洋プレートが海側に後退（つまり，海溝が後退）し，海溝の海側に向かって超大陸が押し出される力が生まれることで，受動的に分裂するという考え方もある．

超大陸の分裂後，各地に分散した大陸が再び集合して新しい超大陸が形成するパターンは，対極的に2通りが考えられる[5]．それは，内転（introversion）と外転（extroversion）の2つのパターンである（図3）．外転パターンは，分裂した大陸の間にできた新しい海洋底が広がり，古い海洋底が閉じることで，大陸同士が元の超大陸の場所から離れた場所で衝突し，新しい超大陸が形成されるというものである．このパターンで未来の数億年後に形成されると予想される超大陸はアメイジアと呼ばれている（付録6）．一方，内転パターンは，分裂した大陸の間に新しい海底が誕生し，その海底がある程度まで広がると，再び，その海底が閉じるように大陸が近付き始め，やがて元の超大陸に近い場所で衝突し，新しい超大陸が形成されるというものである．とくに内転パターンは，プレートテクトニクス理論の創始者の一人であるジョン・ツゾー・ウィルソン（1908～1993）にちなんで，ウィルソンサイクル（Wilson Cycle）と呼ばれる．このパターンに基づくと，大西洋はやがて再び縮小に転じて閉じることになる（図2）．この結果で形成される未来の超大陸はパンゲア・ウルティマと呼ばれる．

〔吉田晶樹〕

# 2.8 固体地球と生命・表層環境（太古代）

地球は高等生物が躍動するきわめて稀有な星であり，その生命や地球の進化は地球科学のみならず，社会的にもきわめて大きな関心事である．本項は太古代の固体地球と生命・表層環境進化についてまとめる（図1）．

## ● 初期地球海洋組成と最古生命

初期の地球大気は二酸化炭素に富み，海水や熱水中にも二酸化炭素が多く含まれていた．結果として，太古代の海洋底変成作用では炭酸塩の安定領域が拡大し，一方，CaやAlに富むケイ酸塩のそれは縮小する．そのため，当時の海洋底玄武岩は広く炭酸塩岩化された（図2）．また，熱水変成作用によって炭酸塩が生じる一方，緑泥石等のケイ酸塩の形成は抑制されるので，当時の熱水は，現在の熱水が酸性であるのに対して，中性から弱アルカリ性になり，シリカにはきわめて富むが，鉄等の遷移元素には枯渇した組成を持つ．その結果，海水中に大量のシリカが放出され，チャートの堆積や海洋底玄武岩や炭酸塩岩の珪化が促進されるとともに，熱水口近辺で縞状鉄鉱層が形成される（図3）．

現存する最古の表成岩（火山岩や堆積岩）はカナダ・ラブラドル地域の約39億年前の花崗岩質片麻岩に貫入されたヌリアック表成岩類で，その堆積岩中にはグラファイトが多く存在する．一般に，生命には軽い炭素同位体が選択的に濃集する特徴がある．ヌリアック表成岩類や38億年前の年代を持つイスア表成岩帯中の炭質物は $^{12}C$ に富み，生命由来であるとされる（図4）．また，硫化物の鉄同位体組成が大きな変動をしており，鉄還元バクテリアや鉄酸化バクテリアの存在が示唆される（図5D）．

## ● 固体地球と表層環境の共進化：大酸化イベント

27億年前頃，大規模な洪水玄武岩が噴出したことや急激に地殻生産量が上昇したといったことに加え，地球磁場が強くなったことが指摘されている（図1）．その原因として，マントルオーバーターンに伴い，急激な大陸成長とコアの冷却が起きたことが示唆されている．急激な大陸成長は海洋内島弧の衝突合体を促進し，巨大な大陸や広大な大陸棚を生み，海面上に露出した大陸面積を増加させ，侵食と地殻のリサイクルを

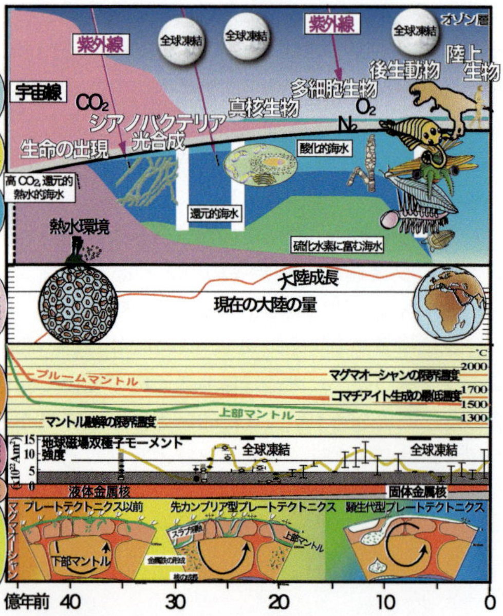

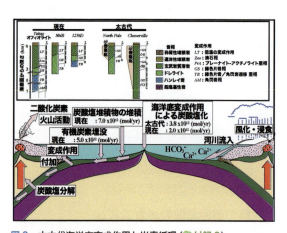

図2 太古代海洋底変成作用と炭素循環（付録2）

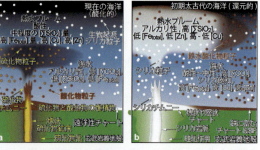

図3 現在と初期地球の熱水組成の違いとそれに伴う海水や海洋底玄武岩の変成・変質作用の相違点のまとめ（付録3）

図1 固体地球と生命・表層環境進化の概略図（付録1）

## 2. 地球史

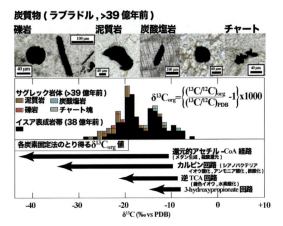

図4 カナダ・ラブラドル（>39億年前）やグリーンランド・イスアの堆積岩中の炭質物の炭素同位体値（🔗付録4）

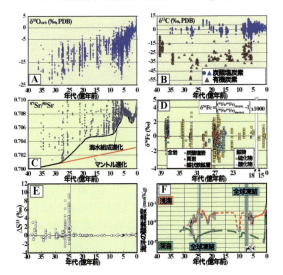

図5 (A)炭酸塩の酸素同位体値の経年変化．(B)炭酸塩炭素と有機炭素の炭素同位体値の経年変化．(C)炭酸塩のSr同位体の経年変化．(D)堆積岩の全岩や鉱物の鉄同位体値の経年変化．三価鉄は重い同位体を濃集する．(E)硫黄の非質量依存同位体分別．およそ24億年前以降顕著な分別は見られず，酸化的大気になったとされる．(F)炭酸塩の希土類元素濃度とCe異常から推定した海洋酸素濃度変動（🔗付録5）．

促進する．その広大な大陸棚にはストロマトライトを特徴とした炭酸塩岩や黒色頁岩が堆積し，侵食量の増加が海洋に陸源物質を大量に供給させ，炭酸塩岩のSr同位体比がマントル値から大きくずれるようになる（図5C）．この時期に，きわめて$^{12}$Cに富む有機炭素が存在すること（メタン酸化細菌の存在を示唆，図5B），堆積物の鉄同位体がきわめて大きく変動すること（図5D），ストロマトライトに酸素泡状組織が存在することや浅海域の炭酸塩鉱物にCeの負異常が見え始めること（図5F）等から**大気や浅海の酸素濃度**が上昇した

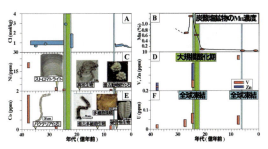

図6 (A)チャート，炭酸塩，硫酸塩鉱物や火山岩のdrainage cavityを充填する石英鉱物中の流体包有物から推定した海水の塩化物イオン濃度の経年変化．(B)炭酸塩鉱物中のMn濃度の経年変化．(C–F)砕屑性や火山性粒子の混染の影響を除去した縞状鉄鉱層中のNi, V, Zn, CoやU濃度の経年変化（🔗付録6）．

ことが示唆される．**地球磁場強度の上昇**が太陽風の影響を低減し，生命が浅海域に進出することを可能とし，酸素発生型光合成がより活発になったためとされる．

### ● 大気酸素の上昇と海洋生命必須元素濃度の変化：真核生物の出現へ

27億年前の大規模な大陸成長後（図1），**全球凍結**を経て，地球大気は急激に酸化的になったとされ（Great Oxidation Event），この時期に大気や海洋環境の指標（proxy）にそれを支持する以下のような大きな変動が見られる．**イオウの非質量依存同位体分別**が存在しなくなる（図5E）．浅海成の炭酸塩鉱物にCe異常が存在したり，希土類元素濃度が極端に乏しくなったりする（図5F）．18億年前以降，縞状鉄鉱層が存在しなくなり，赤色砂岩が存在する．炭酸塩炭素に大きな正異常が見られる（図5B）．

図6Aはチャートや熱水石英中の流体包有物から推定した海洋のCl濃度の経年変化を示す．大陸成長に伴い大陸に固定される塩の量が増加し，海洋中の塩濃度が低下し，真核生物の生息環境の拡大や後生動物の出現をもたらした．また，全球凍結時は海水の凍結により塩濃度が非常に高かった．炭酸塩のMn濃度の変動は海水のMn濃度がGOEイベントによって急激に減少したことを示す（図6B）．縞状鉄鉱層には火山性や砕屑性粒子が多く含まれるためその補正をする必要がある．その補正後の微量元素濃度の経年変化は太古代中期から後期にNiやCoは減少し，V, ZnやU濃度が上昇したことを示す（図6C–F）．この変化はNiを必須とするメタン生成菌の活動の低下に伴う大気酸素の増加やCoに比べてZnの依存性が高い真核生物の出現と関連するであろう．また，2度の全球凍結後に真核生物と後生動物がそれぞれ出現した．

〔小宮　剛〕

**2.9**

# 固体地球と生命・表層環境（原生代）

原生代は古原生代，中原生代，新原生代に大別される．以下では各時代に特徴的な地質現象を紹介する．

## ●古原生代（25〜16億年前）

この時代は地球規模での大気海洋の**大酸化イベント**（Great Oxidation Event：GOE），全球凍結（Snowball Earth）および真核生物（Eukaryote）化石の初出等によって特徴づけられる．原生代以前の大気海洋は酸素に乏しかったのに対し，古原生代の大気酸素濃度は現在の15%程度，またはそれ以上にまで上昇したと考えられている（図1）．このGOEの原因として提唱される主な仮説として，（1）大陸成長が進み，光合成によって形成された有機物がより多く堆積物中に埋没されて遊離酸素が大気に蓄積した，（2）大気中のメタンが還元的物質である水素の宇宙への散逸を促進し，結果として大気海洋が酸化した，（3）火山噴火様式が変化し，火山ガス中の還元成分が減少した，等がある．

古原生代の2〜4回程度の氷河期は**ヒューロニアン**（Huronian）**氷河期**と総称され，そのいくつかは全球凍結であったとされる．これらはGOEの最中に起こっており，全球凍結に至る過程に関してはGOEとの関連が主張されている．光合成が活発になると酸素が増える代わりに温室効果ガスである二酸化炭素やメタンが減少するため，表層が寒冷化すると考えられる．ヒューロニアン氷河期の前後の地層は大規模な縞状鉄鉱層を伴うことが多く，地球史上最大のカラハリMn鉱床もヒューロニアン氷河期中の地層に含まれる．どちらも酸化物を含み，氷河期と大気海洋の酸化の因果関係を示す有力な痕跡である．

古原生代の地層から見つかる**グリパニア**（Grypania）**化石**は，その大きさ（mm以上）故に真核生物の化石とされる．近年ガボン共和国の全球凍結後の地層からも複雑な形態を持った大型化石が報告されている．これらの体内に拡散によって酸素を輸送する場合にはある程度の大気酸素濃度が必要とされ，この生命進化に関してもGOEとの関連が主張されている．

## ●中原生代（16〜10億年前）

前後2億年間を含んだ原生代中期（18〜8億年前）は「退屈な時代」と揶揄されることが多い．これはこの時代に堆積した地層には氷河性堆積物や大規模な鉄鉱床がないために極端な環境変動が想定し難く，生物化石の報告例も少ないことに起因する．しかし近年**アクリターク**（Acritarch）と呼ばれる球状化石が豊富に報告され，またカンブリア紀の爆発的生物進化（約5.3億年前）の遺伝子レベルでの進化は中原生代に起きていた可能性も示された．また一次生産者としてシアノバクテリアに加えて，より光合成能力に優れた藻類が台頭し始めた．これまでの地質学的研究に基づくと，この時代の深海は酸素に枯渇し硫化水素に富んだ海洋であったと考えられてきた．しかし，最近の地球化学的研究に基づくとそのような海洋は期間・場所として限定的で，多くは溶存鉄に富んだ還元的な海水であったとされる．

## ●新原生代（10〜約5.4億年前）

この時代は2度の全球凍結，生物の大型化・多細胞化と後生動物化石の出現等によって特徴づけられる．2度の全球凍結はそれぞれ**スターティアン**（Sturtian），**マリノアン**（Marinoan）**氷河期**と呼ばれ，そのおおよその年代は7.2〜6.8億年前，6.5〜6.3億年前とされる．数地域の全球凍結後の地層には18億年前以降大規模に形成されることのなかった縞状鉄鉱層が含まれる．全球凍結時に海洋が氷で覆われ，海底熱水から供給される溶存鉄が海洋に蓄積し，何らかの酸化過程を経て縞状鉄鉱層が形成されたと考えられており，縞状鉄鉱床は全球が凍結した1つの証拠であるとされる．全球凍結時の氷河性堆積物は通常温暖地域で堆積する炭酸塩岩に覆われている場合が多い（cap carbonateと呼ばれる）．全球凍結中は大気海洋間のガス交換が妨げられるため放出された火山ガスは海洋に溶け込むことなく大気中に蓄積される．このガス由来の温室効果がある閾値を超えたときに地球は急激に温暖化し，氷河期直後にcap carbonateが堆積した．全球凍結の原因として，（1）大気海洋の酸化に伴って温室効果ガスであるメタンが減少した，（2）高いアルベド（反射率）を持つ大陸が赤道域へと集中し，地球全体として太陽放射から受け取る熱量が減少した，（3）活発な陸上火成活動によって噴出した岩石の風化に二酸化炭素が消費され，温室効果が下がった，（4）地球磁場変化もしくは宇宙線量の変化によって雲が多量に形成され，地球表層に入射する太陽光が減少した，等諸説ある．

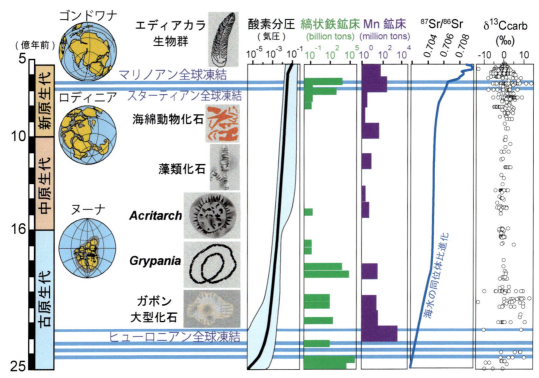

図1 原生代の地質現象の概略図．先行研究[1~5]をもとに改変．

　もっとも原始的な動物とされる海綿動物門の化石はマリノアン全球凍結以前の地層に含まれ，エディアカラ紀（約6.3〜5.4億年前）の地層からは大型の多細胞動物化石が豊富に報告される．エディアカラ生物群と呼ばれる化石群は約5.8億年前以降の比較的浅い海底下で堆積した砂岩中に含まれる．これらは永らく現生生物種との繋がりが不明であったが，その内数種については環形動物門や軟体動物門等の化石と主張されている．南中国の地層からは刺胞動物門や節足動物門の胚化石とされる化石も見つかり始めている．

　新原生代の全球凍結および生命進化は超大陸ロディニア（Rodinia）の分裂とその後のゴンドワナ（Gondwana）の形成とほぼ同時期である．新原生代はこの活発な造山運動や海水準低下によって大陸風化（侵食）量が地球史を通じてもっとも急激に高くなった時代であり，これは海水の$^{87}Sr/^{86}Sr$比が高い値へ移行したことから読みとれる．大陸風化は栄養塩の最大の供給源であり，生命に必須のリンも含まれる．大規模なリン酸塩岩鉱床はエディアカラ紀に初出し，この時期の大陸風化量の多さを支持する．また，活発な大陸風化は堆積岩形成を通じて埋没有機物量を増加させる．遊離酸素は大気海洋を酸化し，海洋中の溶存有機炭素を減少させた．この炭素循環様式の変化は，炭酸塩炭素同位体比（$\delta^{13}C_{carb}$）の大変動として記録されている．エディアカラ紀の大気海洋の酸化は深海にまで及び，現在と同程度まで大気酸素濃度が上昇したとする考えもある．動物の多細胞化にはコラーゲンが必須で，その形成には現在比で3%以上の酸素濃度が必要とされる．多細胞化石の出現は新原生代の酸化的環境の産物といえる．以上のように固体地球と生命・表層環境は共進化していたことが明らかになりつつある．

〔澤木佑介〕

## 2.10 巨大火成岩区と地球史

### ● 巨大火成岩区とは

現在の地球で見られる火山活動のほとんどは，プレートの発散境界（中央海嶺）および収束境界（沈み込み帯）に集中しており，プレートの動きとマグマ形成に密接な関係があることがわかる．一方，46億年の地球史を概観すると，プレートの配置とは一見無関係に突如大量の高温マグマが地表に噴出し，表層環境に甚大な影響を及ぼすイベントが，幾度となく繰り返されてきた様子がうかがえる．巨大火成岩区とは，総面積が10万 km² 以上，あるいは総体積が10万 km³ 以上に及ぶ苦鉄質～超苦鉄質マグマにより形成された火成岩体の総称であり，Large Igneous Provinces，略してLIPsと呼ばれている．3億年前以降に形成された代表的なLIPs（図1）の多くは，玄武岩マグマの溶岩流が幾重にも重なった溶岩台地（図2）を構成しており，大陸内部に噴出した「大陸洪水玄武岩」，大洋底に噴出した「巨大海台」，大陸縁に沿って分布する「火山性リフト縁」に大別される．いずれのLIPsも巨大であることに加え，形成後の造構運動や侵食・削剥の影響もあり，マグマ総量やその活動期間を正確に知ることは容易でない．しかし，ほとんどのLIPsの活動期間は数百万年程度と推定されており，大量かつ高温のマグマがごく短期間に地表へ噴出している点に共通した特徴がある．

現存する最大のLIPsは太平洋赤道域にあるオントンジャワ海台であり，総面積 $2 \times 10^6$ km²，厚さ30 kmに及ぶほぼ全域が1億2500万年前に形成された．同時期にはマニヒキ海台，ヒクランギ海台も活動しており，これら3つは超巨大海台として南太平洋に誕生し，その後の海洋底拡大により分裂した可能性が指摘されている．一方，大陸洪水玄武岩や火山性リフト縁も大陸移動とともに分断されているものが多く見られるが，その活動時期はかつての超大陸の分裂開始に一致することが知られている（図3）．LIPs活動と超大陸形成・分裂の間の因果関係は「プルームテクトニクス」により体系的な説明が試みられているが，未だ具体的証拠に乏しいのが現状である．

### ● 巨大火成岩区と生命・表層環境

LIPs活動はその規模の大きさゆえに，地球表層環境システムに多大な影響を与えうる．顕生代においてLIPs活動がもっとも盛んであった白亜紀は，火山ガスの放出に伴い大気中の二酸化炭素濃度が上昇することで，きわめて温暖な気候が保たれていた．その後寒冷化した新生代においてもイベント的に認められる小規模な温暖化事変（図4，Paleocene-Eocene Thermal Maximum：PETM, Mid-Miocene Climatic Optimum：MMCO）は，LIPs活動に伴う一時的な二酸化炭素濃度上昇が引き金となった可能性がある．一方，噴火に伴い放出された火山灰やエアロゾルが大気を覆った場合には，逆に太陽光遮蔽効果が寒冷化を促進する．顕生代最大の生物大量絶滅事変（グアダルピアン-ロービンジャン境界，ペルム紀-三畳紀境界）は，それぞれ峨眉山，シベリアLIPs活動に伴う寒冷化が原因であるとする仮説が提唱されている．また恐竜が絶滅した白亜紀-古第三紀境界においても，巨大隕石衝突に先立ってデカンLIPsの活動が最盛期を迎えており，当時の生物にダメージを与えて

図1　代表的な巨大火成岩区の分布（3億年前以降）

図2　インド，デカン高原の溶岩台地（0.65億年前）．佐野貴司氏撮影．

44

図3 パンゲア超大陸（2億年前）とLIPsの形成地点

図5 （左）カナダ盾状地に分布する原生代マッケンジー岩脈群（12.7億年前）．（右）太古代地塊に貫入するブッシュフェルト複合岩体（20.6億年前，南アフリカ）とグレートダイク（25.8億年前，ジンバブエ）．

いた可能性が指摘されている．ただし，マグマが深海底に噴出したオントンジャワやケルゲレン等の巨大海台形成時には，マグマ噴出率がきわめて高いにもかかわらず，大量絶滅は引き起こされていない．このような状況証拠からも，LIPs活動から生物大量絶滅に至るシナリオにおける最重要因子として「陸上噴火による大気へのエアロゾル放出」があげられているが，今後の検証が必要である．また巨大海台形成時には，黒色頁岩が汎地球的に堆積する「海洋無酸素事変」が起きており，深海底のマグマ活動と海洋循環の関連性についても議論がなされている．

### ●先カンブリア代の巨大火成岩区と白金族鉱床

先カンブリア代のLIPsの多くは，侵食・削剥の影響から大陸基盤に貫入した火成岩体として認められる．原生代に活動したもっとも代表的なLIPsはカナダに広く分布するマッケンジー岩脈群（図5左）で，カナダ北西部を中心とした放射状岩脈群を形成している．ドレライトを主体とする岩脈は最大150 mの厚さを持ち，その延長は3000 kmにも達する．中心近傍には溶岩台地が一部残されており，総面積 $2.7 \times 10^6$ km$^2$ に至る大陸洪水玄武岩の浅部マグマ供給系とみなされる．

太古代に活動したもっとも代表的なLIPsは南アフリカに分布するブッシュフェルト複合岩体（図5右）で，東西460 km，南北245 kmに及び，すり鉢状の層状貫入岩体（Layered Intrusion）を形成している．ジンバブエに分布するグレートダイク（総延長530 km）はさらに古い層状貫入岩体であり，どちらもLIPsマグマ活動の比較的深部マグマ供給系とみなされるため，苦鉄質〜超苦鉄質マグマの分化過程を直接観察できる格好の研究対象とされてきた．またブッシュフェルト，グレートダイクはともに，世界有数の白金族金属鉱床としても知られており，リーフと呼ばれる一部の薄層には，地殻由来岩石のおよそ1万倍の白金族元素が濃集している．白金，パラジウム，ロジウムは世界生産シェアのほぼ8割が両岩体の鉱山に占められており，偏在リスクが高い金属資源となっている．

〔石川　晃〕

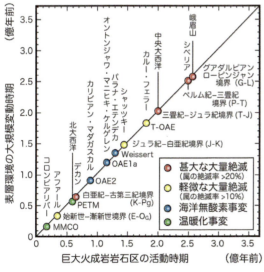

図4 表層環境変動と巨大火成岩区の活動時期の対応（文献1を改変）

## 2.11
# 地球外物質と地球・生命史

　宇宙環境は生命にどのような影響を与えてきたのか，という興味深い疑問がある．地球環境は閉じた系ではなく，宇宙空間に開いた系であることには疑いの余地がない．このことを端的に表すもっとも有名な宇宙からの贈り物は，隕石だろう．K/Pg 境界の大量絶滅が巨大隕石の衝突によるものだという仮説は，アルバレズによって提唱されて以来，チチュルブ・クレーターの発見等多くの検証を経てきた．巨大津波や酸性雨，寒冷化等の甚大な環境変動を引き起こし，大量絶滅に至ることがあったと考えられてきている．

　まさに一瞬の出来事であり，見た目にも派手な隕石衝突とは異なり，一見地味だが，非常に長い時間をかけて地球環境をむしばむ宇宙からの影響というのもいくつか考えられる．10 億年単位の地球史の中で，何度か太陽系の突入が起こりうる最悪の宇宙環境には，星の死ぬ場所「超新星爆発」と，星の生まれる場所「巨大分子雲」の 2 種類が考えられる．超新星爆発や巨大分子雲は，天の川銀河の腕構造 (図1) に多く存在しており，太陽が銀河系を一周するのにかかる時間は，約 2 億年程度である．本項では，学際的で興味深い仮説をいくつか紹介する．

　とくにここでは，今もときおり流れ星として見ることのできる宇宙の塵と，人間の目には見えない宇宙からの放射線による，極端に悪い影響について紹介する．より具体的には，大量の宇宙塵が成層圏を汚して地上への日射量が減ることによる寒冷化と，宇宙放射線が大気を電離し，窒素酸化物や雲を大量発生させ，やはり地上への日射が減ることによる寒冷化，に着目する．長期的な寒冷化は，生命活動に悪影響を与える．その最悪の例が，全球凍結だろう[1]．

　宇宙放射線の一種である銀河宇宙線の大気電離によって雲が発生しやすくなり，雲が増えるほどアルベドが上がるため寒冷化するのではないか，というスベンスマルクの「宇宙線雲仮説」[2] は有名で，その観測的な検証や，再現実験が進められている．

### ●超新星爆発との遭遇

　超新星爆発とは，太陽より重い星が寿命を迎えて爆発する現象で，天の川銀河の中では 100 年に 1 度くらいのペースで起こっている．その爆発で起こる衝撃波は，秒速数千 km で宇宙空間に広がり，半径 100 光年ほどまでの天体を，数万年ほどかけて飲み込んでいく．超新星爆発は，銀河宇宙線の生成装置でもあり，この衝撃波に飲み込まれると，現在の銀河宇宙線による地上での被ばく線量と比べて 1 万倍ほど被ばくする．この強烈な被ばくによって，病気の発生率や，突然変異の確率が高くなる．これらの被ばくによる影響は，大量絶滅の要因と考えるよりは，進化を加速する要因として考えやすい[3]．

　非常に強力な銀河宇宙線によって大気もそれだけ激しく電離するため，窒素酸化物や雲の大量発生を通して，数万年にわたって寒冷化する可能性が考えられる．窒素酸化物は，大気を着色して寒冷化に寄与するだけでなく，紫外線をブロックしている成層圏のオゾンを破壊する触媒としても働く．このため，窒素酸化物の大量発生によって，成層圏のオゾンが破壊され，地上での紫外線は非常に高いレベルに保たれる．このような長期的な紫外線ブロック機能の低下も，大量絶滅に至る原因となりうるだろう．

### ●巨大分子雲との遭遇

　巨大分子雲というのは，銀河系の中でも，とくに宇宙の塵が濃く集まった場所で，その冷たい塵が集まって恒星が生まれる場所として有名である．この巨大分

**図1** 天の川銀河の模式図（NASA/JPL-Caltech/ESO/R. Hurt）

*46*

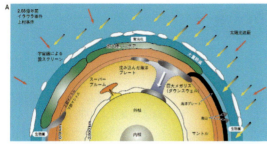
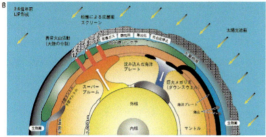

図2 「プルームの冬仮説」による2段階の大量絶滅を表す模式図[4]（🌐付録1）

子雲に，太陽系が一度入ってしまうと，ここから抜け出すのには100万年スケールの時間がかかる．この間，地球の大気は，現在の100倍ほどの宇宙塵で覆い尽くされ，日射が地上まで届きにくい状況になり，最悪の場合，全球凍結する可能性もある．

宇宙放射線が地球へ直接到達することを防ぐバリア効果を持っている太陽風は，巨大分子雲の圧力によって押しつぶされて機能しなくなる．このため，地球での宇宙放射線もまた，非常に高いレベルになることが予想される．

100万年という時間スケールになると，無視できなくなるのが，地磁気の反転である．その頻度は不規則だが，100万年という長い時間の間には何度も反転する可能性が高いため，巨大分子雲を通過する際には，地磁気が反転する影響も同時に起こる，と想定される．地磁気の反転に要する千年間ほどの期間は，地磁気の強度が急激に弱まることが知られている．地磁気は，宇宙放射線を，とくに緯度の低い地域で大幅にカットする効果を持っているが，この地磁気が反転するタイミングでは，その宇宙放射線バリア効果すらなくなってしまう．

地磁気が反転するメカニズムは明らかになっていないが，超大陸の形成や分裂に伴って変化する地球内部の温度の変化が，地磁気の反転を引き起こす一因になるかもしれない．これらの要素が揃ったP/T境界の大量絶滅に注目し，「宇宙線雲仮説」を拡張して，地磁気バリアが消えて強まった宇宙放射線の影響によって雲が大量発生し，寒冷化が加速し，大量絶滅に至ったことがあるとする「プルームの冬仮説」[4]が提唱されている（図2）．

## ●星雲の冬

以上の要素を一言でまとめると，超新星爆発や巨大分子雲を通過した場合には，その宇宙放射線と宇宙塵の影響によって，数万年から100万年といった時間スケールの寒冷化と大量絶滅が予想される，ということになる．このような超新星爆発や巨大分子雲へ遭遇する確率が高い，つまり星の生死が天の川銀河で活発だったスターバーストと呼ばれる時期が，地球史の中で，おおよそ22億年前と6億年前の2回起こっており，全球凍結も同時期に頻発している．これらの宇宙最悪の環境破壊をまとめた「星雲の冬仮説」[3]が提唱されている（図3）．

〔片岡龍峰〕

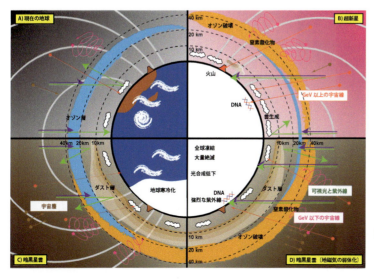

図3 「星雲の冬仮説」による宇宙最悪の地球環境破壊を表す模式図[3]（🌐付録2）

## 2.12 核の進化と地球磁場変動

現在の地球の核(Earth's core)は，主に固体の鉄からなる内核(inner core)と，主に液体の鉄からなる外核(outer core)から構成されている．内核－外核境界(inner core boundary：ICB)は，鉄の固液相境界である．初期には熱かった地球が冷却するに伴い，内核はいずれかの時点で外核から析出してきたものと考えられている(図1)．

本項目では，2.1で取り扱われる核の形成以後の核の進化を考える．まず，核のエネルギー収支と熱的進化(thermal evolution)を理論的に考える．そこでは，とくに内核の誕生のタイミングについて議論する．

核では電磁流体力学的なダイナモ作用により磁場が作られている．そこで，古地磁気学の結果から核の進化を考えるというアプローチを次に考える[1]．観測的には何がいえるのか，とくに磁場の誕生の時期を考える．

### ● 核の熱的進化と内核の誕生

核は，基本的には，エネルギーを失いながら単調に冷えていっていると考えられている．その失うエネルギーは，コアの対流の駆動源にもなるので，熱源といってもよい．

核の熱源は，内核があるかないかで大きく変わると考えられている．内核がなければ，単に冷却に伴う内部エネルギーの解放，すなわち(核の熱容量)×(温度低下率)で表現されるものだけが熱源となる．内核があると，これに内核成長に伴う潜熱の解放と内核成長による元素分配に伴う重力エネルギーの解放とが加わり，これらの寄与は，冷却に伴う内部エネルギーの解放と同程度に大きい．ここで，重力エネルギーの解放というのは次の意味である．外核には鉄以外の鉄よりも軽い元素が含まれており，それを総称して軽元素(light elements)と呼ぶ(核の組成についてより詳しくは3.9参照)．軽元素は固体よりも液体の方に入りやすいので，固化するときには軽元素が液体側に押し出される．液体は軽元素を多く含むと密度が下がる(軽くなる)ので，ICBから軽くなった液体が外核の中を上昇する．これは対流の一種で組成対流(compositional convection)と呼ばれる．以上の過程によって，結局軽元素が上昇し，重力エネルギーが解放されることになる．

重力エネルギーは，熱エネルギーと異なり熱効率の制約がないので，ダイナモ作用のエネルギー源としてきわめて重要だと考えられている．そのこともあって，内核の誕生は重要なできごとだと考えられる．

内核が誕生した時期を，核のエネルギー収支から理論的に大雑把に見積もってみると[2]

$$t = \frac{1}{F}\left[\frac{g_{ICB}R_{IC}C_P M_C}{2}\left(\frac{dT_m}{dp} - \frac{dT_{ad}}{dp}\right) + L_{eff}M_{IC}\right]$$

となる．ここで，$F$は核からマントルへの熱フラックス，$g_{ICB}$は内核表面における重力加速度，$R_{IC}$は内核半径，$C_p$は定圧比熱，$M_C$は核の質量，$dT_m/dp$は融点勾配，$dT_{ad}/dp$は断熱温度勾配，$L_{eff}$は潜熱と軽元素の効果を合わせたもの，$M_{IC}$は内核質量である．この中の量では，$F$と$dT_m/dp - dT_{ad}/dp$の値の不確定性が大きい．この式にもっともらしそうな値を代入すると，おおよそ

$$t = (10^9 \text{年})\left(\frac{10\text{TW}}{F}\right)\left[0.4\left(\frac{(dT_m/dp) - (dT_{ad}/dp)}{2.3\times 10^{-9}\text{K/Pa}}\right) + 0.6\right]$$

ということになる．すなわち，内核の年齢は10億年のオーダーだが，仮に，$F$が4TW程度で，$dT_m/dp - dT_{ad}/dp$が$7\times 10^{-9}$K/Pa程度ならば地球の年齢程度ということもありうるし，逆に短ければ，5億年程度ということもありうる．

これに関連して，最近，核の熱伝導度が従来の見積もりの倍くらい大きいのではないかということが話題となっている[3]．熱伝導度が大きいと，そもそも対流が起こりづらくなり，それでダイナモ作用が成立するのかという問題が起きるとともに，前述の見積もりでは$F$が大きめになり，内核の年齢は短めがよいということになる．

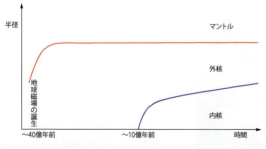

図1 核の進化の模式図

## ●地球磁場の誕生

それでは，地磁気はいつ誕生したのだろうか．

近年，シリケイト単結晶を用いて古地磁気強度を測定する方法が開発されたことにより，古地磁気強度測定は精度の面においても古さの面でも大きな進歩があった．この方法は，シリケイトの結晶中に包み込まれた微小な磁性鉱物の磁化を測定するものであり，微小だけれども安定な磁化が求められる[4]．

その結果によれば，42億年前に形成したジルコンからも磁化が見つかっている[5]．これが正しいとすると少なくとも42億年前からずっと地球の核ではダイナモ作用が起きており磁場が作られていたということになる．42億年前の試料にはやや疑わしい点があるものの，少なくとも40億年前くらいから地球に磁場があったとはいってよさそうである．磁場の大きさも現在と同程度であって，そう大きく違うものではない（図2）．

## ●古地磁気学が核の進化について語ること

古地磁気学が始まって以来，過去の核の情報を得ようとして過去の磁場の情報が営々と蓄積されてきた．しかし，そのような情報がいったい何を意味するのかの解釈はいまだに定説がない．以下にその原因を2つあげる．

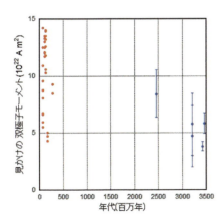

図2 シリケイト単結晶古地磁気強度測定法に基づく古地磁気強度の変化[4]．基本的にはPINTデータベース（http://earth.liv.ac.uk/pint/）の値をプロットしたものだが，20億年以前のデータに関しては，元論文に基づいてエラーバーを付して少し改変した．なお，現在の地磁気双極子モーメントは約 $8 \times 10^{22}$ $Am^2$ である．データが少ないので時間的変化の傾向があるのかどうかよくわからないが，地磁気の強さは太古代から現在までそれほど変わっていないというべきだろう．シリケイト単結晶法以外の方法も含めればもっとデータは増えるが，10 Maよりも古いデータに関しては他の方法だと磁場強度を低く見積もる傾向にあるので比較が難しく，ここからは省いた．

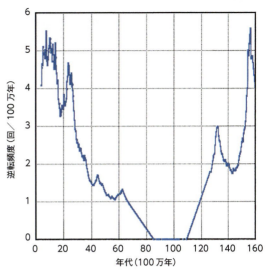

図3 過去1億6000万年間の地磁気の逆転頻度の変化．最近は20〜30万年に1回程度の間隔で逆転しているが，白亜紀にはほとんど逆転がなかった時期があり（1億2100万年前から8300万年前），白亜紀スーパークロンと呼ばれる．

1つは，時間スケールの問題である．外核が内在的に持っている時間スケールは，単純に考えるなら対流時間と電磁流体波の周期で，それらはだいたい千年オーダーよりも短い．そうすると1万年よりも長い時間スケールの変動がなぜ起こるのかがわからない．一方，古地磁気学の研究によれば，長い時間スケールのかなり大きな変動がある．典型的には，地磁気逆転の間隔は数十万年程度なのだが，そうなる理由はよくわかっていない．さらに，その地磁気逆転の頻度は1億年くらいの時間スケールで変化することも知られている（図3）が，このくらい長い時間スケールであれば，マントル対流が外核の上側境界条件を変えている影響だと考えるのがもっとも考えやすい．

もう1つは，地磁気の強さの問題である．近年のダイナモ数値シミュレーションの発達（8.3参照）により，磁場の強さを決めるスケーリングがわかってきている[1]．単純にいって熱流 $F$ が大きいほど磁場が強いのだが，その依存性は $F^{1/3}$ 程度と弱い．そこで，内核の誕生のような熱収支から見て大きな事件が起こったとしても，古地磁気学の結果から判別できるほどの大きな変化があるとは期待されないのである．古地磁気強度の変化から内核の誕生時期を推定したと主張する研究がいくつかあるが，データの質の問題もあって，あまり支持が得られていない．　〔吉田茂生〕

## 3.1
# 超高圧実験技術の発展

### ●地球深部再現法としての超高圧実験

　物質科学的な観点から地球深部を研究するうえで，重要な情報を与えてくれる研究手法の1つが，超高圧実験法である．地球深部の様々な高温高圧状態を実験室に再現し，物質の構造や物性の変化を観察し，地球深部における物質の状態変化を知ることができる．ここでは超高圧実験法の代表的な装置である，マルチアンビル型装置と，ダイヤモンドアンビルセルについて紹介しよう．「アンビル (anvil)」という用語は，英語で鍛冶屋の「金床 (かなとこ)」を意味し，かたくて変形しにくい性質からこのように呼ばれる．高圧力発生にはこのアンビルに用いる素材・形状・配置や，高圧発生部を封入するガスケットの設計が重要である．

### ●マルチアンビル型装置

　高圧実験は大きな力を小さい領域に集中させることが基本である．マルチアンビル型装置 (MA) では油圧を用いた大荷重を装置に加えることによって高圧発生を行う．通常は mm サイズの試料を扱うのが一般的であるが，装置を大型化すれば数万 t もの加重を装置に加えることができるため，cm サイズに至る大型試料を扱うことができる．マルチは多数を意味し，6個のアンビルで立方体型の試料部を圧縮するキュービックアンビルプレス (DIA 型：図1)，8個のアンビルで正八面体型の試料部を圧縮する2段加圧方式の川井型マルチアンビル装置 (図2, 3) 等は，世界的に広まっている MA である．MA では試料部の圧力や温度の均質性が高く，精度の高い高温高圧実験が可能である．アンビル材として一般的に用いられる，超硬合金 (タングステンカーバイト) の性能は，1980年代頃には 25 GPa 程度の圧力発生が上限であり，下部マントル条件の実験には大変な苦労があったが，近年の新たな超硬合金素材では 50 GPa もの圧力発生ができるようになった．また，アンビル材としてより強度の高い

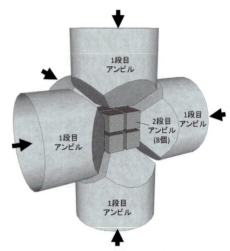

図2． 2段式加圧法を用いた川井型マルチアンビル装置のしくみ（手前部分の1段目アンビルは省略してある）

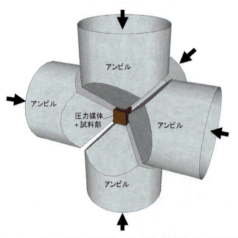

図1　キュービックアンビルプレス/DIA 型装置のしくみ（手前部分のアンビルは省略してある）

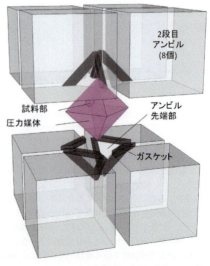

図3　川井型マルチアンビル装置の2段目内部の試料構成

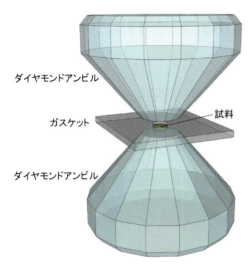

図4 ダイヤモンドアンビルセルの模式図

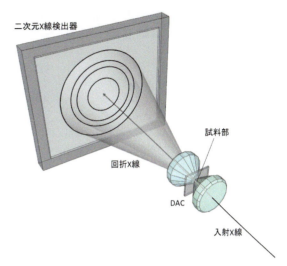

図5 ダイヤモンドアンビルセルを用いたX線回折実験の構成例

ダイヤモンド焼結体を用いるとさらに高い圧力発生が可能で，大きな費用がかかるが 100 GPa 領域の精密実験が実現している[1]．その後，試料に圧力を加えるだけでなく，試料の変形機構を取り入れた D-DIA 型と呼ばれる MA も開発され，マントル物質の変形や流動特性の研究に大きな貢献を行っている．また，アンビルの交換や調整を簡便に行える 6-6 型[2]と呼ばれる MA により高圧実験の普及も進んでいる．

MA は実験室で高温高圧合成された試料を常温常圧下に回収分析する利用が一般的だが，放射光実験施設に 500〜1500 t 級の MA が設置された結果，強力な X 線を用いた高温高圧下における「その場観察実験」が可能になり，X 線回折実験やイメージングによる試料の状態変化の連続的な観察だけでなく，各条件での圧力も迅速に精度良く決定できるようになった．さらに，2015 年には J-PARC（中性子実験施設）にも変形機構を持つ大型の MA が設置され，高圧下における中性子の回折実験やイメージングの研究が進展している．

## ●ダイヤモンドアンビルセル

静的高圧実験装置の中で現在もっとも高い圧力と温度を発生できる装置がダイヤモンドアンビルセル（DAC）である（図4）．2 つの単結晶ダイヤモンドを向かい合わせ，先端の微小な平面部に力を集中させることにより高圧発生を行う．試料の封入には一般に金属製のガスケットが用いられる．加圧は手動によるバネ加圧で 1 t 程度の加重だが，ダイヤモンドの高い材料強度と力を受ける面積が小さいため，MA を超える超高圧が発生できる．DAC は小型で装置設計の自由度が非常に高く，用途に応じて様々な形状の DAC が存在する．加圧された試料は，ダイヤモンドの持つ幅広い波長に対する透明性を利用し，超高圧下の現象が可視光による観察はもちろん，赤外域からガンマ線領域までの光を用いて直接観察できる．例えば，実験室では顕微分光装置と組み合わせることによって，ラマン散乱，赤外吸収，ブリュアン散乱等の測定が高圧下で行われている．地球深部物質候補となるケイ酸塩，酸化物，金属等の試料は，近赤外から赤外域の波長を効率よく吸収するため，レーザーを用いて試料の加熱を行うことができる．このように高温発生の手段としてレーザー加熱法と DAC を組み合わせた「レーザー加熱式 DAC（LHDAC）」は世界的に広く普及しており，近年の技術開発の結果，地球中心深部条件に相当する 360 GPa，5500 K もの高温高圧同時発生も実現している[3]．さらなる圧力発生の手段として，ダイヤモンドを 2 段式加圧にすることで，600 GPa もの圧力発生も行われている[4]．一方で，扱える試料サイズは数十〜数百 $\mu$m と小さく，レーザー加熱法による試料部の大きな温度勾配等の問題がある．小型で光の窓を持つ DAC は X 線回折実験との相性がよく（図5），高圧下の結晶構造や圧縮率という基本情報の取得に利用されてきた．最近では放射光 X 線を用いて，非弾性散乱法，発光分光法，メスバウアー分光法，吸収法等も DAC と組み合わされ，高圧下における電子状態やスピン状態の変化等様々な物性変化を知ることができるようになっている．

〔近藤　忠〕

## 3.2 第一原理計算による超高圧物性予測

### ● 第一原理計算法

地球や惑星の深部は超高圧超高温の極限状態である．そのような条件では物質の性質を精度よく調べることは大変困難であり，実験と相補的な研究方法として数値シミュレーションが重要となる．とくに電子系に対する量子力学の基本方程式を必要最小限の合理的な近似を用いて解く第一原理電子状態計算法は，計算機技術の進展とも相まって地球惑星深部科学において欠かすことのできない研究手段となった．量子力学の基本原理から出発しているため，金属，セラミックス，有機物等どのような結合に対しても，分子系，周期系，無秩序系等どのような構造の種類に対しても，また地球惑星深部の超高温超高圧条件に対しても，用いる近似や法則が破綻しない限り高い計算精度が保証される．

### ● 密度汎関数理論

第一原理計算法の根幹をなす理論がW. Kohnにより開発された密度汎関数理論 (density functional theory：DFT)[1] である．DFTでは相互作用する多電子系の方程式は，Kohn-Sham 方程式として知られる相互作用のない一電子方程式の組に変換される．この際，電子間の量子的多体相互作用は交換相関ポテンシャルと呼ばれる有効一体ポテンシャルの形で電子密度 (図1) の関数として表現される．現在のところ特殊な場合を除き交換相関ポテンシャルの厳密形は定まっておらず，局所密度近似 (local density approximation：LDA) が一般的に用いられる．これは，交換相関ポテンシャルを厳密解が得られている一様電子ガスのもので代用する近似である．大胆な近似だが，ケイ酸塩を含む多くの物質に対し，きわめて有効に機能することがわかっている．例えば以下に紹介する物性は，温度効果を正しく考慮すれば通常数パーセント以内で実験データを再現できる．ただし第一原理シミュレーションには膨大な数値処理が必要なため，通常スーパーコンピュータ等の利用が欠かせない．

交換相関ポテンシャルに局所密度だけでなく密度勾配も取り入れる密度勾配補正 (generalized gradient approximation：GGA) は，LDAが結合を過大評価してしまう遷移金属や水素結合系の再現性を大幅に改善する．一方でGGAはケイ酸塩や酸化物に対しては化学結合を弱めに算出し，実験値に比べて体積を過大評価，弾性率を過小評価する傾向がある[2]．これらの他，LDA，GGA ともに，鉄－酸化物結合等強い電子間相互作用が顕著となる電子状態の再現に失敗することが知られている．内部無撞着 LSDA+U法はこの問題を克服するための実用的な方法であり，これにより鉄－酸素系に対しても LDA レベルの精度が実現されるとともに，いわゆるスピン転移のシミュレーションが可能となる[3]．

### ● 構造探索・熱力学特性・状態方程式

原子核の質量は電子に比べずっと大きいため，量子効果は小さい．そこでこれを無視し古典的なニュートンの運動方程式を適用することで，多原子系の時間発展を効率的にシミュレートできる．これは第一原理分子動力学 (MD) 法と呼ばれている技法である．原子に働く力を効率的に求めるため，化学結合に参加する電子をそれ以外と区別する擬ポテンシャル法や平面波基底が一般的に用いられる．また拡張ラグランジアンの方法等に基づき温度一定または圧力一定の条件が実現され，これにより任意の温度圧力条件において固体，液体を問わず多原子系の動的性質のシミュレーション，全構造自由度に対する構造緩和や安定構造探索 (図2) が可能となる．

結晶の全エネルギーを平衡原子位置のまわりでテーラー展開した際の2次係数である力定数を用いて多

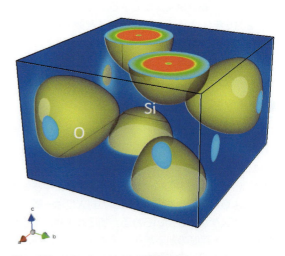

図1　$SiO_2$ スティショバイトの価電子密度

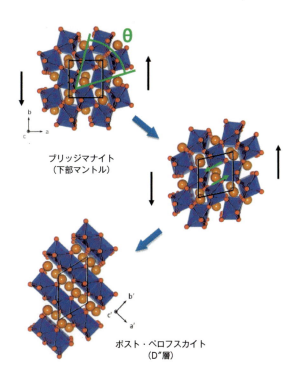

図2 MgSiO₃ ブリッジマナイト-ポスト・ペロフスカイトの構造変化 [4]

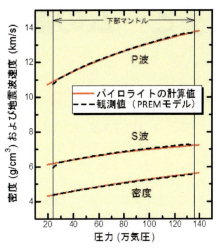

図3 下部マントル圧力におけるパイロライト岩石モデルの弾性波速度および密度と地震学的観測モデルの比較 [5]

原子系の基準（フォノン）振動数を求めることができる．第一原理的に力定数を求めフォノン振動数を計算する方法は第一原理格子動力学（LD）法と呼ばれており，準調和近似と組み合わせることで自由エネルギーをはじめ各種有限温度熱力学特性を算出できる．これにより実験とは独立してP,T相図やP,V,T状態方程式の導出が可能となる．

### ● 弾性特性

地震学により得られる地震波速度は，地球深部の貴重な観測情報である．地震波速度は物質中を伝わる弾性波の伝搬速度（音波）に対応し，結晶の弾性定数と密度から求められる．弾性定数は弾性エネルギー（応力）をひずみの多項式で表した際の2次（1次）の係数であり（フックの法則），それらを方位平均化することで多結晶体の弾性率として（断熱）体積弾性率と剛性率が得られる．これらを用いP波速度，S波速度そしてバルク音速が任意の温度圧力条件において求まる．主要鉱物 MgO，SiO₂，MgSiO₃，CaSiO₃，および鉄等の高温高圧弾性特性が調べられており，地震学的観測情報との比較を通して地球深部の構造や温度特性，化学特性に関し顕著な研究成果があげられている（図3）．

### ● 輸送特性

地球は巨大な熱機関であり，地球内部の運動は基本的に熱エネルギーを外部へと運ぶプロセスととらえられる．マントルや核の対流，またそれらの境界における熱流量を理解するうえで重要となるのが粘性率や熱伝導率といった輸送特性である．これらについても最近になり第一原理計算が行われるようになってきた．非調和LD理論に基づく方法はダイヤモンドやシリコンの格子熱伝導率をきわめて高精度で再現できることが示され，複雑な結晶構造を持つ鉱物に対しても適用されている [6]．一方，核の主要構成物質である金属鉄の熱伝導の場合，電子-フォノン相互作用の計算が必要であり，今のところ従来の推測値と大きく異なった計算結果が報告されており議論が続いている [7]．原子輸送特性についても第一原理計算の適用が進みつつあり，原子拡散係数の計算から拡散クリープ粘性率の推定等も試みられている．粒界や多結晶体等への拡張は今後の重要な方向性の1つであろう．これらを通じ，マントル対流等巨視的現象と連結するマルチスケールシミュレーションへの展開が期待される．

〔土屋卓久〕

## 3.3 量子ビームの高圧実験への応用

### ●量子ビームとは

量子ビームとは，粒子加速器，高出力レーザー装置，研究用原子炉等の実験施設において作り出される光量子，放射光，中性子，電子線，イオンビーム等の粒子線の総称を意味し，強力な量子ビームを利用することによって，これまで実験室型装置では検知できなかった物質の種類や性質，結晶構造を原子・分子レベルで知ることが可能になる．量子ビームの中でも放射光や中性子は，波長領域が広いことやビームを細く絞れることから，物理，化学の基礎研究から工学，薬学，医学，産業利用等の様々な分野に応用されている．兵庫県佐用町にある大型放射光施設 SPring-8 は世界最大の放射光実験施設で，実験室型装置の 1 億倍以上の輝度の X 線を利用することができる（図1）．

### ●X 線によるその場観察

地球内部と同じ高圧高温環境を再現する実験では，高圧プレスやダイヤモンドアンビルセル（DAC）といった高圧装置が用いられる．これらの装置では，試料を圧媒体やガスケットで囲んだ状態で圧縮するため，試料が変化していく様子を外から見ることはできない．このように肉眼で直接観察できない場合，例えばレントゲン撮影のように X 線を使って内部の様子を調べる"その場観察"が大変有効である．ただし，地球内部を再現するような高圧高温実験では，試料の大きさ（容積）が数 mm³ 以下と非常に小さいうえに，圧媒体やガスケットによって大部分の X 線が吸収されるため，実験室型の X 線装置では強度が足りない．加えて高圧装置内のアンビルが空間を塞いでしまうため，X 線を取り出せる方向（角度）は僅かな範囲に限定される．

X 線回折測定を行う場合，試料を透過した X 線は Bragg の回折条件 $2d\sin\theta=\lambda$（$d$：結晶面間隔，$\theta$：回折角，$\lambda$：X 線の波長）を満たす角度で回折され，この回折 X 線を検出することによって物質の構造情報である $d$ 値が得られる．しかし，高圧プレスを使った X 線回折測定では，アンビル間の隙間を通す必要があるため，回折 X 線を検出できる回折角の範囲が非常に狭い．一方，放射光の X 線は，強度が非常に強いうえに広い波長領域を持っているため（$\lambda$：0.08〜1.2 Å），Bragg の回折条件における $\theta$ が小さくても，十分広い範囲の $d$ 値をカバーすることができる（例えば $2\theta=7°$ の場合 $d=1$〜100 Å）．また，温度を上げる実験では，熱圧力の影響や試料が流動することによって，圧力を見積もることが大変難しくなるが，NaCl や金，白金といった予め圧力-温度-体積の関係（状態方程式）がわかっている圧力標準物質（圧力スケール）を試料と一緒に測定することで，圧力を正確に知ることができる（図2）．

地球内部の上部マントル〜下部マントルの境界には大きな地震波速度の不連続面（深さ 410 km と 660 km）があることが知られており，古くからマントル中でもっとも多い鉱物であるかんらん石の結晶構造が変化する（相転移）ことが原因と考えられていた．強

**図1** 世界最大の大型放射光施設 SPring-8．57 本のビームラインが稼働している（平成 28 年 2 月現在）．

**図2** 高圧プレスを使った X 線回折測定（SPring-8）．広い波長領域を持つ X 線（白色 X 線）をアンビルの隙間から入射し，回折 X 線を測定する．

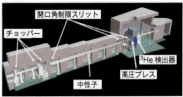

図3 ダイヤモンドアンビルセル（DAC，左）とX線回折測定（右）．ダイヤモンドアンビルセルの中にある2つのダイヤモンド（0.2カラット程度）の間に試料を挟んで圧縮する．X線をダイヤモンドを通して入射し，回折X線を測定する．

図4 中性子実験用高圧プレス（左）および高圧中性子ビームライン（J-PARC・MLF，右）．アンビルの隙間からパルス中性子ビームを入射し，飛行時間法（TOF法）を使って試料からの回折中性子を検出する．

力X線と高圧プレスを使ったかんらん石のX線その場観察実験では，かんらん石の結晶構造が410 km不連続面に相当する1300 ℃，13 GPaでスピネル構造に相転移し，さらに深さ660 kmに相当する24 GPa，1600 ℃ではペロフスカイト構造へ相転移する様子が観察された[1,2]．同様に輝石やざくろ石についてもペロフスカイト構造に変わる様子が観察され，これらの相転移が地震波速度の不連続面の主な原因であることが実証されている．

一方，下部マントルよりも深い地球深部の超高圧高温環境の再現には，ダイヤモンドアンビルセル（DAC）を使った実験が盛んに行われている（図3）．DACは，2つのダイヤモンドの間に試料を挟んで圧縮する装置で，非常に高い圧力を発生できる．さらにダイヤモンドは光やX線を透過できるので，レーザー光をダイヤモンドを通して試料に集光してやれば，数千度の高温に加熱することも可能である．ここで，ダイヤモンドは先端径が小さくなるほど高い圧力を発生できるが，当然それに応じて試料サイズも減少するため，百GPa以上の超高圧を発生させるには，試料直径が50 μm以下になる．

しかし，放射光の強力X線は，直径10 μm程のビームでも強度が非常に強いため，ダイヤモンドアンビルセル内の試料からの回折X線を測定できる．近年，レーザー光を使ったDAC実験の技術が著しく進歩し，2010年にはこれまで誰も到達できなかった地球中心核の364 GPa，5500 ℃という超高圧高温状態のX線その場観察に成功した[3]．高圧高温実験による地球中心部までの再現が可能となった今，地球内部の全容解明において，X線その場観察は欠くことができないものになっている．

### ●中性子によるその場観察

同じ量子ビームである中性子は，電気的に中性で電荷を持たないため，物質中の電子の影響を受けずに原子核と相互作用する性質を持っている．このため，物質中の電子と相互作用するX線と異なって，水素やリチウム等の電子数の少ない軽元素の検出や解析を得意としている．茨城県東海村に建設された大強度陽子加速器施設J-PARCは，加速器からの陽子ビームを標的に当てて発生させた二次粒子（中性子，ミュオン，ニュートリノ等）を使って実験を行う研究施設で，物質・生命科学実験施設（MLF）では，世界最強のパルス中性子ビームを使った中性子のその場観察実験が行われている．

物質波である中性子の波長はX線と異なって，$\lambda=h/mv=ht/mL$（$h$：プランク定数，$m$：中性子質量，$v$：中性子速度，$t$：中性子飛行時間，$L$：中性子ターゲットから検出器までの距離）となるため，パルス中性子の波長（$\lambda$）の変化はすなわち時間（$t$）の変化に対応する．ここでBraggの回折条件は$2d\sin\theta=\lambda=ht/mL$で表され，ある回折角（$\theta$）に対してパルス中性子の発生時刻（$t=0$）から検出器に到達する時間（$t$）の関数として測定すると，$\lambda$の変化に対応した回折中性子を得ることができる．この中性子回折法は飛行時間法（TOF法）と呼ばれ，この手法を使うとX線と同様に物質の結晶構造を知ることができる（図4）．

強力な中性子ビームを使ったその場観察実験では，X線で見えにくい水素や水素化物の研究が進められている．例えば我々のもっとも身近な水素化合物である水は，圧力を変化させると様々な結晶構造を持つ固体（氷）に変化し，10 GPaの高圧下になると数百℃でも溶けない氷（VII）に変化する．このような高圧下の水や氷における水素の役割はこれまでほとんど明らかになっておらず，中性子その場観察による解明に大きな期待が寄せられている[4]．この他にも水を含んだ鉱物や水マグマ，あるいはメタン，アンモニア，ガスハイドレートといった様々な水素化物の中性子その場観察によって，X線で得られなかった新しい成果も出始めている．中性子を使った高圧研究は，まだ発展途上の段階であるが，今後の展開に大きな注目が集まっている．〔舟越賢一〕

## 3.4

# 鉱物とマグマの密度・粘性

地球内部がどのような物質でできており，どのような化学組成を有するかを知るためには，地球物理観測に基づく内部構造モデルをどのような鉱物組合せで説明できるのかを調べる必要がある．また，地球は微惑星の集積によって形作られてから，その内部は時間とともに分化が進んできた．分化にはマグマや金属メルトの移動が重要な役割を果たしてきた．鉄やニッケルを主成分とする金属メルトは地球中心に集まり，核を形成した．一方マグマは，例えば地表へ噴出して地殻を形成した．このため，鉱物や液体の物性測定は地球内部研究できわめて重要な役割を果たしている．近年では，放射光や中性子といった量子ビームの利用が進んでおり，高温高圧力下での測定が盛んに行われている．本項では，鉱物と液体の密度（状態方程式）と液体の粘度測定について概説する．なお，マントル対流などに関係する鉱物・岩石の粘性（レオロジー）については，他項を参照してほしい．

### 鉱物とマグマの密度

固体でも液体でも，地球内部物質の物性でとくに重要なものは，密度である．また，地球物理観測と対比するためには，密度変化の温度・圧力依存性，すなわち状態方程式を決定する必要がある．状態方程式として広く知られているものは「理想気体の状態方程式」であるが，地球内部物質のような固体（鉱物，結晶）には，例えばBirch–Murnaghamの状態方程式が用いられる．

$$p = \frac{3}{2}\left[\left(\frac{\rho}{\rho_{0T}}\right)^{\frac{7}{3}} - \left(\frac{\rho}{\rho_{0T}}\right)^{\frac{5}{3}}\right] \times$$
$$\left\{1 + \frac{3}{4}(K'_T - 4)\left[\left(\frac{\rho}{\rho_{0T}}\right)^{\frac{2}{3}} - 1\right]\right\} \quad (1)$$

$$K'_T = (\partial K / \partial P)_T \quad (2)$$

ここで，$P$は圧力，$\rho$は圧力$P$での密度，$\rho_{0T}$は常圧での密度，$K_T$は等温体積弾性率，$K'_T$は体積弾性率の圧力微分である．実際の測定では，例えば放射光X線を使用し，高温高圧力下でX線回折実験をおこなって，結晶の格子体積を決定する．化学組成と格子体積から，密度を算出できる．

一方，マグマのような液体についても，Birch–Murnaghamの状態方程式等が適用されている．高圧力下でのマグマの密度測定はマルチアンビル型

高圧発生装置等を用いて行われる．方法は，主として浮沈法とX線吸収法の2つである．

### 浮沈法

天然の岩石を粉末にしたものや，試薬を混合して作成した試料とダイヤモンド等の結晶（密度マーカー）を高圧セルの試料容器に入れておく．高温高圧力下で試料を融かして液体（マグマ）を作る．すると，密度マーカーはマグマとの密度差に応じて，容器中で浮上もしくは沈降する（図1）．室温まで急冷し，さらに常圧まで減圧して高圧セルを回収した後，セルを切断して密度マーカーの位置を測定する．なお，結晶（密度マーカー）の密度は，高温高圧力下のX線回折実験等によって決定された状態方程式を用いる．この方法では，マグマと密度マーカーとの相対的な密度関係しかわからない．しかしながら，浮上もしくは沈降を判別すればよいため，実験結果が明瞭であるという利点がある．

図1のように，マグマは圧縮されやすく，結晶（鉱物）は相対的に圧縮されにくい．このため，地球内部ではマグマと鉱物の密度逆転が起こりうる．浮沈法は，この密度逆転を実験的に示せる点でも有利である．

### X線吸収法

試料にX線を照射すると，X線は試料の厚み，質量吸収係数，密度に依存して減衰したものが透過してくる（図2）．このため，入射X線と透過X線の強度比を測定することで，試料の密度がわかる．また，この方法は固体にも液体にも適用できる．さらに，放射光のような強力なX線を用いると，高圧セル内に装填された試料の密度を測定することも可能である．様々な温度・圧力下で密度を測定することにより，状態方程式が決定できる．

### マグマの粘度

地球内部におけるマグマの移動をコントロールする物性のうち，密度ともに重要なものは粘度であろう．

高圧力下でのマグマの粘度測定には主に落球法が用いられる．実験開始前，試料容器にはマグマ組成の試薬を粉末にしたものを詰め込み，上端付近に白金等で作った球を入れておく．高圧力下で加熱すると，融点を超えたときに試料が融ける．すると，白金球は試料

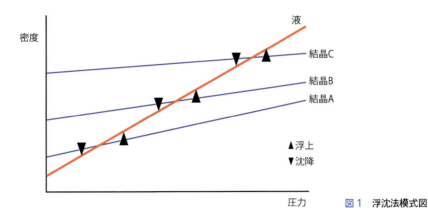

図1 浮沈法模式図

中を沈降し始める.球が沈降する速度をもとに,Stokesの式を用いて粘度を求めることができる.

$$v_s = \frac{2r^2(\rho_s - \rho_m)g}{9\eta}$$

$v_s$:終端速度, $r$:球の半径, $\rho_s$:球の密度, $\rho_m$:マグマの密度, $g$:重力加速度, $\eta$:マグマの粘度

マグマの粘度測定は,放射光を用いたX線イメージングで,高温高圧力下において容器内を落下する球を「その場観察」する方法が近年では用いられる(図3).高エネルギーの放射光を用いることで,可視光では見えない高圧セル内をX線で見ることができる.また,動画で撮影することにより終端速度への到達も明瞭に判別できる.しかしながら,日本でこの種の実験が可能なのは,茨城県にある高エネルギー加速器研究機構(KEK)と兵庫県にある高輝度光科学研究センター(SPring-8),これら2ヶ所の放射光実験施設に限られる.

地球内部では深さと共に圧力が増加する.では,マグマの粘度は圧力の増加と共にどのように変化するのだろうか.これまでの研究から,マグマには圧力の増加と共に粘度が増加する物と,逆に減少する物があることがわかっている.また,低圧側では粘度が減少し,ある圧力から増加に転ずる物も報告されており,地球内部におけるマグマの挙動への影響が議論されている.これらの粘度変化は,マグマの構造変化と関係があると考えられている.このため,高圧力下でのマグマの構造を調べる研究も進められている.

ところで,マグマのような高融点の液体ではなく,水のような比較的低融点の液体であれば,外熱式のダイヤモンドアンビルセルを用いて高圧力下で粘度を測定することができる.試料はレニウムやイリジウム等の金属板(ガスケット)に開けた穴の中に装填され,ダイヤモンドで圧して高圧力を発生する.外熱式セル

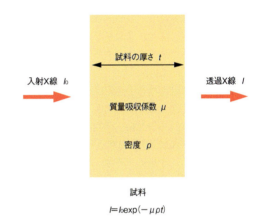

図2 X線吸収法模式図

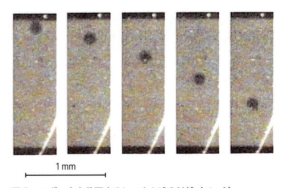

図3 マグマ中を落下するレニウム球のX線イメージ

の場合は,ダイヤモンドの周辺に配置したヒーターで試料を加熱する.ダイヤモンドを通して試料を可視光で観察できるため,放射光を必要とせず一般の実験室で粘度測定を行うことができる.落球法のほか,試料と球を入れたダイヤモンドセルを傾け,ダイヤモンドの面を球が転がり落ちる速度を測ることで粘度を測定することができる. 〔鈴木昭夫〕

## 3.5 弾性波速度

### ●弾性波速度測定法

地震波速度構造は，地球内部構造を区分するもっとも基本的な物理量であり，また近年の地震観測データの蓄積により，地球内部の不均質を高分解能で明らかにしている．一方，地震波速度構造から地球内部の化学組成や温度分布を明らかにするためには，地球深部を構成する鉱物の弾性波速度や熱弾性パラメーターを実験的に明らかにしなければならない．地球内部は高圧高温環境であるため，種々の高圧発生装置と組み合わせて測定されている．

物質の弾性波速度を測る手法には様々なものがあるが，今日までにそのほぼすべての手法が高温高圧実験に適用されている．もっとも古典的なものは物質の長さと音波(超音波)の伝搬時間から伝搬速度を計算する超音波法である．また近年では，ブリルアン散乱法やX線非弾性散乱法のように，音波を量子化したフォノンと光子の相互作用から弾性波速度を測定する手法が急速に普及しつつある．とくにDAC装置とフォノン測定を組み合わせた手法は地球核に相当する高温高圧環境下で弾性波を測定することが可能である．

### ●超音波法

超音波法は試料に超音波を送り込み，超音波の伝搬時間と試料の長さから，試料の弾性波速度を測定する手法である．超音波の発生と検出には主に圧電振動子が用いられ，伝搬時間の決定精度を上げるために波長の短い数MHz以上の高周波で発振させる．この手法は試料の状態(固体・液体・気体)や化学組成に依存せず測定が可能であるので，複雑な化学組成を持つ鉱物や岩石試料の測定に有効である．また，速度の算出に必要なデータは試料の長さと超音波の伝搬速度のみで一切の仮定を含まないことから，非常に高精度の速度データが得られる(図1)．

### ●共振法

共振法は特定形状の試料の固有振動数を圧電素子等で測定し，振幅スペクトルから試料の弾性定数を測定する手法である．形状を精密に加工する必要があるが，対称性の低い結晶の弾性定数を1回の測定で，決定することができる．一方，試料は自由振動する必要があるため，高圧高温下のその場測定にはあまり適さず，ガス高圧装置による，数GPa以下の低圧条件での測定例があるのみである．

### ●ブリルアン散乱法

ブリルアン散乱法は結晶中に定在するフォノンと光子との相互作用で入射光の波長が変化するブリルアン散乱を利用した弾性波速度測定法である(図2)．レーザー光を用いた光学的な測定であり，DAC装置と組み合わせることが可能なことから，100 GPaを超える高圧下で測定が可能である．なお，入射光には可視光領域のレーザー光を使用するため，試料は透光性を有することが必要である．マントル構成鉱物の多くは透光性を有するため，本手法を用いて種々の高圧鉱物

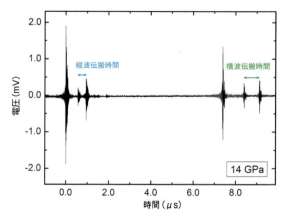

図1　超音波エコーの一例

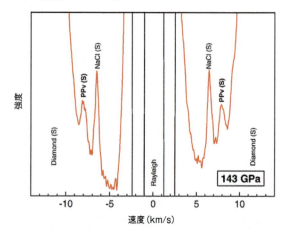

図2　ブリルアン散乱の一例[1]

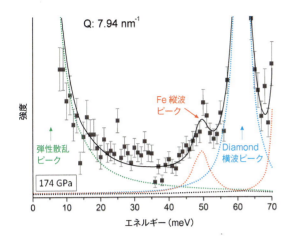

図3　X線非弾性散乱の一例[2]

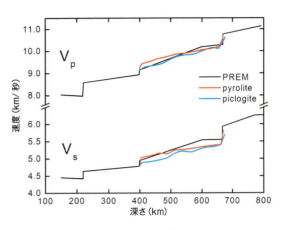

図4　地震波速度プロファイルの一例[3]

の測定がなされている.

### ● X線非弾性散乱法

近年の放射光施設の高エネルギー・高輝度X線の利用拡大や，meVレベルの高分解能X線分光技術開発により，X線非弾性散乱を用いたフォノン測定が可能となった（図3）. X線非弾性散乱法では硬X線を利用可能なことから，DACや金属試料を容易に透過して散乱データを得ることができる. X線非弾性散乱法では試料の透光性や物理状態に関わらず測定可能なことから，地球核を構成する鉄合金に関する実験が多くなされている. この手法は前項のブリルアン散乱法が適用できない金属や有色鉱物の測定に適している.

### ● その他

フォノンは光子やX線と相互作用するほかに，中性子等の量子線とも相互作用する. とくに，エネルギーが数meVの熱中性子がフォノンによる中性子非弾性散乱測定に用いられる. また，これまでは高圧発生装置＋各種弾性測定法について述べてきたが，衝撃圧縮実験からも弾性波速度を決定できる. 衝撃圧縮実験では広い圧力範囲で実験が可能なため，とくに安定領域の広い物質（例えばMgO）で多くのデータが得られている.

### ● 地震波速度との比較

地球内部の化学組成を推定するため，地震波速度プロファイルと実験的に測定された弾性波速度との様々な比較研究がおこなわれている（図4）.

これらの実験手法ではkHz～THzの周波数領域での弾性波速度データを得ることとなる. 実際に観測される地震波は～数Hzであり，周波数が大きく異なることに留意しなければならない. とくに流体が存在する場合や融点近傍の岩石は粘弾性体としてふるまうことが知られており，弾性波速度が周波数依存性を持つ.

〔肥後祐司〕

## 3.6
# 熱伝導度・電気伝導度

固体地球の物質循環，熱史の理解において核およびマントル物質の輸送物性の知識は必要不可欠である．熱伝導は物質の移動を伴わない熱輸送現象で，地球内部の温度構造・冷却過程を制約する鍵となる物性である．電気伝導は物質中の電荷の移動を特徴付ける物性で地球電磁気観測の結果と比較することにより，地球内部の物質の制約に役立つ．さらに，鉄を主成分とする地球中心核では，金属の熱伝導と電気伝導は比例関係（ヴィーデマン＝フランツ則）があることから，固体の内核の形成時期，地球磁場を生み出すダイナモ運動を制約するために重要である．

### ●熱伝導度

地球誕生以来，地球は内部エネルギーの放出を通じて大規模な対流運動を起こしてきた．この運動を支配する熱の輸送過程の理解は重要である．熱輸送は温度差がある物体の間に起こる現象で，固体地球においては，地球の冷却過程を支配する．地球内部での熱輸送は，主に浮力と熱拡散率の比を表す無次元数であるレイリー数 Ra が臨界値以下であると主に熱伝導が支配的になり，臨界値を超えると熱は対流によって伝達されるようになる．熱伝導はレイリー数が低いときに重要となり，熱伝導度（thermal conductivity）は熱境界層において熱輸送を支配する物理定数である．固体地球内部で，重要な熱境界層は地表近いリソスフェアと核-マントル境界直上に存在し，その間の領域は大規模に対流している（図1）．

固体中の温度勾配による熱輸送過程は，フォノンと呼ばれる熱エネルギーによる格子振動に支配され，高温になるとより高い振動数を持つ電磁気的放射エネルギーによるフォトン伝導が卓越する．熱伝導のしやすさは，それぞれの伝導過程の平均自由行路に依存する．フォトン伝導の熱伝導率は０Kではゼロであるが，温度の上昇に伴い一度指数関数的に上昇し最大値を持つ．デバイ温度以上では温度の逆数に比例して減少し，温度が十分に高くなると平均自由行路の長さが格子間距離と同等となり一定値となる．温度がさらに上昇すると今度はフォトンの平均自由行路が長くなり，フォトンが運ぶ熱エネルギーが熱輸送の重要な過程となる．

固体地球内部では，フォノン伝導が卓越していると一般的に考えられているが，非常に高温であると推定される核-マントル境界直上のマントルでは，フォトン伝導が卓越する可能性がある．しかし，最下部マントルに鉄に富む海洋地殻物質がある場合は，光の吸収係数が大きくなるため，熱輸送に高温であってもフォトン伝導はあまり貢献しない可能性も指摘されている[1]．

地表付近には熱境界層が存在し，低温のため粘性が大きくリソスフェアと呼ばれるプレートを構成する剛板としてふるまう．このリソスフェアの厚みの変化には熱伝導度が大きな役割を果たしている．海洋プレートは中央海嶺直下で生成され，時間が経過するにつれて中央海嶺から離れて冷えていく．図2は太平洋プレートの年代と冷却に伴う温度変化を示したもので，地震学的に決定されたリソスフェアの厚みとよく一致

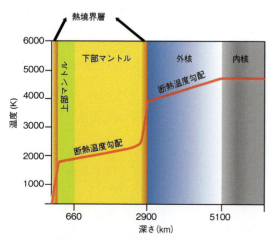

図1　固体地球内部の模式的な温度分布．マントルの最上部，最下部に熱伝導による熱輸送が支配的な熱境界層が位置する．

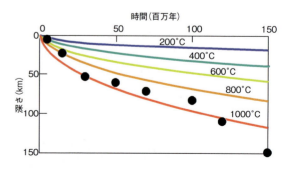

図2　熱伝導計算から求められた海洋プレートの温度分布．黒丸は地震学的に決定されたリソスフェアの厚み．

していることがわかる.

## ●電気伝導度

地球内部の電荷の移動は電磁場の変化で起こる現象で，電気伝導度（electrical conductivity）は物質の電気の流れやすさを表す物理定数で単位は S/m である．固体地球内部の電気伝導度構造の推定は，自然現象である太陽活動に関連して起きる磁気嵐のような大規模な地球電場の変動によって生じる誘導電流を利用した MT 法で決定されることが多い．長周期の観測により，より深部の情報を得ることができる．電気伝導度観測は地震波で観測される異方性や不連続面の検出に比べ分解能は劣るが，電導物質の分布，温度に敏感であることから，地震学から得にくい情報を抽出することができる．地殻内部では電気伝導度は局所的な異常が認められているが，地球深部の電気伝導度は，深くなるにつれ増加し，下部マントル最上部までほぼ単調に上昇し，それより深いところでは一定になる 1 次元モデルが提唱されている（図3）．しかし，最近のモデルではより多くの水平方向の不均質性が観測されるようになってきている．

ケイ酸塩鉱物では，電気伝導に貢献するメカニズムとして，1）イオン伝導，2）小さなポーラロン伝導，3）プロトン伝導の 3 つが重要である[2]．イオン伝導は高温で卓越するメカニズムで格子欠陥の移動によって起こる．小さなポーラロン（ホッピング）伝導は，鉱物中の鉄の 2 価と 3 価の間で正孔がホッピングする

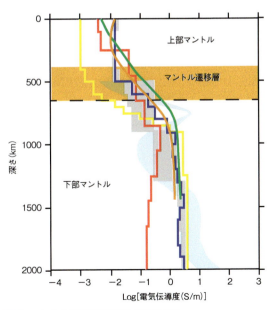

図3　マントルの電気伝導度 1 次元モデル

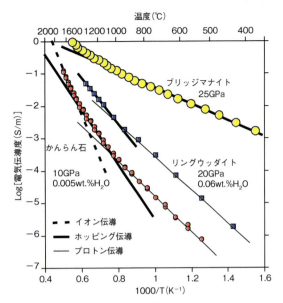

図4　マントル主要鉱物の電気伝導度依存性

ことによって起こる．このメカニズムはマントルの主要鉱物において重要である．プロトン伝導は，オリビンのような無水鉱物中に少量入っている水素が電荷を運ぶメカニズムで，低温で卓越する．地球深部の水の量を同定する試みが進められている．

地殻では温度が低いため，鉱物や岩石の電気伝導度も非常に低い．しかし，活動的な地殻には断層近傍や火山体下部に高電気伝導度異常が観測されており，大陸地殻でも下部地殻では造岩鉱物から期待されるより電気伝導度が高いことが知られている．これらの地殻の高電気伝導度異常を説明するためには，少量の導電物質の存在が要請される．もっとも有力な解釈は流体の存在で，流体が塩水である場合，溶液中に溶け込んだイオンが電荷となり電気伝導度を大きく上昇させる．

地球のマントルを構成する主要造岩鉱物は鉄を含むケイ酸塩鉱物である．マントルの温度では観測の値と鉱物の電気伝導度が匹敵するため，マントルの温度構造を知るのに電気伝導度は役立つパラメーターとなる．高圧鉱物ほど鉄の 3 価の含有量が増えるためホッピング伝導が卓越するため電気伝導度が高くなる傾向が認められる（図4）．マントル深部の電気伝導度構造の推定は大陸下で行われてきたが，海洋底でも海底電位差磁力計の設置等によって海洋下マントルの電気伝導度構造が理解されつつあり，海洋アセノスフェアに普遍的に存在すると思われた高電気伝導度異常は，中央海嶺近傍に限られることがわかりつつある[3]．この異常はかんらん岩の部分融解で説明されている．

〔芳野　極〕

## 3.7 相関係と熱力学

### ● 相転移の熱力学

固体地球を構成する岩石は様々な鉱物からなり,地球内部の深さに応じた圧力・温度の下で安定な結晶構造と化学組成を持つ鉱物の組合せになる.圧力・温度という巨視的な物理条件と,そこで安定な鉱物の構造・組成とを結びつけるものが熱力学 (thermodynamics) である.一定の組成と構造を持つ鉱物は,熱力学で"相 (phase)"とみなすことができる.

ある構造を持つ鉱物 A が圧力 $P$ や温度 $T$ の変化によって,同じ組成で他の構造を持つ鉱物 B に変化するという,一成分系の相転移 (phase transition) を考える.鉱物の持つギブスエネルギー (Gibbs energy) $G$ は,内部エネルギー $U$,エントロピー (entropy) $S$,体積 $V$ を使って,$G=U-TS+PV$ と定義される.エンタルピー (enthalpy) $H=U+PV$ を使うと,$G=H-TS$ と表される.$G, U, S, V, H$ はどれも圧力 $P$,温度 $T$ の関数である.図1 にギブスエネルギーの圧力または温度に対する変化を示す.図1a で,一定温度下で相 A と B の $G$ はどちらも圧力が増すと増加する.これは $G$ の圧力による一次微分量 $(\partial G/\partial P)_T = V$ が正の量であるためである.圧力 $P_t$ では相 A と B の $G$ の差 $\Delta G = G_B - G_A$ が 0 になるため,相 A と B が平衡に共存する.$P_t$ 以下の圧力では,より低い $G$ の相 A が安定であり,$P_t$ 以上では B が安定になる.図1b では,一定圧力下で $G_A$ 曲線と $G_B$ 曲線が交差する温度 $T_t$ で A と B が平衡に共存する.$G$ が温度と共に減少することは,温度に関する $G$ の一次微分量 $(\partial G/\partial T)_P = -S$ が負であることによる.圧力と温度を軸にとった相平衡図 (equilibrium phase diagram)(図1c)では,相境界線上の圧力・温度で A と B が平衡に共存し,相境界線の下側では A が,上側では B が安定である.この相境界線の勾配 $(dP/dT)$ と相 A と B の体積変化 $\Delta V$ およびエントロピー変化 $\Delta S$ の間に,クラウジウス・クラペイロンの式 (Clausius-Clapeyron equation) $dP/dT = \Delta S/\Delta V$ が成り立つ.この相境界線の勾配をクラペイロン勾配 (Clapeyron slope) と呼ぶ.相 A,B の両方が固相の場合,広い圧力温度範囲で $\Delta S$ と $\Delta V$ は一定とみなされ,クラペイロン勾配は直線で近似できる.

### ● $Mg_2SiO_4$ の相平衡図

上部マントルの主要構成鉱物かんらん石(オリビン)はほぼ $(Mg_{0.9}, Fe_{0.1})SiO_4$ 組成を持つため,第一近似として $Mg_2SiO_4$ の相転移を考える.図2 に $Mg_2SiO_4$ の相平衡図を示す.圧力の増加に伴って,$Mg_2SiO_4$ はオリビン (Ol)→ワズレアイト (Wd,変型スピネル構造)→リングウッダイト (Rw,スピネル構造)→ブリッジマナイト (Bg,ペロフスカイト構造)+ペリクレス (Pe,岩塩構造) と変化する.この内,オリビン-ワズレアイト転移は密度増加が 7% あり,マントルの深さ 410 km 付近にある地震波速度の "410 km 不

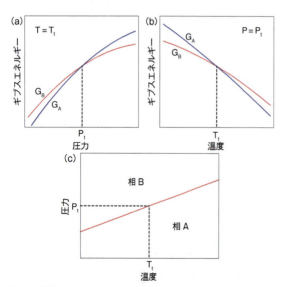

図1 ギブスエネルギーの圧力温度変化と相平衡図

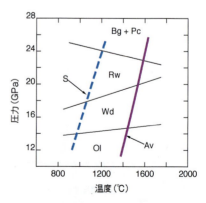

図2 $Mg_2SiO_4$ の相平衡図

連続面"の原因とされている．ワズレアイト→リングウッダイト転移の密度増加は 2% であるが，リングウッダイト→ブリッジマナイト+ペリクレス転移（ポストスピネル転移と呼ばれる）は 10% もの密度増加を伴い，深さ約 660 km にある "660 km 不連続面" を形成すると考えられている．図 2 には，平均的なマントルの温度分布（Av）と沈み込むスラブ内の温度分布（S）の一例が示されている．スラブ内の温度は同じ深さ（圧力）の平均的なマントル温度より低いので，図 2 からスラブ中では，正のクラペイロン勾配を持つオリビン-ワズレアイト転移はより低圧で起こり，負の勾配を持つポストスピネル転移はより高圧で起こることがわかる．$(Mg_{0.9}, Fe_{0.1})_2SiO_4$ 組成でも，図 2 とほぼ同じ圧力でポストスピネル転移が起こる．

上からわかるように，様々な地域で 410 km 不連続面と 660 km 不連続面の正確な深さを地震学的観測で調べることにより，それらの深さでのマントル温度の地域による違いを知ることができる．図 3 に，沈み込むスラブ内で起こるポストスピネル転移の様子を示す．この相転移の負勾配により，スラブ中ではポストスピネル転移が 660 km より深部で起こるため，660 km 直下にある低密度のリングウッダイト（図 3 の灰色の部分）がスラブの沈み込みを妨げる浮力として働く．ポストスピネル転移のこの浮力の効果は大きく，マントルダイナミクスに大きな影響を及ぼすことが知られている．浮力の大きさはポストスピネル転移のクラペイロン勾配の値によって決まる．

● **熱力学データによる相平衡図の計算**

かんらん石の相転移について上に述べたように，相転移の起こる圧力温度条件や相境界線のクラペイロン勾配を正確に決定することは，地球深部の構成物質と

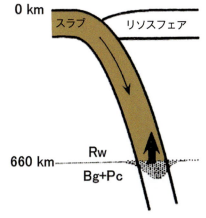

図 3 スラブ中のポストスピネル転移

そのダイナミクスを明らかにするためにとりわけ重要である．そのために，(1) 高温高圧実験，(2) 熱力学データを用いた熱力学計算，等が使われる．高温高圧実験で相転移境界線を正確に決定するには，高精度の圧力決定，正確な温度測定，正逆反応による相平衡条件の確認等が重要である．これについては他章に解説がある．ここでは (2) について述べる．

相 A と B のギブスエネルギーの差 $\Delta G$ は次式で表され，相 A と B が平衡にある圧力温度では 0 になる．

$$\Delta G_{P,T} = \Delta H_{0,298} + \int_{298}^{T} \Delta C_p dT - T(\Delta S_{0,298}$$
$$+ \int_{298}^{T} \left(\frac{\Delta C_p}{T}\right) dT) + \int_{0}^{P} \Delta V_{P,T} dP = 0 \quad (1)$$

ここで，$\Delta G_{P,T}$ と $\Delta V_{P,T}$ は，圧力 $P$，温度 $T$ での A から B への相転移に伴うギブスエネルギーと体積の変化である．$\Delta H_{0,T}$ と $\Delta S_{0,T}$ はエンタルピーとエントロピーの変化（1 気圧，温度 $T$ での値）であり，$C_p$ は定圧での熱容量（heat capacity）である．式(1) によって，相 A と B が平衡にある $P$ と $T$ の関係，すなわち相平衡境界線を計算できる．ここで，$\Delta V_{P,T}$ は高温高圧下での相 A，B の状態方程式の測定から求められる．$\Delta H_{0,T}$ は熱測定実験（calorimetry）によって測定できる．熱測定実験では，1 気圧下で一定温度（1000 K 付近）の熱量計中に置かれた溶媒に，298 K に保たれた相 A と B をそれぞれ投下して溶媒に溶解させる．その溶解熱の差が相 A から B への相転移エンタルピー $\Delta H_{0,298}$ となる．また絶対零度近くから室温付近まで熱容量 $C_p$ を測定し，$C_p/T$ を 0～298 K で積分すると，エントロピー $S_{0,298}$ を決定できる．相 A と B のエントロピー差が $\Delta S_{0,298}$ である．なお，式(1) における $C_p$ には，示差走査熱量測定による高温での測定値や理論計算による $C_p$ が用いられる．以上のように，様々な熱測定データを使い，式(1) により相 A → B の相転移境界線が計算される（熱測定法の詳細は文献 1，2 を参照）．

多くの鉱物は固溶体であり，すべての端成分の $\Delta H_{0,298}$，$\Delta S_{0,298}$ が測定されているとは限らず，安定に存在しない端成分もある．このような場合，高温高圧実験で決定された多数の鉱物固溶体の相平衡図および実測されている端成分の $\Delta H_{0,298}$，$\Delta S_{0,298}$ を組み合せて熱力学計算を行うことにより，未知の $\Delta H_{0,298}$，$\Delta S_{0,298}$ を最適化する方法が用いられる．このようにして作られたマントル鉱物の熱力学データ集として，文献 3 があげられる． 〔赤荻正樹〕

# 3.8 マントル深部の物質科学

## ●下部マントルの鉱物

マントル中の深さ660 kmには，全世界的に地震波速度の不連続面が観測される．これはマントル遷移層下部の主要鉱物リングウッダイト（主成分はMg₂SiO₄）がブリッジマナイト（主成分はMgSiO₃，ペロフスカイト構造相）と鉄を含むMgOペリクレース（フェロペリクレース）に分解することに起因している．同じような深さでマントル遷移層における2番目の主要鉱物メジャーライトもブリッジマナイトへと相転移する．その結果，ブリッジマナイトは下部マントルの岩石中でおよそ8割を占めることになる．下部マントルの体積は地球全体の半分強あるので，ブリッジマナイトは地球全体の半分弱を占める，地球でもっとも豊富に存在する鉱物である．

マントル鉱物のほとんどはシリケイトであり，上部マントル鉱物中のシリコンは4配位である．つまり，SiO₄配位四面体が上部マントル鉱物中の基本構造単位である．一方，ペロフスカイト構造をとるブリッジマナイト中では，シリコンの配位数は6であり，SiO₆配位八面体がその基本構造単位となる．ペロフスカイト構造は，ブリッジマナイトのみならず，ABX₃組成（AとBは陽イオン）を持つ物質にかなり広く見られる結晶構造である（図1）．理想的なペロフスカイト構造中ではXイオンと大きい方の陽イオンAで面心立方構造（最密充填構造の1つ）をとり，その隙間に小さい方の陽イオンBが入っている．それゆえ，ペロフスカイト構造は稠密構造の代表例としてよく知られている．

下部マントルの岩石中の残りの20%は，(Mg, Fe)Oフェロペリクレースと CaSiO₃ ペロフスカイト構造相である．ちなみに，自然界で発見されるまで正式な鉱物名が与えられることはない．ブリッジマナイトを始めとするマントル深部の鉱物も，強い衝撃を受けた隕石中で発見されると名前がついていく．しかし，このCaSiO₃ペロフスカイト構造相，そして以下に紹介するポストペロフスカイト相は減圧とともに結晶構造が失われてしまう（アモルファスになる）ため，正式な名前がつくことはないと思われる．MgSiO₃を主成分とするブリッジマナイトとCaSiO₃相はともにペロフスカイト構造をとるが，CaとMgのイオン半径が大きく違うため，別々の相になっている．

ブリッジマナイトが実験室で初めて合成されたのは1974年のことであり，それ以後長い間，マントルの底までブリッジマナイトが存在すると考えられてきた．はっきりした実験結果なしに，そう思われていた理由の1つに，ペロフスカイトの理想的な稠密構造ゆえ，より密度の大きなABX₃型の構造が調べられていなかったことがあげられる．しかし2004年になって，ブリッジマナイトが120万気圧以上で，「ポストペロフスカイト」と呼ばれる，より稠密な構造へ相転移することが報告された（図1, 2）．ポストペロフスカイトの主成分はブリッジマナイト同様のMgSiO₃であり，相転移圧力において，両者の密度差はおよそ1%である．

## ●ポストペロフスカイトと最下部マントル

マントル最下部にあたる深さ2600 km＝120万気

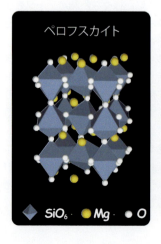 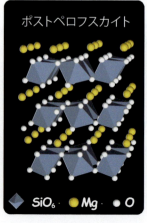

図1　結晶構造

圧付近には，全地球的ではないものの，不連続面が観測される．この不連続面以深においては，ポストペロフスカイトが主な構成物質になっている．縦波速度に変化はないものの，横波速度は数％上昇する．このことはブリッジマナイトとポストペロフスカイト中の地震波伝播速度の違いできれいに説明される．またこの不連続面の深さは2550〜2700 kmと場所によって大きく変化する．このことも，ブリッジマナイトとポストペロフスカイト間の相転移圧力（深さ）が温度によって大きく変化することと整合的である．この深さ2600 km付近の不連続面が観測されない場所，とくに高温と考えられるエリアにもポストペロフスカイトが存在するかどうかについては議論がある．

ブリッジマナイト中ではSiO_6配位八面体が互いに頂点を共有し，3次元的に等方性の高い構造をしているのに対し，ポストペロフスカイト中ではSiO_6八面体が層状に並び，その間にMgの層が挟まっている（図1）．つまり，ポストペロフスカイトは層状の結晶構造を有し，異方性が強い．例えばb軸方向の圧縮性は他にくらべてかなり高い．ゆえに，地震波伝播速度の異方性もかなり大きい．加えて，変形実験を行うと，ポストペロフスカイト構造相は比較的容易に変形して結晶方位が揃う．つまり，マントル最深部の流れの強い場所において，ポストペロフスカイトは地震学的異方性を生みやすい．実際，深さ約2600 kmの不連続面を境に，地震学的異方性が強くなることが知られており，これらの解析から流れの向きを推定することが可能である．

ブリッジマナイトとポストペロフスカイト間の相転移は，マントル対流を活発化させている．上昇流を考えた場合，温度が高いほどポストペロフスカイトからブリッジマナイトへの相転移が深いところで起きるため，周囲より軽くなって上昇が加速される．下降流の場合は周囲より浅いところで重たいポストペロフスカイトになるので，下降も促進される．加えて，この相転移がマントルの底付近の熱境界層近くで起きるため，上昇流の発生そのものを活発化させている．数値シミュレーションによれば，この相転移があるゆえに，上部マントルも含めたマントル全体の温度が数百℃上がっているとされる．また，ポストペロフスカイトは層状の結晶構造を持つことによって，電気・熱伝導率がかなり高い．その電気伝導率はブリッジマナイトよりも数桁高く，ローレンツ力によってコアと最下部マントルの間に角運動量の交換が起こり，それが数十年周期で観測される，地球の自転速度（1日の長さ）の変化の原因になっている．うるう秒が不定期に挿入されるのはこれが原因である．

### ●鉄のスピン転移

ポストペロフスカイトと並んで，下部マントルの物質に関する，最近のもう1つの大きな発見が，鉄のスピン転移である．マントル中の鉄は主に2価のイオンとして存在し，3d軌道には6つの電子が存在する．浅いところでは5つの3d軌道のうち，1つに2つの電子が，残り4つにそれぞれ1つずつの電子が入る．これをhigh-spin状態と呼ぶ．一方高圧下では，3つの3d軌道にのみ2つずつ電子が入ることによって，鉄イオンの体積が大きく減少する．これがlow-spin状態である．このようなhigh-spinからlow-spin状態への変化がスピン転移である．鉄を含む下部マントル鉱物ブリッジマナイトとフェロペリクレース双方において，下部マントル中位から最下部の広い範囲で徐々に鉄のスピン状態が変化していく．

マントル中で鉄は，主成分の1つであると同時にもっとも重要な遷移金属元素であり，そのスピン状態の変化は下部マントル物質の物性に大きな影響を与える．例えば2価鉄の場合，スピン転移の結果，不対電子の数が4からゼロになる．このことにより，電気伝導率は大きく減少する．またスピン転移によって体積が減少するため，体積弾性率も変化する．このことが縦波速度の異常を生んでいる．縦波速度に基づく地震波トモグラフィのイメージを見た場合，下部マントル中位の異常が弱いのはこれが原因とされている．

〔廣瀬　敬〕

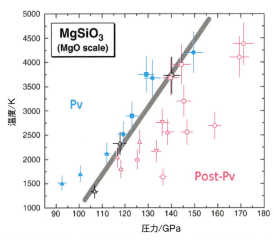

図2　ブリッジマナイト（Pv）とポストペロフスカイト（Post-Pv）間の相転移境界

## 3.9 核の物質科学

### ●地球の核：内核と外核

地球の中心領域，それが核である（図1）．地球の核とマントルの境界（核-マントル境界，core-mantle boundary：CMB）は地下2890 kmの深さに存在する．核についても地震学的に地震波伝搬速度と密度の分布が観測されている．図2に地震学的密度モデルを示す．CMBを境に密度が急激に上昇しているのが分かる．圧力が非常に高いことを考慮しても，10 g/cm$^3$以上の密度はケイ酸塩を主体とする岩石では説明ができない．それでは核は何でできているのだろうか？ その答えは地球をつくった原材料物質である始原的隕石の組成と比較することによって理解できる．隕石は岩石成分以外にも金属の鉄やニッケルを多く含んでいる．金属であれば岩石よりはるかに大きな密度を説明可能である．したがって，核の主成分は鉄であり5%程ニッケルを含んでいる，と推定できる．CMBは，岩石と金属という全く異なる物質の化学的境界であると同時に，密度や電気伝導度等の各種物性値が大きく変化する物理的境界でもあり，さらには温度も大きく変化する温度境界でもあるので，地球最大の境界面であるといえるだろう．

核はさらに外核と内核とに分かれている．地震波速度の観測から，横波速度がゼロになってしまう外核は液体であると考えられている．一方，地球の中心に存在する内核は固体である．内核と外核の境界（内核-外核境界（inner core boundary：ICB））は深さ約5150 kmに存在する．核の総体積の96%は外核で，内核は4%にすぎない．内核は地球全体から見れば1%にも満たないが，後述するように様々な物理的特徴を持っており，その存在には重要な意味がある．

### ●核の密度欠損と軽元素問題

図2に示すように，観測された核の密度は金属鉄よりも外核で10%程度，内核で5%程度小さい．この密度の不一致は高温による熱膨張の効果や，融解による密度低下では説明できないため，「核の密度欠損問題」と呼ばれている．5%程含まれるニッケルは鉄と同程度の原子量を持つため密度には大きな影響を与えない．このため核には鉄-ニッケルの他に，密度を低下させるような比較的軽い元素（軽元素）が不純物として存在していると考えられている．

一定量の軽元素が核に存在するためには，その元素が豊富に存在し，地球の進化過程において核と反応して，核の温度圧力条件でも分離せずに溶け込んだままである必要がある．核に存在する軽元素の候補としては水素，炭素，酸素，ケイ素，硫黄が考えられている．

鉄の中に軽元素が少しでも含まれると密度が低下するのみならず，様々な物性が大きく変化する．その代表は融点で，軽元素の種類や量によっては1000 ℃近

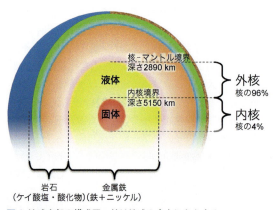

図1 地球内部の模式図．核は地球の中心に存在する．

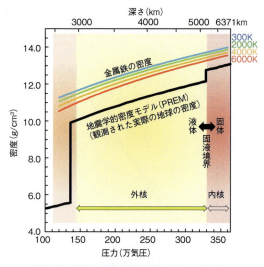

図2 地球内部の密度分布と高温高圧下での金属鉄の密度．温度の効果を考慮しても，純鉄だけでは核の密度を説明できない．金属鉄の密度は文献1，PREMは文献2よりデータを引用．

くも低下する場合がある．その他，固体の結晶構造やその安定領域，かたさ，液体になった場合の粘性等にも影響を与え，かつ元素によってその効果も異なるため，どの元素がどの程度入っているかということは核の物性を正確に理解するうえで非常に重要である．とくに，もし核に大量のケイ素が含まれるならば，現在考えられているマントル組成と原材料物質である始原的隕石との間のMg/Si比の不一致が説明可能になり，地球全体の化学進化を考えるうえでも重要となってくる．しかし軽元素の種類と量についてはまだはっきりとはわかっていない．これを決定するには，密度のみならず核の地震波速度と鉄−軽元素合金の弾性波速度の比較や，後述する内核の地震波速度構造をうまく説明できるか，地球の進化過程と矛盾がないかといったことを同時に議論する必要がある．

内核境界において密度は4.6%変化する．この圧力での融解による密度変化は2%程度と考えられているので，単純な固液の違いではこの密度変化を説明できない．したがって，内核は外核に比べて軽元素量が少ないと考えられる．多くの場合固体よりも液体において不純物量が多くなるので，この事実は地球形成初期には核が全溶融しており，冷却に伴い結晶化して内核が成長してきたことを示唆する．内核は小さいが，その存在の有無が外核の対流ひいては地球磁場の発生に大きく影響している．したがって過去のいつの時点で内核が形成されたのかという問題は，地磁気の発生とも関連しており地上の生命にとっても重要な問題である（内核の形成に関しては2.12を参照）．

● **鉄の相図：結晶構造と融点**

鉄の結晶構造は常温常圧下においては体心立方構造であるが，高温では面心立方構造となり，13万気圧を超えると六方最密構造をとる（図3）．構造によって密度やかたさ，弾性的異方性等が異なる．さらに高圧下では磁性も変化する．鉄は磁石にくっつく金属（強磁性体）の代表であるが，高圧下では磁性は失われる．したがって，地球磁場は外核の対流（ダイナモ作用）によって形成されていると考えられている（外核の対流と磁場については8.4参照）．また，内核では方向によって地震波速度が異なる地震波速度異方性をはじめ，様々な構造が観測されている．こういった構造を理解するうえでも，核物質の結晶構造は重要となる（内核の地震学的構造については7.16を参照）．

内核と外核の境界が固液の境界であることから，そこでの温度は核を構成する物質の融点に等しいということになる．内核境界圧力（329万気圧）における鉄の融点を調べれば，地球中心部の温度がある程度推定できる．内核外核境界圧力における鉄の融点は6200 K程度と見積もられている．ただし図3にもあるように，まだ±500 K程度の温度誤差がある．さらには軽元素の存在により，実際の核マントル境界の温度は鉄の融点より500〜1000 K程度低いと考えられる．このことは核マントル境界についても同様で，外核は液体であるからその全領域において融点以上の温度になっている必要がある．軽元素による融点降下の効果を考えても，核は3500〜5000 K程度の温度には達していると考えられる．高温の物質は熱輻射として光を放出するので，もし地球の核を覗き見ることができたなら，太陽のように光り輝いているだろう．

〔境　毅〕

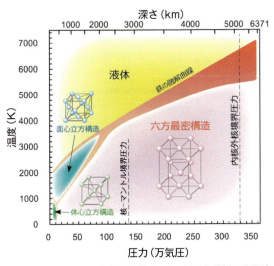

図3　高温高圧下での純鉄の状態図．赤い線は各状態の境界線を示し，その幅は推定誤差を表している．温度圧力条件によって異なった状態（構造）に変化することを「相転移」という．文献3より改変．

## 3.10
# 沈み込むスラブの挙動

### ●沈み込んだスラブの行方

中央海嶺で生産された海洋プレートは，海底を移動するうちに徐々に冷やされ，やがてその一部は海溝から地球深部へ沈み込む．この沈み込むプレート（スラブ）は，マントル対流における代表的な下降流である．近年の地震波トモグラフィー手法の発達から，地球深部に沈み込んだスラブの形状が理解されるようになった．沈み込むスラブは周囲のマントルより低温であり，地震波トモグラフィーによって地震波速度の高速度領域として認識することが可能なためである．図1は日本列島および周辺域の地震波トモグラフィーによる地下断面図である．マントル領域で観察されるスラブの形状は複雑で，まっすぐに地球のマントルと核の境界付近へと向かうようにみえるものもあれば，マントル遷移層領域や下部マントル最上部で滞留傾向を示すものもある．

この滞留するスラブは，「スタグナントスラブ」と呼ばれており，時間をおいて下部マントル深部へと再び崩落すると考えられている．これらの複雑なスラブの挙動の解明は，今なお地球科学における重要な研究対象である．

### ●マントルとスラブの構成物質

マントル深部へと沈み込むスラブの挙動は，マントルとスラブそれぞれがどのような性質を持つ物質で構成されているかに左右される．重い物質は沈み，やわらかい物質はかたい物質に入り込めない．このように密度と粘性が重要なパラメータであるが，これらの物性値は一定ではなく，深さで不連続に変化する．高温高圧の環境であるマントルでは，鉱物がその温度圧力条件で安定な構造へと相転移するためである．例えば深さ660 kmでは地震波速度が急激に増加することが知られているが（地震波不連続面），これはかんらん岩から成るマントルの主要鉱物であるかんらん石の高圧相・リングウッダイトがさらに分解する相転移に

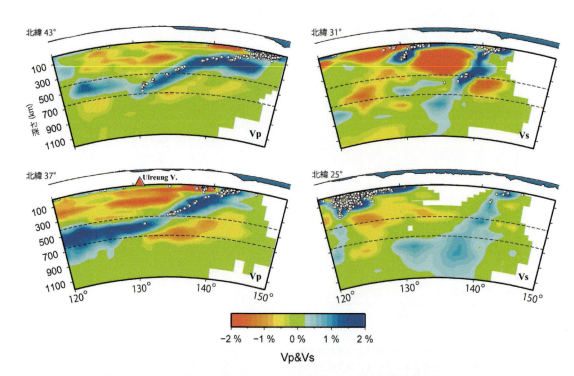

図1 P波（Vp）とS波（Vs）を用いた地震波トモグラフィーによる日本列島および周辺域の地下断面図
マントル中に沈み込んだスラブ（青い地震波高速度領域）の挙動がわかる．図は文献1を改変．

対応する．地震波トモグラフィーで観察されるスタグナントスラブは，深さ660 km前後に位置しており，相転移による密度や粘性の変化がスラブの運動と関係していることがわかる．

沈み込むスラブと周囲のマントルとでは，構成する鉱物が異なる．スラブ最上部は海洋地殻と堆積岩，中心部はハルツバージャイト層，下部と周囲のマントルはかんらん岩からなる（図2）．スラブの沈み込みによる温度と圧力の増加に伴い，とくにマントル遷移層領域（深さ410～660 km）で次々と構成鉱物が相転移する．これらの相転移に伴う密度の変化はおおよそ理解されている．1990年代に行われたマントル条件の高温高圧環境を再現した実験では，スラブが深さ660 km程度で浮力を持ち，滞留することを示唆するものであった．その後2000年代の地震波トモグラフィー研究で明らかとなったスタグナントスラブの深度は，実験結果により予想されたスラブの滞留領域と一致している．地震波トモグラフィーは下部マントルに崩落したと考えられるスラブも映している．下部マントルにはマントル対流を妨げるような相転移は存在しないため，崩落したスラブは核–マントル境界まで沈み込む．沈み込んだスラブ物質はマントル対流とマグマ活動によって再び地表付近まで上昇することがある．近年，スラブ物質が下部マントルに到達した際に形成される鉱物の形跡がダイヤモンド包有物として発見された．地球内部を大規模に循環するスラブの物質的証拠である．

## ● スラブ滞留のメカニズム

スラブが地球深部で対流していることは明らかであるが，その流れは非常に遅く，スラブの動きそのものを直接観察することは困難である．したがって，マントルや沈み込むスラブの温度分布や，粘性や密度等の物性コントラストを用いた数値シミュレーションによる研究が進められている．ここではプレートの滞留の要因となるいくつかのメカニズムを紹介する．

### ◎ クラペイロン勾配

相転移境界における，圧力に対する温度の傾きをクラペイロン勾配と呼ぶ．この傾きは相転移により大きく異なる．マントルの深さ660 kmの地震波不連続面に対応するかんらん石の高圧相（リングウッダイト）の分解相転移は負のクラペイロン勾配である．この場合，低温の沈み込むスラブでは，相転移境界は660 kmより深くなり，一時的に沈み込むスラブの進行を抑制する．

### ◎ 粘性コントラスト

スラブやマントルのかたさ（粘性）はスラブの挙動に影響する．深さ660 kmの相転移境界を境にマントルの粘性率が大きく増加する場合，スラブはかたい下部マントルへと進行することが困難となる．また，660 km付近では相転移に伴う構成鉱物の細粒化により，スラブ中心部の粘性が著しく低下することが指摘されている．これもスラブの下部マントルへの進行の妨げとなる．ただし密度と異なりマントル中の粘性の精密決定は難しく，詳しくは理解されていない．

### ◎ 非平衡鉱物

相転移を進行させるためには高い温度が必要である．しかし，沈み込むスラブは比較的低温であるため，鉱物が相境界を超えても相転移しない，いわゆる「非平衡鉱物」として存在する可能性がある．沈み込むスラブ内部では，低密度の輝石やかんらん石がマントル遷移相領域に非平衡鉱物として存在する．その結果として，スラブ全体が周囲のマントルと比較して低密度となり，スラブを滞留させるために必要な浮力を得ることが指摘されている． 〔西 真之〕

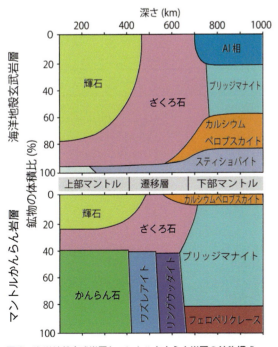

図2 海洋地殻玄武岩層とマントルかんらん岩層の鉱物構成

## 3.11
# 含水鉱物と地球深部水の循環

### ●隕石中の水と現在の海水の量の比較

　地球は水の惑星とよくいわれる．海は地表の面積の70%程度をも占め，この水の存在のおかげで，地球は緑豊かな環境になり，生命をはぐくむことが可能となった．このように，水は生命にとって必要不可欠な存在である．一方，無機化合物（鉱物の集合体である岩石）からなる固体地球にとって，水とはどのような存在であろうか．最近の研究により，地球深部にも水が存在し，地球内部のダイナミクスや進化に多大な影響を及ぼしている様子が明らかになってきた．

　地球の形成物質の候補である隕石 (meteorite) 中の含水量を見てみよう．始原的な隕石である炭素質コンドライト (carbonaceous chondrite) 中には数重量%にも及ぶ有機物や水が含まれている．オルゲイユ (Orgueil)，イブナ (Ivuna)，マーチソン (Murchison)，タギシュ・レイク (Tagish Lake)，アエンデ (Allende) 隕石等が有名であるが，もっとも含水量の多いものでは 20 重量%にも及ぶ．一方現在の海水の質量 ($1.4 \times 10^{21}$ kg) は地球全体の質量 ($6.0 \times 10^{24}$ kg) に比べてわずか 0.023 重量%しかない．我々は地球表層の様子から，海は広く大量に水が存在していると思いがちであるが，地球全体に比べれば意外と少なく，始原物

質の隕石と比較すると，2〜3 桁も水が枯渇している．かなりの量の水が隕石の衝突時に宇宙空間へ散逸していったと考えられているが，水は鉱物中にも取り込まれうる．このような水は地球深部に存在している可能性がある．

### ●高圧含水鉱物

　鉱物の中には結晶構造中に水酸基 ($OH^-$) や結晶水を含む鉱物が存在し，そのような鉱物を「含水鉱物 (hydrous mineral)」という．例えば粘土鉱物は含水鉱物である．一般に含水鉱物は温度に弱く，高温状態では脱水分解反応 (dehydration) を起こし水 ($H_2O$) を結晶から放出する．地球内部へ行くほど高温状態になるため，多くの含水鉱物は地球深部では存在が難しいと考えられてきた．しかしながら，最近の研究から，高圧下で安定な「高圧含水鉱物 (high-pressure hydrous mineral)」が数多く見いだされ，地球内部に存在している可能性がある．

### ●スラブによる水の運搬

　現在の地球の活動をみると，プレートテクトニクス (plate tectonics) によって，海溝等のプレート収束帯で絶えずプレート（スラブともいう）が地球内部に

表1　含水かんらん岩，玄武岩および堆積岩中に出現する含水鉱物

| 含水鉱物 | 化学式 | 含水量 重量% | 含水鉱物 | 化学式 | 含水量 重量% |
|---|---|---|---|---|---|
| **含水かんらん岩** | | | 緑泥石 | $Mg_5Al_2Si_3O_{10}(OH)_8$ | 13.0 |
| 蛇紋石 | $Mg_6Si_4O_{10}(OH)_8$ | 13.0 | Mg-サーサイト | $Mg_5Al_5Si_6O_{21}(OH)_7$ | 7.2 |
| タルク | $Mg_3Si_4O_{10}(OH)_2$ | 4.7 | 23 Å相 | $Mg_{11}Al_2Si_4O_{16}(OH)_{12}$ | 12.1 |
| コンドロダイト | $Mg_5Si_2O_8(OH)_2$ | 5.3 | フロゴパイト | $K_2Mg_6Al_2Si_6O_{20}(OH)_4$ | 4.3 |
| ヒューマイト | $Mg_7Si_3O_{12}(OH)_2$ | 3.7 | K角閃石 | $K_2CaMg_5Si_8O_{22}(OH)_2$ | 2.1 |
| 単斜ヒューマイト | $Mg_9Si_4O_{16}(OH)_2$ | 2.9 | Kに富む相 | $K_4Mg_8Si_8O_{25}(OH)_2$ | 1.8 |
| 10 Å相 | $Mg_3Si_4O_{10}(OH)_2 nH_2O$ $(0.65 < n < 2)$ | 7.6-13 | **含水玄武岩** | | |
| A 相 | $Mg_7Si_2O_{14}H_6$ | 11.8 | 角閃石 | $Ca_2Mg_3Al_2Si_6Al_2O_{22}(OH)_2$ | 2.2 |
| B 相 | $Mg_{12}Si_4O_{21}H_2$ | 2.4 | ローソン石 | $CaAl_2Si_2O_7(OH)_2H_2O$ | 11.5 |
| スーパーB 相 | $Mg_{10}Si_3O_{18}H_4$ | 5.8 | **含水堆積岩** | | |
| D 相 | $MgSi_2O_6H_2$ | 10.1 | フェンジャイト | $K_2Al_4Si_6(MgSi)O_{20}(OH)_4$ | 4.5 |
| E 相 | $Mg_{2.1}Si_{1.1}O_6H_{3.4}$ | 16.9 | トパーズ | $Al_2SiO_4(OH)_2$ | 10.0 |
| H 相 | $MgSiO_4H_2$ | 15.2 | phase egg | $AlSiO_3(OH)$ | 7.5 |
| 含水ワズレアイト | $Mg_{1.75}SiO_4H_{0.5}$ | 3.3 | $\delta$-AlOOH | $AlOOH$ | 15.0 |
| 含水リングウッダイト | $Mg_{1.84}Si_{0.98}O_4H_{0.42}$ | 2.8 | | | |

沈み込んでいる (slab subduction). 沈み込むプレートの厚さは約100 km程度であり, 主としてマントル物質と同じかんらん岩 (peridotite) 層から構成されている. 一方, その上部の約5 km程度が玄武岩 (basalt) 層, さらに最上部に薄く堆積岩 (sedimentary rock) 層が形成されている. したがって, これらの岩石中に存在する含水鉱物が地球深部への水の運搬候補として重要となる. なお, プレートが含水化する理由は海水との相互作用である. 表1にかんらん岩, 玄武岩, 堆積岩中に出現する含水鉱物とその化学式・含水量を示す.

プレートの大部分を占めるかんらん岩層を考えると, この層で重要な含水鉱物は蛇紋石 (serpentine) である. 蛇紋石の端成分の理想化学組成は $Mg_6Si_4O_{10}(OH)_8$ で, 含水量は13重量%にもなる. 蛇紋石はかんらん石 $Mg_2SiO_4$ と輝石 $MgSiO_3$ がモル比1：1で含水化した化学組成であり, モデル含水かんらん岩ともいえる. ちなみに蛇紋石には3つの多形があるが, その中でアンチゴライト (antigorite) が一番高温高圧下で安定な多形であり, 地球深部での安定性や脱水分解反応を議論する上で重要である.

蛇紋石の脱水分解境界は負のクラペイロン勾配 (Clapeyron slope：dT/dP 温度圧力勾配) を持ち, 5 GPaでは550℃程度で脱水分解反応を起こす. 沈み込むプレートの温度がこの条件より高ければ, 蛇紋石は完全な脱水分解反応を起こし, すべての水を放出する. 一方, この条件より温度が低ければさらなる含水鉱物A相 (phase A) を生成し, この相がさらに地球深部まで水を運搬する. この際, 運搬される含水量は3.9重量%, 放出される含水量は9.1重量%となる. このように, 蛇紋石が地球深部に運搬されれば5 GPa付近で脱水分解反応を起こし, 放出された流体の水はウェッジマントルの融点を下げ, マグマを生成する. これが島弧マグマの生成メカニズムの一因と考えられている.

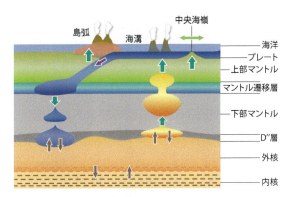

図2　地球深部水の循環の模式図

A相として運搬された水はさらに高圧下で含水ワズレアイト (wadsleyite), 含水リングウッダイト (ringwoodite), スーパーB相 (superhydrous phase B), D相 (phase D), H相 (phase H) へと相転移し深部まで水を運搬する.

蛇紋石にAlが含まれた緑泥石 (chlorite) も重要である. この系ではA相に代わり23Å相が出現し, 水の運搬を担っている. また今まで論じてきた高密度含水マグネシウムケイ酸塩 (dense hydrous magnesium silicate：DHMS相) 中へのAlの固溶により, その安定領域が高温側に拡張される結果が得られてきており, Alの固溶量の影響は重要である. しかしながらマントル中にはそれほど多量のAlは存在しない. 図1より明らかなように, マントル遷移層以外では, DHMS相の安定領域は低温の沈み込むスラブ中に限られることがわかる.

## ● マントル遷移層中の水

一方, マントル遷移層ではかんらん石の高圧相のワズレアイトやリングウッダイトが存在するが, この相には2〜3重量%程度の水が結晶構造中に含まれ得ることが明らかになっている. とくに重要なことは, これらの鉱物は平均的なマントル温度で安定なことである. このことはマントル遷移層の貯水能力は海の5倍以上に匹敵するということを示している.

最近, ブラジルから含水リングウッダイトを包有物として含むダイヤモンドが発見された. 含水量は約1.5重量%を示し, 少なくとも局所的にはマントル遷移層は含水化しているようである. このように, 水は地球表層に留まらず, マントル遷移層, ひいては下部マントル・核まで運搬されている可能性が強くなってきている (図2). 水は地球内部の運動にとっても重要な役割を果たしているわけである.　　〔井上 徹〕

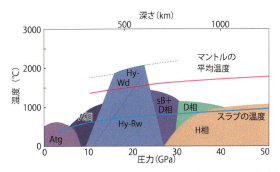

図1　かんらん岩系で安定な高圧含水鉱物 (文献3をもとに作成)
Atg：アンチゴライト, sB：スーパーB相, Hy-Wd：含水ワズレアイト, Hy-Rw：含水リングウッダイト

## 3.12 変形・破壊と地球内部のダイナミクス

### ●プレートテクトニクス型のマントル対流

我々が住む地球ではプレートテクトニクス型のマントル対流が起こっており，表層にある化学分化した冷たくかたい海洋リソスフェア (lithosphere) そのものが板状のスラブとして海溝から地球内部に沈み込んでいる (図1)．地震の分布 (Wadati-Benioff zone) や地震波トモグラフィーによって，スラブが上下マントル境界付近で滞留する様子や核-マントル境界まで達している様子 (図2) が明らかにされており，その挙動はマントルや核の熱的進化と化学進化，地球内部の大規模な物質循環に重要な役割を果たしている．

このような地球内部のダイナミクスを明らかにするには，深部スラブの密度変化とレオロジー的性質，とくに塑性変形を理解する必要がある．前者については上下マントル境界付近を除く全領域でスラブに負の浮力が生じていることが実験的に明らかになっている．一方でレオロジー的性質は未解明な点が多く，とくにマントル不連続面を通過する際の相転移の影響は複雑であり，現在も活発に研究が進められている．

### ●地球深部の変形メカニズムとその解明

鉱物等固体結晶の塑性変形は結晶中の格子欠陥の運動によって起こる[3]．原子拡散や粒界すべりによる拡散クリープや，転位の運動で起こる転位クリープ等の変形メカニズムがあり，前者ではひずみ速度が応力に比例し，後者では応力の3~4乗に比例する．両者ともひずみ速度は温度とともに指数関数的に上昇するが，後者では結晶粒径にべき乗で依存する．これらの関係をまとめたものが流動則で，地球内部の変形メカニズムや粘性率を知るうえで必要不可欠な情報である．一例としてマントル遷移層の主要鉱物であるリングウッダイトの流動則を図3に示す．これまでマントル深部鉱物の流動則は高圧下で直接的には制約されておらず，図3も含めて原子拡散係数や結晶構造の類似したアナログ物質のデータに基づいて推定されてきた．

それを直接的に解明する研究手法として，放射光X線とDeformation DIA (D-DIA) 型の高圧変形装置を組み合わせた実験例を図4に示す．これは従来のCubic型高圧装置の上下アンビルを独立に駆動させた変形装置で，上下マントル境界付近までの条件で定量的な変形実験が可能である．ラジオグラフィー像やX線回折パターンを取得することで，試料のひずみ速度とクリープ強度を測定し流動則を構築できる．現在より高圧下での変形実験を目指した技術開発も進められており，今後地球深部物質のレオロジー的性質が明らかにされ，地球内部のダイナミクスの理解が飛躍的に進むと期待される．

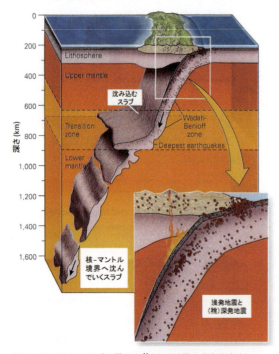

図1 沈み込むスラブの模式図[1]（点は地震の分布を表す）

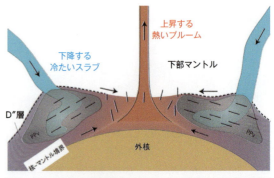

図2 核-マントル境界（深さ2900 km）に達するスラブとD″層の変形の模式図[2]（棒線は地震波速度異方性の向きを表す）

## ● 遷移層を通過するスラブの超塑性と深発地震

沈み込むスラブは周囲よりも数百℃以上も温度が低くその効果だけ考えれば非常にかたいはずだが，マントル遷移層や下部マントルにおいて大きく変形している（図1）．この原因の1つとしてスラブ物質が超塑性（superplasticity）により軟化している可能性が指摘されている．超塑性とは拡散クリープなどで粒界すべりによる結晶粒の位置交換が卓越する現象のことで，とくに細粒の物質で著しい軟化が起こる（図3）．遷移層でオリビン－スピネル相転移やポストスピネル相転移を起こしたスラブは低温ほど細粒化しやすいため，冷たいスラブほど超塑性により軟化しやすいといえる．

一方で，スラブ内部では上下マントル境界の深さまで地震が起こり続けている（図1）．これは深発地震（deep earthquake）と呼ばれ，上述の大変形とともに深部スラブの複雑なレオロジー的性質を示す現象である．脆性破壊よりも塑性流動が卓越する地球深部でなぜ断層運動（せん断不安定）が起こるのかについて，脱水脆性化，相転移断層，断熱不安定等のメカニズムが提案されている．例えば相転移断層メカニズムでは，細粒の高圧相が連結することによって局所的に超塑性的な弱線をつくり断層形成に至る[5]．図4に示した実験手法では変形と反応を同時にモニタしつつ，微少な断層形成などに伴って放出される弾性波アコースティックエミッション（Acoustic Emission：AE）を圧電素子でとらえその震源を決定することが可能である．とくに脱水脆性化や相転移断層など反応がせん断不安定を誘起するような現象の解明に有効である．

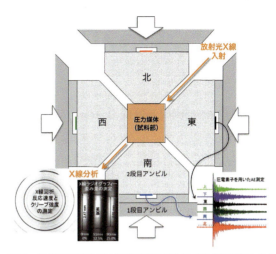

図4 放射光X線を用いた高圧変形実験（D-DIA型装置を上から見た断面図．圧力媒体の1辺が1cm程度）（●付録1）

## ● D″層の激しい変形と地震波速度異方性

スラブの最終到達点であるマントル最下部（D″層）では，対流の境界層のため激しい変形が起こっており，顕著な地震波速度異方性が検出される（図2）．その原因として，高応力場で岩石が転位クリープで変形し結晶の方位がある向きに揃っていることが指摘されている．これを格子選択配向（lattice preferred orientation：LPO）と呼ぶ．変形実験でLPOの向きが明らかになれば，地震波速度異方性の情報からマントルの流れの向きを推定することが可能となる．

D″層における異方性の向きは，太平洋周辺部の高速度領域と太平洋中央部の低速度領域で異なっていることが特徴であり，それぞれ沈み込む冷たいスラブと上昇する暖かいプルームの流れを反映しているのかもしれない（図2）．D″層ではポストペロフスカイト相転移のダブルクロッシング等複雑な現象も予想されており，ブリッジマナイトおよびポストペロフスカイト相それぞれのLPOだけでなく，相互の相転移メカニズムも考慮に入れた実験的研究が行われている[3]．

〔久保友明〕

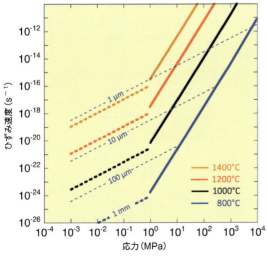

図3 リングウッダイトの流動則[4]．実線は転位クリープ，点線は拡散クリープ．太線は粒径1mmでの温度の効果，細線は温度800℃での粒径の効果．

## 3.13
# 融解・元素分配と地球内部の分化

### ● 初期地球の諸過程と地球の分化

　原始太陽系においては，高温のガスの冷却によって，固体の微粒子が形成される．この過程を凝縮と呼ぶ．太陽系の惑星においては，太陽に近い水星などの惑星は地球に比べて揮発性の元素に枯渇し，地球よりも太陽から離れた火星等では，地球に比べて，揮発性の元素に富み，より始原的な CI コンドライト組成に近い化学組成を持っていると考えられる．原始太陽系星雲での凝縮過程によって，地球の総化学組成は，揮発性の元素に枯渇していると考えられる．図1に初期地球の諸過程をまとめる．形成期の地球においては，原始太陽系星雲のガスの凝縮によって形成された微粒子が衝突合体し微惑星が形成される．さらに，微惑星は内部分化をしながら原始惑星に成長する．この過程を集積と呼ぶ．原始惑星は成長に伴って，衝突エネルギーの開放によって，表層部分が高温になり融解した．この初期地球の大規模融解によって地球にはマグマオーシャンの時代が存在したと考えられている．さらに，地球集積の末期に，地球に火星規模の巨大微惑星が衝突し月・地球系が形成されたと考えられている．この現象をジャイアント・インパクトと呼んでいる．このような大規模な溶融現象によって，金属鉄とケイ酸塩が分離し，地球核が形成された．金属鉄の分離によって，地球のケイ酸塩部分から親鉄元素が核にとりのぞかれ，現在のマントルと地殻の化学組成の特徴が形成されたものと考えられる．すなわち，現在のマントルと地殻の化学組成は，地球の凝縮過程での揮発性元素の枯渇と親鉄元素の核への分離という過程を反映している．核の分離の後に隕石の重爆撃が起こり，マグマオーシャンの固化による原始地殻の形成とプレートテクトニクスの始動によって，現在の地球の層構造と化学的な特徴が形成されたと考えられる．

### ● マントルの溶融関係と地球の分化

　融解は地球においてもっとも重要な現象のひとつである．形成期の地球においては，地球の集積のエネルギーの開放，核の分離に伴う重力エネルギーの開放，地球集積の末期のジャイアント・インパクトによって，地球は大規模に溶融した可能性がある．このように，初期地球では，融解現象すなわちマグマが地殻，マントル，核といった地球の分化と層構造の形成に大きな役割を果たした．図2にマントル物質の溶融関係を示す．マントル物質のソリダスは，マントル遷移層では約 2300 K であり，マントル最下部では，4000 K にも達する．現在の地球上でもっとも MgO に富む火山岩は玄武岩であり，$SiO_2$ 量が 45〜52 wt％である．これに対して約 20 億年前の地球上には，MgO をさらに多量に含んだ火山岩が存在した．これはコマチアイトと呼ばれかんらん岩に相当する化学組成をもつ．このような岩石はマントルの大規模な融解によって形成されるので，初期の地球では，マントルがより深部まで融解していたことが示唆される．このように，初期の地球においては，マグマが大変大きな役割を果たしていた．地球からの放熱量と地球内部の放射性元素の崩壊による熱エネルギーの割合をユーリー比と呼び，現在の地球では 0.4〜0.5 程度の値である．このことは，

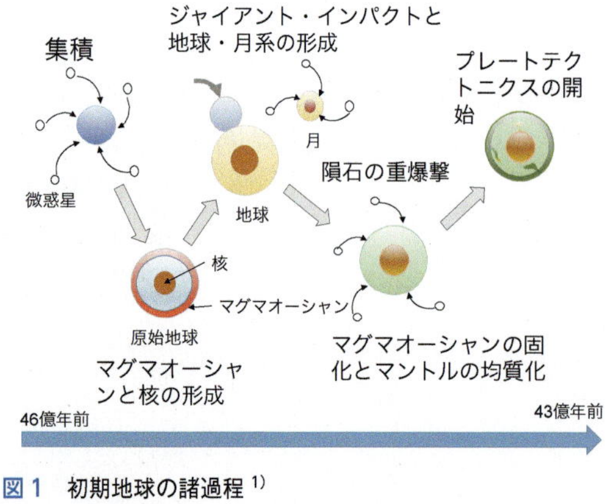

図1　初期地球の諸過程 [1]

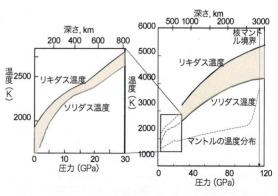

図2　マントルのソリダス温度とリキダス温度の分布 [2,3]

初期地球は現在よりも高温であり，地球が全体としてゆっくりと冷却していることを示唆している．

## ●ケイ酸塩地球（マントルと地殻）の化学組成

図3にマントルと地殻の化学組成の特徴を示す．縦軸はケイ酸塩地球（マントルと地殻）とCIコンドライトの元素存在度の比をマグネシウム（Mg）の量で規格化したものである．また横軸は凝縮温度を示す．凝縮温度の低い元素を**揮発性元素**と呼び，高い元素を**難揮発性元素**と呼ぶ．金属鉄とケイ酸塩が共存する際に，酸化物としてケイ酸塩地球に濃集する元素を**親石元素**と呼び，金属鉄に合金として取り込まれやすい元素を**親鉄元素**と呼ぶ．さらに，非常に大きな金属鉄への分配を示す元素を**強親鉄元素**と呼ぶ．硫化物鉱物を作りやすい元素を**親銅元素**と呼ぶことがある．図3のように，ケイ酸塩地球の元素存在度は親石元素，親鉄元素，強親鉄元素（および親銅元素）の元素群ごとに異なる凝縮温度依存性を示す．それぞれの系列は，金属鉄すなわち核への異なる元素分配を反映している．また，それぞれの元素系列においては，凝縮温度の低い揮発性元素の枯渇を示し，地球の集積が原始太陽系星雲内の比較的高温・還元的な環境で起こったことを示唆している．この特徴は，Mgで規格化した場合には，以下のようにまとめられる．(1) Ca, Al, 希土類元素（REE），U, Th等の難揮発性元素はCIコンドライトの約1.16倍，(2) SiはCIコンドライトの約0.83倍，(3) V, Cr, MnはCIコンドライトの0.23～0.62倍，(4) Fe, Ni, Co, W等の親鉄元素は，CIコンドライトの0.08～0.15倍，(5) Na, K等のやや揮発性の元素は，CIコンドライトの約0.18～0.22倍，(6) Pt, Ir, Re, Os等の強親鉄元素はCIコンドライトの約0.002倍，(7) S, Cd, Seなどの非常に揮発性の大きい元素は，CIコンドライトの約$10^{-4}$～$10^{-2}$倍である[5]．このようにケイ酸塩地球の元素存在度は，地球をつくった材料物質の組成を反映している一方で，マグマオーシャンおよびそれに伴う核の分離などの分別作用の影響を強く受けている．ケイ酸塩地球の元素存在度の特徴として，ニッケルのパラドックスと強親鉄元素のパラドックスの2つがある．これらの特徴は，以下のように初期地球での諸過程を反映しているものと考えられている．

## ●ニッケルのパラドックス

マントル由来のかんらん石のニッケル量は2000 ppm程度になる．この値は，常圧および上部マントル条件での金属鉄とケイ酸塩間の平衡分配から期待される値（約800 ppm）に比べて大きな値を持つ．また，Niの分配係数は，Coの1/10倍程度であるにもかかわらず，図3のように，Niの存在度はCoとほぼ同じ値を示す．このようなマントル・地殻の総化学組成におけるNiの過剰は，A.E. Ringwoodによって指摘され，ニッケルのパラドックスと呼ばれている．ニッケルの過剰は初期地球の深いマグマオーシャンの超高圧高温下での核マントル平衡を反映している可能性がある．

## ●強親鉄元素のパラドックス

図3のようにマントルと地殻の強親鉄元素（Pt, Re, Os, Ir等）の存在度はCIコンドライトとMgで規格化すると0.003程度になる．これに対して，熱力学的に予想される金属鉄とケイ酸塩間の強親鉄元素の分配係数は，$10^{-4}$～$10^{-5}$程度と非常に小さい．このことは，ケイ酸塩地球（マントルと地殻）には，強親鉄元素が熱力学的平衡分配で期待される量にくらべて，100倍程度多く存在することを意味する．また，強親鉄元素間の相対的な存在度はCIコンドライト存在度に近い．このような熱力学的平衡分配に比べて高いマントル存在度は，核形成後に隕石重爆撃があり，CIコンドライト的な物質が集積し，それがマントル内部で均質化されたものとも解釈することができる．

〔大谷栄治〕

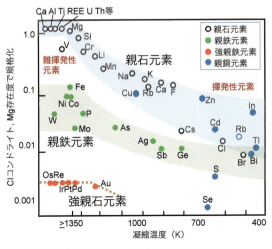

図3 ケイ酸塩地球（地殻＋マントル）の化学組成の特徴[4]

## 3.14 超深部起源ダイヤモンド

### ●天然ダイヤモンドの特徴

　天然ダイヤモンドには，キンバライト (kimberlite) マグマによってマントルから地表にもたらされたもの（いわゆる宝石用ダイヤモンドも含まれる），超高圧変成岩起源のもの，隕石そのものあるいは地表での衝突現象によって生成したものがある．超高圧変成岩や隕石起源のダイヤモンドの多くはミクロンオーダーの微細な粒子である．ここではマントル起源のダイヤモンドについて述べる．

　炭素の多形であるダイヤモンドはその熱力学的安定条件から，少なくとも深さ 150 km 以上の地球深部で生成し，太古の大陸地殻が存在する地域から産出する．マントル起源のダイヤモンドに含まれる鉱物包有物は大きく分けて 2 つのグループに分類される．1 つはかんらん岩 (peridotite) を構成するかんらん石 (olivine)，直方輝石（または斜方輝石，orthopyroxene）等を含む p 型の包有物，もう 1 つはかんらん石や直方輝石を含まず，エクロジャイト (eclogite) に見られるカルシウムに富む苦礬ざくろ石 (pyrope)，藍晶石 (kyanite) 等を含む e 型の包有物である．これら 2 つのタイプではダイヤモンドの炭素同位体組成の特徴も大きく異なる．p 型包有物を持つダイヤモンドは $\delta^{13}C$ で − 6‰ 前後に集中しているのに対し，e 型の場合は − 30‰ 付近から − 5‰ 前後までかなり幅広い範囲に分散する[1]（$\delta^{13}C$ は標準試料からの $^{13}C/^{12}C$ 比のずれを千分率で示したもので，値が小さくなるほど $^{13}C$ に乏しくなることを示す．生物起源の炭素は − 20‰ よりも低い値をとる）．e 型包有物を持つダイヤモンドが低い炭素同位体組成を持つ原因としては，生物起源炭素を含む地殻物質のリサイクルによる可能性，マントル内での同位体分別による可能性等が考えられている．

### ●超深部起源ダイヤモンドとは

　これまで長年にわたって研究がなされていた天然ダイヤモンドの多くは，上述したような大陸下の上部マントルに起源を持つものである．このような典型的なダイヤモンドとは別に，メージャライト (majorite garnet)，フェロペリクレース (ferropericlase)，そしてマグネシウムペロブスカイト，カルシウムペロブスカイトに相当する包有物を含むダイヤモンドはマントル遷移層 (mantle transition zone) から下部マントル (lower mantle) に至る地球深部に起源を持つと考えられている．これらのダイヤモンドは超深部起源ダイヤモンド (super deep diamond あるいは sub-

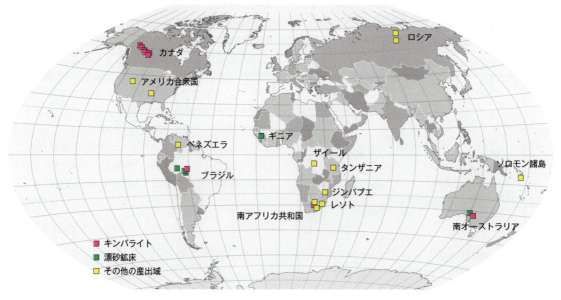

図 1　下部マントルダイヤモンドが産出している地域（文献 4 を改変）

lithospheric diamond) と呼ばれる[2]. マントル遷移層と下部マントルの境界にあたる 660 km 不連続面を縦断して地球内部物質が対流するのか（一層対流），あるいは不連続面によって分断されて対流するのか（二層対流）は，地球全体での物質循環を考える上で大きな問題となっている. 下部マントルに起源をもつダイヤモンドが見いだされることは，下部マントルから 660 km 不連続面を縦断して物質が地表に向かって移動したことを直接的に示すきわめて重要な物的証拠である.

下部マントル起源と考えられるダイヤモンドを最初に記載したのは Scott-Smith et al. (1984) である[3]. その後，図1に示すように多くの産地（南アフリカ，南オーストラリア，ブラジル，ギニア，カナダ等）から下部マントル起源のダイヤモンドが報告されている[4]. これらのダイヤモンドが，下部マントル起源である根拠は，フェロペリクレース（(Mg, Fe) O），頑火輝石（$MgSiO_3$），珪灰石（$CaSiO_3$）が包有物として見いだされたことである. なぜなら，下部マントルを構成する主要構成鉱物はブリッジマナイト（bridgdemanite, マグネシウムペロブスカイト），含鉄ペリクレース，カルシウムペロフスカイトであることが高温高圧実験と地震学的な観測から明らかになっているからである. 頑火輝石の包有物は下部マントルの温度圧力条件ではブリッジマナイトとして存在し，下部マントルから地表へ上昇する過程で頑火輝石へ相転移したと考えられている.

## ●超深部起源ダイヤモンドからわかること

下部マントル起源のダイヤモンドに含まれるフェロペリクレース中の鉄の含有量は 10～60 mol%と広い範囲にわたっている. また，頑火輝石中のアルミニウム含有量も 1～3 wt%と高い. さらにメスバウワースペクトルからフェロペリクレース中の鉄イオンは 2 価として存在していることも明らかになっている. 超深部起源ダイヤモンドは，これまで我々が入手できなかった地球深部の物質を直接地表にもたらす唯一の研究対象といえる. とくにダイヤモンドは物理的にも化学的にもきわめて安定な物質であるため，ダイヤモンドに取り込まれた包有物はきわめて安定なカプセルに閉じ込められて地表にもたらされたと考えることができる. 包有物だけでなく，ダイヤモンドそのものもマントル遷移層，下部マントルでの炭素循環や揮発性元素の挙動を知る上で重要な研究対象となっている.

しかし，下部マントル起源のダイヤモンドに含まれる包有物が，必ずしも直接的に下部マントルを構成す

る鉱物の化学組成を直接的に反映しているわけではないことも注意しておきたい. 例えば下部マントル起源のダイヤモンドから主要構成鉱物とともに記載されている TAPP 相（tetragonal almandine pyrope phase）は高温高圧実験からは生成が確認されておらず，必ずしも下部マントルに実際に存在している鉱物ではない. 下部マントルに起源を持つダイヤモンドが上昇する過程で，相分離が起こって生成した二次的な包有物と考えられている.

## ●超深部起源ダイヤモンドの炭素同位体組成と不純物窒素

最近になって，超深部起源ダイヤモンドの炭素同位体組成に関しても多くの測定データが蓄積されて研究が進んできた[5]. これまでのところ，下部マントル起源のダイヤモンドの炭素同位体組成は $\delta^{13}C$ で− 5‰前後のきわめて狭い範囲に集中することがわかっており，先述した p 型包有物を持つ上部マントル起源のダイヤモンドと近い同位体的な特徴を持つ. このことは下部マントルの炭素が同位体組成では均一であること，地殻物質の沈み込みの影響は見えないことを示唆している. 一方，メージャライトざくろ石等を包有物として含むマントル遷移層を起源とするダイヤモンドは，下部マントル起源ダイヤモンドはまったく異なる炭素同位体組成を持ち，$\delta^{13}C$ で− 10‰から− 25‰のきわめて広い値をとる. このことはマントル遷移層への生物起源の炭素を含む海洋地殻物質のリサイクルを示唆している.

ところで，ダイヤモンドの結晶構造にもっとも取り込まれやすい不純物は窒素である. 実際に上部マントル起源のダイヤモンドの大部分（約98%）が窒素を結晶構造中に欠陥として取り込む type I ダイヤモンドである. 対照的に下部マントル起源のダイヤモンドに含まれる窒素不純物の濃度はきわめて低く，type IIa ダイヤモンド（窒素不純物を含まない高純度ダイヤモンド）に匹敵するものが多い. 下部マントル起源のダイヤモンドに窒素が取り込まれにくい理由は現時点では明らかではないが，核に窒素が取り込まれて下部マントルが窒素に枯渇している等いくつかの可能性が考えられる. 今後，窒素の下部マントル・核でのふるまいが高温高圧実験で解明されるのを待ちたい.

〔鍵　裕之〕

## 3.15 新物質の超高圧合成

### ● 超高圧合成

超高圧装置と関連技術の開発においては，地球科学者が重要な役割を果たしてきた．一方で，ダイヤモンド (diamond) の合成もこれらの装置・技術開発の重要な動機であり，1950 年代にはその高温高圧合成が初めて達成された．ダイヤモンドや立方晶窒化ホウ素 (cubic boron nitride) は，高温高圧下で合成される重要な超硬材料として，現在では様々な用途に利用されている．

ダイヤモンド等の商業的高圧合成は，10 万気圧以上の「超高圧」領域ではほとんど試みられてこなかった．商業的に用いられる高圧装置は主にピストン・シリンダ型装置 (piston-cylinder apparatus)，ベルト型装置 (belt-type apparatus)，キュービック型装置 (cubic-type apparatus) に限られている．これらの装置を用いた発生可能圧力は通常 10 万気圧以下であり，超高圧領域の大容量試料合成実験は，我が国で開発された 6-8 加圧方式のマルチアンビル装置 (=川井型マルチアンビル装置，Kawai-type Multianvil Apparatus：KMA，図 1) の独断場である．

KMA は超硬合金アンビルを用いることにより，通常数 mm 程度の大きさの試料に対して，30 万気圧までの圧力と，2500 ℃ 程度の温度のもとで高圧相の合成が可能である．従来は粉末試料や微小単結晶の合成に用いられてきたが，現在では新たな材料の超高圧下での合成用装置として注目されている．

### ● ナノ多結晶ダイヤモンド (NPD) の合成

従来の合成ダイヤモンドは主に単結晶であり，グラファイト (graphite) とダイヤモンド間の相転移境界である 5 万気圧・1500 ℃ 程度の条件で，金属等の触媒や溶媒を用いて種結晶の上に成長させるのが一般的である．

これに対して，相境界から大きく離れた 15 万気圧・2300 ℃ 程度の条件下で，グラファイトの直接変換により透光性のダイヤモンド多結晶体が合成可能であることが示された[1]．直接変換法により部分的にダイヤモンド多結晶体が生成したという報告はあったが，超高圧・高温の長時間にわたる発生が可能な KMA の特徴を生かすことにより，初めて純粋なダイヤモンド多結晶体の合成に成功したのである．

天然には，カーボナード (carbonado) やバラス (ballas) 等と称される多結晶ダイヤモンドが存在する．超高圧下での直接変換法により得られたダイヤモンドは，これら天然の多結晶体に比べてずっと小さい，10～20nm のきわめて微小な粒子からなる多結晶体 (ナノ多結晶ダイヤモンド，Nano-Polycrystalline Diamond：

図 1　大容量川井型マルチアンビル装置の一例（愛媛大学）

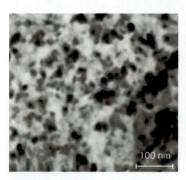

図 2　NPD の透過電子顕微鏡像（左）と光学顕微鏡写真（右）

NPD, 図2)であり，単結晶ダイヤモンドに比べて高い硬度を有することも明らかになった.

### ● NPDの応用

NPDの特徴を利用した様々な応用が開始されている．その高い硬度を利用したKMAのアンビル材としての応用により，従来の超硬合金や焼結ダイヤモンド製アンビルによる圧力を大きく凌駕する圧力発生効率が確認されている．また，ダイヤモンドアンビル装置（Diamond Anvil Cell：DAC）において，グラッシーカーボン（glassy carbon）を出発物質として合成したNPDを第2段アンビルとして用いることにより，1000万気圧領域の圧力発生も報告されている[2]．

一方で，NPDが多結晶体であることを利用した，高圧下でのX線吸収実験も盛んになっている．通常の単結晶をアンビルとして用いたDAC実験では，単結晶のブラッグ反射（Bragg reflection）に起因するノイズ「グリッチ」（glitch）が避けられず，X線吸収端の微細構造（図3）の解析が困難であった．この問題は多結晶体であるNPDをアンビルに用いることにより一挙に解決し，放射光X線を用いた高圧下での原子の酸化状態や配位状態に関する新たな研究が進展している[3]．

NPDはその超高硬度，高靱性，耐熱性，等方的・ナノ組織等の特徴を利用して，製品化もされている．とりわけ非鉄金属の様々な加工用ツールとして販売され，従来の単結晶ダイヤモンドや焼結ダイヤモンドを凌駕する素材として注目されている．超高圧合成による材料が製品化された，世界で最初の例といえる．

### ● ナノセラミックスの合成

NPDの成功を契機として，大型KMAを用いた様々な新素材の開発がすすめられている．とりわけ超高圧下では原子の拡散速度が遅いことを利用した，様々なナノ多結晶バルク体の合成が試みられ，従来にない機

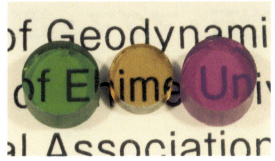

図4　透光性ナノ多結晶ガーネット
（中央はNPD）

械的・光学的特性を持った多様な「ナノセラミックス」（nano-ceramics）が得られている．もともとこれらの物質は，地球深部の物質科学的研究のため，特に高圧相の弾性波速度測定用の高品質多結晶体試料として開発がすすめられてきた．その過程で予期せず生み出されたのが，これらの新しいセラミックスである．

その一例がナノ多結晶スティショバイト（Nano-Polycrystalline Stishovite：NPS）である．化学組成 $SiO_2$ であるスティショバイトは，約9万気圧以上の圧力で安定な石英の高圧相であり，Si原子が酸素6個により配位された高密度の鉱物である．スティショバイトは酸化物の中でもっともかたい物質であることが知られていたが，15万気圧・1200℃程度で $SiO_2$ ガラスから合成されたスティショバイトは，100 nm程度の粒径を持ち，かたいうえに割れにくいという特異な性質を持つことが明らかになった[4]．$SiO_2$ は地殻の主要構成物であり，かたくて割れにくいNPSは，環境に優しい新超硬素材として注目されている．

また最近ではナノ多結晶ガーネット（Nano-Polycrystalline Garnet：NPG，図4）の超高圧下での合成も，同様の手法により成功している．得られたグロシュラー（$Ca_3Al_2Si_3O_{12}$）ガーネット等のNPGは，可視領域の波長の光に対して，対応する単結晶と同等の高い透光性を持つことが明らかになった．また，その硬度も粒径100 nm以下のナノ領域では，大きく増加することが示された[5]．

以上の例のように，超高圧を利用したナノセラミックスの合成は，鉱物物性分野において有用な物性測定用試料を提供するとともに，従来にない新たな機能性材料をもたらす可能性がある．地球深部科学で培われたKMA技術により，様々な新規物質が生み出されつつあり，材料科学・物理・化学等の諸分野との学際的研究がすすめられている． 〔入舩徹男〕

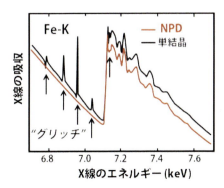

図3　高圧下でのFeのX線吸収端周辺の微細構造

## 4.1 岩石・マグマ・超臨界流体

### ●地球を構成する岩石と物質の三態

地球をはじめとする太陽系内の地球型惑星は，岩石を主体とする物質からできている．岩石とは，鉱物やガラス等の集合体である．一般によく知られている岩石の代表例としては玄武岩・花崗岩・石灰岩等があげられるが，そのほか天然に産する氷も鉱物の一種であることが国際鉱物学連合により認められている．したがって，氷の集合体（多結晶体）である極地方の氷床や氷山も岩石であるととらえることができる．実際，氷河の流動に関する研究は岩石のレオロジー研究に役立ち，氷の物性に関する研究は太陽系内の氷衛星等の理解に必要不可欠である．

地球や惑星を構成する岩石・鉱物は，基本的にはそれらが平衡状態となる温度・圧力・化学組成等を反映した条件下で生成したと考えられる．そのため，高温高圧実験や熱力学的な解析等により決定された相平衡に関する情報と実際の岩石やその構成鉱物の化学組成や構造等の分析結果とを比較することにより，それぞれの岩石が生成された条件・環境を推定することが可能である．

岩石は，その成因により，火成岩・変成岩・堆積岩とおおまかに3種類に分類されている．火成岩は物質の融解が関与し，変成岩はサブソリダス反応によるもの，そして堆積岩は風雨による風化と運搬・堆積過程を経て，その後化学的作用により固結した岩石である．ただしそれぞれ中間的なものも存在するため，厳密に区別されるものではない．例えば地球誕生直後には地球表面の岩石は深さ数百 km 以上まで大規模に融解したマグマオーシャン状態を経ているため，それより浅い部分を構成するマントルの岩石（かんらん岩）はマグマから固結した火成岩ととらえることもできると同時に，固結後現在までにかけてマントル対流に伴う周囲の温度圧力変化を経験したであろうことを重視すれば，変成岩であるともいえる．

地球内部で固体岩石が融解すると，液体のマグマが生じる．マグマはほとんど液体のみからなるものもあれば，固体（結晶）や気体（いわゆる火山ガス）を様々な割合で含むものもある．マグマが冷却してできた火成岩は，地表で海水等と反応して含水鉱物を作る，あるいはガラス部分が水和する等して $H_2O$ 成分を含むこととなる．この $H_2O$ を含む岩石はプレートの沈み込み等に伴う温度圧力上昇で変成作用を受け，さらには十分な高温高圧になると含水鉱物の脱水分解反応を起こす．ここで生成した $H_2O$ は周囲の岩石の融点を下げるために再び融解を起こしてマグマを生成する．このように，反応と物質移動を伴ってうつりかわる岩石の成因を考えるうえでは，固体・液体・気体を含むすべての状態の物質を広く検討することが重要である．

### ●高温高圧下の水：超臨界水

地球内部は高温高圧の世界である．通常の大気圧下で気体の水蒸気を温度一定のもとで加圧すると，飽和蒸気圧曲線を横切り液体の水へと相転移する（図1）．一方，臨界点以上の圧力下では気体から液体へと連続的に変化する．臨界点の温度圧力以上の条件の流体を超臨界流体と呼ぶ．

深海の熱水噴出孔は，実際に超臨界流体が存在する温度圧力条件となっているものもあることが報告されている．海水の塩分濃度程度の NaCl を含む系での臨界点は温度約 407 ℃，圧力約 30 MPa であり，純水の場合より高温高圧側へシフトする．これは，液体の水に NaCl が溶解することによって共存する水蒸気の飽和蒸気圧が純水の場合よりも低下し，より高温高圧まで気体の性質を維持することができるようになるためである．

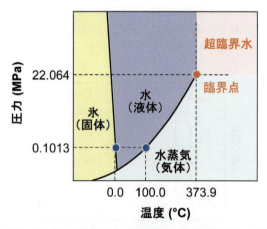

図1 簡略化した水の相図．臨界温度・臨界圧力の値は，NIST (National Institute of Standards and Technology) のウェブサイトより．

## ● 地球内部の超臨界流体

地殻深部やマントル内は，深海よりもさらに高温高圧である．一般に，温度圧力増加とともに，鉱物の水への溶解度が高くなる．これは，超臨界水の比誘電率が通常の液体の水と比べて著しく低下して鉱物の比誘電率に近づくため，流体中に $H_4SiO_4$ やその重合体である $H_6Si_2O_7$ 等の化学種を作りやすくなるためと考えられる．一方，高温高圧下ではマグマ中への水の溶解度も増大する．その結果，ある温度圧力条件以上では，水とマグマとが完全に混和した超臨界流体マグマ (supercritical fluid magma) の1相のみが安定に存在することとなる（図2）．この温度圧力条件を第2臨界端点 (second critical endpoint) あるいは上部臨界端点 (upper critical endpoint) と呼ぶ．

現在までに，様々な化学組成の岩石に水が含まれる場合の第2臨界端点が実験により決定されている（表1）．日本列島のような沈み込み帯において，沈み込む海洋プレートの上部は主に水を含んだ玄武岩である．この場合，第2臨界端点の圧力が 3.4 GPa である[1]ことから（図3，表1），沈み込むプレート内の深さ約 100 km 以深で脱水分解反応が起きた場合，周囲に放出される $H_2O$ 成分は純粋な液体の水ではなく，鉱物成分を多量に溶解して含水マグマと区別することのできない，超臨界流体マグマとなっている可能性がある．

こうして沈み込むプレートから放出された超臨界流体マグマは，マントルウェッジのかんらん岩等と反応しながら上昇し，最終的に地表の火山から噴出される

表1 様々な岩石-水系における第2（上部）臨界端点の温度・圧力条件．データは文献[1, 2]およびそれらの文献中で引用されている文献より．

| 化学組成／岩石種 | 臨界圧力 [GPa] | 臨界温度 [℃] |
|---|---|---|
| $SiO_2$-$H_2O$ | 1.0 | 1080 |
| $NaAlSi_3O_8$-$H_2O$ | 1.5 | 670 |
| $KAlSi_3O_8$-$H_2O$ | 1.5 | 800 |
| $SrAl_2Si_2O_8$-$H_2O$ | 4.2 | 1020 |
| 陸源堆積物-$H_2O$ | 2.5 | 700 |
| 高 Mg 安山岩-$H_2O$ | 2.8 | 750 |
| 玄武岩-$H_2O$ | 3.4 | 770 |
| かんらん岩-$H_2O$ | 3.8 | 1000 |

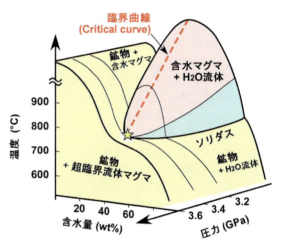

図3 玄武岩-$H_2O$ 系における第2（上部）臨界端点付近の相図．文献1の図をもとに作成．赤い点線が臨界曲線であり，この線上で図2の臨界現象が観察される．星印が第2臨界端点．

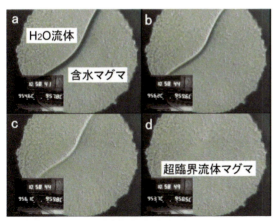

図2 バセットタイプの外熱式ダイヤモンドアンビルセルを用いて観察した，$KAlSi_3O_8$-$H_2O$ 系における水とマグマの臨界現象の様子．圧力は約 1.3 GPa，温度は約 960 ℃．この例では2相共存状態（a～c）から1相の超臨界流体マグマ（d）に混和する間に，温度を約 1～2℃ 程度上昇させている（付録1）．

ことにつながると考えられる．このとき，単一の相であった超臨界流体マグマは，上昇中の温度圧力低下に伴い含水マグマと $H_2O$ 流体の2相へと分離しうるため，地表の隣接する地域でしかも同時期に2種類の化学組成の火山岩が産出する場合があることを説明できる可能性があると指摘されている[2]．〔三部賢治〕

## 4.2 元素分配・同位体分別

### ●元素分配（周期表，構造，分類，分配）

◎周期表・原子構造・元素分類

　元素は周期表に整然と整理され，縦（族）方向に並ぶ元素は互いによく似た性質を持ち，1, 2, 12〜18族は典型元素と分類される．一方，3〜11族の元素群は遷移元素と呼ばれ，横（周期）方向にも類似した性質を示す．元素は，陽子と中性子で構成される原子核を中心とし，その周りを電子が取り囲む構造を持つ．原子番号の増加とともに，典型元素は一番外側の軌道（最外殻）に電子が収納されるが，遷移元素は内側の電子軌道に電子が収納される．元素の性質は最外殻への電子の入り方でほぼ決まるため，原子番号が1つ変わると，典型元素は性質が大きく異なるが，遷移元素は比較的類似した性質を示す．一方，宇宙・地球に含まれる元素の挙動は，周期表の分類とは別に，ゴールドシュミットによってどの物質形態（鉱物・金属・硫化物・気体）に多く存在するかの観点で定義された分類（●付録1）を元に議論される．

・親石元素（[主要造岩]鉱物相）：Si, Al 等
・親鉄元素（金属相）：Fe, Co, Ni 等
・親銅元素（硫化物相）：Cu, Zn, Pb 等
・親気元素（気相）：窒素，希ガス類等

◎イオン半径：結晶とイオン半径

　岩石を構成する鉱物の多くは，イオン同士が結合してできたイオン結晶であり，かたく融点が高い特徴がある．その性質を理解するためには，イオンの価数（酸化数）とイオン半径が重要となる．イオンを単独で取り出すことは不可能なため，酸化物やフッ化物等の化学式と結晶構造が単純な物質の陽–陰イオン間の距離（原子間距離）を測定し，そこから陰イオン半径（基本的に酸素のイオン半径を基準とする）を差し引くことで陽イオン半径が求められる[1]．ただし，陽イオンを取り囲む陰イオンの数（配位数）が変わると，原子間距離も変化するため，イオン半径は配位数（主に4, 6, 8配位）ごとに値が示されている（陰イオンの場合も同様）．

◎元素分配

　様々な地質現象において，その場に同時に存在する（共存する）2つ以上の物質に，元素が配分されることを分配と呼び，その元素濃度比を分配係数と定義する．

例えば，火山の地下でマグマから鉱物が晶出するとき，ある元素（X）の分配係数（D）は，[鉱物中のXの濃度]／[マグマ中のXの濃度]，で表される．D>1であれば元素Xは鉱物に多く入り，D<1であればマグマに多く残ることを意味する（図1）．熱統計力学によると，分配係数は温度と圧力を変数とした式（関数）で表される．つまり，元素分配を調べることで，マグマの固化や岩石の変成作用等，直接観測できない場所や過去に起きた地質現象の温度や圧力を間接的に知ることができる．

　分配係数は元素によって大きく異なるが，この理由を，イオン半径を用いた静電場の観点で説明するのが，PC-IR（Partition coefficient-ion radius）図である（図1）．分配係数の対数値はイオン半径の2次関数で近似され，放物線の頂点にある陽イオン（図では$Mg^{2+}$, $Ca^{2+}$）が，その鉱物にもっとも入りやすいことを意味する．イオン半径が大きい元素（図中$K^+$, $Ba^{2+}$等）や酸化数が大きい元素（図中$Th^{4+}$, $U^{4+}$）が結晶に入ると，そのサイズや電荷が結晶に合わず静電的に不安定になるため，分配係数が小さくなると解釈される．このような元素を不適合元素と呼び，マントルよりも地殻に濃集する特徴がある（●付録1）．しかし，イオン半径は化学反応の生成物（結晶）から得られる変数であることから，これを用いて結晶化学や元素分配の特徴を説明することは，循環論的議論であり，概略的な理解には役立つが正確ではない[3]．イオン半径論の限界を示す例として，図2にマンガン団塊（海底鉱物資源）と海水間の希土類元素の分配反応の結果を示した．希土類元素のイオン半径は原子番号の増加

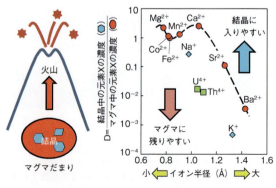

図1　PC-IR 概念図（輝石–マグマ間分配結果より[2]）

とともに滑らかに減少するが，分配係数は不連続のM字型構造を示す．また，イットリウム（Y）とホルミウム（Ho）のイオン半径はほぼ同じだが，分配係数には大きな違いがある．これらは，電子配置や電子軌道の安定性の違いによって生じる現象であり，元素分配を正しく理解するためには，量子力学をもとにした議論が必要である[3]．

### ● 同位体分別（質量依存・非依存）

同じ元素には，同位体と呼ばれる中性子の数が異なる兄弟が存在する．例えばC（炭素）には，陽子6個に対し6, 7, 8個の中性子から原子核が構成される，$^{12}C$, $^{13}C$, $^{14}C$の同位体が存在する（左上の数は質量数＝陽子数＋中性子数）．同位体の中には，放射線を放出して別の元素に変化する不安定な放射性同位体が存在する．例えば$^{14}C$は，宇宙線が大気と反応して生成される同位体であるが，時間が経つとともに決まった割合で$^{14}N$（窒素）に変化する．一方，$^{12}C$, $^{13}C$は自然に壊れることはなく，安定同位体と呼ばれる．

同じ元素でも，安定同位体の比率（同位体比）は，その質量の違いに応じて，状態変化等の物理過程や化学反応過程でわずかに変化する．重たい同位体ほど，原子間の結合が切れにくい，化学反応の速度が遅い，動きにくい（拡散速度が遅い），等の特徴がある．この結果生じる変動を，質量依存の同位体分別と呼ぶ．同位体分別は温度が低いほど顕著になることから，温度推定に役立つ指標となる．ただし，同位体比の変化は，元の値に対して0.1～0.0001％と大変小さく，原子番号の増加とともに減少するため，マクロな現象に現れることはない．同位体分別の例として，マグマの分化に伴って生じる酸素同位体比（$\delta^{18}O$：基準値からの$^{18}O/^{16}O$比のずれ）の変動を図3に示す．マグマから結晶が晶出・沈降する際，マグマの化学・同位

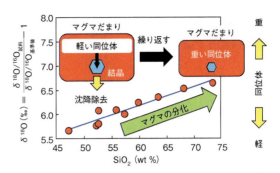

図3　火山岩中の酸素同位体分別効果（八丈島火山岩の分析結果より[4]）

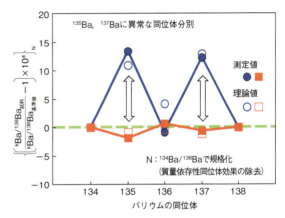

図4　非質量依存同位体分別（質量依存変動を除いたアレンデ隕石のBa同位体分析値と理論値より[5]）

体組成は少しずつ変化する．マグマの方が結晶よりもケイ酸（$SiO_2$）に富んでいる場合，結晶に比べてマグマの方がわずかに$^{18}O$が濃集する．このため，マグマの分化が進むに従い，マグマ中の酸素同位体は重くなる[4]．

近年，分析機器の性能が向上し，質量の違いだけでは説明できない非質量依存の同位体分別という現象が，隕石，非常に古い堆積岩，成層圏オゾン等に見つかってきた．例として，質量依存効果を除いたときの，隕石中のバリウム（Ba）同位体比変動を図4に示す．特定の同位体に，質量数に応じた関係（緑の点線）から大きく外れた挙動が認められる[5]．この現象は，原子核が電子軌道に影響を与える結果生じると考えられ，ウラン（U）等の原子番号の大きな元素の同位体比にも顕著に認められることが特徴である．しかし，様々な物理化学反応過程を含む地質現象と非質量依存の同位体分別の関係には不明な点も多く，現在盛んに研究が進められている．

〔太田充恒〕

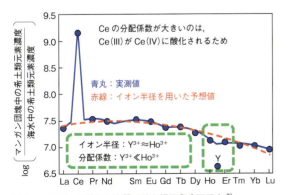

図2　マンガン団塊と海水間の希土類元素分配反応[3]

## 4.3
# 状態分析と元素循環

原子・分子レベルのミクロな情報は，地球で起きる様々な化学素過程を理解するうえで重要であり，この素過程の解明は，地球のマクロな現象（現在の物質循環，地球の進化，地球環境の将来）の理解に貢献する．このような分子地球化学[1]的考察のためには，対象となる試料中の主要元素から微量元素までの元素の化学種（価数，局所構造，化学結合の性質）を把握する必要がある．主要元素が結晶を作る場合には，X線回折によりその化学種を把握できる．一方，微量元素について原子・分子レベルの情報を得ることは長年困難であったが，近年の様々な手法の発達により，微量元素の状態を調べることが可能になってきた．

### ● 状態分析

これらには，大きく分けて顕微分析と分光分析があるが，このうち電子顕微鏡等の顕微分析は，電子線等を用いて固体の局所領域での元素組成を調べることで，元素の化学種を間接的に推定できる．とくに近年発展が著しい透過型電子顕微鏡を用いれば，原子の特定等も可能になってきている．一方，特定の元素の局所構造や化学結合の性質を把握するためには，様々な分光分析が有効である．このうちとくにX線領域の吸収スペクトルであるX線吸収微細構造（XAFS）[1]は，ほとんどすべての元素に適用でき，共存元素による妨害が少なく高感度であるため，主要元素から微量元素にいたる多くの元素の化学種の情報が得られる．とくに吸収端近傍の詳細な構造を調べるX線吸収端近傍構造（XANES）と広域X線吸収微細構造（EXAFS）は，一連の測定で同時に得られるうえ，それぞれ「元素の価数・対象性」と「隣接原子との距離・配位数」という相補的な情報が得られる．また，マイクロビーム（最近ではナノビーム）化したX線を用いれば，局所領域での元素の化学種を明らかにできる．

### ● 化学種と元素分配

こうして得た化学種がどのように元素分配に関与しているか，例をあげる．元素の挙動にもっとも影響を与えるのは価数である．例えば，鉄の価数は鉄の挙動に影響を与えるとともに，その環境の酸化還元状態の指標になる[1]．

価数以外にも，その元素の配位構造や化学結合の特性は，元素分配に大きな影響を与える．固体地球にみられる例として，様々な元素の分配係数（結晶／石基；PC）とイオン半径（IR）の関係を示したPC-IR図[1]がある．図1は玄武岩中のかんらん石と石基のPC-IR図であり，かんらん石の主成分であるマグネシウムイオン（$Mg^{2+}$）にイオン半径が近い元素ほど分配係数が大きくなる．しかし，この傾向からはずれる元素もあり，その代表例が亜鉛（Zn）である．その理由として，$Zn^{2+}$は+2価の遷移金属中で4配位4面体（$Td$）をとりやすい元素であることが考えられる．実際，隣接する結晶と石基に含まれるZnの状態をZn K吸収端XAFSで調べると，前者では主成分である$Mg^{2+}$と同じ6配位8面体（$Oh$）の対称性を持つが，後者では$Td$が主となり，そのためにZnの分配が他の微量元素に比べて石基に偏ることがわかる．こうしたZnの異常は，マントル-地殻間の分配係数にも現れており（図1），$Td$の配位構造が安定であるというZnの性質が，その地殻への分配のされやすさにも関連すると考えられる．

### ● 化学種と物質循環

固液界面への元素の分配（吸着）は，元素の水溶解性や固相への濃集度を支配するため，元素の生物利用性や有毒性，鉱床の成因等の現象と関連する．粘土鉱

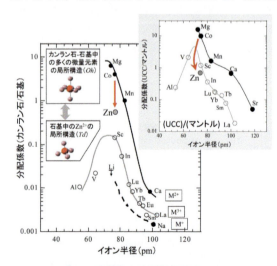

図1　かんらん石-石基間および上部大陸地殻（UCC）-マントル間の微量元素のイオン半径と分配係数の関係（PC-IR図）および関連する局所構造

# 4. 地球化学：物質分化と循環

物による金属イオンの吸着も様々な現象と関わる反応である．この反応には，金属イオンのイオン半径と水和の強さが影響を与える．とくにイオン交換能が大きな2：1型粘土鉱物であるバーミキュライトは，セシウム（$Cs^+$）やカリウム（$K^+$）のようにイオン半径が大きく，粘土鉱物のケイ酸塩層のシロキサン六員環への適合性がよい場合に内圏錯体（直接の結合を持つ錯体；図2)[1]を形成し，強く吸着する．その際，これらが+1価の陽イオンで水和が弱いため，脱水和して内圏錯体を作りやすい点も重要である．内圏錯体は安定でイオン交換されにくいので，福島第一原発事故などで放出された放射性セシウム（RCs）は，土壌表層の粘土鉱物に強く固定される．そのためRCsの表層での二次的移行は，RCsを吸着した粒子が土壌浸食により河川等に流出することで起きる．一方，ストロンチウム（$Sr^{2+}$）のようにサイズが小さく比較的水和イオンが安定な場合，粘土鉱物は水和イオンのまま外圏錯体として吸着する．この場合，イオン交換は容易に起き，Srは土壌中を浸透しやすい．したがって，放射性Srが環境中に放出された場合，地下水への移行の懸念がRCsに比べて大きくなる．このようにミクロな化学種の違いが，その後の元素の挙動を支配する．

## 化学種と同位体分別

吸着反応は，堆積物等に記録された化学情報から地球の過去を知るうえでも重要な過程である．海水中の元素の挙動は，水酸化鉄やマンガン酸化物への吸着反応に強く影響を受ける．またここで起きる化学種の変化は，同位体分別とも関連する[1]．例えばモリブデン（Mo）は，酸化的な環境ではマンガン酸化物に濃集し，その際，軽い同位体が選択的に吸着される．一方，水酸化鉄に吸着される際の同位体分別は小さい．この原因の解明には，固相に吸着された化学種の把握が重要であり，水酸化鉄に吸着される際にはモリブデン酸イオン（Td）が外圏錯体で吸着されるため，同位体分別が生じないことが理解される．一方，マンガン酸化物に吸着されたモリブデンはOhの対象性を持つ内圏錯体を形成し，溶存種であるモリブデン酸イオンとは異なる対象性を持つ．Ohになることで配位数が増加し結合距離が長くなった場合に軽い同位体が選択的に吸着されることは，同位体分別の理論からの予測と一致する．このことは，Mo同位体比が，マンガン酸化物に吸着される場合に特異的に分別を起こし，水酸化鉄への吸着では分別が小さいことを意味する．マンガン酸化物は，水酸化鉄に比べてより酸素分圧が高い環境でないと沈殿しない．そのため，上記のような分子地球化学的理解は，Mo同位体比が応答する酸化還元条件をより厳密に示すことにつながり，確度の高い地球史の解明に貢献する．

XAFS等で得られる化学種の情報は，元素の挙動や同位体分別の原理を原子・分子レベルから理解することを可能にし，化学を使って地球を解くことに確かな根拠を与え，その応用への道を拓く．〔高橋嘉夫〕

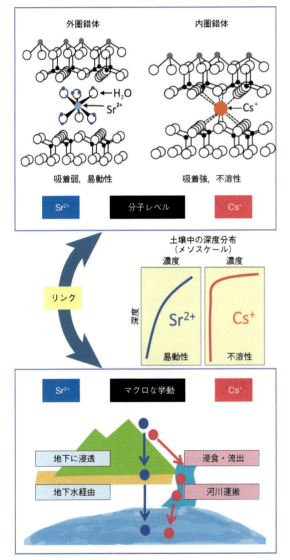

図2 CsおよびSrの2：1型粘土鉱物層間での内圏および外圏錯体の生成とそのマクロな挙動への影響

## 4.4 絶対年代

### ●地球の年代

年代データは，様々な地質現象の同時性，独立性，因果関係を把握する重要な情報であり，また地球環境や生物の誕生と進化といった時間的変化を調べるうえでもなくてはならない情報である．岩石や隕石の年代を調べる方法はいくつか実用化されているが，もっとも広く用いられる手法が放射性元素の壊変現象を利用した放射年代測定法である．地球の年齢として初めて45億年という値を与えたのも，また太陽系内の最古の物質が 45.67 億年前に形成されたことを明らかにしたのも放射年代測定法である[1,2]．

### ●放射年代測定法

天然には約 300 の核種が存在し，そのうち約 30 種類が放射性核種である．半減期が数億年以上のものは，太陽系形成前に合成されたものが生き残ったものである．元素合成で元素がどのような比率で合成され，太陽系形成当時に，元素や同位体がどれくらい残っていたかを調べることで，「元素の年齢」を調べることができる（原子核宇宙年代測定法と呼ばれている）[3]．

太陽系ができる前に誕生した核種のうち，半減期が数億年以下のものは現在はなくなっている（消滅核種と呼ばれる）．しかし一部の消滅核種は現在も存在する．例えば考古学試料の年代測定で広く用いられる炭素－14（$^{14}C$）は，半減期が 5730 年であり，太陽系形成前に合成されたものは壊変し尽くしている．一方で，$^{14}C$ は大気中の窒素と宇宙線（宇宙から降り注ぐ高エネルギー粒子）との反応により現在もなお生成され続けており，微量ではあるが大気中に存在する．$^{14}C$ を含めすべての放射性核種は，新たな生成や供給が止まるとその核種が持つ固有の早さで壊変し娘核種へと変化する．この壊変の早さは，元素が置かれた状況によらず一定であり，これを利用することで，今から○○年前といった具体的な年数を算出することができる（数値年代あるいは絶対年代と呼ばれる）．

これまでに様々な放射年代測定法が実用化されている．代表的なものとしては，$^{40}K-^{40}Ar$ 法（$^{40}K$ が放射壊変し $^{40}Ar$ に変化することを利用した年代測定法．以下，同様．質量数は省略されることもある），$^{87}Rb-^{87}Sr$ 法，$^{147}Sm-^{143}Nd$ 法，$^{176}Lu-^{176}Hf$ 法，$^{238}U-^{206}Pb$ 法等がある．どの年代測定法が適切かを判断する際には，(a) 対象とする試料の年代レンジと親核種の半減期が同程度であること，(b) 対象試料に親核種が豊富に含まれていること，さらには，(c) 試料における親核種と娘核種の閉鎖性が重要となる[4]．

閉鎖系が破れる温度を閉鎖温度と呼び，多くの年代測定の場合，得られる年代情報は，年代測定に用いる同位体対（親核種と娘核種）の閉鎖系が成立してからの年代を示す．この閉鎖温度は年代測定法の種類と対象とする鉱物によって異なる（図1）[5]．もし太陽系形成初期に形成された試料の年代測定を行うなら，閉鎖温度が高いもの（例えばジルコン（$ZrSiO_4$）に対してU–Th–Pb 年代測定法）を適用し，一方で火山の噴火のタイミングや試料の二次的変成の年代，さらには断層の年代等最新のイベントを調べるには閉鎖系が低温で破れる年代測定法が有用となる．

これまでに実用化された年代測定法のうち，$^{238}U$, $^{235}U$, $^{232}Th$ の放射壊変を利用した年代測定法（U–Pb あるいは Th–Pb 年代測定法）は，他の年代測定法にはない2つの特長を有しており，これにより多くの研究者がその年代情報を利用する．1つ目は，これらの

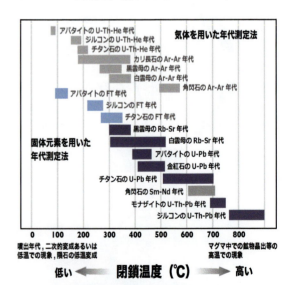

図1 年代測定法と対象鉱物の組合せの例．
親核種と娘核種の閉鎖性が破れる温度を閉鎖温度という．閉鎖温度は，年代測定法や適用する鉱物により異なる．閉鎖温度は得られた年代の意味を考える上で重要な情報となる（文献5を一部改変）．

放射性核種の半減期が6桁の正確さで決定されていることである．例えば$^{238}$Uの半減期は44.6831億年であり，原理的には太陽系形成初期のイベントを数万年レベルの時間分解能で絶対年代を決定することができる．他の放射性元素の半減期は2～3桁の正確さであり，太陽系形成初期のイベントを100万年の誤差で絶対年代を決めることはできない．2つ目の特長は，$^{238}$U-$^{206}$Pb法と$^{235}$U-$^{207}$Pb法を組み合わせることで，ウランと鉛の閉鎖性を評価することができる点である（図2）．これは，両者がいずれも同じ元素（U）から同じ元素（Pb）へと，異なる半減期で壊変することを利用する．例えばジルコン（Uを高濃度で含み，また形成時にほとんどPbを含まない）を例に説明すると，ジルコン中の$^{206}$Pb/$^{238}$U比，$^{207}$Pb/$^{235}$U比は$^{235}$Uと$^{238}$Uの放射壊変により時間とともに増加する．もし閉鎖系が保持されていれば，試料の分析により得られた$^{206}$Pb/$^{238}$U比，$^{207}$Pb/$^{235}$U比は曲線（成長曲線と呼ぶ）上にプロットされる（図2(a)）．一方で閉鎖系が保持されなかった場合（U，Pbの系外への流出や系外から混入等），分析点は成長曲線からはずれ，直線上に分布する（図2(b)）．通常の年代測定法では閉鎖系が保持されていなければ，正確な年代情報を引き出すことはできないが，U-Pb年代測定では，閉鎖系が破れた場合においても，ジルコンの晶出年代と閉鎖系が破れた年代の両方を求めることができる．こうした2つの特長ゆえに，ジルコンを用いたU-Th-Pb年代はジルコン年代と呼ばれるほど様々な地質学的研究に活用されている．

## ●地質イベントと生物進化

地球の進化は，単調・連続的なものではなく，劇的かつ散発的であった．例えば地球上の生物は何度もの大量絶滅を経験している．地質時代の「代」や「紀」の区分は，地層に含まれる化石の動物相の相違によるものであり，大量絶滅により従来の動物の多くが絶滅し，新たな動物が発生・台頭したことを利用したものである．大量絶滅の原因は天体の衝突（例えば隕石の落下）や超新星の爆発によるガンマ線バーストといった外的要因が有名である（例：白亜紀後期の恐竜の絶滅）．しかし生物の大量絶滅は，地球そのものに原因がある内的要因も大きく貢献してきた．

地球は内核（固体の金属），外核（液体の金属），マントル，地殻，大気のように中心部から密度順に積み重なった安定した密度成層構造を持っている．しかしこの成層構造は静的なものではなく，巨大な固まり（プルーム）として間断的に上昇・下降を行っている．その動きに合わせ超大陸の形成と分裂，大規模火山活動が断続的におこり，それが気温，日射量，海水準，さらには大気および海水中での酸素濃度の急激な変化の原因となり，食物連鎖バランスの崩壊を経て大量絶滅を引き起こす．さらに外核の対流も地球磁場強度変化や地球環境に大きく影響している．年代情報を高精度化し，地球内部の時間変化を明らかにすることで，地球と生物の共進化がより精密に議論できる．

〔平田岳史〕

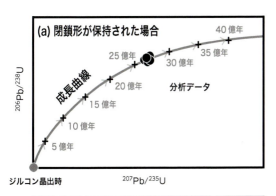

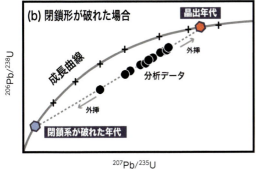

図2　U-Pb年代測定法による閉鎖性の評価．
$^{238}$Uは$^{206}$Pbへ，$^{235}$Uは$^{207}$Pbへと，それぞれ異なる半減期で壊変する．閉鎖形が保持されていれば，$^{206}$Pb/$^{238}$U比，$^{207}$Pb/$^{235}$U比は曲線（成長曲線）上に沿って増加する(a)．一方，閉鎖系が破れると成長曲線からはずれ，直線上に分布する(b)．U-Pb年代測定では，閉鎖系が破れた場合は，その年代と晶出年代の両方を求めることができる．

## 4.5

# 相対年代，モデル年代，他の年代測定法

## ● 化石年代

ある種の化石を利用することで地層の年代に制約条件を付すことができる．アンモナイトや三葉虫，三角貝，有孔虫等は，ある限られた時代にのみ存在し，また世界的に広く分布している．化石を調べることで地球上の離れた地層の対比が可能となり，世界の地質図の作成に大きく貢献した（示準化石あるいは標準化石と呼ばれる）．化石を用いた年代測定は，非常に高い時間分解能で層序の対比が可能であり，地質学の発展に大きく寄与したが，示準化石がその機能を果たすためには，化石となったあと泥流や風化，生物攪乱（bioturbation）等による移動・再堆積がないことが必要であり，これは，しばしば微化石で問題となる．さらに示準化石で得られる情報は相対な年代情報（相対年代）であり，「今から○○年前」といった絶対年代情報が得られるわけではない[1,2]．

## ● 相対年代

一般に放射年代測定においては，対象となる現象の年代レンジと放射性核種の半減期は同程度であることが望ましい（4.4 参照）．したがって，10〜100 万年の時間分解能で地質現象を理解するには，半減期の短い核種を用いた年代測定法が有利となる．

すべての元素は太陽系形成（46 億年前）よりも以前に作られたものである．半減期が数億年より短い核種，例えば $^{26}Al$（半減期 103 万年），$^{60}Fe$（半減期 220 万年），$^{53}Mn$（半減期 530 万年），$^{146}Sm$（半減期 6800 万年），$^{182}Hf$（半減期 900 万年），$^{244}Pu$（半減期 8200 万年）等は現在までに壊変し尽くしてしまっている．しかしこれらの核種は太陽系形成初期には存在しており，これらの短寿命核種を利用することで，太陽系形成初期のイベントを数万〜100 万年の時間分解能で，前後関係あるいは時間的間隔を議論することが可能となる．相対年代ではなく絶対年代測定法でこれだけの時間分解能を達成することは難しい．例えば絶対年代測定法の一つである $^{238}U$-$^{206}Pb$ 法では，最先端の計測技術を駆使しても得られる時間分解能は 10 万年程度である．仮にこの精度で年代分析ができたとしても，「10万年」という長さは，太陽系形成初期において原始太陽系星雲から暴走成長を経て微惑星にまで天体が成長

する時間に相当し，天体・惑星の形成過程を調べるうえで十分な時間分解能とはいえない．短寿命核種を用いた相対年代は何年前かという絶対年代が得られないという問題はあるが，時間分解能は高く，初期の太陽系の物質進化，とくに隕石の形成，微小天体内部の分化過程を明らかにするうえで重要である[3,4]．

## ● モデル年代

放射年代測定では，親核種と娘核種の比（例えば $^{238}U$-$^{206}Pb$ 法では $^{206}Pb/^{238}U$ 比）を計測することで試料の年代を決定する．こうした従来の方法とは異なり，ある種の仮定（前提）のもとで娘核種の同位体組成分析のみから年代情報を引き出すことも可能である．ある種の仮定のもとで算出する年代値は包括的に「モデル年代」と呼ばれる．ここでは $^{182}Hf$-$^{182}W$ 法（$^{182}Hf$ の半減期は 900 万年）と $^{176}Lu$-$^{176}Hf$ 法（$^{176}Lu$ の半減期は 360 億年）を例に，地球内部の大規模分化に関するモデル年代を紹介する．

Hf が親石元素であるのに対し，W はやや親鉄元素としてふるまう．両者の地球化学的性質の違いのためケイ酸塩相（マントル）と金属相（中心核）が分離する際，Hf/W 比は大きく分別を受ける．$^{182}Hf$ の放射壊変に伴う $^{182}W$ の付加により，試料中の $^{182}W/^{184}W$ 比は時間とともに高くなるが，その増加の早さは Hf/W 比に依存する．マントル（Hf/W 比が高い）では，$^{182}W/^{184}W$ 比は急速に増加するのに対し，金属相（Hf/W〜0）では成長速度が緩慢となる（図1）．火星や月が中心核を持つことから，地球も集積成長の初期の段階で金属核が形成されたはずであるが，地球の地殻・マントル物質は，エコンドライト，火星，月の $^{182}W/^{184}W$ 比に比べ低いことがわかった[4,5]．これは地球が集積成長する最後の段階で火星サイズの巨大天体が衝突するイベントを経験したためと解釈されている（図1）．巨大衝突は複数回あったと考えられているが，このうち最後の衝突をジャイアント・インパクトと呼び（これが月を形成する），これにより地球内部の W は再混合・均質化され，地球内部の $^{182}W/^{184}W$ 比はコンドライト的となったと考えられている（図1）．その後，核−マントル−地殻の成層構造が再構築（Hf/W 比が分化する）され $^{182}W/^{184}W$ 比の成長が始まる．地球とコンドライトが，同一の Hf/W 比，$^{182}Hf/^{180}Hf$ 比，

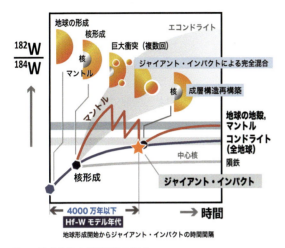

図1 地球内部の成層構造の形成.
$^{182}$Hfの壊変を用いた年代測定を用いることで，ジャイアント・インパクトや地球の核形成のタイミングに関する情報を引き出すことができる．コンドライトとの対比により，ジャイアント・インパクトは地球形成から4000万年以内でおこったと考えられている．

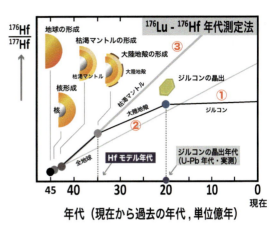

図2 ジルコン中のU-Pb年代およびHf同位体を組み合わせた枯渇マントルからの分離年代.
ジルコンはUやHf濃度が高く，U-Pb法，Lu-Hf法に適した鉱物である．ジルコンの晶出年代（U-Pb年代）とHf同位体を組み合わせることで，原料となったマグマが枯渇マントル（DMM）から分離した年代を推定することが可能である．

$^{182}$W/$^{184}$W比を持つと仮定すると，地球形成開始からジャイアント・インパクトの時間間隔は4000万年以下でなければならない（Hf-Wモデル年代）[3,5]．これは地球の集積，中心核の形成，月の形成のすべてが地球史の最初のわずか1％の期間で起こったことを意味する．

ジルコン（ZrSiO$_4$）はUやHfを豊富に含み，U-Pb法やLu-Hf法に適した鉱物である．2つの同位体系を組み合わせることで，ジルコンが形成される以前の情報を引き出すことができる．ジルコンの晶出はU-Pb年代により決定できる．ジルコン中のLuとHf分析から，ジルコンを晶出したマグマの$^{176}$Hf/$^{177}$Hf比を推定することができる（図2①）．ここでマグマが大陸地殻の平均的なLu/Hf比を持っていたと仮定すると，ジルコン晶出以前の$^{176}$Hf/$^{177}$Hf比の時間変化が計算でき，その変化直線（図2②）と枯渇マントルの$^{176}$Hf/$^{177}$Hf比成長直線（図2③）の交点から，ジルコンを晶出したマグマが枯渇マントル（DMM）から分離した年代を得ることができる（Hfモデル年代）（図2）．

ここで示したもの以外にも，海水の$^{87}$Sr/$^{86}$Sr比の時間変化を利用した経験的海洋モデル年代，マントルや大陸地殻中での$^{187}$Os/$^{188}$Os比を利用した鉱床の形成モデル年代等様々である．前述の通りモデル年代には必ずある種の仮定があり，その過程の妥当性の評価や多角的な検証が必要である．こうした難しさはあるものの，元素の同位体を用いた放射年代（絶対年代，相対年代）では，試料が形成された以前の情報を引き出せる点が大きな魅力である．

## 他の年代測定法と今後の年代学

試料から年代情報を得る方法は他にもある．自然放射線により生じた不対電子が地質鉱物や化石に蓄積されることを利用したESR年代測定法，ウランの自発核分裂により生成された飛跡を利用したフィッショントラック（FT）年代測定法，アミノ酸のラセミ化（キラル化合物の鏡像体過剰率が低下する現象）を利用したラセミ化年代測定法，さらには放射線による電子・ホール対の蓄積を利用したルミネッセンス年代測定法なども実用化されており，対象となる試料や年代レンジに合わせて使い分けられている．　〔平田岳史〕

## 4.6 堆積岩と堆積過程

### ● 堆積岩の重要性

地表から地下 16 km までの地殻上部は，全体の 90～95% が火成岩や変成岩で構成されているのに対し，地球表層部の 70% 以上が堆積岩（一部は未固結の堆積物）に覆われている[1,2]. したがって，堆積岩は地球表層部で営まれた環境変動史や生物進化等の特徴をもっとも詳細に記録している岩石である．さらに，堆積岩は地下水，石油，天然ガス，石炭等，重要な資源の多くを含んでいるため，我々の生活ともっとも密接に関係する岩石といえる．

### ● 堆積岩の形成過程

堆積岩が形成される最初のプロセスは，後背地 (provenance) での風化作用による既存の岩石の破砕である．風化作用で形成された砕屑粒子や溶存イオンは，河川，地下水，氷河，風等の流体によって運搬される．このように，後背地の岩石の破砕で形成される物質が堆積岩を形成する原材料となる[3]（図1）．流体の流速や濃度等の変化に伴い，砕屑粒子が最終的に移動を停止すると堆積物が形成される．一方，溶存イオンは流体の化学組成，濃度，温度等の変化に伴って無機的に沈殿する場合や，生体に取り込まれて骨格や殻等の形成に使用され，骨格や殻，あるいはそれらの破片が堆積岩の材料となる場合がある．堆積岩が形成される最後のプロセスは，未固結の堆積物が固結した堆積岩へと変化する続成作用 (diagenesis) である．続成作用には，堆積物が埋没し，圧力と温度が増加することによる圧密作用 (compaction) と膠結作用 (cementation) がある．これらの作用により堆積物中の空隙が減少し，空隙は間隙流体から晶出した自生鉱物に充填され，堆積物の固化が進行する（図1）.

### ● 堆積岩の種類

堆積岩には様々な種類が存在するが，構成粒子の起源や形成過程等の特徴に基づくと，堆積岩の大部分は，(1) 砕屑性堆積岩，(2) 生物源堆積岩，(3) 化学的堆積岩，(4) 火山砕屑岩の4つに大別される．

#### ◎ 砕屑性堆積岩

砕屑性堆積岩 (siliciclastic sedimentary rocks) は砕屑粒子で主に構成され，構成粒子の粒径に基づいて，礫岩（粒径が 2 mm より大），砂岩（粒径 2～0.063 mm），泥岩（粒径 0.063 mm より小）に細分される．砕屑性堆積岩の組成は，後背地の地質や原岩の風化作用の程度等により様々に変化するが，平均的な砂岩では，石英 (65%) と長石 (10～15%) が主な構成粒子となる．一方，泥岩では，粘土鉱物 (60%) と石英 (30%) が主要な構成粒子である[2,4].

砕屑粒子は掃流 (traction) と浮流 (suspension) で水中や空気中を移動し堆積する．掃流と浮流のいず

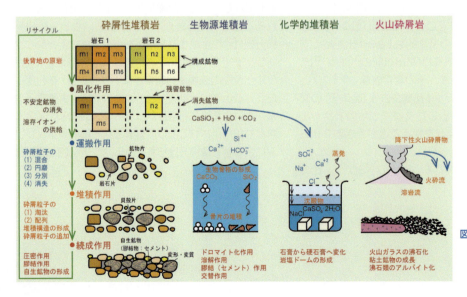

図1 堆積岩の分類と形成過程[3]等の文献を参考に作成（付録1）

れの堆積作用が強く働くかは，砕屑粒子の粒径と流速との関係で決まる．一方，周囲の流体よりも浮流する砕屑粒子の濃度が高くなると，土石流(debris flow)や混濁流(turbidity current)等の重力流が形成され，多量の砕屑粒子の運搬と堆積が行われる．砕屑性堆積岩には，粒径，流速，水深の特徴を反映した堆積構造が広く認められる．また，砕屑粒子は運搬や堆積の過程で分解，分別，円磨等を受けるため，堆積岩の組成，粒度，淘汰度，構成粒子の形態等は，後背地で原材料となった砕屑粒子の特徴と大きく異なる場合がある(図1).

## ◎生物源堆積岩

生物源堆積岩(biogenic sedimentary rocks)は生物の骨格や殻の堆積によって形成され，$CaCO_3$を主成分とする石灰岩(limestone)，$CaMg(CO_3)_2$を主成分とするドロマイト(苦灰岩，dolomite)，$SiO_2$を主成分とするチャート(chert)等がある．石灰岩は，サンゴ礁とその周辺環境や，サンゴ破片，貝殻片等の生物骨格片の運搬と堆積によって形成されることが多い．生物骨格片が波浪作用や重力流等による堆積作用を受けた場合，砕屑性堆積岩と同様に，粒径，流速，水深の特徴を反映した堆積構造が認められる．現世堆積物にはドロマイト質堆積物が著しく少ないのに対し，地質時代をさかのぼるほどドロマイトの相対量が増加する傾向が認められる．このため，ドロマイトは，石灰岩がMgに富む流体による続成作用(ドロマイト化作用)を繰り返し受けて形成されると考えられている(図1)．チャートは陸源砕屑粒子の供給が著しく少ない遠洋の深海底で，放散虫，ケイ藻，海綿等の骨格や骨針の堆積によって形成される．先カンブリア時代のチャートの形成にも，バクテリアや微生物が関与していた可能性が指摘されている．石炭(coal)も重要な生物源堆積岩であり，バクテリアによる有機物の分解が制限される沼沢地や氾濫原等で形成されることが多い．

## ◎化学的堆積岩

化学的堆積岩(chemical sedimentary rocks)は，化学反応によって流体から晶出した鉱物で構成される．主な種類としては，蒸発作用による塩類($CaSO_4 \cdot 2H_2O$や$NaCl$等)の沈殿物で形成される蒸発岩(evaporite)や，砕屑物の供給が乏しい海洋底で形成された縞状鉄鉱層(banded iron formation)等がある．縞状鉄鉱層は鉄を15%以上含み，先カンブリア時代に形成されたものはチャート薄層を挟在するため，層状構造が発達している．一方，塩分や$CaCO_3$濃度が高く，波浪作用が活発な沿岸域-浅海域では，オーイド(魚卵石，ooid：核の周りを$CaCO_3$を主成分とする殻が覆う直径2 mm以下の球状粒子)が形成される．また，地下水が土壌を通過して鍾乳洞に浸入する際，$CO_2$の脱ガスにより水の$CaCO_3$濃度が上昇し，鍾乳石が形成される．

## ◎火山砕屑岩

火山砕屑岩(volcaniclastic sedimentary rocks)は，火山噴火に伴って放出された大小様々な大きさの砕屑粒子で構成される．砕屑性堆積岩と同様に，粒径に基づいて，火山角礫岩(volcanic breccia, 粒径64 mmより大)，火山礫凝灰岩(lapilli tuff, 粒径64〜2 mm)，凝灰岩(tuff, 粒径2 mmより小)に細分される．この分類には，砕屑粒子の起源や形成過程等，成因に関する規程は含まれていない．火山砕屑岩は，火砕流のような重力流，大気中に放出された火山砕屑物の降下，溶岩の破砕等に伴った堆積作用で形成される(図1)．火山砕屑岩の場合も，砕屑性堆積岩と同様に，火山噴出物の堆積過程の特徴を反映した堆積構造が認められる場合がある．

## ● 堆積岩の進化

地球表層部に分布する堆積岩のうち，砂岩，泥岩，石灰岩が全体の90〜95%に相当する体積を占めており[2]，これら3種類の堆積岩の割合は，砂岩(20〜25%)，泥岩(65%)，石灰岩(10〜15%)で，他の種類の堆積岩の割合は5%以下となる[4]．

一方，地球表層部に存在する堆積岩の重量は，地質時代をさかのぼるにしたがって全体として指数関数的に減少する傾向が認められる[5]．また，大陸に存在する堆積岩ほど古い年代を示すものがより多く存在する(図2)．このような特徴は，風化作用による堆積岩の分解や，プレートの沈み込みに伴った海洋底や大陸縁辺域の堆積岩の除去等により，古い年代の堆積岩が失われ新しい堆積岩の形成が行われるリサイクルシステムを反映している[1,5]．(図1)．　　　〔伊藤　慎〕

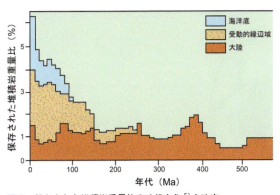

図2　保存された堆積岩重量比の時代変化[5]を改変

## 4.7 地球内部-表層の物質循環

### ●対流運動

太陽系の岩石惑星である金星，地球，火星は，いずれも冷却によりその表面はかたい岩盤（プレート）に覆われている．現在の金星と火星は，1枚のプレートに覆われ，惑星内部での対流運動は存在するものの，その表面変動は不活発である．一方，地球には，かたいプレートと同時に，やわらかいプレート境界が存在し，発散境界（海嶺やリフト帯），すれ違い境界（トランスフォーム断層），および収束境界（沈み込み帯や衝突帯）を形成して複数のプレートが相対運動している（図1）．このため，活発な熱や物質の循環が地球内部と表層をまたいで起こる．例えば，表面で冷却され重くなったプレートが沈み，表層付近の酸素や水に富む冷たい物質が直接還元的で高温のマントル内に持ち込まれる一方，海嶺では，マントルに由来する高温・還元的な物質が表層物質と接するようになる．これらに伴う大きな温度や組成勾配は，地震や火山活動を引き起こすと同時に（図1），地球全体の熱・組成進化に関わる．

そのような大循環は，地球内部の対流運動，とくに地球全質量の約7割，全熱容量の約8割以上を占めるマントルの熱対流運動に伴って引き起こされる．プレート運動はマントル対流の地表表現である．地球は，その内部の熱エネルギーを，表面から排熱しながら，熱膨張・収縮を介して重力場での運動（対流）に変換する熱機関であり，低温部分が下降，高温部分が上昇する傾向にある．同じ圧力・組成であれば，高温物質ほど地震波の伝播速度が小さく，低温ほど大きくなる

ため，地震波トモグラフィーから対流の様子を知ることができる（図2）．

### ●熱源の分布と対流パターン

物質循環を考えるうえでは，熱源の量や分布が重要である．地球内部からの熱流量（地殻熱流量）は，全球平均 $=87$（$\times 10^{-3}$ W/m$^2$）であり，総量は44 TW（$44 \times 10^{12}$ W）に達する．このうち，およそ20 TWは地球内部の放射性発熱，残る24 TWは地球形成時の熱（主に微惑星の集積や核の形成に伴って重力エネルギーが熱に変換されたもので $2.5 \times 10^{32}$ J を超えるが，その90％程度は形成時にすでに宇宙空間に失われたと考えられる）に由来する．地球史をさかのぼると，放射性発熱は今の4倍程度大きく（地球形成から現在までの積算は約 $1 \times 10^{31}$ J），地球内部はより高温

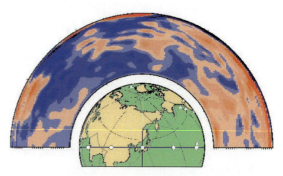

**図2** 日本を通る地下断面（中央図の横線に沿った地表から核-マントル境界までの断面）での地震波トモグラフィー．青い部分は地震波速度が速く，赤い部分は地震波速度が遅い．表層付近は色の濃淡が大きく，速度の標準偏差が±7％程度である一方，下部マントルや核-マントル境界では数％以下である（文献1に基づく）．

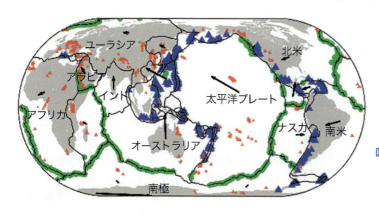

**図1** プレートとその運動（太平洋プレートの矢印の大きさが年間約10 cmに対応），および火山（海嶺＝緑，沈み込み帯＝青，その他（海洋島，大陸内）＝赤）の分布

表1 岩石の放射性元素濃度と発熱量

|  | U ppm | Th ppm | K ppm | 発熱量 $10^{-11}$ W/kg |
|---|---|---|---|---|
| 花崗岩 | 4 | 17 | 32000 | 96.0 |
| 海洋地殻玄武岩 | 0.1 | 0.35 | 2000 | 2.63 |
| 枯渇マントル | 0.012 | 0.035 | 40 | 0.23 |
| 始原マントル | 0.018 | 0.070 | 180 | 0.43 |
| コア | — | — | ≦ 40 | ≦ 0.009 |
| 炭素質隕石 | 0.0081 | 0.0294 | 558 | 0.36 |

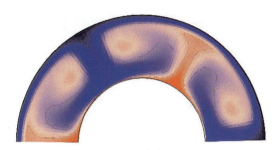

図3 放射性熱源を考慮したマントル対流シミュレーション．青い部分が低温の下降流，赤い部分が高温の上昇流に対応する．

であった．地球の冷え方はマントル対流の激しさに依存し，過去ほど対流は激しく（したがって熱流量も高く），初期ほど地球が急速に冷え現在の姿に至ったと考えられている．現在の固体地球の放射性元素濃度や発熱量は，地殻物質（大陸地殻を代表する花崗岩や海洋地殻玄武岩，表1）で高く，マントル中の放射性元素量の10～100倍程度である一方，コアにはほとんど含まれないと考えられている（表1）．マントル中の放射性元素濃度は，マントルかんらん岩を直接分析する方法以外にも，隕石組成から地殻（および核）での存在量を引くことにより，あるいは，地球内部の放射壊変に伴って生成される反ニュートリノ（地球ニュートリノ）を観測することにより推定されている．

地表面から失われる熱量（地殻熱流量の総量）に対する放射性熱源由来の熱量の割合は，マントル対流パターンと対応関係がある．この割合が低い場合，コアからの加熱と表面からの冷却がほぼ釣り合う．割合が高い場合には，表面冷却の方が強く，そのため深部からの熱い上昇流よりも，冷たい沈み込みがより強くなる．実際の地球では，その割合は0.4～0.8程度と比較的高く，シミュレーション（図3）で再現されるように，核-マントル境界からの熱い上昇流（赤い部分）よりも，冷たい下降流（表面から垂れ下がる青い部分）がより大きく広がることがわかる．この結果は，大まかには図1に見られる地震波トモグラフィーのパターンと一致し，太平洋プレートの沈み込みや大陸地域下の冷たい領域が深部に広がっている様子に重ねることができる．したがって地球の冷却に伴って生じる負の浮力（例えば，プレートが沈み込もうとする力）は，地球内部の対流と熱輸送のみならず，その地表表現としての表層変動（地震活動，造山運動，プレート運動，大陸移動等）の主たる駆動力である．

● 物質循環

対流により運び込まれるプレート物質は，沈み込むに従って脱ガス・脱水する．その多くは地表に還元され（例えば，沈み込んだ水の90％以上），その上昇途中で岩石の融点や強度を低下させてマグマ生成や地震発生を引き起こす．この点で，沈み込み帯における流体循環は重要である．地球全体で $10^{11}$～$10^{12}$ kg/年程度の水が地球内部に持ち込まれ，同時に海嶺やホットスポット火山活動によって地表に水が放出されている．どちらが多いかはよくわかっていないが，地球の冷却に伴ってプレートの脱水が起こりにくくなり，深部により多くの水が持ち込まれる傾向にあるため，将来はより水に富むマントルが形成される可能性がある．

沈み込むプレート物質のうち，その表層付近の堆積物（大陸地殻［花崗岩質］や生物由来）の一部は，比較的浅所で剥ぎ取られ，上盤プレート側に付加体を形成する．付加を免れて，あるいは逆に上盤プレートの地殻物質が構造浸食されて地球深部に持ち込まれることがあるが，割合はわかっていない．観察されるマントルの放射性元素濃度は大陸地殻物質に比べて著しく低く，その割合は低い（持ち込まれた堆積物の量は少ない）と考えられるが，上述の脱水に伴って放射性元素が効率的に引き抜かれ，抜け殻としての大陸地殻物質が沈み込んでいる可能性はある．一方，沈み込むプレートの主構成要素である海洋地殻玄武岩（平均厚さ7 km）は，地球史を通してマントル全体の11％以上に匹敵する量が沈み込んだと見積もられる．この物質がマントル全体に比較的均等に再循環するのか，あるいは一部または全部が深部に沈積するのか，その行方とダイナミクスは未解明である．いずれの場合にも，その一部は，再溶融して地表にマグマとなって現れる．そのようなマグマに含まれる放射壊変由来の同位体を用いて，循環に要した時間（マントル中での平均滞留時間）を見積もることが可能であり，モデルに依存するものの，数億年から20億年程度の時間を要すると考えられている．

〔岩森　光〕

## 4.8
# マントルの化学構造と進化
## 全球マントルダイナミクス

### ● 地球深部における物質循環

地球深部における物質循環過程を理解するために，高温高圧下における元素分配に関する実験，地球内部に由来するマグマや岩石の組成分析，ならびに地震波トモグラフィーと鉱物物性理論等から，マントル深部における物質循環とその進化過程が明らかになりつつある．それによると，地球深部には，長時間安定に存在できる組成的な地震波速度の不均質構造が存在し（図1），それを理解するための鍵としてあげられる物質は，沈み込んだ海洋地殻物質と海洋から沈み込み帯を介して地球深部へ取り込まれた水であると考えられている（図2）．

### ● マントル深部の大規模組成異常

地震波トモグラフィーによると，マントル深部において，横波（S波）とバルク音速が逆相関を示すことが知られている（例えば，前者が周囲より低速度，後者が高速度の異常を示す領域が存在する）．この逆相関は，高温かつ高密度の物質が存在することを示唆する．同じ物質を考えた場合，温度が高い物質の密度は温度の低い物質の密度より小さくなることが知られており，S波低速度異常とバルク音速高速度異常は温度変化だけでは説明がつかない．したがって，マントル

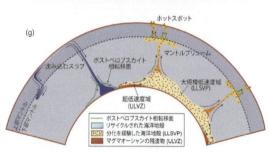

図1 地震波トモグラフィーから推定される深部マントル熱化学構造（(a) S波異常，(b) 温度異常，(c) 音速異常，(d) ケイ酸塩量，(e) 密度，(f) 鉄分量，(g)(a)-(f)によって推定される物質循環像（Frédéric Deschamps氏（台湾中央研究院）提供）

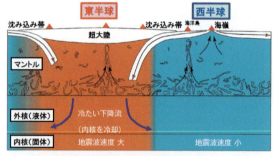

図2 地球内部の化学構造進化の概念図の一例．マントル-コアの大規模構造と水大循環の関連性が示唆されている[1]．不規則な形状の筋は「メルト成分に富む物質」（海洋地殻物質等）を表し，マントル最下部に沈積し，地震波速度異常を生むと同時に，自己発熱してプルームを発生し，ホットスポット（海洋島火山）を生む．マントル中の青と橙の領域は，マグマ組成から推定される「水溶液成分に乏しい領域」と「富む領域」を表す．超大陸への沈み込み集中によって後者（橙の領域）が生み出され，同時にコアを冷却して内核の地震波速度の半球構造の原因となる．

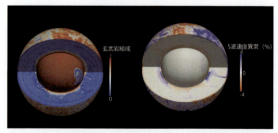

図3 3次元全球マントルダイナミクスモデルから推定される化学構造と地震波速度構造異常（S波異常）[2]（●付録1）

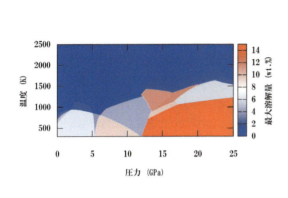
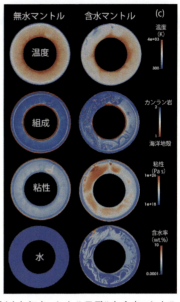

図4 マントル鉱物における水の最大溶解度（マントルペリドタイト）と無水マントルモデルと含水マントルモデルにおける物質循環ダイナミクス（右：上から温度，組成（赤：玄武岩質物質；青：枯渇ペリドタイト物質），粘性率，マントル含水率）[3]（付録2）

最下部には，平均的なマントル物質とは化学的に組成が有意に異なる大規模組成異常領域が存在することを示唆している．このことを，最近のマントルダイナミクスモデリングを用いて説明する．プレート運動に伴い，沈み込んだスラブの一部を構成する厚さ約7 kmの海洋地殻物質が沈み込むスラブから剥がれて，マントル最下部に滞留することで，S波とバルク音速の逆相関が大局的にはうまく説明できることが示唆されている（図3）．また，このような大規模組成構造の形成と維持に関する時間スケールは数億～数十億年と長時間であり，深部由来物質の同位体比から推定されているマントル深部起源の滞留時間と調和的である．

● 全マントル水循環とマントル化学構造進化

次に，沈み込むスラブに伴ってマントルに導入された海洋起源の水がマントル内をどのように循環しているか（すなわち，全マントル水循環）をみる．高温高圧下の実験や地震波速度解析によると，沈み込むスラブによって導入された水は，200 km程度の深さまでは主に蛇紋岩（serpentinite）中に保持され，マントル深部へ導入されていく．また，マントル鉱物が持ちうる水の鉱物への最大溶解度（図4左）を超えると，マントル鉱物から余剰分の水が抜け（脱水反応），浸透流等でマントルの浅い部分へと輸送される．さらに，

マントル内における部分融解過程に伴って引き起こされる火成活動によって，部分融解体に濃集された水がマグマの噴出と脱ガスによって表層へと輸送される．これらの過程を取り入れ，また，岩石流動実験で得られた海洋リソスフェア強度（降伏応力）を考慮した全球規模のモデルシミュレーションを行うと，無水マントルの場合と大きく異なったマントル内物質循環像が得られる（図4右）．すなわち，海洋の存在とマントル物質の流動性の含水率依存性の影響を考慮することで，より効率的に「プレートテクトニクス」様の運動を引き起こし，その結果として，マントル深部の大規模組成構造等の地球深部に特徴的な物質循環構造が，含水マントルダイナミクスモデルにおいて再現されうることを示している．以上のことから，地球マントル深部の大規模物質循環を理解するためには，海洋地殻物質と水のマントル対流系でのふるまいが重要な要素となってくる．また，現在の地球の内部構造形成に至るには，地殻物質や水を地球深部へと輸送する手段としてのプレート沈み込みと表層テクトニクスが効率的かつ長時間にわたって安定に存在する必要がある．したがって，太陽系惑星の中では，現在の地球に固有の「海洋」が地質学的時間スケールで安定に存在することが重要な要素であると考えられる．

〔中川貴司・岩森　光〕

## 4.9 リソスフェア–アセノスフェアの化学構造
### プレートの実態

● **リソスフェアとアセノスフェア**

　地球の表層は複数の「剛体的な板」としてふるまうプレート (plate) で覆われている．プレートは海嶺や大陸リフト等の発散境界で生産され，日本のような収束境界で地球内部に沈み込んでいる．プレートを成す剛体的な層をリソスフェア (lithosphere)，リソスフェアの直下に位置し，流動変形しやすいと考えられる層をアセノスフェア (asthenosphere) という．地球は主成分化学組成の違いによる層構造をなしており，地表から中心に向かって地殻，マントル，核に大別されるが，リソスフェアとアセノスフェアの識別は，下記のように主に物性の違いに基づくため，その境界は主成分化学組成による層境界とは必ずしも一致しない（図1）．

● **リソスフェアとアセノスフェアの特徴**

　我々のすぐ足元にあるリソスフェアの岩石は剛体的にふるまい，応力を受けると流動せずに破壊される性質がある．アセノスフェアは，直上のリソスフェアに比べて地震波速度が約5～10%も急激に低下するのが特徴である．また地震波の減衰が大きく電気伝導度が高いことが知られている．このような物性的特徴は，この層が応力を受けると流動変形する，その意味で流体的な物質からなっていることを示している．また，S波が通過することから，アセノスフェアは流体的ではあるものの，液体ではなく，大部分は固体の岩石であることもわかっている．

　リソスフェアとアセノスフェアの境界 (lithosphere-asthenosphere boundary：LAB) の特徴は海洋地域と大陸地域で異なる（図1）．海洋地域ではLABは深さおよそ70～90 kmに観測される．大陸地域ではLABの平均的な深さは約200 kmであり，クラトン (craton) と呼ばれる数十億年にもわたって地表に安定に存在し続けている古い大陸地殻の下では250～300 kmに達するところもある．クラトン下のリソスフェアにはテクトスフェア (tectosphere) と呼ばれるとくに地震波速度が速くて密度が小さい部分，つまりかたくて軽い部分が存在しており，これがクラトンを長期間にわたって安定化させていると考えられている．大陸地域では近年，従来のLABより浅い約100～150 km付近にLABとは別の速度低下が観測されており，リソスフェア内の不連続構造 (mid-lithosphere discontinuity：MLD) であると解釈されているが，こちらが真のLABであるとする意見もある．さらに地球深部にゆくと，転じて地震波速度は深さとともに次第に速くなるが，その変化は漸移的である．このため，アセノスフェアの下限がどこまで広がっているのかはあまり明瞭ではないが，様々な観測から，アセノスフェア層の厚さはおよそ60～140 kmと推定されている．

● **リソスフェア–アセノスフェア構造の成因**

　流動性のある物質が地球内部に存在すると科学的に予測した最初の人物は物理学者のアイザック・ニュートンで，1600年代のことである．しかしアセノスフェアという概念は1900年代に入ってからアイソスタシーを説明するために導入され，またアセノスフェアの存在が地球物理学的観測データに基づいて確立したのは1970年代，地球内部を構成する岩石や鉱物の物性データが増え，成因に関する議論が行えるようになってきた最近のことである．まずアセノスフェアの成因として最初に考えられたのが温度の効果である（図2）．物質は一般に温度が上昇すると流動変形しやすくなり，圧力が上昇すると流動しにくくなる．地表の温度で剛体的にふるまう岩石も，地球内部に向かって温度が上昇すると次第に流動しやすくなり，このため上部マントルのおよそ1300 ℃以上で弾性波の速度低下や減衰が顕著になる．このモデルでは温度上昇に伴い岩石が流動的になった部分がアセノスフェアであ

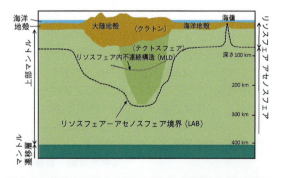

図1　リソスフェア–アセノスフェア構造を模式的に表した断面図

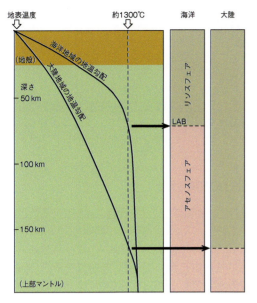

図2 温度効果モデルの概念図

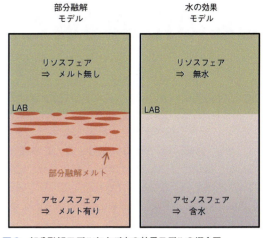

図3 部分融解モデルおよび水の効果モデルの概念図

ると解釈される．温度の高い海洋地域よりも温度の低い大陸地域の方が，LAB が深くなるのも定性的には温度効果と解釈できる．さらに深部では温度上昇の効果よりも圧力上昇の効果が勝り，次第に岩石は流動しにくくなり，地震波速度は速くなっていく．このように"温度効果モデル"はリソスフェアとアセノスフェアの特徴をある程度説明する．しかし，いくつかの点で不十分であることが明らかになっている．地球内部での温度上昇は漸移的であるため，もし地震波速度の低下が温度上昇のみによるのであればその変化は漸移的になり LAB は不明瞭な境界になるはずである．しかし実際の観測では LAB の速度低下は急激かつ明瞭である．また温度の効果だけでは 5〜10% という大きな速度低下を説明するのが難しいこともわかっている．さらに大陸地域におけるテクトスフェアの存在も温度効果だけでは説明できない．

地球内部での物質の流動化に，温度が影響していることは間違いないが，それに加えて急激な物性変化を伴う別の原因があると考えられている．2017 年現在，アセノスフェアの成因に関していくつもの説が提唱され，まだ熱い議論が繰り広げられている．そのなかで主に 2 つのモデルが有力視されている (図3)．ひとつ目は"部分融解"モデルである[1]．岩石は温度上昇に伴って融解し始め (この温度をソリダス温度と呼ぶ)，さらに温度が高くなると完全に融解してメルト (melt) になる (この温度をリキダス温度と呼ぶ)．ソリダス温度付近では固体とごく少量の部分融解メルトが共存しうる．また，水や二酸化炭素等の揮発性成分

がマントルに含まれるとソリダス温度が下がり，LAB 近傍の比較的低温条件でも部分融解しやすくなることが指摘されている．このモデルでは，リソスフェアからアセノスフェアに向かって温度は連続的に変化するものの，アセノスフェアは部分融解し，少量のメルトを結晶粒間に含むために LAB で急激に速度の低下が起こると解釈される．ふたつ目のモデルは"水の効果"モデルである[2]．地球の上部マントルを構成するかんらん石等の鉱物は水素や水酸基 (いわゆる水成分) を主成分としない無水鉱物であるが，地球深部ではその結晶中に微量成分として水成分を固溶しうる．水成分を含んだ無水鉱物は，まったく含まない場合に比べて流動的となり，地震波速度は遅くなる．このモデルでは，ほぼ無水の部分がリソスフェア，含水の部分がアセノスフェアであると解釈される．地殻は上部マントルが部分融解してできたメルトが様々なプロセスを経て地表に上昇し固化して形成されるが，この際に鉱物中の水成分はメルトに選択的に分配されるため，地殻形成に関与したマントル物質は水成分に乏しくなる．つまり"水の効果"モデルでは地殻形成に関わった部分がリソスフェア，そうでない部分がアセノスフェアであると考えることもできる．テクトスフェアの岩石は海洋地域や他の大陸地域の岩石に比べてメルトに分配されやすい不適合元素 (incompatible elements) に枯渇しており，過去に大量のメルトが抜き取られたことがわかっている．大規模なメルト分離の痕跡があるところに厚いリソスフェアが存在するという観察事実はこのモデルで説明できるかもしれない．いずれにせよ，リソスフェア-アセノスフェアの化学構造の解明に関しては今後のさらなる研究の進展が待たれる． 〔松影香子〕

## 4.10 地殻の化学構造と進化

地殻はその岩相の違いによって海洋地殻と大陸地殻に分けられ，平均の厚さはそれぞれ約7kmおよび30kmと，現在の地球全体に占める割合はごく少ない．しかし，岩相，年代や化学組成はきわめて多様で，その形成，成長とリサイクルが地球の進化と分化に大きな役割を果たしてきたと考えられる．この項ではとくに進化に着目し，地殻の構造や化学組成をまとめる．

### ● 玄武岩地殻と太古代のテクトニクス

大陸地殻は表層の約4割を占め，その上部は地球特有の花崗岩質地殻から構成される．現存する最古の大陸地殻は40.3億年前のアカスタ片麻岩体で，すでにプレートテクトニクスが機能していた可能性を示唆する．

太古代では，マントル温度が現在よりも約150℃ほど高温であったため，中央海嶺で大量の玄武岩が生じ，厚い海洋地殻が形成される（図1）．一方，マントル物質の脆性–塑性変形境界は温度に強く依存するので，海洋プレートは薄くなる．また，効果的に地球内部の熱を逃がすためにプレートサイズは小さくなり，若く，薄いプレートが沈み込むこととなり，スラブ溶融が現在に比べてより多くの沈み込み帯で起きたと考えられている．スラブ溶融は2つの点で重要な役割を果たす．1つはスラブメルトが花崗岩質であり，大陸地殻の形成に貢献する点，もう1つはスラブ溶融により，マントル物質より重いざくろ石を含む溶け残り地殻が形成され，結果として，スラブは負の浮力を獲得し，プレートを駆動する原動力が生じることである．

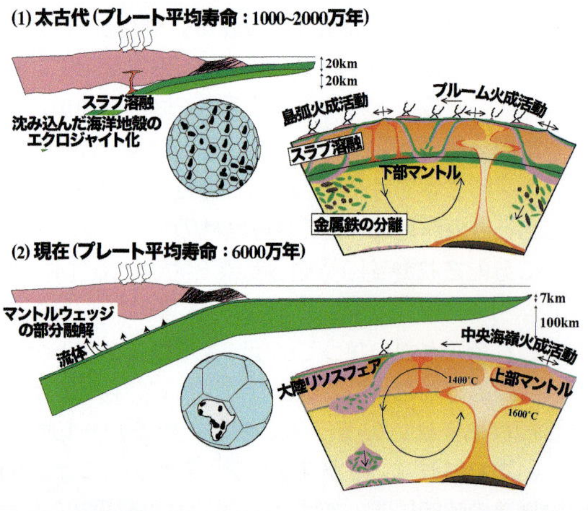

### ● 地球の初期分化

地球初期物質には $\varepsilon^{142}Nd$ 値に異常があることが知られており，マントルの大規模初期分化が示唆されている（2.2 参照）．また，初期太古代の玄武岩由来の緑色岩は共通して Nb に枯渇した特徴を持つ（図2A）．現在の地球では，そのような特徴は沈み込み帯のマグマにみられるが，少なくともイスア表成岩帯の緑色岩が海洋底玄武岩由来であることを示す地質学的証拠があることを考慮すると，それは造構場の特徴ではなく，当時のマントル全体の特徴であると推定される．大規模初期分化や核形成時に Nb が下部マントルや核に分別されたことが示唆されている．各時代の玄武岩や $\varepsilon^{142}Nd$ 値から推定した上部マントルの Nd 同位体進化は，初期地球に，マントルは急激に分化し，上部マントルが枯渇したことを示唆する．その後，下部マントル物質や地殻物質の混合等を経て，進化が緩やかに

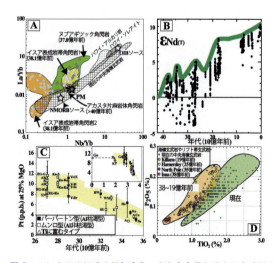

図1 太古代と現在のプレート構造と海洋地殻構造の比較（付録1）

図2 マントルの組成の経年変化．(A) 太古代と現在の玄武岩のNb/Yb-La/Yb 比．(B) 上部マントルのNd 同位体進化．低い値は大陸地殻物質や変成流体の混染による．(C) コマチアイト中の白金族含有量の経年変化．(D) 太古代〜古原生代の上部マントル由来玄武岩と現在の中央海嶺玄武岩のリン濃度の比較（付録2）．

なったとされる（図 2B）．マントル中の白金族等の親鉄性元素の経年変化にはレイトベニアの実態や時期に関し，大きく2つの考え方がある．1つは，レイトベニアは後期隕石重爆撃イベント（42〜38 億年前）等であり，地球誕生時よりも，有意に後の時代に起きたとする考え方である．地球史を通じてコマチアイト中の白金族元素が増加するデータはこれを支持する（図 2C）．もう1つは，レイトベニアは地球史のごく初期に起きたとする考えで，この場合，我々が手にする物質は基本的にレイトベニアをすでに受けたものであり，ごく稀に混合の途上で局所的に残されたものが存在するという考えである．また，太古代の中央海嶺玄武岩は親鉄性元素に富むとするデータもあり，この場合は地球史を通じて金属鉄の分離が沈み込み帯で起きたことを示唆する（図 1, 2D）．

太古代の大気・海洋は $CO_2$ 量を多く含むので，海洋底変成作用は顕著な炭酸塩化作用や珪化作用を伴う．玄武岩は中央海嶺での熱変成・炭酸塩化作用を経て，オフリッジで珪化作用を受ける．とくに，珪化作用を受けると，$K_2O$ と $SiO_2$ 以外の元素に非常に枯渇した岩石となる（図 3）．また，太古代の変成・変質作用では，$SiO_2$, $FeO$, $K_2O$, $Ni$ 等が増加する一方で，$CaO$, $Na_2O$, $P_2O_5$ 等が減少し，現在とは異なる元素の挙動をする．とくに，$P_2O_5$ の減少は太古代の海洋底変成作用は現在と異なり，酸性下での反応ではなく中性〜弱アルカリ性での反応であることと炭酸塩が重要な役割をしたことを示す．$K_2O$ と $Na_2O$ の顕著な分別と $P_2O_5$ の減少は，高 K/Na 比かつ P に富む熱水を生み，生命の出現に大きな役割をした可能性がある．

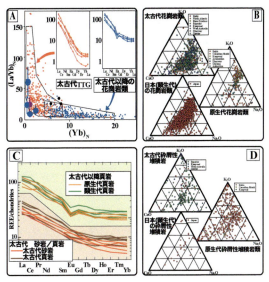

図4 太古代と太古代以降の花崗岩類や砕屑性堆積岩の化学組成の比較（付録 4）

## ●花崗岩質大陸地殻の組成と成長

花崗岩類は地球特有の岩石であり，その形成にはプレートテクトニクスが必要と考えられている．その化学組成は地球史とともに変化しており，太古代の花崗岩は Na や Ca に富み K に枯渇した特徴を持つ．そして，時代とともに K に富むようになる．また，顕著な Eu の負異常に欠け，重希土類元素に枯渇した特徴を持つ．前者は，太古代花崗岩はより juvenile（含水玄武岩の溶融で生じた花崗岩）成分に富み，時代とともに地殻の混染（crustal reworking）や地殻物質の溶融（sediment melting）の影響が増したことを示し，後者は太古代の花崗岩形成にスラブ溶融が重要な役割を果たしたことを示す（図 1, 4AB）．一方，砕屑性堆積岩は上部地殻物質に由来するので，その経年変化は上部地殻を構成する花崗岩や付加体物質を反映する．付加体物質は海洋底玄武岩や砕屑性物質から主になるので，花崗岩と付加体玄武岩の構成比やそれらの組成，海洋底玄武岩の変質に伴う元素移動の変化に依存する．太古代の砕屑性堆積岩は花崗岩同様に Eu の負異常に欠け，重希土類元素に枯渇する．また，全体としては K に乏しく，Na に富むが，一部顕著に K に富むものが存在する．全体的な K の枯渇は花崗岩の組成の経年変化に加え，付加玄武岩物質が多いことを示し，一部の K の増加は，海洋底変成・変質作用を被った K に顕著に富む変質海洋底玄武岩に由来すると考えられる．

〔小宮　剛〕

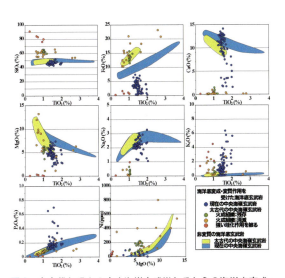

図3 太古代と現在の中央海嶺玄武岩とそれらの海洋底変成・変質作用による化学組成の変化の比較（付録 3）

## 4.11
# 鉱床・新資源

### ● 鉱床とは

鉱床とは，「資源として利用可能な特定の元素や化合物が，通常の岩石中の平均組成以上に濃集した集合体のうち，採掘して利益をあげることのできるもの」を指す．採掘対象となる資源は，広義には石油，石炭，天然ガス等のエネルギー資源と鉄，銅，アルミニウム，金，銀等の金属鉱物資源，そしてダイヤモンド，石灰石，リン鉱石等の非金属鉱物資源を含む．一方，狭義には鉱物資源の濃集体を指す場合が多く，とくに金属鉱物資源を指すことが多い．ここでは，代表例として金属鉱物資源の鉱床について解説を行う．

金属鉱床の形成には，主にマグマ活動，熱水活動，堆積作用の3つが関与することが知られており，それぞれ正マグマ鉱床，熱水鉱床，堆積鉱床と呼ばれる．鉱床の空間的・時代的な分布と消長は，マグマ活動をもたらす地球内部活動の変遷や，表層の水循環およびそれを支配する表層環境変動を反映したものであるといえる．そのため，こうした鉱床を研究することは，資源の確保に貢献するのみならず，地球史を通じた地球システムの変動を紐解く鍵を見つけることにも繋がると考えられる．

### ● 金属鉱床のタイプと成因

#### ◎ 正マグマ鉱床

正マグマ鉱床は，地下でマグマが冷却・固化する際に，有用元素を多く含む特定の鉱物が分離・濃集することでできる（図1）．この分離・濃集には，マグマからの結晶化温度の違いや，結晶密度に応じた重力分離が重要な役割を果たしている．例えば，ニッケルやクロム等の鉱床は，結晶化温度が高く高密度のニッケル鉱やクロム鉄鉱が，マグマ溜りや層状貫入岩体の下部に沈積することで濃集し，鉱床となる．一方，希土類元素等の不適合元素は，マグマ固結の最終段階まで液相に残って濃集し，最終段階での結晶化により鉱床を形成する．このような鉱床は，ペグマタイト鉱床と呼ばれ，希土類元素のほか，同じく不適合元素であるニオブ，タンタル，リチウム，セシウム，ルビジウム，ベリリウム，ウラン等の鉱床としても知られている．

#### ◎ 熱水鉱床

熱水とは，火山活動のある地域において，地下に浸透した雨水等（天水と呼ばれる）がマグマに熱せられることで高温となったもの，もしくはマグマから分離した高温の水（マグマ水と呼ばれる）をいう．近年，さらに沈み込むプレートに直接由来する熱水の存在も示唆されている（4.12参照）．水は地中の高圧下では超臨界流体として沸騰することなく高温となることができるため（4.1 図1参照），高い反応性と溶解度をもつ溶媒となって周囲の岩石やマグマと反応し，銅，鉛，亜鉛，金，銀，インジウム等の有用金属元素を多量に溶かし込みうる．この熱水が，地表まで上昇する間に温度・圧力の低下やpH・酸素分圧の上昇といった物理化学条件の変化を被ると，それに伴う溶解度の低下

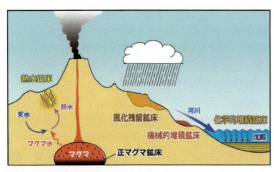

図1　様々な鉱床の生成場と生成プロセス

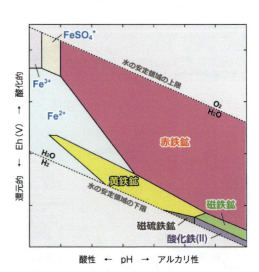

図2　pH-Ehによる水溶液中の鉄化学種（青字）および安定な鉱物（漢字表記および色ぬり部分）の変化を模式的に示した例．少量の硫黄の存在を想定している．

によって溶けていた金属元素を沈殿・濃集し，熱水鉱床が形成される（図1, 2）．熱水鉱床は，さらにその産出状況から，(1) 陸上の火山活動に伴って生成された熱水が地表近くまで上昇し，岩盤の割れ目等に沿って有用金属元素を沈殿・濃集させた鉱脈型鉱床，(2) 鉱脈型鉱床と同様な熱水が炭酸塩岩との反応によって有用金属元素を沈殿・濃集させたスカルン鉱床，(3) 海底火山活動に伴って生成された熱水が海底近くまで上昇し，海水と混合することによって有用金属元素を沈殿・濃集させた塊状熱水鉱床等に分類される．

◎堆積鉱床

堆積鉱床は，風化，侵食，運搬を含む堆積作用の過程で有用鉱物が濃集してできた鉱床である（図1）．地上の岩石は，鉱物ごとの熱膨張率の違いなどによる破砕（物理的風化）や，雨水への化学的な溶解（化学的風化）によって風化・侵食される．化学的風化によって他の元素が溶出した後に，残留・濃集して形成された鉱床を風化残留鉱床と呼び，アルミニウムの原料となるボーキサイト鉱床等が知られている．また，化学的風化に強くかつ比重の重い鉱物が風化・侵食を受けた後に，河川による運搬の過程で次第に他の鉱物と選別されて濃集し，鉱床を形成する場合がある．こうしたタイプの鉱床を機械的堆積鉱床といい，自然金の濃集した砂金や，磁鉄鉱の濃集した砂鉄等がよく知られている．一方，化学的風化を受けやすいため雨水によって溶かし出された有用元素が，河川によって湖や海に運ばれた後に何らかの原因によって湖底や海底に沈殿・濃集し，鉱床を作る場合もある．こうした鉱床は化学的堆積鉱床と呼ばれ，現在人類が使う鉄のほとんどを供給している縞状鉄鉱層がその代表としてあげられる．

● 海底に眠る新資源

近年，科学技術の進歩によって海底からも資源の産出が可能となってきている．石油や天然ガスは，1970年代より海底からの採掘が本格的に始まっており，現在では全体の約4割が海底から生産されている．一方，鉱物資源については，まだ商業生産は行われていないものの，現在の海洋底において「海底熱水鉱床[1]」「マンガン団塊[2]」「マンガンクラスト[3]」「レアアース泥[4]」の存在が確認されている（図3）．

海底火山（とくに中央海嶺）の近傍では，地殻内に浸透した海水が，海底下のマグマによって熱せられて周囲の岩石から有用金属元素を溶かし込み，その後上昇して海底から噴出する．このとき，海水と混合して溶解度が急激に低下し，金属元素が熱水噴出口の周囲に沈殿・集積したものが「海底熱水鉱床」である．この成因は上記の塊状熱水鉱床と同じであり，現在進行形で形成されている塊状熱水鉱床と見ることができる．

マンガン団塊は，直径数cm～数十cmのマンガンと鉄の水酸化物を主成分とした扁球状の塊であり，太平洋，大西洋，インド洋等世界の海洋の深海底に広く分布している．予想される膨大な存在量と，マンガン，コバルト，ニッケル，銅等の重要な金属元素に富むことから，古くから資源として注目されている．マンガンクラストは，マンガン団塊と同様にマンガンと鉄の水酸化物を主成分とした資源であり，海山の斜面等の岩盤を厚さ数cm～数十cmで覆っている．マンガン団塊と比べて，とくにコバルトが多く含まれる（最大で1%以上）ことから，コバルトリッチクラストと呼ばれることもある．マンガン団塊とマンガンクラストは，海水から非常にゆっくりと沈殿するマンガンと鉄の水酸化物がもとになっていることから，化学的堆積鉱床の一種と捉えることができる．

レアアース泥は，2011年にはじめてその存在が報告された，太平洋の深海底に広く分布する希土類元素（レアアース）を400 ppm以上含む泥である．レアアース泥は，予想される膨大な資源量，最先端産業に必要不可欠な重希土類元素に富むこと，希土類元素の抽出が容易であること等から，有望な海底鉱物資源として注目されている．海底熱水から放出された鉄水酸化物の懸濁粒子や生物の歯・骨片等が，海水中の溶存希土類元素を吸着しながらゆっくりと沈積することで形成すると考えられているが，その成因はなお研究中である．

今後，海底鉱物資源の分布や成因の研究が進むことで，実際に利用可能な資源としての位置づけとともに，その形成をうながす地球表層環境に関する新知見も得られると期待される．

〔中村謙太郎〕

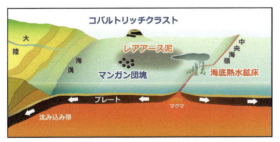

図3　現在までに知られている海底鉱物資源とその生成場

## 4.12
# 沈み込み帯の物質循環

### 沈み込み帯

地球表面で冷却されて重くなったプレートが沈み込む力は、地球の変動現象の主たる駆動力であり、地震、造山活動、プレート運動等、地学現象としての動的過程のほとんどは、直接あるいは間接的にこの力の影響を受けている。海溝は、プレートとそれに伴う表層物質が地球内部へ入る唯一の場所であり、沈み込む海洋プレート（スラブ）の侵入により形成される楔形の領域はマントルウェッジ、スラブの影響による一連の地質現象（後述）を生じる海溝にほぼ平行なゾーン（幅数百キロメートル）は沈み込み帯と呼ばれる。

沈み込み帯では、スラブの下降により生じるマントルウェッジ内の鋭角に折れ曲がる流れ（図1の黒と赤の矢印）に伴って、高温物質が背弧側の深部から大規模に流入し、化学的作用も広範に及ぶ。表層付近で酸素や水と反応した低温の物質が、地球内部の高温高圧で還元的な環境に持ち込まれるため、大きなエネルギーや組成勾配を生じて化学反応を起こし、また反応の結果として生じる流体移動を伴う物質循環、地震や火山活動が活発に起こる。

### 沈み込むプレート物質

沈み込むプレートは、表層から順に、海洋堆積物（遠洋性、陸源性、生物源、熱水源堆積物を含む）、海洋玄武岩質地殻（海嶺で生み出され、多くは熱水変質や変成作用を受けて水を含む）、およびその下のマントルから構成されている。地表からおよそ1000℃程度

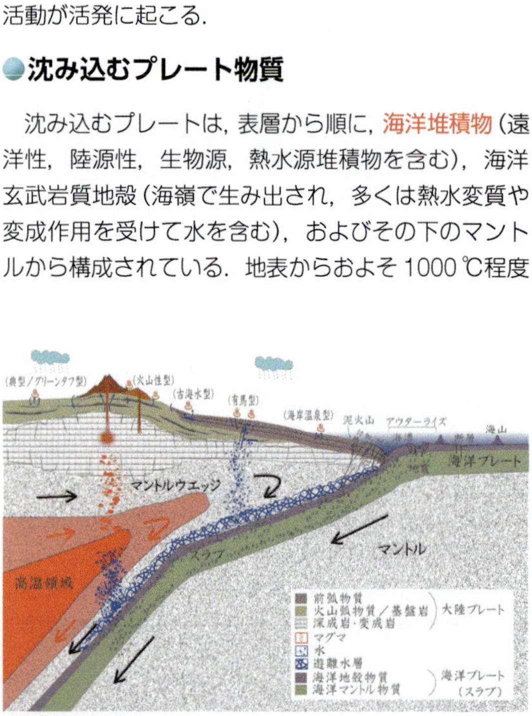

図1　沈み込み帯の物質循環の模式図

に達する深さまでは比較的かたいため、一体となってプレートとしてふるまう。プレートは沈み込む際のたわみにより、海溝の海側で地形的に盛り上がり、アウターライズを形成することがある。このたわみに沿って、断層やグラーベン（地溝帯）が発達し、くぼみにたまった堆積物や断層沿いに浸み込んだ水、および大小様々な海山等も沈み込む。プレート同士の力学的相互作用により多くの断層が発達し、沈み込むプレートの上層が剥ぎ取られて上盤プレート（沈み込まれるプレート）へ付加、あるいは、逆に上盤プレートが剥ぎ取られる構造浸食が起こりうる。とくに、海山が沈み込むと力学的相互作用は大きくなり、例えば、茨城県沖の海底下には沈み込んだ海山が存在し、その地域での地震発生と関連している。

### スラブの脱水

沈み込む多様な物質は、海水と接するか、あるいは反応した結果、間隙水または含水鉱物として様々な割合で水を保持している。これらの水は、地球深部に沈み込むに従って、力学的あるいは化学的に不安定となり、最終的にその多くがスラブから脱水する。比較的浅所で脱水した流体は、プレート境界あるいは付加体の断層沿いに上昇し、冷湧水や泥火山として海底にあらわれることがある。一方、深部に沈み込んだ含水鉱物は、スラブ表面の温度圧力に沿って生成（加水反応）と消失（脱水反応）を繰り返し、鉱物の種類を変えながら、より深部へ水を運ぶ。多くの沈み込み帯では、深さ100～200 kmの間で蛇紋石（serpentinite）等が脱水反応を起こし、保持されていた水の大部分はマントルウェッジへ放出される。

放出された水はスラブ起源流体と呼ばれ、その発生と分布については、地球物理学的観測、高圧実験、モデリング等の研究が行われている。その結果、上昇したスラブ起源流体がマントルウェッジの高温領域に到達すると、岩石の融点を低下させ、島弧火山の源となるマグマを生じると考えられている（図1、2）。

スラブ起源流体の実体は、塩濃度の高い流体包有物として、かんらん石等の鉱物中に捕えられている（図3）。スラブ起源流体は、生成時の高温高圧条件下では有用金属元素等多くの成分を溶かし込む。そのため、スラブ起源流体が付加してできた島弧マグマには、そ

4. 地球化学：物質分化と循環

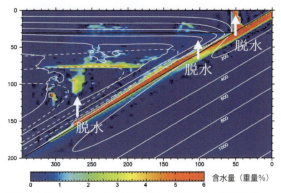

図2 数値モデルによる沈み込み帯の水輸送と分布予想図[1]

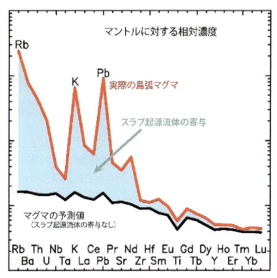

図4 島弧マグマの化学的特徴[3]

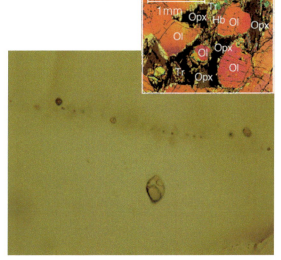

図3 かんらん岩（右上写真）のかんらん石（Ol）中の流体包有物（写真中央下）[2]

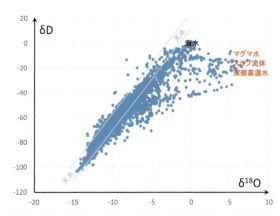

図5 日本の地下水・温泉水の酸素–水素同位体比．産総研深層地下水データベース[4]に基づく．

れらの化学的特徴が顕著に認められる（図4）．

● 温泉水・鉱泉水の循環と起源

地表付近では，天水（雨水）や海水に加え，マグマから放出されたガスや流体，さらにスラブ起源流体に由来すると考えられる深部流体が混合し，複数のタイプ（型）の温泉・鉱泉を形成している．その多くは，天水が地下数 km 程度まで浸透し，温められて再び地表に現れたものであり，酸素–水素同位体比（図5）の図上では，「天水線」に沿った組成範囲を示す（典型あるいはグリーンタフ型温泉）．その他には，堆積物とともに地下に埋没した古海水に由来するもの（古海水型），マグマに伴って深部から上昇してくるもの（火山性型）に加え，非火山性地域でも火山性型の高温を経た特徴を持つ深部由来流体が認められ，これを有馬型と呼ぶ．六甲山北麓兵庫県有馬温泉には，海水より2倍ほど濃い塩分を含む含鉄塩化物泉が湧出し，有馬高槻構造線の分岐断層沿いにある．この温泉水の酸素水素同位体比は，天水や海水と明瞭に異なる高い値を持ち，沈み込むフィリピン海プレートから脱水した流体と考えられる．非火山域に湧出するにも関わらず塩濃度が高く，酸素水素同位体比が特異な値を示す温泉水は有馬型温泉水と呼ばれ，ヘリウム同位体比，重元素同位体比，Li/Cl比からも，深部のプレートや構造線との関係が指摘されている．近畿〜四国地方で観測されている非火山域での深部低周波地震や微動も，これらの深部流体と関連して発生している可能性がある．

〔中村仁美・岩森　光〕

# 4.13 火山と噴火

## ● マグマの生産

火山は地球内部から地表に物質を放出する出口である．長い地球の歴史の中で，火山から放出されたマグマが地殻を形成し，火山ガスが地表で岩石等と反応した結果，大気や海洋が誕生した．現在の地球上でマグマは主に，中央海嶺（プレート生産境界），ホットスポット（プレート内部）および沈み込み帯（プレート消費境界）で生産される．マグマの生産量は中央海嶺が地球全体の2/3を占め，沈み込み帯が残りの2/3を占める．いずれの環境においても，地表に噴出するマグマの量は生産量の数分の一であり，地殻に供給されたマグマの大部分は地殻内で貫入岩体として固結し地表には噴出していない[1]（図1）．

## ● 噴火の様式

地上の火山の噴火には，噴煙が成層圏にまで達するプリニー式噴火のような爆発的噴火から，溶岩が流出し続ける溢流的噴火まで様々な様式がある．噴火の様式は主に，マグマ中のガス成分の挙動とマグマの粘性により支配されている．マグマ中には$H_2O$, $CO_2$, S, Cl 等のガス成分が溶存しており，マグマが地殻浅部に上昇し圧力が低下すると気泡を形成し，更なる減圧で膨張した気泡がマグマを引きちぎり火山灰となり，爆発的噴火を生ずる（図2）．マグマ中の気泡体積分率が70〜80%を超えるとマグマは破砕するといわれているが，10気圧下でマグマを破砕するために必要な$H_2O$濃度はわずか0.5 wt%である．沈み込み帯のマグマは一般的に1〜5 wt%の$H_2O$を含んでいるため

すべてのマグマは爆発的噴火を起こすことが可能である．しかし，多くの火山では溶岩流や溶岩ドーム等爆発的でない噴火を起こしている．これは，ガス成分がマグマ上昇中に分離して失われることにより，マグマ中の気泡の体積が増大しなかったためマグマは破砕せずに地表に流出し溢流的噴火となったと考えられている（図2）．粘性の小さいマグマは溢流的噴火の際には溶岩流となるが，粘性が大きいと厚みのある溶岩ドームを形成する．また，粘性が大きなマグマ中では気泡の移動・分離が困難であり爆発的噴火が起きやすい．

マグマの粘性はマグマの組成，温度と$H_2O$の溶存濃度で異なる．マグマの組成は多様であるが，一般的には$SiO_2$に乏しい玄武岩質から，$SiO_2$に富むに従い，安山岩質，デイサイト質そして流紋岩質のマグマに分類される．一般的には$SiO_2$に乏しいマグマは温度も高く粘性が小さい．そのため，大規模な爆発的噴火はデイサイトや流紋岩質のマグマが原因で生ずることが多い．溶存$H_2O$濃度が高いとマグマの粘性は低下するため，マグマが上昇し$H_2O$が気泡に放出されるとマグマ粘性は高くなる．

## ● 噴火の規模と頻度

火山の噴火の規模は，マグマを噴出しない小規模な水蒸気噴火から，カルデラを形成する大規模な噴火まで様々である．火山噴火は様式が多様であるため，規模を単一の尺度で表すことは容易ではない．もっとも

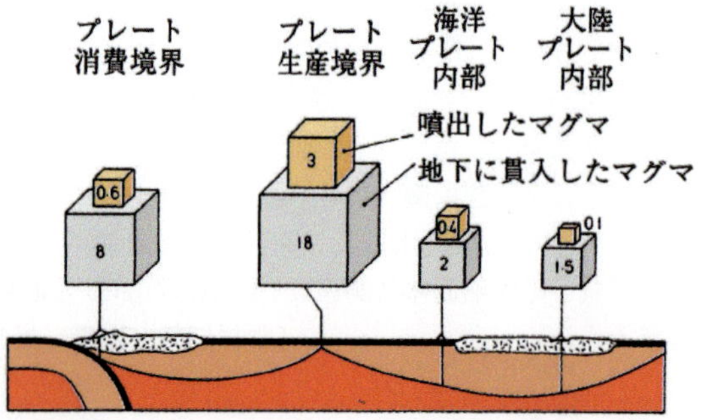

図1 マグマの生産率（$km^3$/年）上の箱は地表に噴出したマグマ，下の箱は地下に貫入したマグマを示す[1]

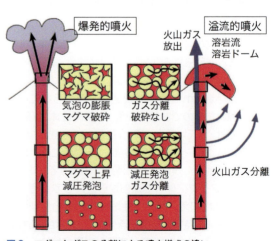

図2 マグマとガスの分離による噴火様式の違い

よく用いられるものは爆発的噴火を噴出量に基づき分類した火山爆発指数[2] (volcanic explosivity index : VEI) である．VEI は爆発的噴火を対象として提唱されたものではあるが，すべての噴火を対象とするために，便宜的に噴出量 (m$^3$) の常用対数から 4 を引いた値を VEI として用いる場合もある．

噴火の規模と頻度の関係はべき乗則に従い，規模が 10 倍 (VEI が 1 増加) になると頻度は約 1/6 に減少することが知られている[3] (図 3). 最近 100 年間に発生した最大の噴火は 1991 年のフィリピン，ピナツボ火山の噴火 (総噴出量約 5 km$^3$, VEI=6) であるが，この規模の噴火は地球上で平均 150 年に 1 回程度起きている．7300 年前にはわが国でも鹿児島市の南約 100 km に位置する薩摩硫黄島 (鬼界カルデラ) でVEI=7 (噴出物総量 170 km$^3$) の噴火が生じ，遠く関東地方にまで厚さ 10 cm にもおよぶ火山灰を降らせ，日本の広い地域に甚大な被害を与えた．この規模の噴火は地球上では千年に 1 回程度，日本でも 1 万年に 1 回程度の頻度で生じている．このような噴火を巨大噴火と呼ぶことがあるが，巨大噴火は明確に定義された用語ではない．大規模な噴火ではカルデラが生ずる場合が多いが，カルデラの大きさは噴火規模と比例関係にあり，小規模な噴火でもカルデラが形成されることもある (ただし，直径 2 km 以下の場合は火口と呼ばれる)．

● 地球環境への影響

火山噴火は，溶岩流や火砕物 (噴石や火山灰) の降下による直接・局所的な被害だけではなく，地球全体の環境にも変化を生ずる．大規模な爆発的噴火では，火山灰や火山ガスが大量に成層圏に注入される．細粒の火山灰や亜硫酸ガスから生じた硫酸エアロゾルは数ヵ月から数年の間，成層圏に滞留し地表に達する太陽放射を減少させることにより寒冷化の原因となる．短期的な地球全体の平均気温の低下は，大規模噴火の直後に発生する場合が多く，火山噴火も気候変動の 1 つの要因である[4] (図 4).

〔篠原宏志〕

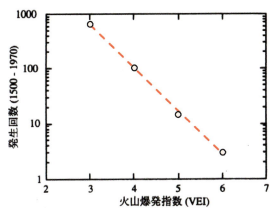

図 3　火山爆発指数と発生頻度 (1500～1970 年の間に発生した回数) の関係[3]

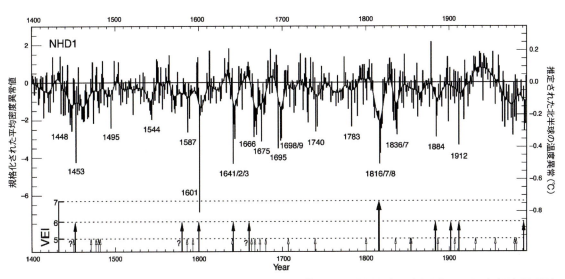

図 4　年輪から推定された北半球の平均温度の変化と噴火発生との関係[4]．数字は異常低温が認められた年で，その多くは矢印で示された大規模な噴火の直後に生じている．

## 4.14
# 地震・地殻変動と流体

### ●水があると岩石は変形しやすくなる

海洋プレートが深く沈み込むと，そこから水がマントル中に吐き出される．マントルが十分に高温であると，岩石が融けてマグマが発生する．水があると，より低い温度で岩石が融けるためである．

融ける温度（融点）の半分くらいの温度になると，固体である岩石が，粘土のように流動変形しやすくなることが知られている．これが，固体であるマントルが対流する理由である．水があると岩石は融けやすくなるが，同時に，変形もしやすくなる訳である．物質の流動変形のしやすさ，しにくさは，粘性というパラメータで表される．水が多い領域では，周囲に比べて粘性が小さいということになる．さらに，この性質は地殻を構成する岩石でも同様であり，沈み込むプレートから脱水した水が，様々なプロセスを経て地殻深部に達したとき，そこでの温度が融点の半分程度と高い場合，水の多い領域では粘性が小さくなり，変形しやすくなる．つまり，水の多い領域はそうでない領域に比べて「やわらかい」訳である．そして，局所的に変形が集中すると，その周囲に，その変形によるひずみが生じる．

### ●内陸の断層への応力集中モデル

日本列島の内陸の地殻は，簡略化すると，(地震学的)上部・下部地殻の2つに分けることができる．(地震学的)上部地殻は，微小地震が多数発生するように，基本的に弾性体であり，破壊することによって変形が進む．一方，(地震学的)下部地殻(lower crust)では，地震が起こることはあまりなく，基本的に，流動変形していると考えられている．図1に示すように，下部地殻内に粘性が小さい領域が局所的に帯状に存在すると，その部分に変形が集中し，その直上の上部地殻において，ひずみやせん断応力が大きくなると考えられる[1]．

### ●ひずみ集中帯

それでは，日本列島の内陸において，水が多くて周囲よりも粘性が小さい（やわらかい）領域はどこにあるのだろうか？　新潟から神戸へかけての地域で，地殻のひずみ速度が大きいことが知られており，新潟－神戸ひずみ集中帯と呼ばれている．その領域の下部地殻では，周囲に比べて，地震波の伝わる速度が遅いことが知られている．岩石の種類が場所によって変わらないと仮定すると，岩石中に割れ目が多いために，地震波の伝わる速度が小さくなると考えられる．割れ目の内部には流体があるはずであり，新潟－神戸ひずみ集中帯の下部地殻には水が多く存在すると考えられる．水の効果により，下部地殻の粘性が周囲よりも小さくなり，流動変形しやすくなるのである．

### ●東北地方太平洋沖地震

地震発生に関する水の効果としては，これまで，断層帯における間隙水圧を増加させてその強度を下げることが注目されてきた．東北地方太平洋沖地震に関しても，それによりプレート境界の断層の強度が小さい可能性が指摘されている．

東北地方太平洋沖地震の前後には，中越地域において，上記の内陸地震(intraplate earthquake)のモデルが予測するひずみ変化が見出された．東北地方太平洋沖地震により日本列島は地震時のみならず地震後にも東西に大きく引き延ばされているが，それにも関わらず，60 kmより短い空間波長においては地震前後を通じて短縮ひずみとなっている（図2）．このことは，内陸の下部地殻に加わる東西方向の圧縮応力によって，水が多く存在すると考えられるやわらかい領域にひずみが集中していることを明瞭に示している．

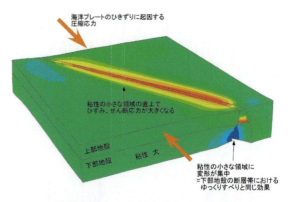

図1　内陸地震の断層への応力集中を示す有限要素法による計算結果．下部地殻に厚さ5 kmの鉛直な低粘性領域を仮定．せん断応力が大きいほど赤い色に，小さいほど青い色としている．

4. 地球化学：物質分化と循環

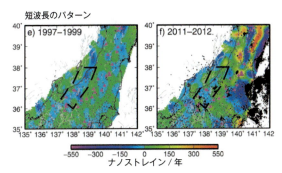

図2 新潟-神戸ひずみ集中帯における東北地方太平洋沖地震前後の短波長の東西方向のひずみ速度[2] (付録1)

● 下部地殻の不均質構造

これに関するより明瞭な例が山陰地方の地震帯である．山陰地方の日本海沿岸に沿って，地震の震源分布が帯状に連なっている．ここでは，小さな地震だけでなく，1943年鳥取地震や2000年鳥取県西部地震等大地震も多数起こっている．活断層は少なく，どうして大地震が多いのかはよくわかっていなかったが，地殻深部に不均質構造があることがわかってきた．

地震帯の直下の下部地殻において，それ以外の領域よりも電気が流れやすい（電気伝導度が大きい）ことが見いだされた．地震波速度については，図3に示すように，深さ300km程度に存在する太平洋プレートから，地震帯付近の下部地殻へと続く低速度異常域があることがわかってきた．電気伝導度が大きいことと地震波速度が小さいことは，地震帯の直下の下

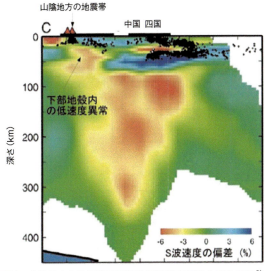

図3 山陰地方の地震帯直下の地震波速度構造の推定結果[3]．南海トラフに直交する断面．

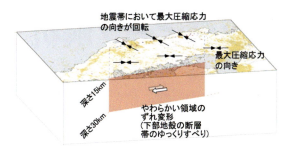

図4 山陰地方の地震帯における応力場の回転．地震帯付近で主応力の方向が回転している．

部地殻において，周囲に比べて水が多い可能性を示唆している．

● 局所的な応力集中

地震帯付近の上部地殻における最大圧縮応力の向きを詳細に調べてみると，図4に示すように，周囲に比べて回転していることがわかった．近畿・中国・四国地方の内陸では，最大圧縮応力は基本的には東西方向に働いている．日本列島の地殻に働く応力は，沈み込むプレートが内陸のプレートを引きずるときに，内陸を押すために生じると考えらえる．日本列島には，太平洋プレートが西向きに，フィリピン海プレートが北西向きに沈み込んでいるが，太平洋プレートの方が内陸のプレートを引きずる力が大きいために，近畿・中国・四国地方においても，東西の圧縮応力が働いていると考えられている．ところが，山陰地方の地震帯では，地震を起こす応力の向きは，西北西-東南東方向であり，東西方向から時計回りに少し回転している．

このことは，図4に示すように，地震帯直下に局所的にやわらかい領域があり，そこが，東西方向の圧縮応力により右ずれの変形を起こしたと考えると説明できる．やわらかい領域の幅は小さいため，そこでの右ずれ変形は，断層帯におけるゆっくりすべりと見なすことができる．下部地殻内の右ずれのゆっくりすべりにより，その直上にも右ずれを起こせん断応力が働く．それを主応力に変換すると西北西-東南東方向の圧縮応力と，それに直交する引っ張り応力である．これが，地震帯で最大圧縮応力の向きが回転している理由であると考えられる．さらに，最近，GNSSデータの注意深い解析により，地震帯直下の下部地殻における右ずれの変形を直接捉えたと考えられる結果が得られている．これらは，下部地殻のやわらかい領域に変形が集中していることを強く示唆している．

〔飯尾能久〕

## 4.15 ビッグデータ解析

### ●地球化学ビッグデータ

近年の計測技術の向上や情報通信技術・環境の整備を背景に，産業・ビジネス・学術分野を含めたあらゆる場面で膨大なデータが生産され，蓄積されつつある．これらのデータは，高次元かつ大量であり，従来のデータ管理・情報処理技術では取扱いが難しく，しばしばビッグデータ (big data) と呼ばれている．経験科学，理論科学，計算科学に続く第四の科学パラダイムとしてのデータ中心科学が提唱されるように[1]，ビッグデータはあらゆる分野のキーワードになっている．

地球化学に関しても，化学分析技術の向上を背景に，高次元データが大量に生産・蓄積されつつあり，それらのデータを統合した汎用データベース（例えば，GEOROC[2] や PetDB[3] 等）が存在する（図1）．これらのデータは，元素濃度や同位体組成を含む多次元情報かつ全地球に及ぶ広い空間スケールから得られた多数の試料から構成されるため（例えば，GEOROC と PetDB を統合すると，最大 400 項目の記載要素について，38 万超のデータ），データの持つ構造やデータを生成するに至った地球現象も多様かつ複雑である．これらの大量・高次元のビッグデータから，いかに本質的な情報を抽出していくかが，地球化学の重要課題の1つとなりつつある．

### ●多変量解析

多変量解析 (multivariate analysis) とは，複数の変数からなる多変量データを統計的に扱い，データに潜む構造を明らかにする手法の総称である．代表例として，主成分分析，独立成分分析，クラスター分析，重回帰分析等があげられる（図2）．

主成分分析は，多次元データからデータの分散を最大化する基底ベクトル（主成分）を求め，多変量データを効率よく低次元空間内で説明する手法である．理想的な条件下では，得られた主成分は，データの多様性をもたらしたプロセスに相当するものと期待される．しかし，データが非正規分布を示すような一般的な場合には，多次元データから統計的に独立な基底ベクトル（独立成分）を抽出する独立成分分析を用いる必要がある．近年，全地球に分布する玄武岩の同位体データセットに独立成分分析が適用され，多次元データに潜む大規模構造が発見された[4]（図3）．

クラスター分析は，データをデータ同士の距離を基に分類する方法で，階層型と非階層型に大別される．重回帰分析は，目的となる変数を他の複数変数で表現する方程式を導出する．他にも，データの特性や解析目的に応じて工夫がなされた多様な手法が存在する．地球化学データ解析の第一歩としては，データの特性・構造を容易に把握でき，アルゴリズムも単純な主成分分析や k-means クラスター分析が推奨される．

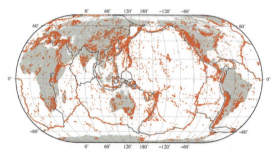

図1 GEOROC と PetDB を統合したデータベース．赤い点がデータの空間分布を示す（付録1）．

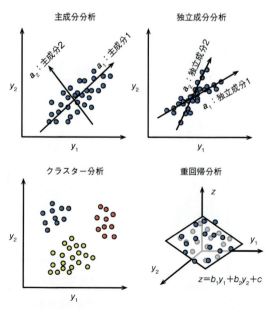

図2 多変量解析の例

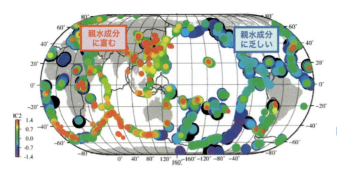

図3 全地球の玄武岩の同位体比データに独立成分分析を適用した結果，半球ごとの成分の違いが見えてきた[4]

## ●逆問題

一般に，原因・入力から結果・出力を導出する問題を順問題(forward problem)と呼び，その逆に，結果・出力から原因・入力を推定する問題を逆問題(inversion problem)と呼ぶ．地球化学は，岩石を分析して得られる元素濃度や同位体組成分析データという「結果」から，地球の構造や現象・プロセス（素過程・メカニズム）等の「データを生み出すに至るまでの原因」を明らかにする学問である．つまり，地球化学の本質は逆問題であるといえよう．

逆問題は，順問題と比較して，数理的にその解決が困難であることが多い．これは，我々が有するデータやシステムの情報が不足していることに由来し，逆問題の非適切性（解の存在性・一意性・安定性が満たされていない状態）と呼ばれている．地球化学においても，知りたい構造・プロセスは多様かつ複雑に重畳されていることから，非適切性が根本的な問題となる．このような難解な逆問題を解決するためのキーコンセプトがベイズ推論である．

## ●ベイズ推論

ベイズ推論(Bayesian estimation)は，ベイズの定理を用いることで，「結果」に相当するデータから，「原因」となるモデルやパラメータを推定する確率論的な逆問題の解析法のことである(図4)．ベイズ推論では，与えられたデータ $y$ と順モデル $p(y|x)$ ・先験的知識 $p(x)$ の下で，事後確率 $p(x|y)$ を最大化するパラメータ $x$ をもっとも確からしい解として推定する．順モデルや先験的知識を逆解析に有効に導入することで，正確な推定が可能である．事後確率の計算に不可欠な計算機技術の発展に伴い，ベイズ推論は情報・統計数理科学において主流の位置を占めつつあり，機械学習や人工知能技術の理論的基盤となっている[5]．

## ●機械学習

機械学習とは，人間の学習や認識の過程をコンピュータに模倣させることで，データ中から知識や法則の自動抽出を可能にする人工知能技術の一種である．最近の目覚ましい計算機技術の発展や情報科学的手法の洗練により，様々な機械学習的手法が数多く開発されつつある．産業・ビジネス・学術分野で広く応用されているほか，検索エンジンやメールソフトのスパムメール検出等，我々の日常生活の様々な場面でも役立っている．

主に統計科学分野から発展した多変量解析との厳密な区分は難しいが，多変量解析がデータの記述を主な目的とすることが多いことに対し，機械学習はデータから予測性のある一般的なモデルを構築することを目的とすることが多い．典型的な多変量解析の手法も，ベイズ推論の立場から再構築することで，先進的な機械学習手法として拡張可能である．

地球化学に機械学習を適用した先駆的な例として，2011年東北沖津波堆積物の地球化学判別に，サポートベクトルマシンと呼ばれる判別分析手法とスパースモデリングと呼ばれる次元圧縮法を適用した研究[6]があげられる．また，火山岩の地球化学データからテクトニックセッティングを判別する問題にもサポートベクトルマシンが適用されている[7]．機械学習では，ベイズ推論の枠組みにより，地球化学データ固有の特性やプロセスに関する先験的知識を適切に導入することも可能である．今後，ビッグデータや人工知能の隆盛を背景に，機械学習は固体地球化学分野のキーテクノロジーとして普及していくことが予想される．

〔桑谷 立・岩森 光〕

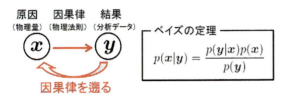

図4 ベイズ推論の概念

## 5.1
# プレート運動

### ●プレートテクトニクス

　地球の表面はプレート（リソスフェア）と呼ばれる複数のかたい岩盤で覆われている．プレートの運動は地震活動や火山活動，地形の形成等，地球表層付近で生じる様々な地学現象の原因となっている．こうしたプレート運動に起因する造構運動そのもの，またはそうした考え方をプレートテクトニクスと呼ぶ．

　プレートテクトニクスの元になる考えを初めに提唱したのは，ドイツの地球物理学者であるアルフレート・ウェゲナー（Alfred Wegener，1880～1930）である．彼は，海を隔てた異なる大陸の海岸線の一致や化石の分布等，多くの観測事実を統一的に説明するモデルとして「大陸移動説」を提唱した．しかし，大陸移動の原動力について十分な説明ができず，この説は同時代の科学者には受け入れられなかった．

　1950年代以降，海洋底における様々な観測，中でも地形や地磁気の探査を通して，地球の様々な変動が海底に記録されていることが明らかになってきた．海底の地磁気異常と地球磁場の逆転を組み合わせた解釈から，海嶺において新たな海底が形成されて両側に拡大し，海溝において地球内部に還元されるという「海洋底拡大説」が提唱された．これ以降急速に研究が進展し，1960年代後半にはプレートテクトニクスの枠組みが成立した．その後，今日にいたるまで，プレートテクトニクスは固体地球で起きる現象を理解するうえでもっとも重要な根本原理となっている．

### ●プレート運動の観測

　プレートの運動は様々な痕跡を地表に残している．以下にあげる様々なデータを用いてプレート運動が推定されている．

#### ◎地磁気の縞模様

　海嶺で新たなプレートが生成される際に，地下から上昇してきたマントル物質は急冷されて温度がキュリー点を下回り，地磁気の向きに沿った磁化を持つ．地磁気はコアのダイナモ作用によって反転を繰り返しているため，プレート運動に伴って現在と同じ向きと反対向きの地磁気異常が交互に出現し，海嶺と平行な縞模様が発達する（●付録1）．このパターンを地磁気逆転年代と対応させることで，海嶺において海底が拡

大する速さが推定できる．また，海嶺におけるプレートの相対運動の向きは海嶺の直交方向と推定される．このように，海底の地磁気異常のデータは，地質学的な時間スケールにおけるプレート運動を求める際のもっとも基本的なデータとなる．古い海底の地磁気異常のパターンは過去約2億年間にわたるプレート運動の様子を再現する試みにおいて重要な役割を果たしている．

#### ◎トランスフォーム断層

　海底地形を注意深く見ると，海嶺は不連続な構造をしており，ところどころ断層で横にずれている．この海嶺と海嶺（または海溝）をつなぐ断層をトランスフォーム断層と呼ぶ．地震のメカニズム解の解析から，トランスフォーム断層は海嶺と直交する走向を持つ鉛直な横ずれ断層であること，トランスフォーム断層の走向がそこで接するプレートの相対運動の向きを表していることが明らかにされた（●付録2）．海嶺のほとんどは海底にあるため，トランスフォーム断層の多くは海底にあるが，アメリカのカリフォルニア州を北西－南東に貫くサンアンドレアス断層は，メキシコ湾の海嶺と太平洋沿岸のカスケード沈み込み帯をつなぐ長大なトランスフォーム断層である．

#### ◎地震のスリップベクトル

　プレートの沈み込み帯やトランスフォーム断層では，プレート運動に伴い巨大な地震が発生する．こうした地震は，プレート境界の一部が固着し，プレート運動に伴って蓄積した弾性ひずみエネルギーで生じるプレート境界の破壊であり，地震時の断層すべりの向きはプレートの相対運動方向を反映する．プレートの沈み込み帯では，プレート運動推定に使える直接的なデータが少ないため，地震時のスリップベクトルの情報は貴重である．一方で，スリップベクトルの向きにはばらつきがあり，プレート内の地震でひずみエネルギーの一部が解消されると，スリップベクトルがプレート運動の向きから系統的にずれる場合がある．

#### ◎宇宙測地観測

　1980年代以降，VLBI（超長基線電波干渉計），SLR（衛星レーザー測距），GNSS（全地球衛星測位航法システム）等の高精度な宇宙測地技術が実用化され，現在生じているプレートの動きを直接測定することが可能になった（図1，数値は●付録3参照）．こうした

観測を通して，宇宙測地技術で得られた現在のプレート運動速度が，海嶺の拡大速度等から求めた地質学的時間スケールのプレート運動ときわめて整合的なことが明らかになった．このことから，100万年程度の時間スケールでプレート運動は安定しているといえる．1990年代以降，GNSSが広く普及し，GNSSだけによるプレート運動モデル[1]や，地質学的データとGNSSデータを組み合わせたモデル[2]も提案された．宇宙測地技術によって地球上のプレート運動が観測されたことで，プレート運動はもはや仮説ではなく，観測事実になった．

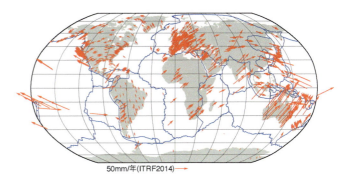

図1　世界のGPS観測点における変位速度

◎ホットスポット列

海嶺や沈み込み帯から離れた場所で火山活動が継続的に生じている場所があり，ホットスポットと呼ばれる．太平洋プレート上のハワイ-天皇海山列が代表的な例である（付録4）．こうした海山列は，マントル深部からの上昇流による火山活動でできた海山がプレート運動に伴って移動することにより形成されたと考えられ，各海山の位置と年代から，ホットスポットに対する過去のプレート運動を推定できる．ホットスポットの安定性については様々な意見があり，地球深部に対して固定されているという考えに対し，マントル対流等によって動いているとする研究もある．

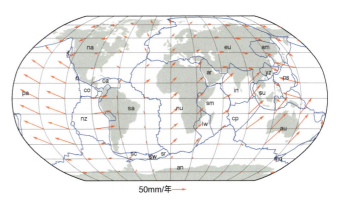

図2　世界のプレートとプレート運動[2]

## ● プレート運動モデル

プレートテクトニクスの成立以降，上で述べた様々なデータを用いて全地球的なプレート運動のモデルが提案されてきた．地球の表面における剛体プレートの運動は，地球の中心を通る軸まわりの回転として表現できる．この回転軸が地表を通る位置（緯度，経度）と回転角速度をオイラー極と呼ぶ．オイラー極を表す角速度ベクトル$\omega$が与えられれば，プレート上の任意の場所（地球中心からの位置ベクトル$r$）における運動速度（$v$）は次の式で計算できる．

$$v = \omega \times r$$

ここで「×」はベクトル積（外積）を表す．

オイラー極は，隣接するプレート間の相対運動を表す．一方，地球のリソスフェア全体の角運動量を0とするような基準（平均リソスフェア系，no-net-rotation）でプレートの絶対運動を定義する場合もある．最新のプレートモデル[2]によるプレートの分布と平均リソスフェア系における運動の様子を図2に示す（オイラー極の数値は付録5参照）．

## ● 剛体プレートから変形するプレートへ

プレートテクトニクスはプレートが剛体としてふるまうことを仮定している．大陸安定地塊や海洋プレートの内部のひずみ速度は年間1 ppb（10億分の1）以下であり，実質的に剛体と見なせるが，プレート同士が接する境界では，プレート間の相互作用により顕著な変形が生じている．そうした様子は全地球的に推定されたひずみ速度分布の図に見ることができる（付録6）．ひずみ速度の分布は各地の地震ポテンシャルを考えるうえでの基礎的な観測量の1つだが，観測されるひずみは，間欠的に発生する大地震で解消される弾性的なひずみと，長期的に累積する非弾性的なひずみを含んでいることに注意する必要がある．

〔鷺谷　威〕

## 5.2 地震に伴う地殻変動

### 地震時の地殻変動

地震は,地下での断層運動に起因しており,その断層運動によって周辺に生じる変形が地震時の地殻変動である.わが国で地震による地殻変動が近代的観測によって明らかになったのは,1891年濃尾地震 ($M_w$ 7.4) が最初である.地震の前後の水準測量によりこの地震の震源断層である根尾谷断層周辺で1m近い上下変動が観測された.近年では宇宙測地技術 (GNSSやInSAR等) により,地表面における変位分布が高精度かつ高い空間分解能で得られるようになった.2011年東北地方太平洋沖地震 ($M_w$ 9.0) では,陸上でのGNSS観測 (図1) に加えて,海底でのGPS音響測距結合方式地殻変動観測や海底地形の調査によって震源域直上の海底面の地殻変動が観測され,最大50mに達する地殻変動[1]が観測された.図2は,東北地方太平洋沖地震の震源域近傍における基線長変化を示したもので,地震前には緩やかにほぼ一定速度で短縮し,地震時の瞬間的な伸張と地震後の伸張が徐々に減速していることがわかる.

地震 (地下の断層運動) によって生じる地殻変動分布は,食い違いの弾性論 (elastic dislocation theory) を用いて理論的に導出することができる.Okada (1992)[2] は,一様均質半無限弾性体中の矩形断層がずれることによる地表と地下の地殻変動の一般解を解析的に導き,計算用のFortranプログラムを公開している.このプログラムは世界的にも地殻変動の計算に広く用いられており,Okadaモデルといえば半無限弾性体での矩形断層モデルであることが国際的に通用する.また,地殻変動の観測結果から地下での震源断層の位置や断層面上でのすべり分布を推定する研究も数多くなされており,地震の発生メカニズムの理解に役立てられている.

GNSS観測では,データの転送と基線解析をリアルタイムに行うことで,地震波を含む地殻変動を即時に把握することが可能である.東北地方太平洋沖地震では,地震計のデータを基に推定された地震のマグニチュードや津波予測が地震直後の段階で過小評価となったが,GNSSでは地殻変動 (変位) を,振り切れることがなく観測できるという利点があり,もしリアルタイム観測が行われていれば,短時間で地震の規模を把握できたことが示されている[3].そのため,現在

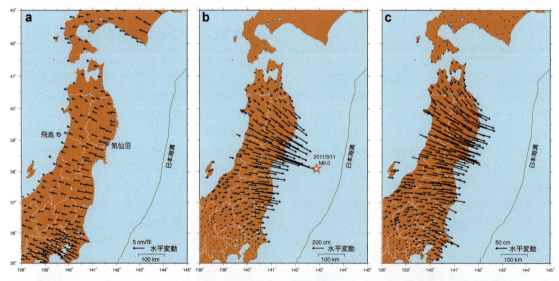

図1 GNSSによって観測された2011年東北地方太平洋沖地震の震源域周辺における地震前・地震時・地震後の地殻変動.a:東北地方太平洋沖地震前に観測された地殻変動.矢印は,1997〜2000年の1年あたりの水平変動の大きさと向きを表す.b:東北地方太平洋沖地震時の地殻変動.地震の前日 (2011/3/10) と翌日 (2011/3/12) の日平均値の差を表示した.c:東北地方太平洋沖地震後1年間の地殻変動 (付録1).

ではGNSS観測データから震源断層の位置や規模を即時に推定し，津波予報や緊急対応に役立てる試みが行われている[4]．

● 地震後の地殻変動（余効変動）

地震後に地震前と傾向の異なる変動がしばしば観測され，余効変動と呼ばれる．余効変動は，地震直後は急激に進行するが，徐々に減速して（図2）収束し，最終的には地震間の地殻変動へと移行する．余効変動の大きさは，地震によって大きく異なっており，ほとんど観測されないものから本震時の地殻変動の数倍に及ぶこともある．また，余効変動の継続時間も数日程度のものから数十年以上続く例が知られている．

余効変動の原因は，主に以下の3つのメカニズムが考えられている．1番目のメカニズムは，断層において地震時のすべり域とその周辺で非地震性のゆっくりとしたすべりが生じるもので，余効すべりと呼ばれる．2番目のメカニズムは，粘弾性緩和と呼ばれる地下の岩石が流動する現象である．地下深部に位置するマントルや下部地殻では，高温のため岩石が粘弾性媒質としての性質を持つ．粘弾性媒質では，地震によってもたらされた応力変化を緩和するように媒質が流動し，最終的に応力変化を解消するまで流動が継続する．3番目のメカニズムは，間隙弾性反発である．地殻内の岩石には間隙があり，その間隙は水等の流体によって満たされていることが多い．地震時には，地殻変動による母岩の変形に伴って，間隙流体圧は変化するが，一般に，岩石中の間隙は連結しているので，地震後に地震で生じた流体圧変化を緩和するように間隙流体は圧力勾配に従って移動する．この流体の移動によっても余効変動が生じるのである．

観測された余効変動には，複数のメカニズムが関与

していることが一般的であり，観測データのみからメカニズムを分離することは難しいことが多い．しかし，余効変動は，断層帯の摩擦特性や地下の粘性率等のレオロジー構造を反映するので，これらのパラメータを理解するために多くの研究が行われている．

● 地震間の地殻変動

地震の発生は一般的に弾性反発説（elastic rebound theory）によって説明される．この考えは，プレート運動等による応力の増加に伴って断層周辺に弾性ひずみが蓄積し，断層面にかかるせん断応力が断層の強度を超えると断層が動いて地震が発生するというものである．ひずみの蓄積に伴う地震間の地殻変動を観測するためには，高精度の観測を長期間続ける必要があるが，最近では宇宙測地技術等によって，様々な地域で断層周辺のひずみの蓄積が捉えられている（図1，図2）．日本列島のGNSS観測による地殻変動（付録3）には，地震間，地震時，地震後の地殻変動が各地域で進行している様子が捉えられている．

地震間の地殻変動を用いて解析すると，断層面上のどこが固着していてひずみを蓄積しているかを推定することができる．近年では沈み込み帯を中心に地殻変動から固着域を推定する研究が世界中で行われており，東北地方太平洋沖地震のように固着が事前に推定されていた領域で大地震が発生した例[5]も知られている．また，カリフォルニア等では，大地震の長期発生確率の公的評価に地震間の地殻変動が用いられている．

● 地震サイクル

地震を発生させる断層では，地震間に断層が固着してひずみが蓄積し，地震時には断層が動いてひずみを解放し，地震後は余効すべりや断層の強度回復を経て，地震間のひずみ蓄積に戻るというサイクル（地震サイクル）が成り立っていると考えられる．GNSS観測により各ステージにおけるその瞬間の地殻変動は観測できるようになったが，大地震の1サイクルを通して地殻変動の推移が観測された例はほとんどなく，長期的な観測の継続が望まれる．大地震の直前には，摩擦構成則を用いた数値シミュレーション等により，断層の固着がはがれて先駆的なすべりが加速することも期待されているが，高精度のGNSS観測が開始されて以降，それを示唆する地殻変動が明瞭に観測された例はない．

〔西村卓也〕

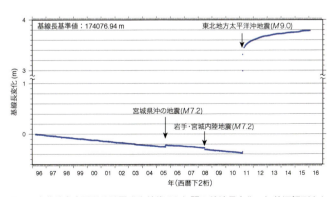

図2　東北地方太平洋沖地震発生前後20年間の基線長変化．気仙沼観測点と飛島観測点（図1中に位置を記載）間の距離の変化を表す．地震間には短縮，地震時と地震後には伸張が観測されている（付録2）．

## 5.3 リソスフェアの変形

　地球表層を物質のやわらかさ，流動性といった力学的性質で見ると，リソスフェア (lithosphere) と呼ばれる厚さ数十km～百数十kmのかたい部分がその下の流動性を有するアセノスフェア (asthenosphere) を覆っている．一方，地震波の伝わり方で見ると，深さ数km～数十kmにある地震波速度の不連続面を境に地殻とその下のマントルに分けられる．リソスフェアは地殻とマントル最上部のかたい岩盤をあわせた部分を指す．プレートテクトニクスにおけるプレート (tectonic plate) は，リソスフェアの板とほぼ同義である．リソスフェアを弾性体と仮定することにより，地球表層における様々な力学的現象や，結果として生じる形状について説明もしくは解明することができる．

### ●強度の指標としての有効弾性厚

　弾性体とは，応力を加えるとひずみが生じ，取り除くと元に戻ろうとする性質を持った物体のことである．リソスフェアを均質な弾性体の板と仮定すると，リソスフェアの強度は，板の曲げにくさを示す指標である曲げ剛性 (flexural rigidity)，もしくは板の厚さを示す指標である有効弾性厚 (effective elastic thickness) として表すことができる．曲げ剛性 $D$ と有効弾性厚 $T_e$ の関係は，構成物質のヤング率とポアソン比をそれぞれ $E$ および $\nu$ とすると

$$D = \frac{E T_e^3}{12(1-\nu^2)}$$

と定義される（リソスフェアの場合，$E$ は60～100 GPa程度，$\nu$ は0.25程度）．$T_e$ は1枚の理想的な弾性体板を仮定した場合に理論的に求められる厚さ（有効厚）であり，実際のリソスフェアの厚さを示すものではない．例えば同じ厚さの弾性体でも，2層に分かれている場合と一体となっている場合を比べると，前者の有効弾性厚（摩擦を無視した場合）は後者の63%程度になる．これまでに報告されているリソスフェアの有効弾性厚の値は，地域によって数km（若い海洋リソスフェア，変動帯等）から百数十km（安定大陸）までの幅がある．

### ●リソスフェア変形の例

　リソスフェアの変形は，地球上のどのような場所で

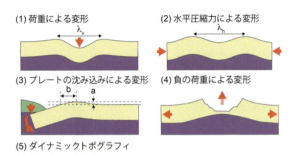

図1　リソスフェア変形の概念図

確認できるのだろうか．図1にリソスフェア変形の概念図を示す．

### ◎荷重による変形（図1 (1)）

　リソスフェアの板に荷重がかかるとその部分は下にたわみ，その外側に曲げによる隆起帯 (peripheral bulge または forebulge) が生ずる．この現象を単純化し，均質な弾性体板に線荷重がかかった場合のくぼみの規模と有効弾性厚の関係を図2（左軸）に示す．ここでは浮力の効果が関わってくるので構造が水で覆われている場合と堆積物で覆われている場合の2例を示す．

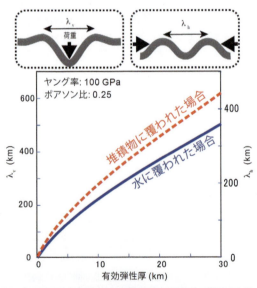

図2　リソスフェアたわみの規模（左軸：線荷重の場合；右軸：水平圧縮力の場合）と有効弾性厚との関係

ハワイ諸島は，ホットスポット(hot spot)と呼ばれるアセノスフェア内の領域からマグマが発生，上昇し，水深4000 mの海洋底の上に大山脈を形成したものである．これらが太平洋リソスフェアに荷重を与え，島の周りにはくぼみが，さらにその外側には海底面の盛り上がりが見られる．またスカンジナビア半島や北アメリカ大陸北部は氷河期に厚い氷に覆われ，その荷重によってリソスフェアが押し下げられるとともに，その縁辺域には隆起帯が形成された．

◎水平圧縮力による変形（図1(2)）

リソスフェアが水平方向に力を受け，ある臨界負荷に至ると有効弾性厚に応じて決まった波長で波打つことが，理論的に予想されている[1]．このときの有効弾性厚と波長の関係を図2(右軸)に示す．ただし一般的なリソスフェアはその強度から臨界負荷を超える力を受けることはなく，全体が褶曲をおこし短縮している例はごく一部の薄い海洋リソスフェアにしか認められていない．このモデルはさらに小規模な堆積層の褶曲構造の解明に有効である．

◎プレートの沈み込みによる変形（図1(3)）

海洋リソスフェアは海溝付近で折り曲げられ，大陸の下に沈み込む．このときも海溝の海側に隆起帯（幅数百 km，比高数百 m）が形成される．弾性体板を仮定すると，図1(3)のaとbの距離は曲げ剛性 $D$ と連動しているため，実際の海底地形にもっともよくフィットする理論地形のa，bを求めることで，$D$ を通じて有効弾性厚が推定できる[1]．

◎負の荷重による変形（図1(4)）

リフティングによって大規模な谷が形成されるとリソスフェアに負の地形荷重が作用し一帯が隆起する．その結果，リフトの肩にあたる部分が山脈を形成する場合がある．

◎マントル流による変形（図1(5)）

マントルの流れがその上のリソスフェアを変形させてできた地形をダイナミックトポグラフィ(dynamic topography)という．この変形により地球規模のジオイド形状とマントル対流パターンには整合性がある[2]．また日本列島では沈み込むフィリピン海プレート上面に引きずり込まれたマントル流が負の圧力効果を生み，その上の琵琶湖から濃尾平野にかけてのリソスフェアを数 km 引き下げている可能性がある[3]．

● 重力異常と地形による有効弾性厚の推定

図3(a)の局所アイソスタシー(local isostasy)モデルのように，地形の起伏を支える弾性体の板が薄い（やわらかい）ほど，細かな地形の凹凸による荷重の

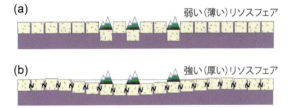

図3 (a) 局所アイソスタシー，(b) 領域アイソスタシーの概念図[5]

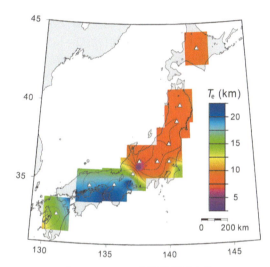

図4 日本列島のリソスフェア有効弾性厚分布[4]

変化が直下の地下構造の変形に影響する．一方図3(b)の領域アイソスタシー(regional isostasy)のように，リソスフェアの弾性が地形を支える場合，地下構造の変形は細かな地形の起伏には影響されず，一帯がたわむ．地下構造の起伏の情報は密度構造を透視した重力異常(gravity anomaly)に反映されている．地形と重力異常分布の波長ごとの類似度(coherence)から各領域の有効弾性厚を求める方法がある[4]．この方法を日本列島の実際の地形，重力データに適用した例[5]を図4に示す．

● 熱構造との対応

日本列島リソスフェアの有効弾性厚が薄い地域は地殻熱流量の大きい地域と対応している[5]．また，海山から推定された海洋リソスフェアの有効弾性厚は，400℃弱の等温面の深度とよく一致している[6]．リソスフェアの弾性強度には，熱構造が大きく関与していることが示唆される．　　　　　　　　〔工藤　健〕

## 5.4 後氷期地殻変動

### ● 後氷期地殻変動

**後氷期**とは，更新世後期の約2万年前に相当する最終氷期最盛期(Last Glacial Maximum: **LGM**)以降の時代を指す．完新世(約1万年前以降)等と同義に用いることもあり，LGMに発達したローレンタイド氷床，スカンジナビア氷床，バレンツ氷床等の北半球氷床および，南極氷床等の両極域に発達した大陸氷床(図1)が融解した時代である．この氷床融解は，グローバルな海水準にして約130 mの海面上昇に相当し(🌐 付録1)，概ね完新世中期(約7000年前)までに融解した[1]．この間，北米のハドソン湾や，スカンジナビア半島では，厚さ3000 mを超える氷床が消失した(図1)．この氷床の消失は，固体地球に対する荷重の解放として作用し，そのため地殻が約1000 m隆起した．このような現象は，地球表層および内部の質量再分配によって**アイソスタシー**を回復しようとする変動であり，グレイシャルアイソスタシー(氷河性地殻均衡)，もしくはポストグレイシャルリバウンド(後氷期地殻隆起)と呼ばれている．さらに，この変動は現在も継続しており，これは地球を構成する物質が，**粘弾性**的性質を持っていることを示す．スカンジナビア半島におけるポストグレイシャルリバウンドは，GPS観測により検出されており[2]，とくにスカンジナビア氷床の中心であったボスニア湾沿岸域では，地殻の隆起速度が約10 mm/年を超えている(図2)．

一方，日本列島のようなLGMの氷床域から離れた地域では，約130 m程度の海水が増加したことで海水の荷重が変化し，この荷重変化が地殻を隆起・沈降させた．この海水の荷重変化が引き起こすアイソスタシーによる地殻変動を，ハイドロアイソスタシーと呼ぶ．ハイドロアイソスタシーによる地殻変動は，グレイシャルアイソスタシーによるそれと比較すると，その変動量は小さいが，完新世中期(約7000年前)以降の**海水準変動**の地形・地質学的調査より，約7000年間で約±3～4 mの地殻変動量と推定されている[3]．

地球表層および内部の質量再分配は，地球の慣性モーメントを変化させ，地球回転に影響を及ぼす．地

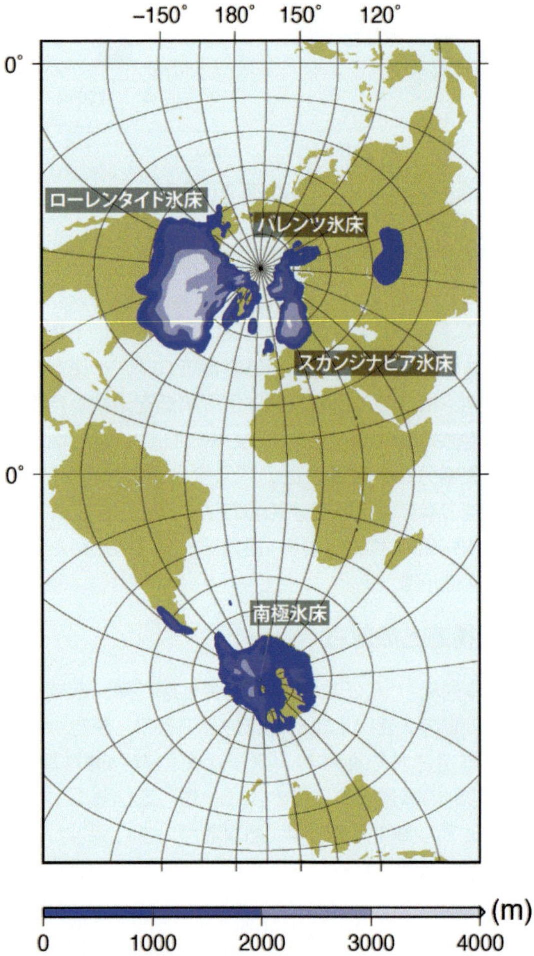

**図1** LGMから融解した氷床の厚さ分布

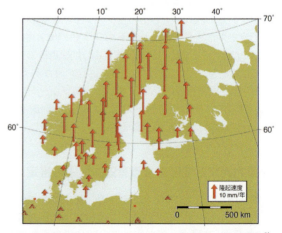

**図2** GPS観測によるスカンジナビア半島の現在の隆起速度[2]

球回転変動の観測値として，重力ポテンシャルの球面調和係数($J_2$)の時間変化や極移動速度があげられるが，これらの観測値にも様々な時間スケールの氷床変動や海水準変動に伴うアイソスタシーが影響している．

このような氷と水といった地球表層における質量再分配が引き起こすアイソスタシーによる地球の変形現象を総じて，glacio-hydro isostatic adjustment (GIA：氷河-海水性地殻均衡調整) と呼ぶ．

### ●氷床変動と海水準変動

過去約100万年間の地球表層では，数万〜数十万年周期で氷期と間氷期を繰り返す氷期-間氷期サイクルが発生していた（付録2）．この氷期-間氷期サイクルは，地球軌道の変化と自転軸の歳差によって生じる日射量変動が主たる要因であるが，氷床と固体地球の相互作用も重要な役割を果たしている[4]．この氷期-間氷期サイクルは，比較的長い氷床成長期間（数万年）と，その約10倍の速度で進む氷床融解期間（約1万年）に大きな特徴がある（付録2）．この急速で大規模な氷期終焉を招く原因の1つに，固体地球の性質が関与している．ひとたび氷床が後退し始めると，氷床により深く沈降した固体地球は，その粘弾性的性質のため，即時に応答せず時間遅れをもって応答する．このため，低下した地表面はなかなか復活せず，地表面温度が高い状態が続くことにより氷床融解が一気に進むのである．このように，気候変動の要因に固体地球の性質が深く関与している．

直近の氷床融解期である後氷期に生じたGIAは，世界各地において多様な相対的海水準変動として観測されている．LGMにおける氷床地域は，氷床荷重の消失より現在も隆起を続けている一方で，増加した海水は，海洋域で新しく荷重として作用し，海洋底を押し下げている．このため，地球の内部では，低緯度から高緯度側へのマントル物質の流れが生じる．氷と海水の質量再分配が引き起こすGIAは，LGMに存在した氷床の位置からの距離に応じて多様に変化するために，観測される相対的海水準も同様に変化し，地域，時代によってそれぞれ異なる意味を持つ（付録3）．このような相対的海水準の特徴に基づき，氷床変動や地球内部粘性構造が推定されている[1,3]．

### ●地球内部粘性構造

GIAに伴う地殻変動の地形・地質学的，測地学的

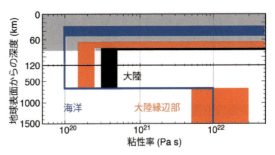

図3　海洋，大陸，大陸縁辺部におけるマントルの代表的な粘性構造[1]．グレイの領域は，GIAのモデリングよりリソスフェア（弾性層）と推定される領域を示す．

観測値は，地球内部の粘性構造を知る手がかりになる．地球内部の粘性構造を仮定して，氷床変動と海水量変動といった地球表層における荷重変化に伴う地殻変動を数値的に再現する手法をGIAモデリングと呼ぶ．様々な地域の海水準変動の地形・地質学的観測値とGIAモデリング結果との比較より，地球内部の粘性構造が得られている[1]（図3）．一般的に，地球の深さ約660 kmの上部・下部マントル境界では，粘性率のジャンプがあると推定され，そのジャンプは，2〜3桁程度で，下部マントル（$10^{22\text{-}23}$ Pa s）は上部マントル（$10^{20\text{-}21}$ Pa s）より高い粘性率を持つ．一方，マントル最上部の粘性構造は，日本のようなLGMの氷床域より離れた地域のハイドロアイソスタシーの解析より得られる[3]．日本は，プレート沈み込みに関連した火成活動が活発な地域に位置するため，地球最上部におけるリソスフェア（荷重変化に対して弾性的にふるまう層）の厚さは，地球の平均より薄く，かつ，リソスフェア直下のアセノスフェアの粘性率も，平均的な上部マントルの粘性率より低いと考えられている．日本列島のリソスフェアの厚さは，西九州地域のGIAモデリング研究[3]によると，30〜40 km程度と推定され，地殻と同程度の厚さである．また，アセノスフェアの粘性率は，低くても$10^{19}$ Pa s程度で，上部マントルと同程度か，もしくは1桁程度低い[3]．一方，大地震後の地殻変動を粘弾性緩和として捉えた研究[5]でも，アセノスフェアの粘性率として，上部マントルより1桁ほど低い値（$10^{19}$ Pa s）が得られている．

〔奥野淳一〕

## 5.5 島弧の第四紀地殻変動

### 島弧の位置づけ

島弧 (island arc) は、沈み込み帯において上盤プレートの縁辺に弧をなすように成長した地形的高まり（弧状山脈をなす隆起帯）のことであり、大小の島列からなる。火山列を伴うことから火山性島弧 (volcanic island arc) とも呼ばれる。弧の中心に沿うように延びる火山フロントの海溝側を前弧 (fore-arc)、その反対側を背弧 (back-arc) と呼ぶ。背弧側に背弧海盆や縁海盆を伴うものを島弧（図1）、伴わないものを陸弧という。いずれも沈み込み帯の特徴である海溝を持ち、両者をまとめて弧-海溝系と呼ぶ。地質学的には、島弧はもともと上盤プレートを構成していた大陸地殻や海洋地殻に対して沈み込みに伴う付加体の堆積物・海洋地殻・海山と島弧型の火成活動に伴う生成物が組み合わさってできた地質複合体である。

弧-海溝系は、変動帯に沿って分布しており（図2）、いわゆる活動縁辺と呼ばれる。とくに、環太平洋変動帯の活動縁辺には島弧-海溝系が発達している。地震活動・火山活動・大起伏山地によって特徴づけられる島弧-海溝系は、現行の地殻活動を知ることができることから、造山帯・大陸の起源やプレート運動の変遷を解明する鍵として研究がなされてきた。日本列島は、これらの特徴を持つことから典型的な島弧の1つとされ、千島弧、東北日本弧、伊豆-小笠原弧、西南日本弧、琉球弧からなっている。それぞれは沈み込み帯

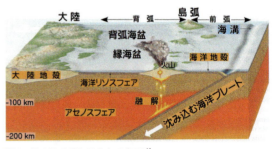

図1 沈み込み帯に見られる島弧[1]

特有のダイナミクスに支配され、とくに顕著な地殻変動の現象は、地殻の短縮やアイソスタシーに伴う上盤プレートの隆起（海成段丘の出現）、上盤プレート内の断層運動（活断層）であり、多様なスケールの変動地形として認識されることが多い。

### 第四紀地殻変動の捉え方

1990年代以後多くの地形地質学的な事例研究に基づき、日本列島は大局的には中新世中期の日本海形成期（島弧は伸張応力場）から鮮新世の中立的応力場を経て、200万年前頃に圧縮応力場に反転し現在に至っていること（反転テクトニクス）が明らかにされた。短縮が卓越する現在の地殻変動の始まりがちょうど第四紀の始まりと同時期であったことから、日本ではそれを第四紀地殻変動と呼ぶことが多い。最近では、アクティブ・テクトニクスと称されることもある。なお、

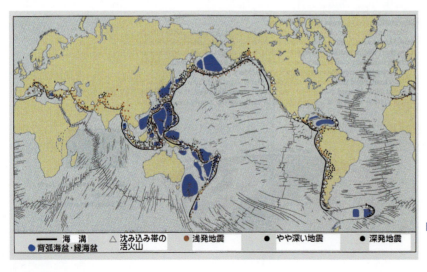

図2 弧-海溝系の分布[2]
（背弧海盆や縁海盆を伴うものが島弧-海溝系）

MIS5e期)の旧汀線高度(当時の海水準は現在のそれに対して＋5m程度)分布は,列島規模での隆起傾向と隆起量の明らかな地域的差違を示す(図3).隆起量(高度)の違いは,その地域のテクトニックな背景の差違を表している.局所的に隆起量が大きい場所は,地震性地殻変動が活発な場所である.すなわち,日本海側の大きな隆起は沖合の海底活断層の逆断層運動に伴うもの,また太平洋側の大きな隆起は,プレート収束に伴う上盤プレートの変形とプレート間で発生する巨大地震のサイクル過程で累積したものである.隆起量が小さくなっても連続して分布することは,非地震性の広域隆起運動が底上げ的に島弧規模で発生していることを示唆する[4].

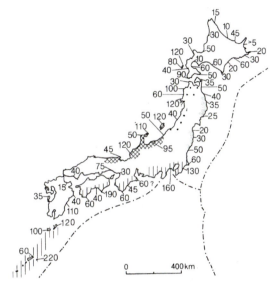

図3 約13万年前の海成段丘の旧汀線高度分布[3]

最近の地質時代区分によれば,第四紀の始まりは258万年前である.

## ●日本列島の海成段丘の分布と特徴

第四紀の顕著な地殻短縮を受けて,日本列島の弧状山脈や海岸部の海成段丘という変動地形によって隆起の累積性と地殻の永久変形が認識される(●付録1).連続的に認定・追跡される約13万年前(間氷期:

## ●日本列島の活断層の分布と特徴

太平洋プレートやフィリピン海プレートの押しに起因する地殻ひずみの蓄積とその解放を断層運動で賄った結果として,陸上部では約3000の活断層,それらをグループ化した約140の主要断層帯が知られている(図4,●付録2).活動様式のタイプ別にみると,逆断層の数は横ずれ断層の倍近い.東北日本弧にとくに発達する逆断層は,南北性で地形や地質の境界にあたっており,反転テクトニクスによって現在の起伏形成に関与してきた.横ずれ断層は中部・四国・九州地方に分布し,そのほとんどは先新第三系や火成岩類内の地質断層を選択的に再利用したものである.正断層は九州地方西部の火山地域に集中し,局所的な伸張応力場下で発生している.活動度を平均変位速度でみると,B級(0.1 m/1000年オーダー)が約60％を占める.M7級の直下型地震の震源断層としての長期評価が震災予防の観点から重要である. 〔宮内崇裕〕

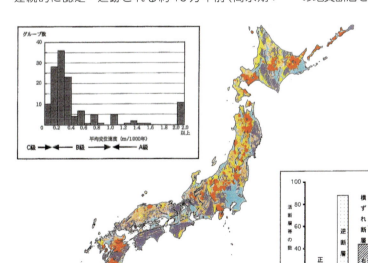

図4 日本列島の主要活断層分布図・タイプ別頻度・平均変位速度別頻度[5]

5.5 島弧の第四紀地殻変動 | 119

## 5.6 地球重力場と時間変化

### ●地球の重力場と重力異常

地球表面における重力加速度は約 9.8 m/s² であるが，固体地球科学ではこれをしばしば 980 gal と表す．地表における重力は万有引力と自転に伴う遠心力の合力であるため，それらが打ち消し合う赤道直下では両極に比べて 0.5% ほど重力が弱くなる．また中緯度における重力の向きは地球中心からややずれており，重力と直交する等ポテンシャル面も球からずれ，赤道部分が 20 km 程外側に張り出す（平均海面に一致する等ポテンシャル面はジオイドと呼ばれる）．固体地球の表面も大局的にはこの等ポテンシャル面に沿って赤道が張り出している．

重力加速度の絶対値は，真空中での物体の落下の加速度を直接測る絶対重力計を用いて，10 億分の 1（μgal）の違いがわかる精度で決定することができる．また，磁気浮上させた超伝導物質でできた球の上下変位を検出する超伝導重力計を用いると，重力のかすかな時間変化も計測できる．こういった重力計を用いて，地表の「点」で重力を計測することが従来の主流であった．しかし昨今では，人工衛星の軌道進化によって，全地球の重力分布（重力の非球対称成分）を短期間かつ一様な精度で「面」的に計測することができるようになった．

衛星で重力を測る場合，地球の自転がつくる遠心力は考えなくてよい．そのため，衛星で計測した重力場は純粋に地球の質量分布を反映する．例えば地表での計測とは逆に，赤道上空で測った重力は極上空より幾分強くなる．これは赤道部分の膨らみがつくる余分の引力のためである．地球重力場を球面調和関数の重ね合わせで表すと，この成分は次数 2，位数 0 の成分となるので，$C_{20}$ 成分（または $J_2$ 成分）と呼ばれる．

緯度に依存する $C_{20}$ 成分を除いた後に残った，数十 mgal 程度の重力の不均一を重力異常と呼ぶ．重力異常に寄与するのは地形と地下の密度構造であるが，観測されたままのフリーエア異常（観測を行った高度の違いによる差のみを補正）と，地形の分を差し引いたブーゲー異常（フリーエア異常から，基準面からの地表の凸凹が作る重力の分を計算して取り除いたもの）でその意味合いは異なる．後者は地下の密度分布を反映し，密度の小さな地殻岩石と密度が大きなマントルの境界であるモホ面の起伏等が浮かび上がって見える．

一方前者のフリーエア異常は，アイソスタシーによって地表の凹凸がモホ面の凸凹で補償されていればほぼゼロとなる．したがってフリーエア異常の存在はアイソスタシーの不成立を意味し，地形が若い，岩盤

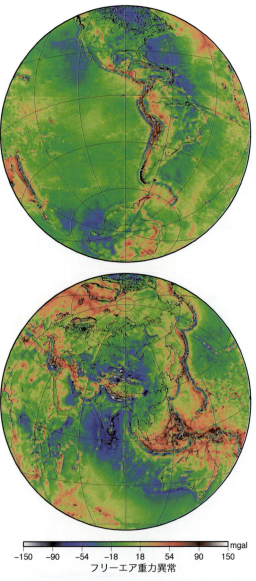

図1 GRACE 衛星で求められたフリーエア重力異常．次数 360 次までの球面調和関数の重ね合わせで表されている．

がかたい（リソスフェアが厚い）等の要因を浮き彫りにする．例えば，海溝における負の異常，島弧の正の異常等が顕著である（図1）．一方安定大陸上の古い山脈（アパラチア山脈等）が正の異常を伴っていないのは，アイソスタシーが成り立っていることを示唆する．

## ● 重力の時間変化

$C_{20}$ 成分等の低次の重力場は，反射鏡を備えた測地衛星に対してレーザ測距を行い，その軌道要素のわずかな時間変化（摂動）から推定されてきた．しかし地球重力場の「時間変化」の計測は次数3（空間分解能で7000 km程度）が限界であった．2002年にアメリカとドイツが共同で打ち上げた **GRACE** (Gravity Recovery and Climate Experiment) 衛星は，双子衛星の距離変化から約1ヵ月で全球の重力異常を計測できる衛星である．その打ち上げ以来，次数60次程度まで（空間分解能で300 km程度）の重力時間変化が観測できるようになった．そこから潮汐や大気がつくる既知の重力変化を取り除けば，地球の内部や表層で起こる質量の再分配の様子が浮かび上がる．

重力は様々な時間スケールで変化するが，数$\mu$gal程度のわずかなものである．ここでは季節変化，突然の変化，ゆっくりした経年変化に分けて説明する．季節変化はそのほとんどが地表の水の再分配に伴うものである．低緯度地域では雨季と乾季の繰り返しに伴う土壌水分の変化が，また中高緯度では冬季の積雪が，重力の季節変化をもたらす．海洋では一般に重力変化自体が小さいが，狭い海峡でのみ外海とつながる紅海等では海水の質量変化が重力季節変化をもたらす．

突然の重力変化は大きな地震が原因である．2002年のGRACE打ち上げ以降，2004年のスマトラ・アンダマン地震，2010年チリ地震，2011年東北地方太平洋沖地震等の海溝型巨大地震に伴う重力変化が報告されている．地殻変動と同様に，地震時のステップ状の変化と，地震後のゆっくりとした変化の双方が顕著である．地震時の変化は，震源陸側の重力減少で特徴づけられる．それはおもに断層下端の上／下に生じる岩石密度の減少／増加に起因しており，地表やモホ面の上下変動の影響はそれほど大きくない．また地震後の重力変化は断層真上の重力増加で特徴づけられ，上部マントルの粘性緩和の寄与が大きい．

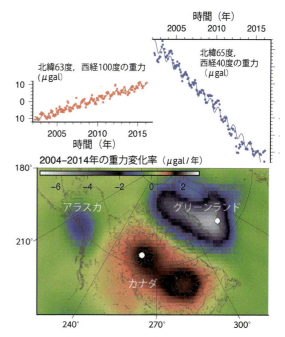

**図2** GRACE衛星で求めた2004年から2014年までの北米北部における平均的な重力変化の分布を色で示したもの．次数は60次までとった．赤は増加域，青は減少域である．上に示す時系列は，地図中に白丸で示すカナダ（左）とグリーンランド（右）の点における重力変化であり，丸がGRACEの観測データ，曲線が季節変化と経年変化で表したモデルを示す．いずれの地点でも季節変化と，経年変化の双方が顕著である．

2002年のGRACE打ち上げ以降の重力の経年変化には，地球温暖化に伴う山岳氷河や大陸氷床の融解の影響による重力の減少が重要である（図2）．重力減少が顕著なグリーンランド南部，アラスカ南西部，チベット高原周縁のアジア高山域，パタゴニア等が代表的である（図2右上はグリーンランドの時系列）．融解した水は海域の重力を増加させるが，こちらは広域で起こっているため図から読み取ることは難しい．

一方カナダ北部やスカンジナビア半島で重力が増加しているのは，最終氷期に氷床に覆われていた地域の後氷期回復（Post-glacial rebound）に伴うものである（図2左上は北部カナダの時系列）．氷床の消失に続くアイソスタシー回復の過程として，周辺地域からマントル物質が流入して地表が隆起し，それが質量の増加として見えているのである． 〔日置幸介〕

## 5.7 地球回転

### ●地球回転とは何か

「地球回転」とは地球の回転変動の総称で，自転角速度ベクトルの向き（方向）と大きさの変化である．1970年代以降の宇宙測地技術（とくに超長基線電波干渉法 VLBI, very long baseline interferometry）の発達による地球回転観測の高精度化によって，様々な時間スケールの変動が見えてきた．ここでは地球回転変動にはどのようなものがあるかを述べる．また，自転角速度ベクトルは宇宙空間での地球の向きや姿勢を表現するものであり，その観測は宇宙からの地球観測や深宇宙探査のための人工衛星の軌道予測においても不可欠である．

### ●極運動：地球固定座標でみた自転軸の動き

自転角速度ベクトル（自転軸）の向きの変化は，極運動 (polar motion あるいは wobble) と歳差 (precession)・章動 (nutation) に大別される[1,2]．極運動は地球に固定されて一定の角速度で回転する座標からみた現実の自転軸の変化で，自転軸が北極付近を貫く位置の軌跡として観測される（図1）．最大0.3秒角程度の振幅で，地表距離で直径10m程度になる．図1を2成分に分けて示すと，14ヵ月周期と12ヵ月周期の振動が卓越し，経年的な変化もある[1]．

極運動の力学のもっとも単純なモデルは，軸対称で扁平な剛体の回転楕円体の運動である．この問題はオイラーの運動方程式で記述され[3]，剛体（地球）に固定された座標系で見ると305日周期の「自由振動解」が現れる．その固有周期は自転軸回りの慣性モーメントと赤道軸回りの慣性モーメントの差，つまり地球の扁平度（赤道部の膨らみ具合）で決まっている．極運動としては当初はこの305日周期の極運動が期待されたが，実際に観測すると14ヵ月（435日）周期と12ヵ月の運動が重なり合っていた．後者は年周極運動と呼ばれ，地球表層の大気水圏の季節変動に伴う赤道軸回りの角運動量変化による「強制振動」である．一方14ヵ月周期運動は，アメリカのチャンドラーが1892年に発見したことからチャンドラー極運動 (Chandler wobble) と呼ばれ，剛体ではなく流体核や海洋を含む現実的な地球の力学的特性を反映した固有振動と解釈されている．図1では1900～1905年の平均的な極位置を原点にとっているが，観測開始以来その平均的位置が西経80°方向に経年的に移動しており，プレート沈み込みや後氷期回復に伴うマントル内の質量再配分で解釈されている．

チャンドラー極運動が「自由振動」であるからには何らかの励起源が必要である．励起源探しは，長らく極運動研究の中心的テーマであり，巨大地震説，流体核説，大気説，海洋説があったが，現在では大気水圏が原因との見方が一般的である[1]．

### ●歳差・章動：自転軸の宇宙空間に対する向きの変化

歳差・章動は力学的には月や太陽からの潮汐力が地球の赤道部の膨らみに働くトルクがその原動力で，歳差は自転軸が宇宙空間に対して約2万5800年で一回りする運動で，章動は歳差以外の周期的な運動を示し，しばしば自転軸の首振り運動として説明される（図2）．歳差・章動という場合は宇宙空間から見た自転軸の動きのことで，通常は1日よりも長周期の運動を指し，18.6年周期成分の章動がもっとも振幅が大きい．

歳差・章動は，原因が外部天体である月太陽の運動と潮汐力であるため，その変動は古くから精度よく理

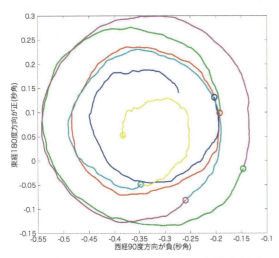

図1 2006年1月から2011年12月までの極運動．2006年以降の各年を，黄色，水色，紫色，緑色，赤色，青色の順に示し，丸印は1月1日を示す．データは国際地球回転事業 (http://www.iers.org) からダウンロードできる．

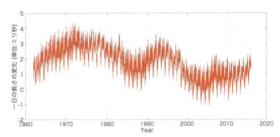

図3 1962年から2015年までのΔLOD変化（86400秒からのズレ）．データは国際地球回転事業（http://www.iers.org）からダウンロードできる．

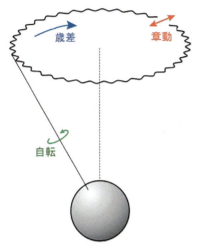

図2 歳差と章動は，ともに自転軸の宇宙空間に対する向きの変化である．自転軸は公転面に対して平均23.4°傾いている．

論的に予測されてきた．その予測では長らく剛体地球が仮定されていたが，1980年代になって剛体地球の章動理論では説明不可能な系統的なズレが見つかってきた．そのズレは，流体核の存在（と弾性地球）を考慮した章動理論によって説明されている．チャンドラー極運動がマントルの回転自由モードであるのに対し，流体核を考慮する結果として新たに現れる「準日周自由ウォブル（nearly diurnal free wobble）あるいは自由コア章動（free core nutation）」と呼ばれる固有回転変動モードがある[2]．1980年代以降に見つかった系統的なズレは，このモードと新しい章動理論の傍証になった．このモードは日周潮近傍の周期を持ち，超伝導重力計による重力観測から得られる特定の分潮でもこのモードによる増幅効果（流体核共鳴）が見えている．

## ●自転角速度変動：1日の長さの変化

自転角速度ベクトルの（向きではなく）大きさの変化が自転角速度変動であり，より日常に照らしていえば1日の長さの変化として観測され（図3），しばしばLength-Of-Dayの頭文字をとってLOD変化とも呼ばれる．自転角速度ベクトル三成分のうち，赤道軸方向の二成分が極運動と歳差・章動に，極軸方向の一成分が自転角速度変動にそれぞれ対応する．極軸方向の一成分だけなので力学的には単純で，例えば，大気大循環の東西風が強まって極軸方向の大気角運動量が増えると，角運動量保存則を満たすために同方向の固体地球の角運動量は減少し，自転角速度は小さくなる．

自転角速度変動には極運動や章動にある自由振動解は知られていない．様々な時間スケールの変化のうち（図3），季節変動よりも短い時間スケールの変動は概ね大気角運動量の変化で説明され，気象学で有名な低緯度東西風のマッデン・ジュリアン振動に対応した40日程度の振動もある．また，準二年周期振動やエルニーニョに対応したシグナルも検出される．数十年程度の時間スケールも存在し，従来から流体核とコアの相互作用で説明されているが，詳細は不確定で，長期的なLOD変化の予測は難しい．経年的な自転角速度の減速は潮汐摩擦と呼ばれる月地球系の力学的相互作用で理解されているが，LOD変化にして100年で1.5ミリ秒変化する程度の小さなものである．数年に一度うるう秒（Leap second）が導入されるが，これは国際原子時の1秒の定義を最近より自転角速度が速かった1820年頃の1日の長さで決まる1秒に合わせたためであり，潮汐摩擦が主因ではない．

自転角速度変動は，回転軸方向（極軸方向）の角運動量変化を反映するので，潮汐力起源の変動としては赤道面に対して対称な空間パターンを持つ長周期潮成分（14日周期）の変動が大きい．1990年代半ばに入ると日周，半日周潮の自転角速度変動と極運動も検出されている[1]．ただし変動の振幅は上述の大気角運動量変化に伴う変動に比べれば1桁程度小さい．

〔古屋正人〕

## 5.8 潮汐

潮汐とは，一般に海水の満ち引きを指し，海面の高さのことを潮位と呼ぶ．干潮・満潮は1日の間に2回生じる．また，約2週間おきに干潮時・満潮時の潮位の差が周期的に変化する（大潮・小潮）．この項では，まず，潮位の変動が起こる原因を説明する．次に，測地学や地震学で扱う潮汐について述べる．潮汐は，潮位だけでなく固体地球全体を変形させている．最後に，潮汐による地震の誘発現象について紹介する．

### ● 潮汐の原理

潮汐の原動力は，月または太陽（ここでは天体と表す）と海水との間に働く万有引力である．万有引力が潮汐を引き起こす仕組みについて詳しく理解するには，物理学（力学）の知識が必要となるので，ここでは数式を用いず簡単に説明する．

万有引力を発見したのはニュートンである．万有引力は2つの物体間に働く引力で，その大きさは互いの質量に比例し，距離の2乗に反比例する．海水に働く万有引力の大きさは，天体の質量が大きいほど，また，海水と天体との距離が近いほど大きくなる．太陽の質量は月に比べてはるかに大きいが，月と地球の距離の方が短いため，月による引力は太陽による引力の約2倍になる．引力の大きさや向きは，天体の地球に対する相対位置によって刻々と変化する．ニュートンは天体の位置を予測する式を導き出し，海水に働く引力が地球上のどの地点でどのように時間変化するか計算した．さらに，かたい地球の全表面が海水で覆われていると簡単化した場合に，ある時刻の引力と瞬間的に釣り合う，潮位の分布を求めた．

引力の時間変化は，天体の軌道が完全な円ではないことや軌道面が赤道に対して傾いている等の理由により，1つの周期では表すことができない．このため，引力の変化は，多数の周期を持つ成分に分解され，各周期に対応する潮位の変化量が求められている．

もっとも基本的な潮汐の成分の1つが，月による引力と地球の自転に起因する12.4時間周期の潮汐で，M2分潮と呼ばれる．地球が自転すると1日のうちに1度だけ月がもっとも近づくので，最大潮位が観測されるのは24時間おきと思うかもしれない．これは月による引力のみを考えると正しい．しかし，地球と月の重心の周りを地球が公転しているため，地球上にはいつでも一定の遠心力が働いている．この遠心力と引力との合力は，地球中心でゼロ，その他の地点では地球中心を挟んで向きが反対で大きさが等しくなる（図1）．地球中心に対してちょうど反対の位置でも合力が最大になるため，自転する1日の間に2度，潮位が最大になる．

### ● 固体地球潮汐

万有引力は，海水にだけでなく，地殻・マントル・コア（これらを合わせて固体地球と呼ぶ）にも働く．このため，固体地球も海水と同様に変形する．東西・南北方向よりも上下方向の変形（＝隆起・沈降）が大きい．かたい岩石が引力により変形するのは不思議に思われるかもしれないが，力の原因が異なるだけでプレート運動による岩石の変形と同じである．M2分潮では，上下変動の振幅は数十cmに及ぶ．ただし，ごく狭い範囲ではほとんど同じ量だけ，しかもカタツムリの進む速度よりもゆっくり変形し，また一定周期で元に戻るため，日常生活の中で人間が気づくことはないだろう．しかし，宇宙から地球を眺めれば実際に変形していることを捉えることができる．図2は，GPS衛星で観測した2014年8月26日の群馬県草津町における上下変動で，赤色の線は観測値，青色の線は固体地球潮汐の影響を理論計算で取り除いた結果を表す．赤色の線に約12時間周期の30cm程度の変化が見られる．

### ● 海洋潮汐

ニュートンが潮位の分布を求めた場合と異なり，実

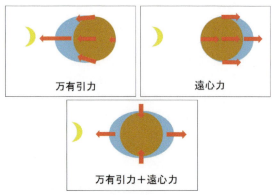

図1　遠心力と天体による万有引力の重ね合わせ

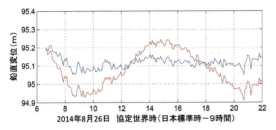

図2 固体地球潮汐による地殻上下変動の観測例

際の地球では海水は地球全体を覆ってはいない．また，海水と海底面の間には海水が移動したときに摩擦が働き，引力と潮位は瞬時には釣り合わない．そうした効果を考慮するため，引力の変化に対して海水がどのように流れるかを理論的に計算する．近年では，理論計算の結果と，人工衛星で観測した潮位データを統合して作成した海洋潮汐モデルが世界の様々な研究機関で公開されている．モデルによる海洋潮汐の予測精度は地球全体で平均して数 cm である（潮汐についてより詳細は WEB テキスト測地学 2-3-3 章および 3 章 http://www.geod.jpn.org/web-text/part3_2005/matsumoto/matsumoto-1.html を参照）．

● **潮汐による地震誘発**

潮汐が地震を誘発するかどうかに答えるには，潮汐が地震断層にどのような応力を及ぼすのか知る必要がある．まず，固体地球潮汐により地球内部の変形が生じる．これにより断層面に加わる応力が変化する．また，海洋潮汐により潮位が変動すると，地表面にかかる海水の重みが変化する．その結果，地球内部も変形し，断層面に加わる応力が変化する．これら2つの和は，一般に地震が発生したときに断層で解放される応力の千分の一程度に過ぎない．解放される応力のほとんどは，プレート運動によって長い年月をかけて蓄積したものである．潮汐による誘発は，地震が起こる限界近くまで応力がたまった断層に対して，最後の一押しが加わることにより生じる．1つ1つの断層に現在どの程度，応力がたまっているかを推定することは非常に困難である．このため，潮汐による誘発を研究するには，多数の地震と潮汐との関係を統計的に調べなければならない．

面白いことに，潮汐が地震を誘発する現象はいつでも見られるのではなく，場所や時期によって変化する．M9クラスの巨大地震の10年程度前から，震源域付近で起こる小さい地震が潮汐で誘発されやすくなることがある[1]．この原因はまだわかっていない．一方，最近の研究から，巨大地震発生域の周囲でスロー地震と呼ばれる地震が発見されてきた．スロー地震は普通の地震よりも潮汐で誘発されやすいと考えられている．スロー地震の一つである非火山性微動は，震源域に隣接した深さ約30 kmの領域で発生する（図3）．左図の赤い点が東海〜南海地域の微動の発生位置を示す．右図の灰色は潮位の頻度分布（ただし平均がゼロになるように調整している），赤は各潮位に対する微動の数を表す．潮位は±約1 mの幅で変動しているが，潮位が低いときにのみ微動が発生している．微動はこのように半日・1日周期の潮汐で誘発されることがあるが，18.6年周期等のより長い周期の潮汐にも影響を受けている可能性が指摘されている[2]．〔田中愛幸〕

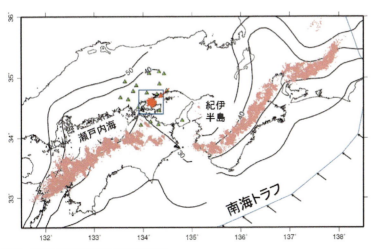
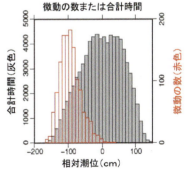

図3 非火山性微動の発生と潮位の関係

## 5.9 スロー地震

### ● スロー地震とは？

スロー地震 (slow earthquake) とは，通常の地震に比べ長い時間スケールを有する断層すべり現象の総称である．輻射される地震波の卓越周期が長く，または地震波が励起されない場合もある．20世紀末以降，地震・GNSS 稠密観測網の発達[1]により，様々なスロー地震が日本や世界各地で検出されてきた[2-4]．その理由としては，エレクトロニクス等の技術革新により，宇宙測地等の高精度データが高密度に得られ現象に対する認識力が向上したこと，地震データ蓄積方式としてイベントトリガーから連続収録が現実的に可能となり埋もれていた現象を掘り起こすことが容易になったこと等があげられる．これらのスロー地震は，沈み込み帯のプレート境界等主要断層面上の固着域から安定すべり域に遷移する領域で発生し，その時間スケールの違いから，測地学的スロー地震と地震学的スロー地震に分けられ，前者には余効すべり，長期的スロースリップイベント (SSE) および短期的 SSE が，後者には超低周波地震 (very-low-frequency (VLF) earthquake) や低周波微動 (low frequency tremor) が含まれる (図1)．

### ● 西南日本のスロー地震

フィリピン海プレートが沈み込む西南日本では，南海地震震源域の浅部および深部にスロー地震が発生する (図2)．深部低周波微動は，2～8 Hz に卓越する微弱振動が長時間継続する現象で，長野県南部から豊後水道に至る全長約 600 km の帯状領域に分布する[5]．

微動は無数の微小低周波地震から構成され，その一部は気象庁により低周波地震として検出される[6]．活発な微動活動は，卓越周期約 20 秒の深部超低周波地震と[7]，継続時間が数日程度の短期的 SSE を伴うことがある[8]．微動と短期的 SSE の同時発生現象は北米大陸西海岸のカスケード沈み込み帯で初めて発見され，episodic tremor and slip (ETS) と呼ばれる[9]．西南日本の ETS は長さ数十～100 km のセグメントに分かれ，それぞれ 2～6 ヵ月間隔で周期的に発生する．微動は外的応力変化に影響されやすく，ETS 発生期間中には半日や1日周期で活発化する地球潮汐応答が観測される[10]．また，遠地地震による大振幅の表面波通過時に，数十秒周期の表面波の位相に対応した微動の誘発がしばしば観測される[11]．

ETS 域と固着域との間には長期的 SSE が発生することがある．豊後水道では約 7 年間隔で数ヵ月継続する SSE が[12]，東海地方では約 10 年間隔で 2～5 年程度継続する SSE が発生する[13]．最近では，紀伊水道[14]や四国内部[15]，九州南東部[16]でも長期的 SSE が検出された．一方，固着域浅部側の南海トラフ近傍の数ヵ所では，卓越周期約 10 秒の浅部超低周波地震が群発的に発生するが[17]，日向灘では，海底地震観測により浅部低周波微動も同時に発生していることがわかった[18]．豊後水道長期的 SSE は，その周囲のスロー地震と相互作用を示す．2003 年および 2010 年の SSE のすべり速度が速い約 3 ヵ月間，深部側に隣接する領域の微動活動が継続した．また SSE すべり加速時に，南海トラフ近傍で浅部超低周波地震が活発化した[19]．この相互作用を説明するた

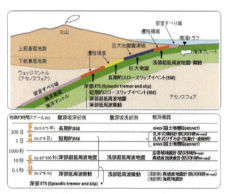

図1 南海トラフ付近に発生する様々なスロー地震の特徴および検出機器と観測網（付録1）

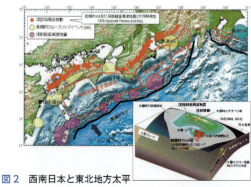

図2 西南日本と東北地方太平洋沖地震震源域付近のスロー地震の分布と特徴（付録2）

め，長期的SSEのすべり域が延びるとすると，これらのスロー地震は1946年南海地震の高速破壊に対してバリアの役割を果たした可能性がある．

### ●その他の日本列島周辺のスロー地震

浅部超低周波地震は十勝沖でも発生し，とくに2003年9月26日の十勝沖地震（$M_W$ 8）の後に起きた活動の時系列は余効すべりによる地殻変動と整合していた[20]．南西諸島では日本と台湾の広帯域地震観測データから浅部超低周波地震が[21]，GNSSデータから短期的SSEが検出され[22]，両者は空間的に概ね一致する．房総半島付近ではフィリピン海プレートの沈み込み境界面で，西南日本の長期的・短期的SSEの特徴とは異なり，約6年間隔で1週間程度継続するSSEが発生し，SSEすべり域の深部側を震源とする通常の地震の群発活動を伴う[23]．房総SSEの深度は西南日本のSSEよりやや浅く温度が低いため，すべり面の性質の違いが影響している可能性がある．

一方，東北沖では2011年の東北地方太平洋沖地震以前は余効すべり以外のスロー地震は認識されていなかったが，海底観測や東北地方太平洋沖地震後の詳細な解析に基づき，数種類のスロー地震が検出された（図2）．2008年と2011年には海底圧力計で[24]，東北地方太平洋沖地震直前の2月中旬と3月9～11日に発生した前震活動の際には，陸域の高感度地震観測データ解析から，本震の破壊開始点に向かって移動するSSEが検出された[25]．また，海底地震観測から微動が，陸域広帯域地震観測から超低周波地震も捉えられた[26]．プレート境界以外でも，遠地地震表面波の通過時間中に注目した調査から，これまで日本国内では，関東平野北西部および九州西部の活断層付近等で誘発微動が検出されている[27]．

### ●世界のスロー地震

スロー地震は世界，とくに環太平洋各地域で検出されてきた（図3）．カスケードでは深部ETSを構成する短期的SSE，微動，超低周波地震がそれぞれ2001，2003，2015年に[28,9,29]，メキシコやアラスカでは2000年代前半に長期的SSEが[30,31]，その後に微動がSSE域の深部側で検出された[32,33]．ニュージーランドの北島東方沖では房総タイプのSSEが2年間隔で，北島南部の深部プレート境界では長期的SSEが数年間隔で発生し[34]，小規模な微動も検出されている[35]．一方，海嶺が沈み込むチリ南部ではほぼ定常的に微動が発生し，明瞭な地球潮汐応答を示す[36]．台湾南部では2008年に誘発微動が観測され[37]，その後に自然発生的微動も観測された[38]．

横ずれ型プレート境界である北米大陸南西部のサンアンドレアス断層では，2005年に微動が発見された[39]．2002年アラスカ・デナリ地震ではその表面波による誘発微動が断層に沿った数ヵ所で起きた[40]．また興味深いことに，パークフィールド地震発生前にその直下における微動活動が変化した．1つは地震発生の45日前からの微動活動の増加[41]，もう1つは移動パターン変化であり，地震発生3ヵ月前の期間のみ破壊開始点から遠ざかる方向の移動が観測された[42]．これらは大地震発生直前の破壊核形成に伴う応力集中やプレスリップを反映した可能性がある．

### ●スロー地震と巨大地震との関連性

以上に示した様々なスロー地震は，いずれも継続時間が地震モーメントに比例するという1つのスケーリング則に従っており，地震モーメントが継続時間の3乗に比例する通常の地震とは異なる断層破壊現象である[43]．なぜこのような低速変形が生じるのかについては，すべり速度によって摩擦特性が変化する摩擦法則や粘性を考慮したレオロジーの不均質性，流体の影響など，様々な検討が進められているところであり，スロー地震と通常の地震の統一的な理解は，今後の地震学における重要な課題であろう．また，沈み込みプレート境界ではスロー地震が巨大地震震源域を取り巻くように分布し，隣接するスロー地震同士では相互作用を有することから，頻発するスロー地震が巨大地震の発生を促進する可能性がある[44]．一方，巨大地震震源域でのひずみ蓄積により，周囲のスロー地震の発生様式に影響する可能性がある．単純なモデルによる巨大地震とスロー地震の同時再現シミュレーションでは，巨大地震の発生に近づくにつれてスロー地震の発生間隔が短くなる結果が得られたように[45]，スロー地震の発生様式における変化が巨大地震の切迫度の指標となる可能性があるため，その正確なモニタリングは今後も重要である．〔小原一成〕

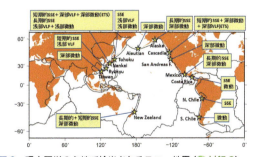

**図3** 環太平洋の各地で検出されるスロー地震（付録3）

## 5.10

# GNSS

固体地球上で起きる地殻変動を測定するための観測手段として 1990 年代以降急速に発展したのが，人工衛星を用いて地上の位置を正確に測る GNSS (Global Navigation Satellite System, 全地球測位システム) である．GNSS とは一般的に衛星を用いた測位システム全般を指すが，実際にはアメリカの GPS (Global Positioning System) やロシアによる GLONASS (GLObal'naya NAvigatsionnaya Sputnikovaya Sistema) 等複数の衛星システムが存在する．最近では単一の GNSS システム（例えば GPS）だけではなく，複数のシステムを統合利用したマルチ GNSS 解析と呼ばれる解析手法もその開発が精力的に進められている．

本項では GNSS による位置測定の概略を GPS を例として述べ，またそれら GNSS を用いた地殻変動把握の実例を示す．

### ● GPS 衛星および信号の概略

GPS 衛星は，半径約 26560 km のほぼ円軌道に配置され，およそ 12 時間周期で地球を周回している．各衛星は赤道面に対して 55° 傾斜した 6 つの軌道面に 4 機ずつが配備され，合計 24 機で地球全域をカバーしている．各軌道面には 1 機ずつの予備衛星を配置できる．各 GPS 衛星はルビジウムもしくはセシウムを周波数標準とした原子時計を持ち，高い時刻精度で信号を送信できる．GPS 衛星からは L1 帯と L2 帯の 2 つの周波数の正弦波信号（搬送波）が出力され，その周波数は L1 帯で 1575.42 Hz（波長：約 19.0 cm），L2 帯で 1227.60 MHz（波長：約 24.4 cm）である．各搬送波には測距コードが変調処理によって重畳されている．GPS では測距コードに PRN (Pseudo Random Noise, 擬似ランダム雑音) を用いている．PRN は衛星ごとに固有であり，全 GPS 衛星の PRN コードが同一周波数の搬送波に乗って送信されている．各 PRN コードはお互いに干渉することなく，受信機側で復調することができる数学的性質を持つ．

### ● コードを用いた測位

GPS を用いた一般的な航法では L1 帯に重畳し送信されている C/A (Coarse/Acquisition) コードを用いる．C/A コードは約 1 マイクロ秒ごとに繰り返し送信されていて，その波長は約 300 m である．各衛星から送信された C/A コードを受信機側で復調することで各衛星と受信機間の視線方向の距離を得ることができるが，一般的に受信機側は高精度な時刻を持たず，大きな時刻誤差を持つ．そのため受信機側の時計誤差を含めた仮の各衛星-受信機間の距離（擬似距離と呼ぶ）をまず計算し，その後，受信機の空間的な位置（3 成分）とその時計誤差を含めた合計 4 成分が未知数となる．そのため，コードを用いた測位では同時に 4 衛星以上のデータが取得されていることが必要となる．このように GNSS を用いた測位では，最終的に受信機側の時刻も正確に補正することができる．そのため正確な時刻情報が必要な地震計の記録装置の時刻同期にも GNSS は活用されている．

コードを使った測位では，その繰り返し間隔が 1 マイクロ秒程度であることや，電離層や対流圏内を搬送波が通過する際の遅延量等を正確に把握することが難しいこと等から，その精度は一般的に数 m 程度であり，地震や火山に伴う微小な地殻変動を捉えることは難しい．

### ● 搬送波位相を用いた測位

より高精度に測位を行うためには搬送波のデータを活用する．GPS における搬送波の波長は 20 cm 程度であるが，その位相は波長の 1/100 程度で逐次捕捉することが可能であり，コードを用いた測位よりも測定に用いる「ものさし」の精度が高い．一般的に搬送波位相を用いた測位では座標値があらかじめ既知の観測点を基準として，ある観測点の座標値を精密に求める基線解析という手法が用いられる．これは両観測点で得られた搬送波位相のデータを用いて，両者の差分を取ることで両観測点間の基線ベクトルを求める手法である（図 1）．GPS から送信される搬送波位相は単純な正弦波である．そのため両観測点に到達した同じ衛星の搬送波の波の数（1 波長を 1 つとする）の差（図 1 中の $N$）と，1 波長以下の搬送波位相の差がわかれば，両観測点間の基線長を計算することができる．基準点の座標値はわかっているため，両観測点間の基線ベクトルがわかれば，精密な座標値を得ることができる．

ここで搬送波位相の数の差 $N$ を推定することを波数不確定性（アンビギュイティ）推定と呼ぶ．ここで

## 5. 測地・固体地球変動

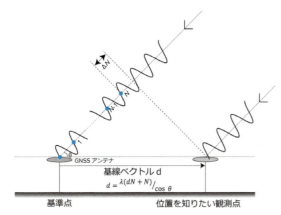

図1 搬送波位相を用いた基線解析のイメージ．$N$ が搬送波位相の波数不確定性を，$\Delta N$ が基準局と位置を知りたい観測点間の搬送波位相の差を示す．

$N$ は本来整数値になるべきだが，推定時の様々な誤差要因から必ずしも整数値とならないこともあり，基線ベクトルの推定精度の低下要因となりうる．

### ● GNSS 連続観測点による地殻変動観測

日本では国土地理院によって 1994 年以降，GNSS 連続観測網（GEONET）が整備され，現在では 1300 点を超える連続観測点によって空間的に高密度な変位場が日々得られ，様々な地殻変動現象が捉えられている．例えばプレートの沈み込みに伴う内陸部におけるゆっくりとした地殻変動や，地震・火山噴火に伴う急激な地殻変動等（付録1）が日ごとの各観測点における座標時系列の形として得られることで，地震や火山噴火現象の理解が飛躍的に高まった．

### ● GNSS の地震計としての活用

近年，GNSS の搬送波位相のデータを高いサンプリングレート（例えば，1 秒ごと）で取得し，それを解析することによって，あたかも GNSS を地震計のように扱う研究が進められている．GNSS は地面の動きを広いダイナミックレンジで測定できる．また，地震計ではその把握が難しい，永久変位までを含めた広い帯域で地殻変動を捉えることができる等の利点がある．その一方で，地震計と比較してその感度は低い．図2 に 2004 年 12 月 26 日に発生したスマトラ・アンダマン地震時のインド洋ディエゴ・ガルシア GNSS 観測点での1秒ごとの地殻変動を，地震計のデータと併せて示した．このように GNSS データは日ごとの地殻変動だけではなく，より短い時間帯域の地殻変動も捉えられるようになりつつある．

### ● GNSS を用いた震源断層即時推定

通常，地震の規模を即時把握するためには短周期地震計が用いられる．一方で，きわめて規模が大きな地震（マグニチュードが 8 以上）の場合，短周期地震計が得意とする帯域よりも低い周波数側で地震のエネルギーは多く放出される．そのため，短周期地震計のみでは地震規模を過小評価してしまうことがこれまでの研究で明らかになっている．一方で，GNSS データはそうした低い周波数帯域の変動に対して感度を持つ．

こうした背景のもと，GNSS データをリアルタイム解析によって地殻変動の原因である震源断層の位置，大きさ，断層面上でのすべり量などを推定することで，巨大地震（マグニチュード 8.0 以上）の地震規模が即時に推定可能であるとする研究[1]がこれまでに示されている．日本では国土地理院と東北大学の共同研究によって，GNSS を用いたリアルタイム地殻変動監視とそれを用いた地震規模即時推定システムの開発が進められ，将来的な巨大地震規模の，より正確な把握への貢献が期待されている．

〔太田雄策〕

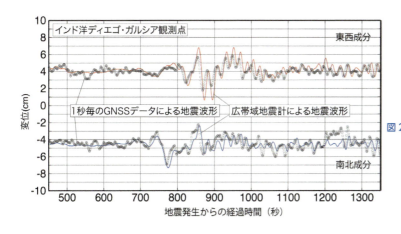

図2 2004 年スマトラ・アンダマン地震の際のインド洋ディエゴ・ガルシア島における地震波を GNSS で捉えた例（文献 2 を改変）．黒い丸印で GNSS による変位の時系列を，赤と青の実線で地震計の時系列をそれぞれ示す．両者がよく一致していることがわかる．

## 5.11
# 合成開口レーダー

　合成開口レーダー (synthetic aperture radar：SAR) とは，マイクロ波を用いたイメージングレーダーの1つである．人工衛星や航空機等の移動体に搭載したアンテナから，進行方向に対して斜め下方向にマイクロ波を繰り返し照射し，地表で散乱してアンテナに戻ってきたマイクロ波(後方散乱波)を受信する(図1に日本のSAR衛星「だいち2号」を示す)．受信したデータに，空間分解能を向上させるチャープ圧縮技術や合成開口技術に関する処理を適用することにより，メートルレベルの空間分解能を有する地表画像 (SAR画像) が得られる．

### ● 昼夜・天候を問わずに地表を観測する

　SAR画像には，画素ごとに強度と位相の情報が格納されている．一般に，強度はマイクロ波の地表における後方散乱の強さに比例する値であり，地表面に対するマイクロ波の入射方向，地表面の粗度や誘電率等によって変化する．とくに，マイクロ波の入射方向の寄与が大きく，これはSARの強度画像が地形をよく反映することを意味する．SAR画像はレーダー画像特有のひずみが大きく，とくに，山がアンテナ側に倒れこむようなフォアショートニングと呼ばれる地形ひずみが生じるため，その判読にはある程度の知識が必要とされる(図2に，だいち2号による富士山の画像を示す)．

　しかし，SARは昼夜を問わずに雲を透過して地表を観測することが可能という利点があり，災害発生時等の緊急を要する調査において，確実に地表の画像が

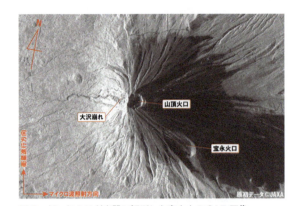

図2　だいち2号が夜間に観測した富士山のSAR画像

図1　陸域観測技術衛星「だいち2号」のイメージ図

得られる技術として，有効に利用されている．

### ● 画像のように地表変位分布を捉える

　SAR画像に格納される位相情報は，アンテナと地表との距離(スラントレンジ)や地表における散乱様式に大きく関係する値である．異なる時間もしくは異なる位置で観測されたSAR画像について，散乱様式が同じであると仮定すれば，その位相差はスラントレンジの差を表す値となる．この解析で得られる値は $-\pi \sim +\pi$ ラジアンの位相差であるため，その位相差画像にはスラントレンジの差を示す干渉縞が現れる．このことから，この手法はSAR干渉法と呼ばれ，また，得られる位相差画像は干渉画像と呼ばれる．

　スラントレンジの差は，観測位置の違いや観測間に生じた地表変位によって生じる．観測位置の違いによるスラントレンジの差の成分には，地形による効果が現れることから，SAR干渉法は数値地形データの作成にも利用されている．例えば，スペースシャトルに2つのSARアンテナを搭載して観測した画像に，SAR干渉法を適用して作成された数値地形データは一般に公開されており，様々な分野において利用されている．一方，地形データと観測軌道が正確に求まっていれば，観測位置の違いによる成分をシミュレートして除去することが可能であり，異なる時期に観測されたSAR画像から，地表変位に起因するスラントレンジ変化成分を抽出することが可能である(図3)．この手法は2パス差分SAR干渉法と呼ばれ，地震や火山活動に伴う地殻変動，地すべり，地盤沈下，氷河流動等の広い分野における研究・調査で利用されている．

5. 測地・固体地球変動

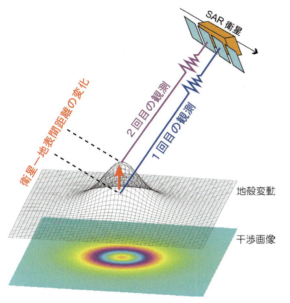

図3 SAR干渉法により得られるスラントレンジ変化

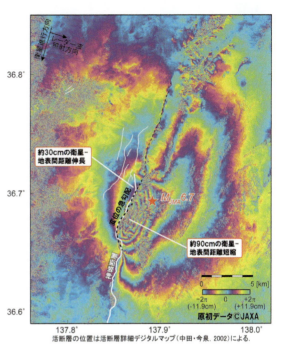

図4 長野県北部の地震に伴う地殻変動を示す干渉画像

## ● SAR衛星

　地球観測用のSAR衛星は，おおよそ500〜800 kmの高度を飛行し，LバンドからXバンドの波長帯のマイクロ波を用いて観測する．地球観測衛星に初めてSARが搭載されたのは，1978年にNASAが打ち上げたSEASATであった．このミッションはわずか105日という短命に終わったが，地球観測におけるSARの有用性を示した．1990年代に入り，ヨーロッパ宇宙機関のERS-1/2や日本の「ふよう1号」（JERS-1）等のSARミッションが開始された．ERS-1は，SAR干渉法を用いて地震に伴う地殻変動を初めて捉え，地球科学におけるSAR干渉法の威力を示した．また，JERS-1はLバンドのマイクロ波を用いたSARを搭載し，森林域でも樹冠を透過して観測できることの有用性を示した．日本のSARミッションではその有用性に注目し，LバンドのSARは陸域観測技術衛星「だいち」のPALSAR，「だいち2号」のPALSAR-2に引き継がれている．

## ● SAR干渉法解析事例：長野県北部の地震

　2014年11月22日に長野県北部を震源とする$M_{JMA}$6.7の地震が発生した．この地震の調査を目的として，PALSAR-2による観測が行われた．図4は，2014年10月2日と2014年11月27日に観測されたPALSAR-2画像に2パス差分SAR干渉法を適用して得られた干渉画像である．用いた画像は西上空から観測されたものであり，干渉画像は神城断層の東側でスラントレンジが約90 cm短縮，西側で約30 cm伸長する地殻変動が生じていたことを示している．とくに，スラントレンジの伸長域と短縮域の境界において，スラントレンジ変化の急勾配が見られ（図4の太破線），それは神城断層（図4の太白線）と一致している．このことから，この地震が神城断層の北端部で発生したことが一見してわかる．さらに，その急勾配は変化量が小さくなりつつもさらに北方に伸びていることがわかった（図4の細い破線）．また，この地殻変動分布から，おおまかには東方向に傾斜する断層面で逆断層方向のずれが生じたと考えられるが，断層近傍においては変化量が急激に大きくなっており，断層の浅い領域でより大きなすべりが生じていたと推測される．

　この他にも，SAR干渉法によってつぎつぎと新たな地表変動現象が発見されており，SARは現在の地球科学において，なくてはならない技術となっている（付録1）．

〔小澤　拓〕

5.11　合成開口レーダー　131

## 5.12

# 海底測地観測

地表のテクトニックな現象の多くは海域で発生しており，それらの現象に伴う地殻変動を海域で直接計測することは，現象の理解や防災への貢献に欠かせない．近年，海底での測地観測を実現する様々な技術が実用化され，実海域での試験観測を経て，科学的な成果をあげるに至っている．観測対象ごとに異なる手法が用いられるが，ここでは主なものとして，3通りの方法を紹介する．

### ● GNSS 音響結合方式

GNSS 音響結合方式 (GNSS/Acoustic) 観測は，アメリカ Scripps 海洋研究所が考案した海底の精密測位を実現する手法で[1]，海上でのキネマティックGNSS 測位が可能となった 1990 年代に実用段階に入った．GNSS 測位およびジャイロにより位置・姿勢がモニターされている海上局と，海底に設置した音響トランスポンダ（海底局）との位置関係を音響測距で求めることにより，間接的に，グローバル座標系での海底の絶対変位，あるいは陸上基準点に対する長基線変位を得ることができる．測位結果は海中音速構造の時空間変化の影響を強く受けるが，3 台以上の海底局を水深程度の広がりで配置し，これらが剛体運動すると見なすことにより（図1），音速の成層構造成分の時間変化を併せて推定することができ，繰り返し観測精度 5 cm 程度，3 年程度の累積観測により変位速度推定精度 1〜3 cm/ 年を達成している．最近では音速

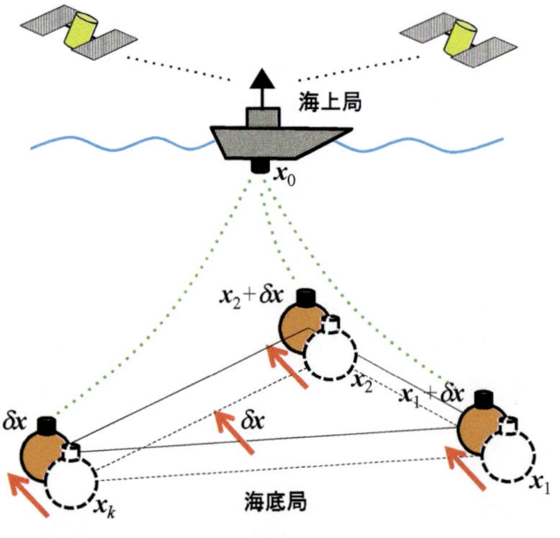

図1　GNSS/Acoustic 観測の模式図

の水平不均質も同時に推定し，測位精度をさらに改善する試みもなされている．

音響測距信号は，10〜30 kHz の搬送波を M 系列等の擬似ランダムノイズで位相変調し，信号長 20〜200 ms 程度にしたものを使用する．海底局には次に紹介する海底間音響測距と同様のミラートランスポンダ方式を採用し，海上局での返信記録波形と送信波形との相互相関を取り精密な往復走時を計測することで，最大 10 km におよぶ斜め距離に対し mm レベルの分解能での精密音響測距を可能にしている．往復走時を用いることで海流の影響が相殺されるとともに，海底局の時刻同期が不要となる．

海上局としては，船底あるいは舷側に音響トランスデューサを配置した船舶，曳航ブイ等，状況に応じて使い分けが可能である．基本的にキャンペーン観測の形態であるため，観測頻度は年 2〜3 回程度に限定されることが多い．しかし最近ではリアルタイム・連続観測を目指して，係留ブイや自航式の無人プラットフォームでの観測の試みもなされている．

日本国内では，海上保安庁・東京大学生産研究所，東北大学，名古屋大学等のグループが 2000 年代に機器開発を経て試験観測を開始し，2000 年代後半には科学的成果が得られ始めた[2]．大きな転機となったのは，2011 年東北地方太平洋沖地震で，陸上観測からは推定できなかった，最大 30 m を超える地震時変位を捉え，断層破壊モデルの構築に大きく貢献し，GNSS/Acoustic 観測の重要性が強く認識された．しかし同時に，これまでの観測点数や分布が不十分で，地震前にひずみの蓄積過程の把握が的確にできていなかった教訓から，東北沖地震後に日本列島の太平洋側，とくに海溝軸付近に多くの観測点が整備され（2016 年現在計約 60 点：図2），精力的に観測が継続されている．その結果，南海トラフではプレート間固着域の広域分布が推定され[2, 3]，日本海溝沿いでは東北沖地震後の余効変動の複雑な分布が明らかにされつつある[4]．

### ● 海底間音響測距

前述の GNSS/Acoustic 観測が広域の変位場の計測に用いられるのに対し，中央海嶺，海溝軸，トランスフォーム断層に代表されるプレート境界や，沈み込み帯の分岐断層等，海域での局在化した変位の検出に

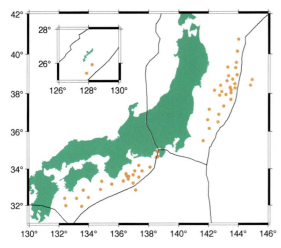

図2 2016年現在の国内のGNSS/Acoustic観測点分布

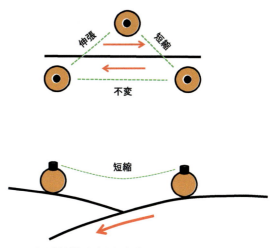

図3 海底間音響測距観測の概念図

は，1990年代にすでに実用化された，海底間音響測距 (seafloor extensometer) が用いられる（図3）．海底に設置した複数の音響トランスポンダ間で互いに測距信号の往復走時を計測し，同時観測した水温・圧力から推定した音速で距離に変換し，2点間の距離をモニタリングする．距離のみの計測となるので，先見情報として変位の方向が予想できる場所が適当である．

一般に外洋の水深1000 m以深は温度変化が小さく，音速プロファイルはほぼ水圧勾配に従い水深1 mごとに0.017 m/sずつ速くなるので，海底間の直達波線は下に凸の円弧となる性質を持つ．これは基線1 kmで1.4 m下方に曲がることを意味し，平坦な海底では両機器を2 m以上高く立ち上げる必要がある．さらに基線5 kmで36 m，10 kmでは142 mとなるため，設置可能な場所が，谷地形等をうまく利用して直達波線を確保できる場所に限定される．幸い局在変位が期待される場所には谷地形が発達していることが多いが，地形が急峻で不安定であったり，設置場所に正確性が要求されたりすることから，海面からの投げ入れではなく，潜航設置を利用することも多い．一方，局在箇所が判然としない場合は，基線を長くとる必要があり，後述のようにそれに比例して計測精度が低下する．現在最大10 km程度の基線長まで計測可能で，日本海溝軸をまたいだ収束速度の実測が実現されている．

計測精度については，走時検出自体はGNSS/Acoustic観測とは異なり，常に同じ位置関係で取得し，さらに海底のため音響ノイズが小さいことから，mm以下の分解能がある．一方，往復走時を距離に換算する際の音速は，両端で計測した温度・圧力の平均値を用いて推定するため，最終的な繰り返し測定精度は海底の温度擾乱の度合いや水深に依存し，概ね基線1 kmで1～5 mm程度，基線10 kmでは5 cm程度である．常時監視はできないが連続データが得られるのでイベント検出にも適している．

## ●海底圧力観測

海底上下変動を観測するには，平均海面高が一定であることを利用した海底圧力計 (seafloor pressure gauge) による水圧観測が用いられる．海底間音響測距と同様に回収型の連続観測となる．測定では水圧に応じた水晶の発振周波数の変化を計測し，分解能は10 kmの水深に対し1 mm以下と非常に高い．さらに10 Hzを超える高サンプリングも可能で，地殻変動以外の物理量計測への応用も期待できる．実際の計測値には，地殻変動の他，潮汐，海洋変動，さらにセンサーのドリフトが含まれる．このうち潮汐成分がもっとも大きいが，モデルにより正確に取り除くことが可能である．海洋変動は，その典型的な空間スケール（～数十km）より近接した圧力計同士の差を見ることにより，相対上下変動を抽出できる他，気象同化モデルに基づき海洋変動成分を除去する試みもなされている．

センサーのドリフトは，最大で数十dbar/年程度ある場合があるが，永年変動ではなく，イベントに伴う変動レートの変化に関しては，1年程度の期間があれば1 cm/年より小さい変化を十分捉えられ，スロースリップイベントのモニタリングや，巨大地震に先立つプレスリップの検出に役立っている[5]．また，センサードリフト自体を校正する技術開発も進められている．

海底圧力計はDONETやS-Netの海底ケーブルにも組み込まれており，リアルタイム津波予測に対して重要な役割を担っている．〔木戸元之〕

## 6.1 世界と日本の地震活動

### ●地震とその起こり方

地震は地球内部で岩石が破壊する現象である．地球の内部は地球自身の重力の影響で高圧力状態にある．そうした圧力下での岩石破壊は，断層のずれ（せん断破壊）として生じる．断層運動は正断層，逆断層，横ずれ断層などのタイプがあるが，これらは震源に働く応力の向きの違いによって生じる．

地震の規模を表すのにマグニチュードを用いる（付録 1）．マグニチュードは，記録された地震波の最大振幅を震源からの距離で補正して算出され，扱う地震波の種類によって，実体波マグニチュード（$m_b$），表面波マグニチュード（$M_S$）等の種類がある．日本の地震については気象庁が気象庁マグニチュード（$M_j$）を算出している．一方，地震波の振幅に基づくマグニチュードは地震の規模が大きくなったときに値が飽和してしまう問題がある．断層運動の規模を表す地震モーメント（$M_0 = \mu DS$，$\mu$ は剛性率，$D$ は断層すべり，$S$ は断層面積）に基づき，以下の式で計算されるモーメント・マグニチュード（$M_w$）も広く用いられる．

$$\log M_0 = 1.5 M_w + 9.1$$

マグニチュードが 8 を超える大地震に対してはモーメント・マグニチュードを用いる必要がある．

地震の起こり方は，基本的にでたらめ（ランダム）である．しかし，ある地域で起きた地震全体については規則性が認められる．そうした規則性の代表的なものが，地震の規模別頻度分布である．これは，あるマグニチュード $M$ の地震数 $n(M)$ について，

$$\log n(M) = a - bM$$

という関係が成り立つというもので，これをグーテンベルク・リヒターの法則（Gutenberg-Richter law，略して GR 則ともいう）と呼ぶ．この法則に従えば，地震のマグニチュードに対して地震発生回数の対数を描いたグラフは右肩下がりの直線となる（付録 2）．その傾きを $b$ 値と呼び，$b$ 値は 1 に近い値を持つ場合が多い．このことは，マグニチュードが 1 大きくなると発生頻度が約 1/10 になることを意味している．マグニチュードが 1 大きくなると地震モーメントは約 32 倍になるため，地震が解放するエネルギーの大部分は大きい地震で賄われる．$b$ 値は応力の指標となっており，応力が高まると $b$ 値が低下するといわれている．大地震発生前には震源域付近で $b$ 値が低下するという報告もある．

### ●世界の地震活動

世界で起きた地震の震源分布（図 1，付録 3）を見ると，地震は地球上の非常に限られた範囲で起きていることがわかる．まず，地震が起きるのは表面から深さ 700 km 程度，すなわち地球の表層およそ 1 割程度の範囲に過ぎない．また，深さ 70 km を越える地震が起きるのはプレートの沈み込み帯に限られており，多くの地震は深さ 70 km 未満で発生している．このように地震が地表付近で起きるのは，地表付近では向きによって力の大きさが異なり（差応力があると

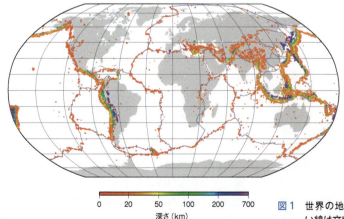

図 1 世界の地震分布（1900〜2012 年，$M$ 5.5 以上）．青い線は文献 1 によるプレート境界である．

いう），地震は差応力で生じるためである．地球の深部では高温・高圧のために岩石が流動し差応力を生じない．そのため，深さ70 kmよりも深部で発生する深発地震が起きるのは，沈み込んだプレート（スラブ）の内部に限られる．これは，沈み込んだプレート内部が周囲よりも低温で岩石が周囲よりも強いためと考えられる．

　地震の地理的な分布に注目すると，帯状の地域に集中して地震が起きていることに気付く．この地震の帯はプレート境界に対応しており，なかでも，圧倒的に多数の地震が環太平洋地域や，インドネシアといったプレートの沈み込み帯に集中している．海洋プレートと大陸プレートの境界面は1960年チリ地震，1964年アラスカ地震，2004年スマトラ島沖地震のように最大級の地震が起きる場所であり，地震活動が活発である．沈み込み帯では，沈み込む海洋プレート内部や陸側プレートの内部でも多くの地震が発生する．一方，ユーラシア大陸とインド大陸が衝突しているヒマラヤ・チベットでは，ユーラシア大陸側の非常に広い範囲で多くの地震が生じている．大陸プレート内部ではあまり地震は起きないが，稀に大地震が起きる場所も存在する．一例として，北米大陸中部のニューマドリッドは1811年と1812年にマグニチュード8クラスの地震が連動したことで知られている．

　海洋プレートが生成される海嶺付近では中規模の地震が起き，海嶺では正断層地震が，トランスフォーム断層では横ずれ地震が発生する．プレート境界から離れた海洋プレートの内部で起きる地震は非常に少ないが，ハワイに代表されるホットスポットでは活発な地震活動が生じる場合がある．2012年にはスマトラ島沖のインド洋でマグニチュード8.6の地震が発生した．これは，知られている中で，海洋プレート内で発生した最大の地震である．

## ●日本の地震活動

　日本列島はユーラシア（アムール）プレート，北米（オホーツク）プレートの下に太平洋プレートとフィリピン海プレートが沈み込むプレート境界に位置しており，世界でももっとも地震活動が活発な場所の1つである．深さ，規模，メカニズム等実に様々な地震が日本国内のいたる所で発生している（図2, 付録4）．

　図2を見ると，東北地方の太平洋側の日本海溝沿いで多数の地震が起きている．これらの地震は2011年東北地方太平洋沖地震（$M_w$9.0）の余震を含んでいるが，この地域はそれ以前から地震活動が大変活発であった．太平洋プレートが沈み込む千島海溝〜日本海

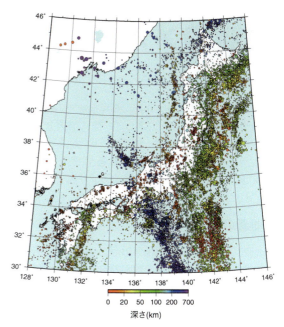

図2　日本の地震分布（1998年1月〜2016年4月, M 3.5以上）

溝〜伊豆・小笠原海溝沿いの地域は，日本列島周辺でももっとも地震活動が活発であり，太平洋プレートの沈み込みに伴って深さ700 km付近まで地震が起きている．一方，フィリピン海プレートは南海トラフ〜琉球海溝から日本列島の下へ沈み込んでいるが，南海トラフ沿いの地震活動があまり活発でないのに対し，琉球海溝沿いでは多くの地震が起きている．南海トラフでは地震活動が低調であるが，1944年昭和東南海地震（$M_j$ 7.9）と1946年昭和南海地震（$M_j$ 8.1）以降プレート境界が固着しているためである．一方，地震活動が活発な琉球海溝ではプレート境界型の大地震があまり知られていない．このように，地震活動はプレート境界の固着状況の違いを反映している．

　日本列島内部でも多くの地震が発生する．これらの地震は島弧地殻の深さ20 kmより浅い部分で発生する．震源が浅いため，大規模な地震が起きると断層のずれが地表に到達し地表地震断層が出現する場合がある．内陸の地震は，規模が比較的小さくても大きな災害をもたらす．

　内陸部で現在起きている地震には，過去の大地震の余震と考えられるものが多い．一方，長野市松代や伊豆半島東部のように，明瞭な本震（最大地震）を伴わない群発地震が起きることもある．地震活動は大変複雑で，個々の地震についての解釈が十分にできない場合も多い．　　　　　　　　　　　　　　〔鷺谷　威〕

## 6.2 地震のメカニズムと応力分布

地震は，地殻やマントル内に蓄えられた応力を断層運動（せん断破壊現象）によって一気に解放する物理過程である．断層運動は，震源を1点として単純化すると，合力も合トルクも0であるダブルカップル（double couple）と呼ばれる力のシステムと等価であることが数学的に証明されている（図1a, b）[1, 2]．

### ● 地震のメカニズム解

地震のメカニズム解（focal mechanism solutions）は，地震時の断層運動を断層面の向き（走向と傾斜角）と相対すべりの向き（すべり角）で表現したものである．相対すべりの向きは，断層の上盤側の下盤側に対するすべりの方向であるとし，これを走向方向から断層面に沿って測った角度をすべり角と定義する．

断層運動のタイプは，断層を挟む両ブロック（上盤・下盤）の地表面に対する運動に基づいて3つのグループに大別される．上盤側が下にずり下がるタイプを正断層，上盤側がのし上がるタイプを逆断層，両ブロックが水平にすれ違うタイプを横ずれ断層と呼ぶ．実際の断層運動は，これらの3つのタイプの重ね合わせである．

断層運動はダブルカップルと等価であることから，実際の断層運動と対になる仮想的な断層運動が存在する．真の断層面でない面を補助面と呼ぶ．2組の断層運動の間には，面の向きが互いに直交することと，一方のすべりベクトルがもう一方の面の法線ベクトルになるという関係がある（図1a）．このことは，メカニズム解が3つの独立なパラメータ（走向・傾斜角・すべり角）で特徴づけられることを意味する．

断層運動と地震波の放射パターンの間には規則的な関係があるため，これを利用してメカニズム解を推定することができる．縦波であるP波の初動は，上下動の押し（上向き）または引き（下向き）として観測され，押し引きの分布は断層面および補助面の走向方向を境に反転する（図1c）．このため，断層面と補助面を節面と呼ぶ．押し波の振幅がもっとも大きい方向をT軸（tension axis），引き波の振幅がもっとも大きい方向をP軸（pressure axis）と呼ぶ．また，2つの節面の交線方向はP波とS波の振幅がともに0であり，この方向をN軸（null axis）と呼ぶ．

CMT解（centroid moment tensor solutions）はメカニズム解を拡張したもので，地震破壊を時空間の1点で代表させたモーメントテンソルである．CMT解は，一般に，6つの独立な成分で表現され，テンソルの大きさは地震モーメントに一致する．

### ● 地震と応力

地震は応力場を反映し，震源周辺域の弾性ひずみエネルギーを減少させるように発生する．地震の発生を理解するためには，地殻の応力状態を知ることが重要であるが，地震発生領域の応力を直接測定することは難しい．一方，地震波の解析からは，地震による応力変化分の情報が得られるが，地下に働いている応力場を推定することはできない．

地震時の断層運動の様式は，応力テンソルから等方成分を取り除いた偏差応力テンソルのパターン（3つの主応力軸の方向と主応力の相対比で特徴づけられる）によって支配される．応力テンソルインバージョン法（stress tensor inversion）[3]は，地震のメカニズム解・CMT解や岩石に刻まれたすべりの条痕のような応力

(a) 断層運動

(b) 震源に働く力

(c) 地震波の放射パターン

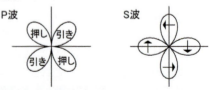

図1 断層運動と震源に働く力のシステムと地震波．(a) 対になる断層運動，(b) 断層運動と等価な力のシステム（ダブルカップル），(c) 地震波の放射パターン．

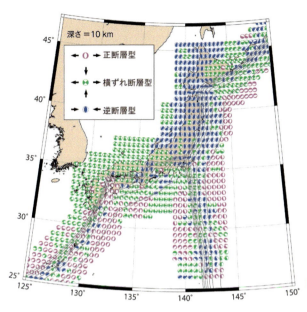

図2 日本列島域のテクトニック応力場（文献4を改変）

場の情報を持つ観測データを，物理的考察に基づいて応力場と結びつけ，数学的定式化を通じて統計的に応力場のパターンを推定する手法である．この手法により，世界の様々な地域の応力場のパターンが推定されている．

しかし，サンアンドレアス断層の絶対強度に関する学際的な論争「地殻応力−熱流量パラドックス」に見られるように，応力の絶対値や断層の強度はよくわかっていない．これらの物理量が推定できれば，理論モデルに基づく数値計算と地震や地殻変動等の観測を組み合わせて，地震の発生のメカニズムに関する議論が大きく進むことが期待される．

### 日本列島域の応力分布

複雑な沈み込み帯に位置する日本列島域の広域応力場は，古くは，規模の大きな地震のメカニズム解や，活断層や火山噴火口の配列等の地質学的データに基づいて推定されてきた．1980年代には，日本列島は概ね東西圧縮場（東日本は逆断層型，西日本は横ずれ断層型）にあること等がわかっていた．

1995年兵庫県南部地震の発生以降，日本列島全域に稠密地震観測網が整備されると，大地震はもちろんのこと，中小地震のモーメントテンソルデータが網羅的に得られるようになった．これらの大量で良質な中小地震のデータとベイズの統計推論に基づく最新の応力インバージョン法[3]により，日本列島域の広域応力場が3次元的に推定された[4]．この広域応力場の結果（図2）は，従来の研究により積み重ねられてきた応力場の知見と調和的であるだけでなく，プレートの沈み込み運動や数十km程度の小さなスケールのテクトニック運動（例えば伊豆弧の衝突等）にもよく対応している．これは，テクトニック運動が長期的な地殻変形を引き起こした結果として，広域応力場が形成されていることを意味する．また，地震のデータからテクトニック応力場が推定できることは，地震が応力場を原因として発生していることを示している．

### 世界の応力分布

世界応力分布図計画（World Stress Map Project）は，地球全体でプレート内の応力状態を理解することを目的とした国際プロジェクトである[5]．2016年版のデータベースには，合計4万2870個の様々な応力データ（応力インバージョンによる応力場の推定結果，地震のメカニズム解・CMT解，ボアホールブレイクアウト，水圧破砕およびオーバーコアリングによる測定，断層すべりの条痕，火山噴火口の配列等）が5段階の品質ランクとともに編集され，最大水平主圧縮軸の方向や応力場のタイプ（正断層型・横ずれ断層型・逆断層型）の分布が示されている．これらの膨大なデータに基づき，上部地殻内の応力場が数百〜数千kmの広域なスケールで空間変動する様子が捉えられ，地球規模で広域応力場の形成とプレート運動が関連付けられた．また，地域に固有の地質学構造やテクトニック運動は，より小さな空間スケールで応力場を形成し，これが周辺域の広域応力場に摂動を与える様子も捉えられた．正しく応力分布を推定することは，地球内部のダイナミクスを知る手がかりになる．

〔寺川寿子〕

## 6.3

# 大地震の破壊過程

地震は，長期間をかけて地下に蓄積した応力を短時間で解放する非線形な破壊現象である．地震が発生する断層面上の強度分布は均質でない．また，地下の不均質な構造や断層すべり過程の非線形性を反映して，地震発生直前の応力場は不均質となる．結果として，大地震の破壊過程はバリエーションに富むものになる．この多様性が，大地震の予測や強震動を予測する上でボトルネックになっている．

### ● 地震波形を用いた震源過程解析

#### ◎ 震源過程

地震が発生すると，断層すべりによる揺れ（地震動）は地中を伝わっていく．震源域に注目すると，断層すべりによって励起された地震動により断層すべり周辺の応力場が攪乱され，条件を満たせば断層すべりが伝播（破壊伝播）していき，大地震へと成長していく．地震動と断層運動は相互に関係している．地震時に震源で発生する破壊現象を1つのプロセスとして捉えたものを震源過程と呼び，震源過程には断層面上の摩擦挙動や素過程も含まれる．

#### ◎ 波形インバージョン法

震源過程を調べる手法として，観測された地震波形を説明しうる断層すべり速度の時空間分布を求める方法があり，これを波形インバージョン法と呼ぶ．一般に，観測波形は，断層すべり速度とグリーン関数の畳み込み積分によって表現される．断層すべり速度の時空間分布を適当な関数で展開し，それぞれの断層すべり速度に対応するグリーン関数が計算できれば，インバージョン解析が可能となる．

波形インバージョン法は，観測波形と比較しうる理論波形を計算できる場合に有用である．言い換えると，グリーン関数が比較的よく計算できる，0.5 Hz より低周波側の地震波形の解析に適している．一方で，観測波形を説明しうる断層モデルは無数に存在しうるので，適切な先験的な情報を取り入れて解析を行う必要がある．よく用いられている先験的な情報は，断層すべりが時間と空間方向に大きく変化しないという条件であり，結果として得られる解はボヤけたイメージとなる．

#### ◎ バックプロジェクション法

適切なグリーン関数を計算できない0.5 Hz 以上の地震波を解析する手法として，バックプロジェクション法がある．この手法は，観測された地震波形を震源域に逆投影する手法である．この手法は，ある波源から出てくる波が各観測点で相関があり，かつ，他の波源からの波と似ていない場合に，波源の時空間分布を求めることができる．また，観測波形を再現する必要はなく，正確なグリーン関数は解析に必要ない．

波形インバージョンにより長周期の波を説明する断層すべり分布が，バックプロジェクション法によって，高周波の波源が求められるようになった．両者を統合することによって，我々は新しい震源過程の情報を得ることが可能になりつつある．一般に，高周波成分は，断層すべり速度や破壊伝播速度の急変によって励起される．つまり，ボヤけたイメージだった波形インバージョンによって得られた断層すべりの時空間分布を解釈する上で重要な情報を入手することができるようになったのである．

### ● 大地震の震源過程

#### ◎ 破壊の開始

高密度な観測点網が整備されるに従い，様々な地震の不規則な破壊伝播が観測されるようになってきた．大地震の震源は応力が集中している領域から伝播する場合が多い．プレート境界で発生する大地震の場合を考えると，固着によるすべり遅れが発生している領域とゆっくりすべりが発生している領域の境界付近で応力が蓄積しやすく，このような領域を震源として巨大地震へ成長する場合がある．例えば，2014 年チリ地震（$M_w$ 8.1）は，ゆっくりすべりを伴った前震活動の端から破壊が開始している（図1）．この地震の前震の震源は時間とともに本震の震源方向へ伝播していくことが知られているが，同様の現象は，2011 年東北地方太平洋沖地震でも観測されている．

#### ◎ 階層アスペリティモデル

地震前に固着によるすべり遅れ等でその周辺にひずみを蓄積し，地震時に断層がずれる領域をアスペリティと呼ぶ．大きな地震や小さな地震が発生するのに対応してアスペリティは様々な大きさのものが存在し，階層構造を形成していると考えられており，大きなアスペリティほど破壊するのに必要なエネルギー（破壊エネルギー）は大きいと考えられている．この

# 6. プレート境界の実像と巨大地震・津波・火山

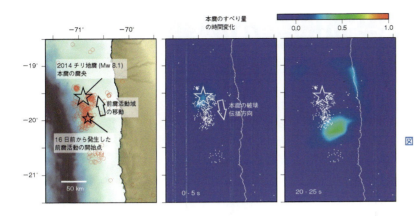

図1 2014年チリ地震の前震(赤丸)と本震時の断層すべりの時間変化. 16日前から開始した前震活動の北端で破壊が開始し, 南側に伝播している(🌐付録1).

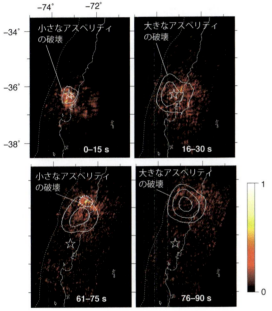

図2 2010年チリ地震の断層すべり分布(コンター)と高周波波源. バックグラウンドの色が明るくなるほど強い波源であることを示している.

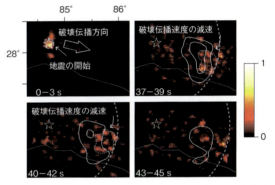

図3 2015年ネパール地震の断層すべり分布(コンター)と高周波波源. バックグラウンドの色が明るくなるほど強い波源であることを示している.

ようなモデルを**階層アスペリティモデル**と呼ぶことがある. 小さな階層のアスペリティの破壊が, 大きな階層のアスペリティの破壊を誘発していくことで, 地震の規模が大きくなる. このモデルは, 実際の解析結果をよく説明することができる. 例えば, 2010年チリ地震($M_w$ 8.8)では, 小さなアスペリティが大きなアスペリティをトリガーしているように見える(図2).

◎破壊の停止

　理論的には, 大地震の破壊伝播が停止するときには, **ストッピングフェーズ**と呼ばれる高周波の波が検出されるはずである. 1994年三陸はるか沖地震のように実際に大きなストッピングフェーズが観測された地震もあるが, 明瞭に観測された例は少ない. 2015年ネ

パール地震($M_w$ 7.9)に着目すると, 破壊が急激に減速した領域で余震活動が活発であったことがわかっている(図3). このような結果は, 余震領域の不均質な強度もしくは応力分布が破壊の伝播を妨げた可能性を示唆している.

◎多様な震源過程

　通常の地震はS波の伝播速度の0.7〜0.9倍程度で破壊が伝播するが, 異常に遅い破壊伝播速度を有する地震もある. 海溝近辺で発生する場合があり, 地震動に比して津波が大きくなるために**津波地震**と呼ばれる. また, 一般の地震は震源から遠ざかる方向に破壊が伝播するが, 自由表面の影響によって震源方向に破壊が逆伝播したと考えられている巨大地震や, 震源付近で2度破壊を起こす地震等も報告されている. このような通常とは異なるパターンを持つ地震の存在は, 近年になって整備された良質な地震観測網によって発見された. これらの特異な地震の破壊伝播パターンは数値シミュレーションでも再現することができる. 今まで考えられてきたよりも, 大地震の破壊過程は多様性を持っている.

〔八木勇治〕

## 6.4 東北地方太平洋沖地震の概要

### ●東北地方太平洋沖地震

日本時間2011年3月11日に発生した東北地方太平洋沖地震 (Tohoku earthquake) は，その津波と地震動により東日本大震災 (Great East Japan Earthquake Disaster) をもたらした．発生場所は太平洋プレートが日本海溝から東北地方の陸側プレートの下に収束している沈み込み帯であり，メガスラスト (megathrust) と呼ばれる種類のプレート境界地震である．地震の大もとの震源断層 (source fault) のすべり (slip) から測られるマグニチュード（モーメントマグニチュード $M_w$) は米国地質調査所 (USGS) によれば9.0であり，わが国の観測史上最大の地震であるだけでなく，同所の「1900年以降の世界の最大地震」の表においても4番目に位置づけられる．マグニチュード $M$ が8.0前後から上の地震は巨大地震と呼ばれるが，$M_w$ 9.0はその範疇を大きく超えるので超巨大地震と呼ばれることがある．メガスラスト地震とはプレート境界地震のうち超巨大地震の規模のものを指す．

それまでにメガスラスト地震が発生していた南米沖，アラスカ沖，カムチャツカ沖の沈み込み帯は特別な地域特性を持っており，これら以外の沈み込み帯ではメガスラスト地震が発生しないという説があった．その後，2004年にスマトラ島沖でメガスラスト地震が起きたにも関わらず，その説に基づいて，将来の地震の予測では $M$ が8.2を超える地震を想定していなかったため，震災の規模を大きくしたことは否定できない．

### ●震源過程モデル

余震分布が示す震源域は図1右の紫色の領域で，ほぼ500 km × 200 kmという広さのものである．この領域で断層すべりがどのような時空間分布で起こったかを解析する研究が多数行われている．1995年の阪神・淡路大震災 (Great Hanshin-Awaji Earthquake Disaster) を契機に全国観測網が複数作られたこと等により，東北地方太平洋沖地震ではメガスラスト地震として史上初めて，多種類で膨大な観測データが得られた．解析結果の時空間分布は震源過程 (rupture process) モデルと呼ばれるが，この膨大なデータをどのように扱い，用いるかでモデルは微妙に異なる．しかし，図1右に上からあげた地震波データによるモデル，強震動データによるモデル，強震動・地殻変動・津波データを同時に用いたモデル，短周期地震波データによるモデル[2] を比較すると，上3段の3モデルは概ね以下の特徴で一致している．

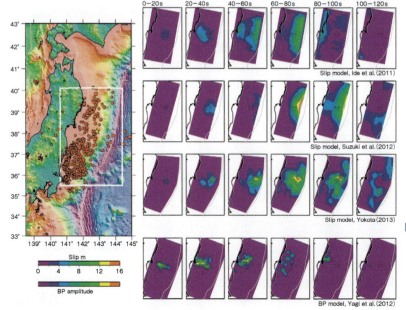

図1 東北地方太平洋沖地震の震源過程モデルの比較[1]．左図は本震の震源（黄色星印），余震・誘発地震（赤丸印），モデルの範囲（白四角），日本海溝（白線）を示す（© Elsevier B.V.）．

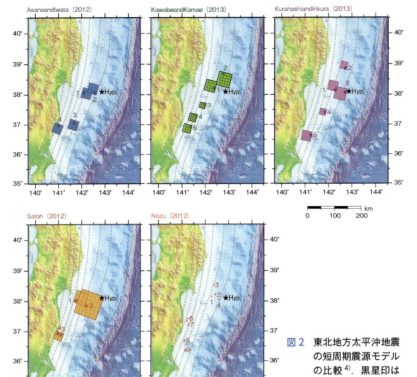

図2 東北地方太平沖地震の短周期震源モデルの比較[4]．黒星印は本震の震源を示す（© 日本地震工学会）．

## ● 短周期震源モデル

　大きな被害を生んだ津波は震源過程モデルで説明できたが，地震動被害を生んだ強震動は短周期地震波データによるモデル（図1右第4段）であっても説明は困難である．例えば，甚大な津波被害（死者の9割以上が水死等）に比べると地震動被害が限定的であったことや，その中で福島県では比較的，地震動被害が目立ったことが説明できない．前節での地震波データとは世界中に展開された遠くの地震計で観測されたものであるから分解能には限界があり，その代わりに国内の短周期（周期約10秒以下の幅広い周期帯）強震動データを用いることが重要である．そうしたデータを解析した結果を短周期震源モデルと呼び[4]，5つのモデル[5]を集めたものを図2に掲げた．

　これらモデルが示す強震動生成域 (strong motion generation area) や強震動パルス生成域の位置を図1の震源過程モデルの大すべり域と比較すると，強震動生成域等は大すべり域より陸側に位置し，大すべり域の存在しない福島県沖の陸寄りにも現れた．また，強震動生成域等の強さの総計から推定される地震規模は，どのモデルでも M8 程度にとどまった．これらの解析結果は，前述の地震動被害の特徴をよく説明している．

## ● 今後の課題

　この地震を2004年スマトラ島沖のメガスラスト地震と比較すると，震源断層も大すべり域もかなりコンパクトなものになっている．一方，上記の大すべり域と強震動生成域の不一致は2010年南米沖のメガスラスト地震でも発見されている．これらの相違点や一致点の解明が今後の課題であろう．

〔纐纈一起〕

　断層の破壊開始から40秒までは震源（星印）から東西両側に破壊が伝播し，40秒から80秒の間に東側のすべりが大きくなって日本海溝寄りで最大すべりに達する．その後，80秒から120秒の間に震源付近から西側と南側にすべりが進展している．これに対して，短周期地震波データによる第4段のモデルは，すべての時間帯で西側にしかすべりが現れず，東側はほとんどすべらない．また，上3段の3モデルでもその詳細を見れば，40～60秒や80～100秒に明らかな相違があり，データや解析手法等の分解能の違いが現れている．

　上3段の3モデルの全時間帯のすべりを通算してみると，震源付近と海溝寄りに大きなすべりの領域が現れる．これらを過去の地震の震源モデルと比較すれば，震源付近のすべりは869年貞観の地震の震源モデルに相当し，海溝寄りのすべりは1896年明治三陸地震の震源モデルが岩手県南部以南の沖合に存在した場合に相当する[3]．これらふたつの震源モデルからそれぞれ大きな津波が発生し，それらが重なり合うことよって，例えば福島県の太平洋岸では貞観の地震を上回る未曽有の大津波となってしまった．

## 6.5 大地震の発生に至る過程

東北地方太平洋沖地震のような巨大地震はどのように始まるのか．大地震が始まる前に，その発生を示唆する何らかの準備過程は存在するのか，それとも，大地震は突然発生するのか．現時点でこれらの疑問に対する明瞭な答えは出ていない．このように，大地震の発生に至るプロセスには未解明な部分が多くあるものの，本項では近年の観測により見えてきたプレート境界の大地震の発生に至る過程について述べる．

### ● 固着のはがれ

プレートが沈み込むと，上盤との間の摩擦により境界面が固着し（くっつき合う），すべり遅れが蓄積される．地震とは，断層が滑ることで，蓄積されたすべり遅れを瞬時に解放する現象である．つまり，地震が起きるためには断層面が固着することが必要であり，地震が起きるということはその固着がはがれることに相当する．大地震の発生に至る過程を理解するうえで，固着域の一部が地震発生の直前にはがれるのか，それとも，事前にはがれずに地震時に一気（動的）にはがれるのかどうかが焦点となる．

### ● 前震活動

過去に起きた大地震の中には，本震に先立ち本震よりもマグニチュードの小さな地震活動が発生する事例が複数報告されている[1]．このような大地震の発生直前に震源域で生じる地震は，前震と呼ばれる．大地震の発生前に前震が起きた場合もあれば，そうでない場合もあり，すべての大地震の発生前に前震活動が共通して見られるわけではない（図1）．さらに，前震活動の規模や継続時間も様々であり，それらと本震のマグニチュードの大きさとの間には明瞭な相関は見られない．また，大地震が発生する前に起きた地震を，事前に前震と判断することは現時点の科学的知見からはきわめて困難である．なぜなら，まとまった地震活動がある場所で起きたときに，それらが大地震と直接関連があるのかないのかを区別する指標が乏しいからである．そのため，前震活動は大地震が起きた後に評価される場合がほとんどである．

近年の地震観測網の整備により構築された，日本，アメリカ，台湾等の北太平洋地域の地震カタログに基づくと，プレート境界型の大きな地震の発生前には，前震活動が震源域付近で先行する事例が比較的多く報告されている[1]．ただし，地震活動が先行する時間スケールは，数日から数ヵ月と多岐にわたるとともに，地震活動度は間欠的な増減を示す点に注意が必要である．一方で，内陸の活断層等で起きる大地震の場合，前震活動の報告事例はプレート境界型地震の場合に比べて少ない傾向が見られる[1]．この違いは，これまでの蓄積すべり量が大きく，変形構造や断層構造が成熟したプレート境界では，固着のはがれが本震発生前に起きやすいと解釈されている．

プレート境界面の固着のはがれと解釈できる前震活動の例として，2011年東北地方太平洋沖地震（M 9.0）[2,3]，2013年ソロモン諸島沖地震（M 8.0）[4]や2014年チリ北部イキケ地震（M 8.2）[5-7]の発生前に観測された地殻活動があげられる．ソロモン諸島地震やチリ北部地震の場合，プレート境界型の地震に加えて，震源域近傍の上盤内でも活発な地震活動が先行して発生した．

### ● 2011年東北地方太平洋沖地震に至る直前過程

2011年東北地方太平洋沖地震（M 9.0）の発生約1ヵ月前と約2日前に本震の破壊が開始する付近にお

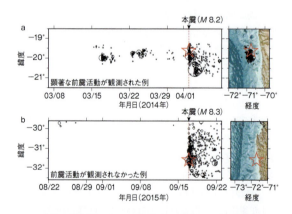

図1 前震を伴う場合（a）とそうでない場合（b）の大地震発生前後の地震活動の時空間発展図（USGSの地震カタログ）．ココスプレートが南米大陸の下に沈み込むチリ沖で発生したM8級のプレート境界地震（赤線の星印）．右図は本震発生前（26日間）の震央分布図．2014年に発生した本震では震央付近で活発な前震活動が約2週間前から生じたが（右上図），2015年の本震では起きなかった（右下図）（付録1）．

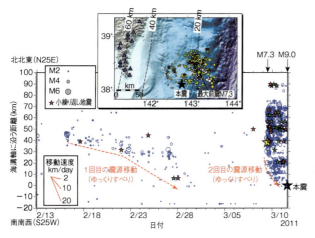

図2 2011年東北地方太平洋沖地震の発生前に見られた震源の移動（青色丸印）[3]．縦軸は日本海溝に沿う距離，横軸は日付を表す．赤色星印は小繰り返し地震，黒色と黄色の星印は本震と最大前震の破壊開始点を示す．上図は前震の震央分布図（付録2）．

いて，まとまった地震活動が発生した．とくに，本震発生2日前の2011年3月9日に発生した地震はM7.3と規模の大きなものであった．この前震活動の特徴として，本震の破壊開始点へ向かう地震の移動現象が同じ領域で2度起きていたことがあげられる（図2）[3]．震源が移動する速度は，1日当たり2〜10 kmの速度であった．この震源移動を伴う前震活動には，断層面上のほぼ同じ場所で繰り返し発生する小繰り返し地震が含まれていた．小繰り返し地震は，ゆっくりすべりの指標と考えられており，震源移動は本震の破壊開始点へ向かってゆっくりすべりが伝播したことを意味する[3]．ゆっくりとしたすべりが起きていたことは，海底における地殻変動観測からも確認されている[8, 9]．M7.3等の通常の地震の速いすべりに加えて，ゆっくりすべりの伝播という2つの現象が同時に進行し，プレート境界の固着が本震の破壊開始点付近で事前にはがれていたと考えられる．

さらに，十年スケールの長期間の地殻変動に注目すると，宮城県沖南部から福島県沖にかけて，ゆっくりとしたすべりが2004年頃から始まり，すべり量が徐々に増加しながら本震発生まで継続していたことが報告されている[10]．この長期間のゆっくりすべりにより，本震発生前までにM7.7相当のエネルギーが約7年かけて解放された[11]．同期間には，M7前後のプレート境界型地震が福島県沖・宮城県沖で5個発生しており地震活動がやや活発な状態であった．長期間のゆっくりすべりに加えて，やや活発な地震活動がプレート境界で発生し，本震時に大きく滑った領域の深部側で固着が広域にわたって緩くなっていたと考えられる．

### ● 2014年チリ北部イキケ地震に至る直前過程

2014年4月1日にチリ北部沖のプレート境界でM8.2の地震が発生した（図1a）．本震発生の約2週間前から震源域では4個のM6クラスの地震を含む活発な前震活動が観測され，かつ，本震の破壊開始点へ向かう震源移動も複数回見られた[5]．同期間には，陸上の海岸線に設置されていたGPS観測点でもプレート境界の固着のはがれを表す地殻変動が捉えられた[6, 7]．また，小繰り返し地震も検出されており，通常の地震活動による速いすべりに加えて，ゆっくりすべりの伝播という2つの現象が同時に進行し，プレート境界の固着域の一部が本震発生前にはがれたと考えられる．

### ● ゆっくりすべりと巨大地震

以上のように，大地震の発生前にはゆっくりすべりや通常の地震活動によるすべりにより，固着域の一部が事前にはがれてから本震発生に至る場合があることが明らかになった．さらに，東北地方太平洋沖で発生した過去の地震活動を対象に，小繰り返し地震と陸上の地殻変動データの時系列を分析したところ，M5以上の地震が起きる前に震源域でプレート境界の固着がはがれる傾向があることが示された[12]．ただし，すべての大地震の発生前に固着のはがれが観測されている訳ではない（図1）．今後も大地震発生の直前過程の観測事例を増やすとともに，ゆっくりすべりと地震との相互作用を理解し，大地震の発生に至る過程の多様性・複雑性について理解を深めることが重要である[13]．

また，大地震の発生前に，b値の低下や中規模地震活動の潮汐応答の感度が高くなることも指摘されている[14, 15]．これらの変化が，本項で述べた固着のはがれと関連するものなのかについては，今後の検討が必要である．

〔加藤愛太郎〕

## 6.6 津波

### ●津波の発生

2011年東北地方太平洋沖巨大地震($M_w$ 9.0)により大津波が発生し東日本太平洋沿岸は甚大な被害を受けた．歴史的に日本の沿岸はプレート境界型巨大地震(interplate great earthquake)により発生した大津波により世界でもっとも頻繁に大災害を被っている．現在，気象庁は海底下で巨大地震が発生すると，直後に地震の情報と津波の情報を合わせてメディアを通じて住民に提供している．これらの事実からも，大津波の発生原因は巨大地震であることがわかるだろう．ここで大地震の発生が，津波発生につながるメカニズムを説明する．地下で大地震(大きな断層運動)が発生すると地表に地殻変動(crustal deformation)が生じる(図1)．この地殻変動が海底で生じた場合，その鉛直成分は海水を押し上げたり下げたりすることとなる．地震が $M$ 8 クラスの巨大地震になるとその震源域(断層運動が発生する範囲)は 100 km×100 km 程度の広がりを持ち，海底の上下変動が生じる範囲も震源域と同程度またはそれより少し広い程度の広がりになる(図1)．一方，水深は数 km 程度のため，海底の上下変動の波長は水深に比べると非常に大きくなる．このような条件が揃った場合，海底の上下変動はほぼそのまま海面の上下変動となる．この海面の上下変動がまさに津波の初期波源だ(図1)．地下の大地震が発生する深さが深くなると地表の地殻変動が非常に小さくなり，結果として大きな津波を発生しなくなる．また地震の規模($M$，マグニチュード)が小さい場合には地殻変動の量が小さくなり，また震源域も小さくなるため，大きな海面の上下変動を生じなくなり，結果的に大きな津波とはならない．被害を伴う津波を発生させる大地震の規模は $M$ 6.3 以上でさらにその震源断層の深さが 80 km 以浅の場合であるとされている[1]．

津波は大地震以外の原因で発生することがある．1つは，火山活動によるもので，山体崩壊や火砕流・火山泥流が海に流入することにより，さらには海底のカルデラが陥没することにより，大きな津波を生じることがある．さらには沿岸域での地すべりや，海への隕石衝突でも過去に大きな津波を発生させたとされている．

### ●津波の伝播

上記で述べたように $M$ 8 クラスの巨大地震により発生する津波は 100 km 程度の波長を持っている．その波長に比べ遠洋の水深は 4〜5 km 程度と十分に小さいため，一般に津波は長波(long-wave)として近似できる．また遠洋を伝播する津波を考える場合，津波の波高は高くても数 m 程度であり，水深 4〜5 km に比べると十分に小さくなり，線形近似(linear approximation)が成り立つ．このような海洋の波は線形長波として扱われ，そのような波の位相速度(phase velocity)は $\sqrt{gd}$ として表される．ここで $g$ は重力加速度，$d$ は水深である．重力加速度が定数だと考えると，津波の位相速度は深さだけに依存することとなる．つまり，津波の位相速度は水深が深いほど速く，水深が浅いほど遅くなるわけだ(図2)．その結果，津波の伝播は海底の地形に大きく影響を受けることになる．比較的浅い海を伝播する津波はゆっくり進むが，速度が遅いために大きく成長する．一方，深い海を伝播する津波は速く伝播するが，そのため波高は小さくなる．つまり，深海を速く伝播する津波は小さく，比較的浅い海を遅く伝播する波ほど大きくなる傾向がある(図2)．そのため伝播経路が長くなればなるほど，反射してくる波も加わり津波の後続波(later phase)が大きくなる．結果として，とくに遠くの巨大地震で発生した津波を警戒する場合，津波の警戒情報が長時間にわたり出されることとなり，住民避難を必要とする場合には長時間にわたり避難を強いられることとなる．

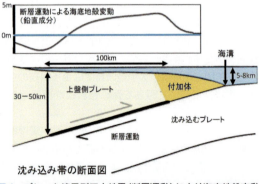

図1 プレート境界型巨大地震(断層運動)により海底地殻変動が生じ，津波が発生する様子を理解する模式図

6. プレート境界の実像と巨大地震・津波・火山

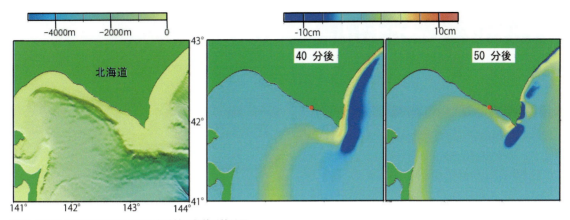

図2 2004年釧路沖地震で発生した津波の数値計算結果.
左) 北海道沖の海底地形, 中) 地震発生後40分での津波, 右) 地震発生後50分での津波.
オレンジ色ほど波高が高く, 青色ほど波高が低い. 深海を速く伝播する津波は小さく, えりも岬沖の浅い海を遅く伝播する波ほど大きくなっているのがわかる.

● 津波地震

「津波の発生」で述べたように一般的には地震の規模が大きければ海底の地殻変動も震源域も大きくなり津波も大きくなる. しかし, 稀に地震の揺れが小さいにも関わらず大津波が押し寄せる場合がある. このような地震は「津波地震(tsunami earthquake)」と呼ばれる. 1896年明治三陸津波地震がその典型的な例である. 地震による震度は2または3程度であったにも関わらず最大約30 mの津波が三陸沿岸に押し寄せ2万人を超える死者を出した. 津波地震の発生のメカニズムはまだ完全に理解されてはいないが, 海溝ごく近傍のプレート境界で発生する断層運動により起こされ, 断層運動が通常の地震よりも比較的遅いため, 短周期地震波(short-period seismic wave)の励起が少なく, 通常の地震に比べて震度が小さくなることが1つの理由とされている. 加えて, 海溝近傍であるため断層近傍の剛性率(rigidity)が小さく, 同規模の通常の地震よりも大きな地殻変動を生じ, 結果として大きな津波が発生すると考えられている. さらに急傾斜の海底地形が存在する海溝近傍で強震動が発生するため, 海底地すべりによる津波が追加的に発生する場合もある. このような津波地震が発生した場合, その津波の規模を精度よく予測することは, 現在でも難しい. しかし, 津波地震の発生は沿岸での甚大な災害を引き起こす可能性が非常に高く, 早期に問題を解決する必要がある. そのために, 津波を震源域近傍で面的に観測し, その観測結果を用いてリアルタイムで沿岸の波高を予測する技術開発が急務である. 現在, 日本海溝・千島海溝沿いや南海トラフ沿いには津波観

図3 日本海溝・千島海溝沿いに防災科学技術研究所により設置された地震津波観測網(S-NET). 丸印が観測点の位置.
(http://www.bosai.go.jp/inline/gallery/index.html)

測網(tsunami observation network)の整備(図3)が実施されてきており, 津波予測技術の高度化による, 予測精度の向上が期待されている. 〔谷岡勇市郎〕

6.6 津波

## 6.7 内陸地震と活断層

### ● 浅部地殻内地震と地表地震断層

プレートは剛体として扱われることが多いが、厳密にはプレート内部も長期的に変形している。日本列島のような活発な沈み込み帯縁辺部では尚更で、それらの変形の大部分を地殻内に分布する活断層が担っている。

日本列島の場合、内陸では震源の深さは10〜20 km よりも浅い。これは、平均的な地温勾配で石英と斜長石が延性変形を始める深さである。これ以浅を「地震発生層」と呼び、ほぼ上部地殻に相当する。地震のマグニチュード ($M$) は断層面の大きさと比例するので、日本列島の場合 $M$ 6.8 以上で震源断層の変位が地表に到達する (図1)。これを地表地震断層という (以下、地震断層と略す)。

日本列島内陸では、1923 年以降 2016 年までに陸域で発生した $M$ 6.5 以上の 37 個の内陸地震のうち、15 個で地震断層が観察されている (図2)。地震断層の実際の出現形態は様々で、基盤の断層面そのものが露出し条線が観察される場合もあるが、多くの場合数十cm〜数 m の比高の低崖として出現する。また上下・水平変位に伴って、局所的な短縮や引っ張りが生じ、局所的な盛り上がりや開口割れ目等も観察される。

### ● 活断層の定義と分布

このような地震断層変位が第四紀 (約 260 万年以降) に繰り返され、将来も活動することが推定される断層を活断層という[1]。

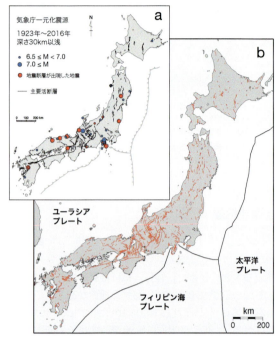

図2 (a) $M$ 6.5 以上の内陸地震と主要活断層 (文献 1 をアップデート)、(b) 日本列島の陸域における活断層分布[2] (付録1)

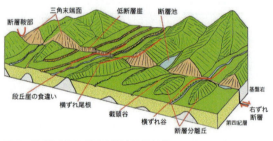

図3 横ずれ断層に伴う断層変位地形[2]

活断層は、新期の断層運動によって生じた新鮮な地形 (断層変位地形、図3) によって抽出される。通常の河川等の侵食・堆積作用や地すべり等の重力作用で説明ができない地形が鍵となる。活断層の重要な判断基準は、1) 1 箇所の変位地形だけではなく同センスの変位が系統的に続くこと、2) 若い地形に比べて古い地形の変位量が大きいこと (変位の累積性) が認められることである。断層変位地形は、これまで主として空中写真判読によって抽出されてきた。しかし、近年

図1 1995 年兵庫県南部地震で既知の野島断層沿いに出現した地震断層。水田の畦が斜めにずれている (a-a'、右横ずれ約 2.2 m、上下ずれ約 1.3 m)。

では，航空機からのレーザー計測を用い樹木や構造物の影響を除去することによって，山間部や都市部での断層が新たに発見されるようになってきた．

日本列島では，活断層はプレート境界から一定の距離を隔てて内陸側に集中的に分布する傾向がある（図2）．日本列島の大部分は，第四紀後期（約100万年前以降）から東西圧縮場にある．そのため，東北地方では，日本海溝と平行に南北に延びる逆断層，中部日本では北東–南西走向の右横ずれ断層と北西–南東走向の左横ずれ断層，近畿地方とその周辺では横ずれ断層と逆断層が混在する．一方，フィリピン海プレート北端の伊豆半島は本州に衝突し，南北圧縮場にあり，北西–南東走向の右横ずれ断層と南北走向の左横ずれ断層が発達する．九州では，別府から島原にかけて北西–南東方向に引張場が働き，火山地帯に沿って多くの正断層が発達する．

## ●平均変位速度

活断層の活発さは「変位速度」という指標で示される．断層を横切る尾根，谷，段丘崖などのずれ量（D）を測り，その基準となる地形（変位基準）の年代（T）がわかれば，平均変位速度（S）は，S＝D／Tで計算できる（図4）．

日本の活断層は，この平均変位速度によって，A級活断層：$10>S≧1$（mm／年），B級活断層：$1>S≧0.1$（mm／年），C級活断層：$0.1>S≧0.01$（mm／年）に区分される[1]．これらは，活動間隔，すなわち地震発生頻度の差に直結する．例えば，M7地震では断層の変位量（Dc）は約2mである．仮に平均的なA級活断層が2mm／年，B級で0.2mm／年，C級で0.02mm／年とすると，A級では千年に一度，B級

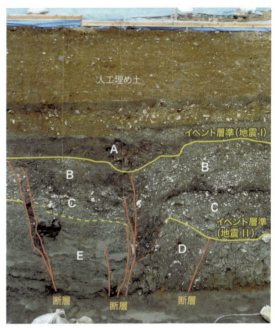

図5 トレンチ壁面に出現した断層（赤線）と古地震を記録した地層境界（黄色線，イベント層準）．糸静線中央部，長野県富士見町若宮．水糸によるグリッドは1m×1m.

では1万年に一度，C級では十万年に一度の頻度となる．

## ●内陸地震の予測

活断層による内陸地震の予測には，固有地震モデル[3]が適用されてきた．ある活断層は，ほぼ同間隔で固有の大地震を起こし，その際の断層長（破壊長），変位量は毎回ほぼ一定というものである．活断層の位置がわかると自動的に断層長（L）が求まり，LとMの経験則からMが特定できる．さらに，平均変位速度（S）がわかると，固有な変位量（Dc）から活動間隔（Tr）も割り出される（図4）．

活断層を直接掘削するトレンチ調査を行い，活動史から直接将来を予測することもできる．トレンチの壁面に記録されている古地震の発生時期は，断層によって切断された地層とその断層を覆う地層の境界面である．これを「イベント層準」という（図5）．このイベント層準を挟む上下の地層の年代を$^{14}C$法等によって測定し，地震発生時期を特定する．とくに，確度の高い地震予測に欠かせないものが，最新活動からの経過時間（図4のTe）である．このTeをTrで割ったものを経過率といい，1に近いかそれ以上の場合，次の大地震が差し迫っていることを示唆する．

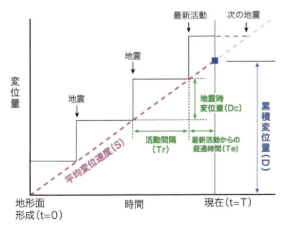

図4 地形（変位基準）の累積的なずれと間欠的な地震発生との関係

〔遠田晋次〕

## 6.8 古地震と古津波

　古地震，古津波とは，一般的には近代観測が行われるより前の時代，わが国でいえば明治時代初頭以前に生じた地震や津波について指す言葉である．過去は将来を測る鍵であり，古地震，古津波を解明することは，将来起こりうる地震や津波とそれに伴う災害の予測につながる．そのため古文書等の歴史記録や考古遺跡，地形，地質に残された痕跡等あらゆる記録を駆使して過去の現象を復元していかなければならない．

### ● 歴史記録から復元される地震，津波

　わが国では古代より千数百年の文書記録を有する[1]．ただし中世以前の記録は断片的で，記録そのものの欠損も多い．江戸時代以降になると質，量ともに充実し，古地震，古津波の時期，場所，規模等に関する情報を提供してくれる．また文書類に限らず，絵図からは地震前後での地形変化の状況がわかり，石碑等の位置や碑文からは被害や津波浸水の状況を復元することもできる（図1）．

　歴史記録から得られる情報の特徴として，現象に対する時間分解能の高さと時間経過による推移があげられる．地形，地質の痕跡では，高精度に年代測定を行っても数十年の誤差を生じ，また多くの場合，本震時の突発的な現象しか記録されていない．これに対し歴史記録からは発生年月日だけでなく，おおよその時刻までわかる場合や，余震の推移，本震から津波襲来までの時間差，前兆や余効の地殻変動に伴う潮位の変化等もわかる場合がある．

　文書記録を取り扱ううえで注意しなければならないことは，記述内容を鵜呑みにしないことである．第三者による誤った伝聞や，わざと誇張した内容が記述されていることもあるため，史資料の内容に対して正当性や妥当性を検証すること（史料批判という）が求められる．また翻刻された史資料には誤記もあるため，可能な限り原典を当たることが望ましい．

### ● 考古遺跡から復元される地震，津波

　考古遺跡の発掘現場では，地震の揺れの痕跡が観察されることがある．例えば液状化による噴砂が遺構面を貫いていたり（付録1），古墳が崩落していたりする状況から，過去にその地域を強い揺れが襲ったことがわかる．また沿岸域の遺跡では津波によって運ばれた砂礫（津波堆積物：tsunami deposit）に埋積されていることもあり，過去の津波浸水の事実を知ることができる．遺跡は土器編年等によって成立の年代が明確であるため，液状化や津波に関連した遺構面とそれを覆う遺物包含層の年代から地震や津波の発生時期をおおよそ特定できる．このような手法は地震考古学と呼ばれる[2]．

　液状化や斜面崩壊の誘因となる地震は，震源の規模が小さくても直下にあれば揺れは大きくなり，逆に震源が遠くても巨大な規模であれば同様に強く揺れる．このため痕跡から震源を推定するには，複数地点の結果から総合的に評価する必要がある．ただし地盤の条件等の素因によっても規定されるので，どこでも痕跡が残るわけではない．また斜面崩壊には集中豪雨等の地震以外の誘因があることに注意する必要がある．

### ● 地形・地質から復元される地震，津波

　地震によって地表に現れる断層のズレや地震に伴う諸現象（揺れ，地殻変動，津波等）は，地形や地質に痕跡を残すことがあり，それらを調査すれば先史時代の地震，津波を探ることができる．前者はオン・フォールト（on-fault），後者はオフ・フォールト（off-fault）の調査となる．なお1回ごとの地震の痕跡が明瞭に保存されうるのは数万年程度までであり，また沿岸で残される地殻変動，津波等の痕跡のほとんどは，海水準が現在とほぼ同じレベルになった縄文海進頂期以降に限定されることから，基本的には過去数千～数万年以内に発生した地震や津波が対象となる．

図1　津波碑の例（千葉県南房総市威徳院）．1703年元禄関東地震時の津波が石碑の位置まで浸水したことを示す．

オン・フォールトの調査では，活断層を横切るように溝状に掘削して地層を観察するトレンチ調査が一般的である（付録2）．露出した地層が断層によって変位していれば，その直下を震源とする地震があった証拠となる．一連の活断層帯沿いに複数の地点でトレンチ調査を行い，活動履歴を解明すれば，過去の地震の震源の範囲を評価することができる．ただし規模の小さい地震では地表に明確な痕跡が残らず，トレンチ調査で見落とされる古地震もありうることに注意する必要がある．

オフ・フォールトの調査で対象とする地形・地質の痕跡は多岐にわたる．揺れの痕跡としては，前節で説明した液状化や斜面崩壊の痕跡が地形や地層でも観察されるが，海域の地震については，深海底掘削によるコア試料で観察される混濁流堆積物（タービダイト：turbidite）も古地震の復元において有効である．

地殻変動の痕跡は，かつての海面付近に形成された地形，地層およびそこに生息していた生物が，地震時の急激な隆起や沈降によって離水，沈水したものとして認識される．例えば海岸段丘は古地震の復元において古くから用いられており，複数に発達した段丘の1段1段が地震の履歴を示すと考えられる．痕跡の高度を測ることで離水，沈水以降の地殻変動量を見積もることができる．ただし地震時の変動の評価には平時の緩やかな地殻変動や海水準自体の変動等も考慮する必要がある．

生物による地殻変動の痕跡として日本列島（本州以南）では，中〜低潮位の岩礁に固着するヤッコカンザシ（*Pomatoreios kraussii*）という環形動物の遺骸がよく用いられる[3]（図2）．また亜熱帯〜熱帯地域では，ハマサンゴ属（*Porites*）の群体が作る円筒形のマイクロアトール（microatoll）が有効である（付録3）．マイクロアトールの頂面は低潮位の高さを示し，かつ

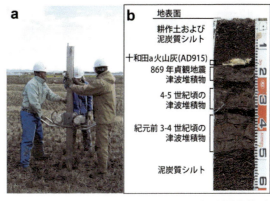

図3　a：ジオスライサーを用いた津波堆積物の掘削調査風景（宮城県東松島市），b：宮城県石巻市で採取された津波堆積物．869年貞観地震時とその前に2回の津波が襲ったことがわかる．

年間約1cmずつ年縞を刻みながら成長していくので，断面の解析から地震時の急激な変化だけでなく，地震間における緩やかな変動も解読できる[4]．

津波の痕跡として代表的なものは津波堆積物である．一般的には沿岸陸域の土壌中や湖沼の泥層中に挟まれた砂層として認識されることが多いが，巨礫サイズの津波石もあり（付録4），その様相は様々である．津波堆積物が地層中に何層も挟まれている場合は，津波浸水の履歴を復元できる（図3）．また特定のイベントの津波堆積物について，その分布範囲を広域で調べていけば，過去の津波浸水域をおおよそ推定できる．ただし津波堆積物は高潮や洪水等に起因する堆積物と層相が似るため，その認定は堆積状況や分布範囲，含まれる微化石等から慎重に行う必要がある．また津波の痕跡は，波源が近地であっても遠地であっても，同じ規模で浸水すれば同じ様相で残されうるので，波源域の推定には津波の痕跡だけでなく，揺れや地殻変動の痕跡も同時に調査して総合的に評価することが重要である．

〔宍倉正展〕

図2　a：1703年と1923年の関東地震でそれぞれ隆起したヤッコカンザシ群集（神奈川県城ヶ島），b：現成のヤッコカンザシ群集の拡大写真

## 6.9 地震波動と強震動

### ● 震源断層からの地震波の放射

地震が起きると，震源断層からは P 波（縦波）と S 波（横波）の 2 つの地震波が放射される．P 波は地殻の浅いところではおよそ毎秒 6 km，S 波は毎秒 3.5 km の速さで伝わる．地下深部では岩石がかたくなり，地震波の伝わる速度は，深さとともに大きくなる．

P 波と S 波は伝わる速さが違うので，最初に P 波の揺れを感じてから，S 波の揺れを感じるまでの時間（初期微動継続時間）は距離とともに長くなる．この性質を利用して，多点で観測された地震計記録を用いて震源の位置が決められる．

地震波は，物質の異なる境界面に到達すると，反射や屈折を起こして複雑な波に変化する．遠くの地震の揺れが長く続くのはこのためである．震源が浅いときには，地表に沿って伝わる「表面波」と呼ばれる波が発生し，S 波の直後に到達する．

地震断層の動きにより，断層の周りの地面が変形する．浅い海底下で大地震が起きると海底が大きく変形し，海水が押し上げ・下げられて津波が発生する（●付録1）．

### ● やわらかい地盤での揺れの増幅

地震の揺れは，一般に震源から離れるにつれて弱くなるが，やわらかい地盤に入ると揺れが何倍にも増幅され，強い揺れ（強震動）が起きる．我々が住む平野の下にはやわらかい地盤があり，離れた場所で起きた地震でも揺れが大きくなる特徴がある．川のそばや埋め立て地等の軟弱地盤では，地盤がかたい山地に比べると震度がいつも 1～2 程度大きくなることがある．

図1 は 2016 年熊本地震の揺れの広がる様子，そして図2 は震度 7 を観測した益城町の地面と地中 252 m に置かれた地震計（防災科学技術研究所 KiK-net）の揺れの比較である．かたい岩盤の地中の揺れに比べて，地表では揺れが 5 倍以上に増幅されていることがわかる．熊本地震の断層近傍で記録された強い揺れは，揺れが続いた時間は 10～20 秒程度と短いが，重力加速度 (g) を超える激しいものであった．

### ● 強震動と被害

建物ごとに揺れやすい周期（固有周期）があり，地震の揺れの中にその周期成分が強く含まれると，建物が共振により強く揺すられ被害が起きる．各地の地面の揺れの周期特性は，震源からの地震波の放射特性と，

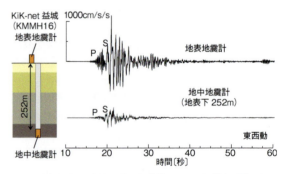

図2 地表と地下の揺れの違いの比較．2016 年熊本地震における，益城地点の地表と地下 252 m 地点の加速度記録．波形データは，防災科学技術研究所（http://www.seis.bosai.go.jp）による．

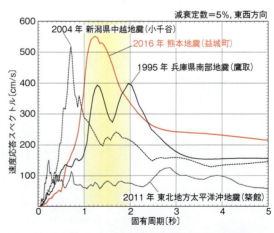

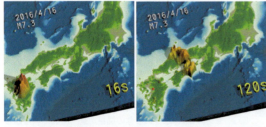

図1 高密度地震観測による 2016 年熊本地震において地震発生から 16 秒，120 秒後の揺れの伝わる様子

図3 大地震の強い揺れの速度応答スペクトルの比較．波形データは，防災科学技術研究所，熊本県震度計，JR による．

経路での揺れの弱まり方，そして地盤での揺れの増幅特性の違いにより大きく異なる．

地震の揺れが建物に与える影響は，速度応答スペクトル（図3）を用いて調べることができる．益城町の強い揺れには，周期1～2秒前後の成分が強く（>500 cm/s）含まれており，2004年新潟県中越地震で震度7を観測した小千谷地点や1995年兵庫県南部地震の神戸海洋気象台を大きく上回っていた．周期1～2秒の成分は，木造家屋の被害に直結することが知られており，熊本地震での建物被害の原因と考えられる．2004年中越地震で強かった，周期0.5～0.8秒の，ごく短周期の成分は，崖崩れや液状化などの地盤災害を引き起こす原因となったと考えられる．

● 平野で生まれる長周期地震動

大規模な平野の地下には，数千mの厚さを持つ堆積層がある．厚い堆積層では，周期3～10秒程度の長周期の揺れ（長周期地震動）が強く増幅される（図4）．

長周期地震動は，超高層ビルや石油備蓄タンク等の長周期構造物と共振して被害を与える恐れがある．中小地震の震源断層からは，長周期の地震動成分の放射は弱く，M7以上の大地震で問題となる．波長が長い長周期地震動は，海の「うねり」のように遠くまでよく伝わるため，遠地の地震でも安心できない．

2003年十勝沖地震（M8.0）では，震源から200 km離れた苫小牧で長周期地震動が強く発生．石油備蓄タンクの浮屋根がスロッシング振動により破損し

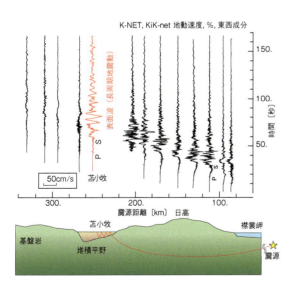

図4 平野での長周期地震動の生成メカニズムと2003年十勝沖地震において苫小牧で観測された長周期地震動．波形データは防災科学技術研究所による．

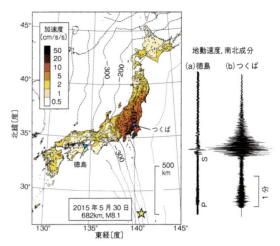

図5 2015年小笠原諸島西方沖の深発地震による震度分布（異常震域）と異常震域の中（つくば）と外（徳島）での地震波形の特徴．波形データは防災科学技術研究所による（付録2）．

て火災が起きた．このとき，苫小牧の震度は4であった．長周期地震動の強度は震度では表せない．気象庁では，2013年より，従来の震度階級とは別に「長周期地震動震度階級（1～4）」の試行発表を開始した．

● プレートをよく伝わる地震波と異常震域

陸のプレートの下に沈み込む海洋プレートは，地震の揺れを遠くまで伝える性質がある．

2015年5月30日に小笠原諸島西方沖で起きた深発地震（深さ682 km，M8.1）では，震央から800 km離れた神奈川県で最大震度5弱を観測，震度3以上の揺れが東北～北海道の太平洋岸に広がった（図5）．

揺れは震央を中心に同心円状に弱まるが，深発地震で見られるひずんだ震度分布は「異常震域」と呼ばれる．

かたい海洋プレートは，地震波が伝わる速度が速く，周囲のマントルに地震波を逃がしてしまう．地震波を閉じ込めるのは，プレート内部にあるかたい・やわらかい岩石が交互に重なった地層である．波長が短い，ごく短周期（<1秒）の地震波は，地層の間を何度も反射を繰り返しながら伝わる．その結果，異常震域ではガタガタとした小刻みな揺れが何分も長く続くようになるが，ごく短周期の揺れ成分しか含まれないために，木造家屋や超高層ビル等に被害が起きることは少ない．

〔古村孝志〕

6.9 地震波動と強震動 | 151

## 6.10
# 島弧の火山活動
## 世界・日本の火山分布，火山と噴火のタイプ

### ●火山はどこにできるか

地球上で火山が存在する場所は限られており，特殊な物理・化学条件が成立した場合にマグマが発生して地表に到達し火山が生じる（図1）．こうした条件の成立しやすい場所は，おおよそ次の3つである．

1. プレートが裂けて横に広がっている場所（プレート発散境界）．このような場所は，減圧融解によってマグマが生じやすく，地表への通路も確保されやすい．海洋プレートが裂けて拡大している場所を中央海嶺，大陸プレートが裂けつつある場所をリフト（あるいは地溝）と呼ぶ．前者の例が大西洋中央海嶺，後者の例がアフリカ大地溝帯である．

2. プレートが別のプレートの下に沈み込んでいる場所（プレート沈み込み帯）．このような場所では地表付近の水が地下深くにもたらされ，その水によって岩石の融点が下がり，マグマが発生すると考えられている．その結果，沈み込み帯に沿った火山の列（島弧火山列）ができる．千島列島から本州を経て伊豆・小笠原諸島に至る火山列は太平洋プレート，九州からトカラ列島に至る火山列はフィリピン海プレートの沈み込みによって生じた島弧火山列である（図2，付録1）．

3. 地球深部からの定常的な上昇流がある場所．地球上にはプレートより深い下部マントルからの上昇流の存在する場所（ホットスポット）がいくつかあり，そこでは減圧融解で生じたマグマが噴出する火山が生じる．ホットスポット上のプレートが移動すれば，ハワイ諸島のようなホットスポット火山列ができる．

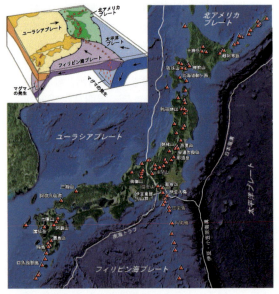

**図2** 日本付近のプレート配置と活火山（赤三角）の分布（付録2）

### ●噴火の種類

噴火とは，地下から高温の土石が噴出する現象を呼ぶ．噴火の原動力という視点で分けた場合，噴火は(1)水蒸気噴火，(2)水蒸気マグマ噴火，(3)マグマ噴火の3つに分類できる．(1)は高温・高圧の水蒸気，(2)は地表付近の水がマグマと直接触れ合うことで生じる激しい相互作用，(3)はマグマ自体に含まれる火山ガス，が噴火の主要な要因となる．

このうち(2)と(3)は，マグマが地表付近に上昇しなければ生じない．しかし，(1)の水蒸気噴火は，必ずしも地表近くにマグマの存在を必要としない点で，他の2つとは異なる．水蒸気噴火は，地下数十〜数百mにある熱水だまりが突沸する現象と考えられており，地震や地すべり等の自然現象や土木工事等の人為的作用を引き金として，地下の圧力条件が変化することで生じる場合もある．2014年9月に発生して63名の犠牲者を出した御嶽山の噴火は，水蒸気噴火に分類される．

(3)のマグマ噴火の規模（噴出量）と激しさ（噴出率）はとくに多様である．連続的なマグマ噴火は，穏やかなものから順にハワイ式噴火，ストロンボリ式噴火，

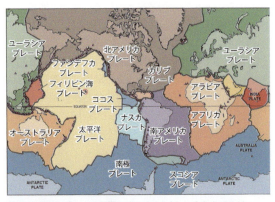

**図1** 世界のプレート配置と活火山（赤丸）の分布（USGS）

6. プレート境界の実像と巨大地震・津波・火山

図3 2014年から西之島で生じたストロンボリ式噴火[1]．火口の周囲にスコリア丘が形成されている．

図4 2015年にチリのカルブコ火山で生じたプリニー式噴火[2]．火口上空に広がったキノコ雲状の噴煙が風下（写真左）に流され，そこから降灰が生じている．

準プリニー式噴火，プリニー式噴火等の名称で呼ばれる（図3，4）．2011年1月に発生した霧島山新燃岳の噴火は準プリニー式噴火，1707年12月に生じた富士山の宝永噴火はプリニー式噴火である．また，単発的かつ爆発的なマグマ噴火はブルカノ式噴火と呼ばれ，桜島で頻繁に生じている．

● 火山の種類と形状

火山の形や大きさの多様性は，噴火の規模と激しさ，噴火の回数，マグマの粘性，火口位置の変遷，陥没や山体崩壊の歴史等を反映している（図5，6）．

例えば，ハワイ式噴火では，火口の周囲に溶岩片（スパター）が降り積もってスパター丘ができる．ストロンボリ式噴火では，火口の周囲にスコリア（暗色の軽石）や火山弾が降り積もってプリンのような円錐台形をしたスコリア丘が形成される（図3）．浅い水底や湿地帯等の地下水の多い環境下で水蒸気マグマ噴火が生じると，火口の周囲に円形や楕円形の凹地が生じる．凹地だけが目立つものをマールと呼び，凹地のまわりにリング状の小火山体ができたものをタフリングと呼ぶ．粘性の大きなマグマがゆっくりと噴出すると，火

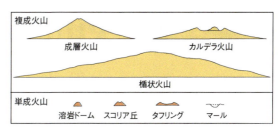

図5 火山の分類．文献3を一部改変．

図6 単成火山（スコリア丘，手前の伊豆東部火山群の大室山）と複成火山（成層火山，遠景の富士山）．小山真人撮影．

口に溶岩が盛り上がって溶岩ドームができる．

以上あげた火山は長くても数年程度の1回きりの噴火でできる単成火山と呼ばれるものであり，ひとつの火山体の直径は大きくても数kmと小型である．単成火山には割れ目噴火をするものが多く，割れ目の上に単成火山の列ができることがある．

また，ある地域に単成火山だけが数十〜数百個の群をなす場合があり，独立単成火山群と呼ばれる．独立単成火山群は，地球上では大陸地域に多い．伊豆東部火山群や阿武火山群（山口県）は，日本列島では珍しい独立単成火山群の例である．

単成火山に対し，同じ火口から休止期間をはさんで何度も噴火を起こし，大きな火山体を成長させる火山を複成火山と呼ぶ．日本列島の複成火山には，富士山や浅間山のように大型の円錐形の山体を持つ成層火山や，洞爺湖や阿蘇山のように山体の一部が陥没してカルデラ（直径数km〜数十kmの凹地）ができたカルデラ火山が多い．

複成火山においては，例えば有珠山2000年噴火や1707年富士山宝永噴火のように，火山体の中心から外れた山腹や山麓で噴火が生じることがあり，そのような噴火を側噴火と呼ぶ．側噴火によってできた火口や小火山体は側火山と呼ばれる．　〔小山真人〕

6.10　島弧の火山活動　│　153

## 6.11 地震活動と火山の相関

海洋プレートの沈み込み運動は火山弧を形成する本質的な原因であり、海溝-火山弧の距離は、100〜400 km（平均250 km程度）である。海溝で発生する逆断層型の巨大地震に伴う有意なひずみは、一般に数百km離れた地域に及ぶことを考えると、沈み込み帯の火山の多くは、その影響を受ける可能性がある範囲内に位置するといえる。海溝型巨大地震によって火山噴火が誘発されるという指摘は古くからある。とくに1707年に発生した宝永地震（$M_w$ 8.7）の49日後に発生した富士山の噴火（宝永噴火）は有名である。こうした過去の事例については、地震に伴う地殻変動の観測事実が乏しいため、火山噴火との物理的な因果関係が不明瞭である。ここでは、近年の観測技術の発達により明らかになった地震が火山に与えうる影響について、具体例に基づいて解説する。

### ●東北沖地震による火山地域での地震活発化

2011年に発生した東北地方太平洋沖地震（$M_w$ 9.0、以下東北沖地震）は高密度の近代的観測網で捉えられた初めての巨大逆断層型地震であり、地震に対する火山の応答を知るうえで基礎的な重要性を持つ。東北沖地震以降、主に東日本から中部地方にかけて複数の火山で地震活動が活発化し、とくに焼岳や箱根山等では顕著な群発地震が発生した（図1）[1]。これらの火山は主破壊域の近傍に限定されない。少なくとも遠方の火山については、地震を誘発するメカニズムとして、地震波の通過に伴う動的誘発（dynamic triggering）の方が静的な応力変化よりも重要であろう[2]。

### ●東北沖地震による火山地域の沈降

人工衛星だいち（ALOS）のデータを用いて干渉SAR解析を行い東北地震に伴う地殻変動を捉え、さらに長波長成分を除去した結果を図2に示す。残された短波長成分は、奥羽山脈の複数の活火山で局所的な沈降が引き起こされていることを示している[3]。沈降量は5〜15 cm、沈降域の広がりは15〜20 kmと広大である。沈降した火山は北から秋田駒ヶ岳・栗駒・蔵王・吾妻・那須の5つである。これらはすべて東

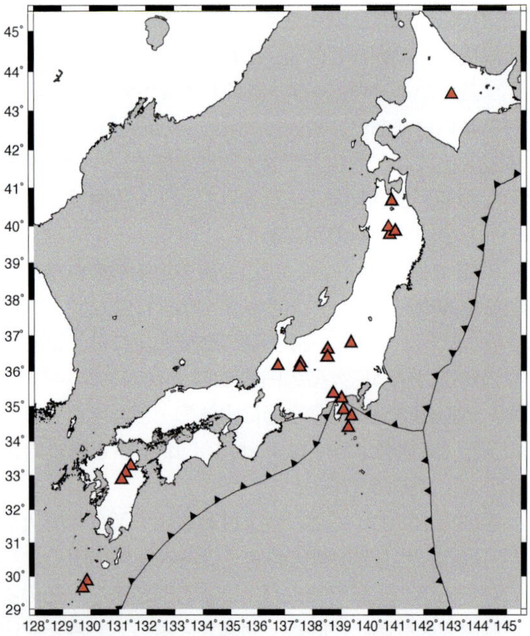

図1 東北沖地震後に地震活動が活発化した火山[1]

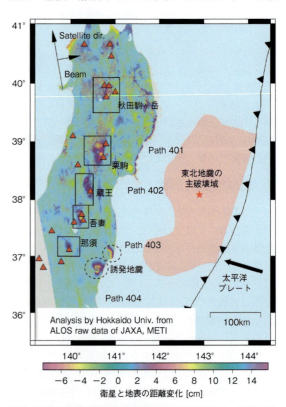

図2 東北沖地震による火山の沈降。赤三角は火山。黒枠は局所的に沈降した領域。

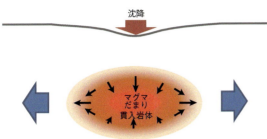

図3 東北沖地震に伴う火山の沈降メカニズム．高温でやわらかい領域が引張応力を受けて変形し，地表が沈降する．

北地方の火山フロントに属しており，地震活動が活発化した火山と異なり，震源から一定の距離内に限定されている．このような局所的な地殻変動は，同程度のスケールの地殻の不均質構造に起因する．実際に，これらの沈降域は大規模な陥没カルデラの分布と一致する．また沈降域は地温勾配が高い領域，および泉温の高い地域ともよく一致する．こうした一致から，沈降域の地下には高温の岩体が存在し，周辺に比べてやわらかいために東北沖地震が引き起こす引張応力の増加に対して大きく変形したと考えられる(図3)．ここで，すべての火山が沈降するのではなく，熱的に活発な火山のみが選択的に影響を受けることは重要である．

### ● マウレ地震による火山の沈降

2010年にチリで発生したマウレ(Maule)地震($M_w$

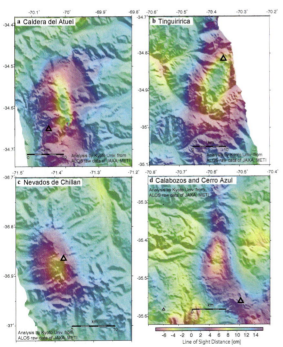

8.8)についても，人工衛星だいちを用いた干渉SAR解析により火山の沈降が捉えられている(図4)[4]．マウレ地震はナスカプレートが南アメリカプレートの下に沈み込むことによって発生した巨大逆断層型地震であり，東北沖地震と同じタイプである．図4を見ると，アンデスの火山地域に引き起こされた沈降運動は，東北地方の火山に引き起こされた沈降運動と量・空間パターンともに酷似している．このことから，巨大逆断層型地震が火山の沈降を引き起こすことは，普遍性の高い現象であるといえる．

今のところ，火山体の地下から大量の熱水が流出することによる体積減少を沈降の原因とする説があり，東北沖地震と解釈が異なる[4]．しかし，この熱水流出も逆断層地震による引張応力の増加が原因である点は東北沖の事例と共通である．

### ● 何を理解するべきか

巨大逆断層地震は応力場の変化を通じて火山の地震活動を活発化させたり，局所的な沈降を引き起こす．しかし，これらの現象と火山噴火の関係の有無はわからない．さらに，条件が揃った火山でしかこれらの現象は発生しない．巨大地震の後に噴火しない火山の方が多いことを考えれば，十分に準備が進んだ火山だけが噴火する可能性がある．そこで，噴火に必要な準備が何かを理解する必要がある．

引張応力の増加はマグマの減圧発泡や，深部からの新たなマグマの貫入を促すことでマグマ溜りを不安定にすることがある．したがって，地殻内応力場の地震後の時間発展を追跡することはきわめて重要である．巨大地震の後にはアセノスフェアの粘性緩和とプレート境界面での余効すべりが続き，数十年の時間スケールで応力場を変化させる．これらの影響を考慮したうえで，火山のマグマ供給系の構造やダイナミクスの理解を一層深めていく必要があるだろう．

〔高田陽一郎〕

図4 チリ・マウレ地震に伴う火山の沈降．4つの火山地域で人工衛星と地表の距離が局所的に増加している．

## 7.1 地球の1次元（球殻）構造

地球内部構造には，大陸と海洋やプレートの拡大域と収束域の違いをはじめとして，明らかな横方向の不均質が存在するが，近似的には半径（深さ）方向にのみ依存する1次元（球殻）構造で表すことができる．1次元モデルは，地球内部構造を大局的に見ることができるだけでなく，様々な不均質構造を調べる場合の基準としても用いられる．

### ● 地震波速度不連続面と内部構造

地球の内部構造を調べるうえでもっとも基本となるのは地震波の観測をもとに，波の到達時刻と震央距離の関係（走時曲線と呼ぶ）を調べる古典的な方法である．地震波の実体波にはP波とS波があり，それらの速度は地球内部を構成する物質の比圧縮率・剛性率・密度等のパラメータに依存する．これらが深さとともに不連続的に変化すると走時曲線の不連続となって現れる．地殻とマントルの境界（モホ面）は地震波の伝播速度が不連続的となっており，大陸域でおよそ25〜75 km，海洋域では5〜6 kmの深さにある．さらに，マントルの中の約410 km，520 km，660 km付近の深さにも不連続に速度が増大する面が見られ，410 kmの不連続面より浅い部分を上部マントル，660 km不連続面より深い部分を下部マントルと呼ぶ．410〜660 kmの間はマントル遷移層と呼び，上部マントルの主要鉱物が相転移（結晶構造の変化）を起こして下部マントルの主要鉱物に変化している．マントルと核の境界である深さ約2900 kmのグーテンベルグ不連続面では，P波が急激に減少するとともに，S波が伝播しなくなる．S波が伝播しないことは，物質の状態が流体であることを意味する．しかし，さらに深部からの回折波が存在することから，核には速度が増大し剛性を有する半径約1250 kmの中心部分（内核）が存在することがわかり，外側の流体の部分を外核と呼ぶ．

1970年代以後は，膨大な数の実体波の走時，地球自由振動の固有周波数，表面波の分散等を同時解析して，物性パラメータを深さの関数として表すモデリングが行われるようになった．図1は，標準モデルの代表的なもので，PREM (Preliminary Reference Earth Model) と呼ばれる．

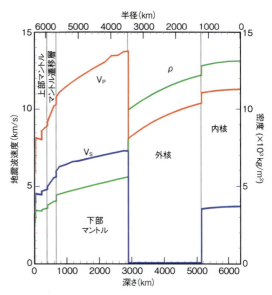

図1 地球内部のP波速度（$V_P$）・S波速度（$V_S$）・密度（$\rho$）の分布 [1,2]

### ● 密度構造と圧力分布

地球の全質量Mは，万有引力の法則を利用して約$6\times10^{24}$ kgと求まり，均質な球を仮定するとその平均密度は$5.5\times10^3$ kg/m$^3$と見積もられる．ところが，測地学的観測データ（人工衛星・月の軌道や地球の歳差運動）の解析によって求めた地球の慣性モーメントは，上記の平均密度を用いて均質球を仮定した値より小さい．このことから，地球内部では深さとともに密度が増大していることがわかる．

密度構造がわかると，ある深さにおける圧力はそこから地表までの間で密度と重力加速度の積を深さ（半径）方向に積分して求められる．密度構造（図1）と圧力分布（図2）は，PREM等の標準的地震波速度構造を求める際に同時に推定される．

### ● 温度構造

代表的な地球内部の温度構造モデルを図2に示す．地表付近では，深さが1 km増えるごとに約25〜30℃の割合で温度が上昇する．マントル中の物質は地質学的時間スケールでは流体としてふるまうので，深さとともに断熱的に温度が上昇する．マントルの温

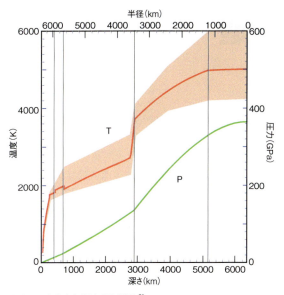

図2 圧力（P）と温度（T）構造[2]

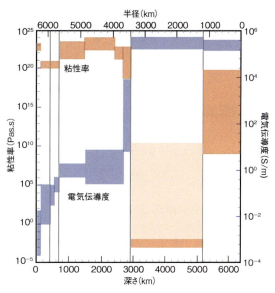

図3 粘性率と電気伝導度構造[2,3]

度構造は，主として地震波速度と密度の関係を用いて理論・実験・観測から得られる情報を統合して推定されている．核の温度構造は，内-外核境界における温度が物質の融点であることから高温高圧における鉄の溶融実験によって求められる．外核物質は，鉄とニッケルの合金に硫黄・酸素・水素等の軽元素が加わっているとされ，そのために純粋な鉄よりも融点が低いと考えられるが，正確な組成はよくわかっていない．地球内部の主な熱源は，ウラン・トリウム・カリウム等の放射性元素の崩壊による熱であるが，放射性元素の分布も地殻を除いてよくわかっていない．このため，温度分布は地球内部の構造とダイナミクスの理解にとって重要な情報であるが，深部ほど（下部マントルおよび外・内核）その推定値の不確定性が大きい（図2）．一例をあげると，図2では内-外核境界の温度をおよそ5000 Kあまりとしているが，6000 Kあるいはそれ以上と推定している場合や4200 K程度としている例もある．

● 粘性と電気伝導度構造

地球の粘性構造（図3）は，主として測地学的（地球の変形）観測や地震観測によって推定される．マントルは，大まかには表層約100 kmの高粘性層（リソスフェア）の下に低粘性層（アセノスフェア）があるという，2層構造で表される．アセノスフェアの下（下部マントル）は高粘性になるというモデルが多いが解像度は悪い．外核の粘性率については，観測に基づく推定値には10桁あまりのばらつきがある（図3の薄い赤色のハッチで示した部分）．一方，高圧実験や理論計算からは観測による推定値の下限程度の値が求められている．外核がこれほどの低粘性であれば，流体運動は乱流的であると考えられる．内核の粘性も，観測・実験・理論による推定が試みられているが，不確定性が大きい．

電離圏や磁気圏に由来する磁場変動の電磁誘導を利用して，マントルの電気伝導度構造を深さ1000 km程度まで推定することができる．地殻および上部マントルは水平方向にも不均質であるが，大まかには図3のような層構造で表すことができる．1000 km以深については，外核由来の電磁場変動の観測や高圧実験等で推定されるが，解像度はよくない．外核および内核の電気伝導度は，鉄とニッケルの合金の高圧実験等で推定されているが，含まれる軽元素の種類と量によって1桁程度のばらつきがある． 〔歌田久司〕

## 7.2 グローバルマントル構造

### ● 3次元地震波速度構造

地震波トモグラフィー (seismic tomography) で得られた地震波速度3次元構造は様々なモデルが提示されているが，大規模な構造においてほぼ一致している．図1に例としてP波速度構造モデル GAP_P4，S波速度構造モデル S40RTS を示した (付録1)．各深さの速度異常の大きさを表す速度不均質の二乗平均平方根 (RMS，図2) は 150 km より浅い深さで最大値をとる．RMS は深さ 150〜300 km 間で急激に減少し，下部マントルでは小さい．深さ 660 km の上部−下部マントル境界付近では再び大きくなるが，後述のスタグナントスラブ (stagnant slab) に起因する．核−マントル境界 (core-mantle boundary：CMB) 付近でも RMS は大きくなる．

深さ約 300 km までの速度不均質構造はプレートテクトニクス (plate tectonics) と大陸分布を反映している．深さ 50 km では低速異常は中央海嶺 (S波モデル)，マントルウェッジで見られる．速度異常が非常に大きく，高温異常に加え部分融解していることを反映していると考えられている．一方，高速異常は大陸と海洋プレート (oceanic plate) で見られる．海洋プレートの高速異常は高々 100 km までであるのに対し大陸の下は深く，とくに始生代クラトン (craton)

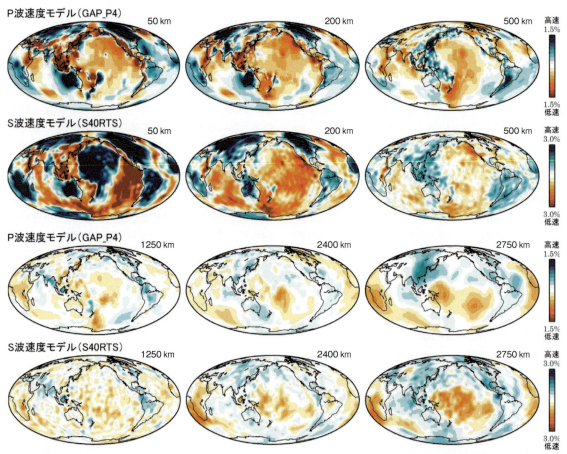

図1　地震波速度モデルの例．P波速度モデル GAP_P4[1] とS波速度モデル S40RTS[2]．P波速度モデルは表面波情報を使用しないため浅い (50 km，200 km) 海洋下は解像されていない．マントルの低温，高温異常はそれぞれ地震波速度の高速，低速異常として表れる．

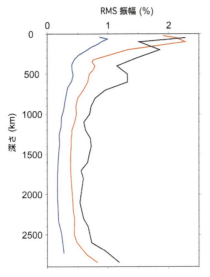

図2 P波速度(青:GAP_P4[1]),S波速度(赤:S40RTS[2])およびξ(黒:S362WMANI+M[3])異常(深さ平均からのずれ)のRMS

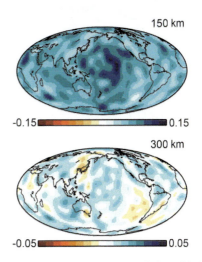

図3 深さ150km, 300kmのξの1からのずれ(モデル S362ANI+M[3])

の下では400km近くまでに達することがある.深さ200kmでは大陸の高速異常の他,沈み込んだ海洋プレート(スラブ,slab)に対応する海溝に平行な高速異常が見られる.マントル遷移層(mantle transition zone)の顕著な特徴は北西太平洋と南米の対蹠的な位置の強く広大な高速異常である.北西太平洋の高速異常は太平洋プレート,インド・オーストラリアプレートの沈み込み,南米の高速異常はナスカプレートとそれ以前のファラロンプレートの連続的な沈み込みに対応し,水平規模が大きくなるのは沈み込んだスラブがこの深さで水平に横たわる傾向があるためである.横たわったスラブはスタグナントスラブと呼ばれる.深さ1200〜1400kmでは北米から南米にわたる南北の帯状高速異常と地中海周辺から中央アジア・ヒマラヤ・東南アジアの広範囲にわたる東西の帯状の高速異常が卓抜している.それぞれファラロンプレートとテチス海の沈み込みに対応していると考えられている.さらに深く(2400km)なると太平洋中央とアフリカの対蹠的な位置の低速異常と環太平洋の高速異常の特徴を示す.これは下部マントルで太平洋中央とアフリカの下で上昇流,環太平洋で下降流という大局的なマントル対流(mantle convection)のパターンを反映している.CMB付近(2750km)では太平洋中央とアフリカの低速異常は振幅が大きくなるとともに規模が大きくなる.とくにS波速度モデルで顕著でLLSVP(large low shear velocity province)と呼ばれる.

● **地震波速度異方性**

トモグラフィーで求められた鉛直異方性(radial anisotropy)の指標ξ(= $V_{SH}^2/V_{SV}^2$:$V_{SH}$, $V_{SV}$はSH波,SV波の速度)のグローバル平均は深さ約200kmまでξ>1を示し(図3上図)300kmまでに急激に1に近づく.それより深いマントルではほぼξ=1に近い.これはマントル,とくにアセノスフェア(asthenosphere)で水平方向の流れに伴う変形によって岩石にできる異方的構造(格子選択配向,lattice preferred orientation)を反映していると考えられている.海洋下では80〜250km,大陸下では250〜400kmでξ>1を示し,速度異常同様深さの違いが見られる.海洋プレート内では方位異方性(azimuth anisotropy)が見られプレート内の磁気異常から推定されるプレート生成時の拡大方向に高速軸がおおよそ向く.一方,アセノスフェアでは現在のプレート運動方向に高速軸がおおよそ向く.深さ数十kmまでのマントルウェッジもξ>1を示すことが知られている.中央海嶺下150〜300kmではξ<1を示し,マントルの上昇流を反映していると考えられる(図3下図).ξ異常のRMSは速度異常のRMS同様,上部マントルで大きく,下部マントルで小さいがCMB付近で大きくなる(図2).下部マントルではCMB直上を除いて地震波速度の異方性がほとんどないと考えられる.

〔大林政行〕

## 7.3 上部マントル

地球内部のマントルは上部マントル・遷移層・下部マントルの3層に分かれており，深さ410 kmの地震波速度不連続面より浅い領域を上部マントルと呼ぶ．

この領域はプレートテクトニクスの影響を強く受けており，内部構造はこれを反映した特徴を有している．

### ●リソスフェアとアセノスフェア

プレートテクトニクス理論によれば，地球は，かたい（粘性が高い）十数枚の板状の殻によって地表を覆われており，このかたい殻がその下のやわらかい層の上を相互に水平方向に移動しあっている．そして，このかたい殻は，プレート(plate)もしくはリソスフェア(lithosphere)と呼ばれ，その下のやわらかい層はアセノスフェア(asthenosphere)と呼ばれる．

地殻・マントルが構成物質の違いによって分けられているのに対して，リソスフェア・アセノスフェアは物理的性質の違いによる区分であり，地球内部を異なった視点から見た名称の違いである．

リソスフェアは地表からの冷却でかたくなった層で，地殻とその直下のマントルから構成されている．一方，アセノスフェアは，地球内部の温度が，岩石の溶けはじめの温度（ソリダス温度）を超えて部分融解を起こしている，もしくはこれに近い温度になっているために，やわらかくなっていると考えられている領域である．

リソスフェア・アセノスフェアの概念は，プレートテクトニクス理論成立以前に，形成されたものであり，現在では，プレートテクトニクス理論に基づいた概念が加わり，現実の観測データに基づく，複数の概念が混在する状況となっている．

従来の粘性による区分の他に，剛体的性質を持った領域をリソスフェア，その下の弾性的性質を持った領域をアセノスフェアという区分，マントル対流により熱輸送をおこなっている領域をアセノスフェア，その上の熱伝導による熱輸送をおこなっている熱境界層をリソスフェアとする区分等がある．

どの区分によって定義しているかによって，リソスフェア（プレート）の厚みは異なり，剛体的性質，粘性による区分，熱的区分の順に厚くなる．

これらの物理量の地球内部での値を直接測定することはできないことが多く，実際には地震波速度や電気伝導度といった，直接観測可能な物理量から推定することになる．地球物理学的手法を用いた地球内部構造解析では，地震波を用いた解析が主流であり，研究成果も多いことから，ここでは地震波速度構造解析に基づく成果を示す．地震波速度は，温度異常に敏感であり，高速度異常は周りに比べて低温であること，低速度異常は逆に周りより高温であることを意味する．つまり，地震波速度構造は主に熱的区分に基づくリソスフェア・アセノスフェア構造を反映している．

深さ50 km（図1a）では，海洋地域や大陸（安定陸塊）が高速度，火山地帯や海嶺が低速度であるのに対し，深さ200 km（図1b）では大陸や沈み込み帯に高速度領域が存在している．図1(c)は図1(a, b)の黒線で切った地球内部の断面図であるが，太平洋の高速度領域が深さ約100 kmまでであるのに対して，北米大陸で

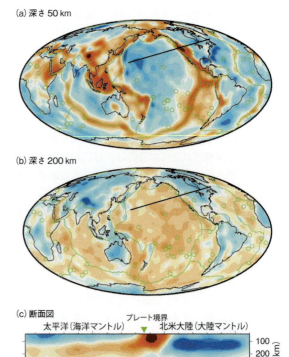

図1 地震学的に見た上部マントル構造[1]（S波）(a)深さ50 km，(b)深さ200 km，(c) a, bの黒線での断面図

は深さ 200 km まで存在している.

　北米大陸は約 19 億年前に形成された非常に古い大陸プレートであり，長期間地表から冷却されたため低温異常（高速度異常）が深部まで到達している．一方太平洋は海嶺軸でプレートが生成され，古いところでも 1.5 億年前に形成されたにすぎないため，地表からの冷却時間が短く，低温異常（高速度異常）領域は浅い．このような地震波の高速度異常領域がリソスフェア（プレート）に対応している．図 1 (b) の沈み込み帯の高速度異常は冷たくて重いプレートが沈み込んでいることを反映している．一方アセノスフェアは，海洋下では低速度異常（高温異常）として明瞭に見られるが，大陸の下では低速度異常がさほど顕著ではないという特徴がある．海洋マントルと大陸マントルの詳細については 7.6，7.8 を参照されたい．

### ●リソスフェア-アセノスフェア境界

　プレートの底（リソスフェア-アセノスフェア境界，lithosphere-asthenosphere boundary：LAB）はプレート移動の実態を担う非常に重要な場所である．

　図 1 の地震波速度構造からは，LAB に相当する境界面は速度が徐々に低下する緩やかな境界面として捉えられている．2000 年代初頭まで，上部マントルの 3 次元地震波速度構造は長周期の表面波（例えば図 1 は周期 50〜250 秒の波を使用している）を用いた解析から得られた緩やかな速度境界面が LAB であるという考え方が主流であった．

図 3　オーストラリア大陸を東西に切った概念図（文献 3 図 10 を改変）

　しかし，最近になり，地震波速度境界面で P 波から S 波，S 波から P 波に変換する波を用いるレシーバ関数解析と呼ばれる新しい手法を用いた解析から，LAB が従来考えられてきたよりずっと急峻な速度変化をする境界面であることがわかってきた．図 2 は日本列島と太平洋下のレシーバ関数解析の結果[2]である．この図で青色は，深さ方向に速度が低下する境界面で，B で深さ 80 km，A で深さ 150〜250 km にある顕著な青色が LAB と同定された境界面である．

　このような急峻な速度変化は LAB 直下のアセノスフェアに部分融解している薄い層がたくさん重なっていることが原因であるという説もあるが，まだよくわかっていない．

　一方，例えばオーストラリア大陸では，レシーバ関数解析により，古い大陸（安定陸塊）の下では，50〜100 km の深さのリソスフェア内部に急峻な境界面が検出されるが（図 3 ③），海洋プレートと異なり，LAB と思われる深さでは境界面は検出されない．これは LAB の速度変化は緩やかであることを意味している[3]（図 3 ②）．ただし，若い大陸プレート（約 5 億年以降に形成）では急峻な LAB が検出されている（図 3 ①）．

　このような違いは，古い大陸プレートでは温度変化によって LAB が形成されているのに対し，海洋プレートや若い大陸プレートは，温度変化に加え，アセノスフェアが部分融解している，あるいはリソスフェアより水が多く含まれているためであるとされているが，はっきりしたことは不明である．　〔一瀬建日〕

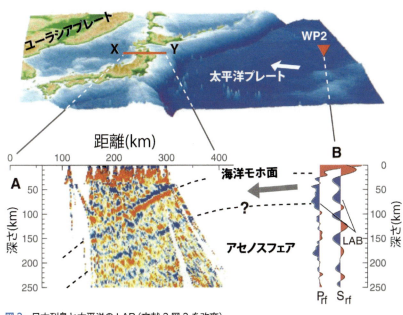

図 2　日本列島と太平洋の LAB（文献 2 図 2 を改変）

## 7.4 マントル遷移層

マントル遷移層は深部に向けて地震波速度が急増する 410 km 不連続面（以下「410」）と 660 km 不連続面（以下「660」）に挟まれた領域，すなわち上部マントルと下部マントルに挟まれた領域である．地震が発生する深さの下限でもある．

### ●「410」と「660」

「410」と「660」は地震観測によって全地球的に存在が確かめられており，「410」はマントル構成鉱物であるかんらん石からワズレアイトへの相境界，「660」はリングウッダイトがブリッジマナイトとペリクレースへ分解する相境界であると考えられる．P 波，S 波速度は「410」，「660」で数 km の幅で各々 4%，6% 増加する．マントル遷移層には他に深さ 520 km 付近にも速度不連続が観測される場所があり，ワズレアイトからリングウッダイトへの相転移と解釈されているが，「410」「660」と異なり全地球的に観測されるわけではない．室内実験により，相転移が起こる圧力（深さ）は温度によって異なることがわかっている．図 1 で示すように，高温では「410」は深く，「660」は浅く，マントル遷移層は薄くなる．410, 660 という数字が不連続面の名前になっているので誤解しやすいが，実際の深さは場所によって異なるのである．この性質を利用してマントル遷移層の温度を推定することができる．

### ●マントル遷移層の地震波速度

グローバルな地震波トモグラフィーによるマントル遷移層の 3 次元 S 波地震波速度構造では，環太平洋沈み込み帯やユーラシア大陸の大部分で高速度異常がみられ，太平洋，インド洋では低速度異常が広がっている．多くの沈み込み帯でマントル遷移層に低温の沈み込んだプレートが溜まっていることを示している

（図 2 上）．

### ●「410」「660」の長波長の凹凸パターン

「410」「660」の深さは，不連続面での反射波や PS, SP 変換波の走時を測ることによって推定する．不連続面深さよりも精度よく推定できるマントル遷移層の厚さ（「410」と「660」の深さの差）を議論することも多い．全地球的には，「410」，「660」には ± 30 km の幅の起伏がある．

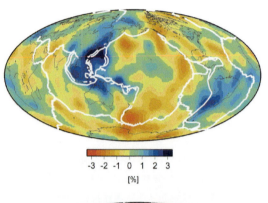

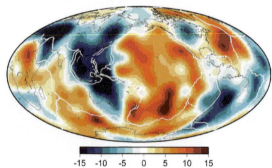

図 2　（上）深さ 600 km での S 波速度．赤は低速度，青は高速度を示す．（下）マントル遷移層の厚さマップ．青は厚く，赤が薄いことを示す[1]．

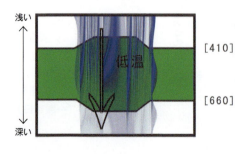

図 1　低温のマントル下降流，高温の上昇流の「410」「660」への影響

マントル遷移層の厚さに注目すると，環太平洋沈み込み帯で厚く，太平洋では薄くなっている（図2下）．環太平洋では低温のスラブによって温度が低いことが厚い遷移層の主な要因である．太平洋では後述するマントル上昇流が薄い遷移層の一因である．マントル遷移層の厚さと地震波速度のパターンはよく似ている．温度が高い（低い）と地震波速度は低く（高く），マントル遷移層は薄く（厚く）なる．マントル遷移層の地震波速度と厚さの大局的パターンを作っている主因は温度不均質だと考えられる．しかし，後述のように，水や他の化学組成が凹凸に影響している可能性もある．

● 沈み込むスラブ，マントルプルームでの局所的な不連続面起伏

沈み込むスラブはマントル遷移層内で周囲よりも数百℃低温と考えられるので，「410」「660」のスラブ内部・近傍での起伏は大きい．日本列島等環太平洋の沈み込み帯では，「410」はスラブ内部で10～20 km浅く，「660」は深さ700 kmまで深くなり，マントル遷移層が厚くなっている（図3）．逆に熱いマントルプルームがマントル遷移層を貫いて下部マントルから上昇しているとすると，高温のためマントル遷移層が薄くなるはずである．実際，タヒチやハワイ，アイスランドなどのホットスポットの下でマントル遷移層が20～30 km薄くなっているという報告があり，マン

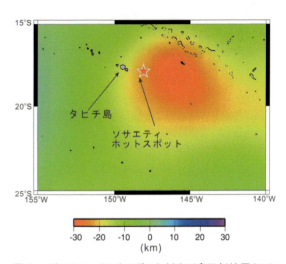

図4　ソサエティ・ホットスポット（タヒチ島西方沖）下のマントル遷移層の厚さ[4]

トルプルームの温度は周囲より約200℃高いと考えられる（図4）．

● マントル遷移層の水

高温高圧実験により，マントル遷移層の主要鉱物であるワズレアイトとリングウッダイトが，上部マントルや下部マントルの鉱物よりも多くの水（2～3重量％）を保持しうることがわかっている．水を含んで沈み込んだスラブがマントルの高温高圧によって脱水反応が起こると，マントル遷移層の中に水が貯留されている可能性がある．マントル鉱物が水を含むと少量であっても粘性を大きく下げるので，マントル対流に大きな影響を与える．含水量が高いほど地震波速度は低下し，マントル遷移層は厚くなり，電気伝導度は高くなるので，これらを地震・電磁気観測から求め，含水率を推定しようという試みがおこなわれている．日本列島，フィリピン海，中国大陸東部等プレート沈み込み帯とその近傍では含水率は約1重量％と高い含水率が報告されているが，まだ推定誤差が大きく，地震・電磁気観測と高温高圧実験の両面で精度向上が必要である．　　　　　　　　　　　　　　　〔末次大輔〕

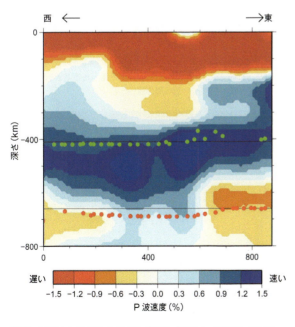

図3　西日本に沈み込んだスラブ（青い部分）と「410」（緑点），「660」（赤点）[2, 3]

## 7.5 海洋地殻

海洋地殻は大陸地殻とともに地球の地殻を構成しており，地殻は固体地球の表層を覆っている．地球内部の地震波速度構造 (seismic velocity structure) には，地震波速度の大きな不連続面が3つあって，最上部にあるのがモホロビチッチ不連続面 (Mohorovicic discontinuity；モホ面) であり，表層からそのモホ面までが地殻である．この地殻には，大きく特徴の異なる2つの地殻があり，海底に存在する海洋地殻と陸上を覆う大陸地殻に分けられる．海洋地殻は，中央海嶺や背弧海盆等の海底拡大系で形成される玄武岩質の層であり，中央海嶺でできた海洋地殻は海溝で地球深部に沈み込む．このため，花崗岩質の大陸地殻とは異なった特徴を持つ．海洋地殻は，大陸地殻と比べて均質であり，その厚さが6km程度と薄く，その形成年代はもっとも古い海洋地殻でも約2億年と新しい．

### ● 海洋地殻の構造

海洋地殻の構造は，屈折法地震探査 (seismic refraction survey) で得られる地震波速度構造によって明らかにされている．標準的な地震波速度構造 (図1) から，地殻の厚さは約6kmで，地震波速度は深くなるほど増加する．地震波速度の不連続面もしくは地震波速度勾配の変化から Seismic Layer 1, 2, 3, 4と層分けがなされており，堆積層(=Layer 1)，Layer 2, Layer 3, マントル (Layer 3とLayer 4との間の速度不連続面がモホ面) と呼ぶのが一般的である．Layer 2は，さらに2A, 2B に細分している．

堆積層は，深海掘削によって明らかにされており，陸源のものを除くとプランクトンの死骸が海底にたまったものが大半であるが，化学的に析出した自生鉱物や海底熱水系の噴出物が堆積していることもある．

堆積層より下の玄武岩質の岩層は，トランスフォーム断層等に存在する海洋地殻の断面での観察や試料採取・分析と，過去の海洋地殻が陸上に乗り上げたオフィオライト (ophiolite) での調査により確立した．最上部には，玄武岩からなる溶岩層 (lavas) があり，その下に遷移層 (図2) を経てシート状岩脈群 (sheeted dike complex) がある．さらに，深成岩である斑れい岩 (gabbro) 層，その下にはマントル岩であるかんらん岩や含水化した蛇紋岩の層が観察できる (図3)．

地震波速度構造と堆積層以外の岩層との対応関係

図2 Troodos Ophiolite (Cyprus) で見られる溶岩層からシート状岩脈群への遷移層の露頭

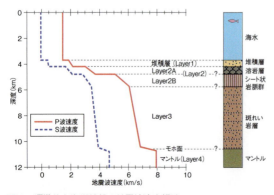

図1 標準的な海洋地殻の地震波速度構造

図3 Oman Ophiolite (Oman) で見られる斑れい岩層とかんらん岩層の露頭（静岡大学・道林克禎氏提供）

は，Layer 2Aが溶岩層，Layer 2Bがシート状岩脈群，Layer 3が斑れい岩層と推定されているが，異なる対応関係を支持する結果もあり[1]，まだよくわかっていない．

## ● 海洋地殻の形成

海洋地殻は，中央海嶺等の海底拡大系で形成される．拡大系で離れていく2つのプレート間を埋めるように高温のマントル物質が上昇し，その温度がソリダス温度より高くなるため部分融解（メルト）して溶融帯を形成する（7.11，7.12参照）．生じたメルトは，溶融帯からマグマだまりに移動し，最終的に海洋地殻へと固化していく．

海底拡大系の拡大軸下のマグマだまり（Axial Magma Chamber：AMC，図4）の存在は，反射法地震探査（seismic reflection survey）により，一部の海底拡大系で確認されている．例えば，東太平洋中央海膨では，拡大軸下約1.5 kmの深さに，レンズ状（横幅2～3 km，厚さ100 m程度）の液層である低速度帯，すなわちAMCが拡大軸に沿って連続的に存在している[2,3]．

海洋地殻の構造はその形成過程を反映している（図4）．AMCの圧力が十分に高くなると，マグマがその上の層を割って上昇し海底で噴出する．その噴出規模が大きいとシートフローとして，規模が小さいと枕状溶岩として最上部の溶岩層を形成する．また，マグマの上昇過程で冷却した部分がシート状岩脈群となる．

斑れい岩層の形成を説明するモデルは，大きく分けて2つある．AMCで噴出しなかったマグマがゆっくりと固化してAMC下部にたまり沈降してできるというモデルと，メルトが深部からAMCまで上昇する過程で斑れい岩のシルを順次形成するというモデルであるが，まだどちらが正しいかわかっていない[4]．

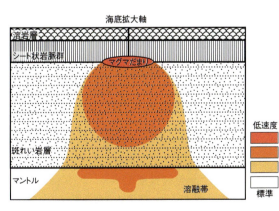

**図4** 海洋地殻が形成される海底拡大軸下の構造

## ● 海洋地殻の多様性

海洋地殻は，大陸地殻と比べて均質ではあるが，詳細な構造探査や試料採取・分析，潜水船等による観察・調査により，その多様性が明らかになってきた．この多様性をもたらす要因としては，グローバルな運動で決まる海底拡大速度と，海底拡大軸下のマントルの状態で決まるメルト供給量があげられる．

海底拡大速度は，拡大軸の地形や海洋地殻の形成に大きな影響を与えている[5]．具体的には，拡大速度が遅くなるほど，拡大軸地形は盛り上がり地形から谷地形に変化する．その一方で，海底からAMCまでの深度が深くなり，より厚いLayer 2が形成される．

両側拡大速度が45 mm／年より遅い海底拡大系では，AMCの存在が確認できなくなり，そこで形成される海洋地殻は，拡大軸に沿った方向での不均質が大きくなる．すなわち，1つの拡大軸（海嶺セグメントと呼ぶ）の中央付近では，標準的な地殻構造（図1）を示すのに対し，両端に近づくにつれて，海洋地殻が十分に形成されずに，地殻の厚さが薄くなっている（7.11参照）．さらにそこでは，溶融しないで地表に達したかんらん岩が露出している場合もある．また，溶融による火成活動が休止した状態で，低角逆断層による海底拡大によって，斑れい岩層やマントルが地表の広い範囲で露出している海洋コアコンプレックス（oceanic core complex）と呼ばれる形態も，このような場所に存在する．

メルト供給量も形成する地殻構造に影響を与える．ホットスポットの近傍にある中央海嶺や島弧に近い距離にある背弧拡大軸では，通常より多くのメルトが供給されている．この影響により，例えば，レイキャネス海嶺では，アイスランドホットスポットの影響を受け，10 km以上の厚い海洋地殻を形成している[6]．また，南マリアナ背弧海盆では，遅い拡大速度の海底拡大系にも関わらず，速い拡大速度である海底拡大系と同じように，均質で標準に近い厚さの地殻を示している[7]．

海洋地殻の形成過程は，海底拡大速度と拡大軸下のメルト供給量の割合に大きく規制されている．この形成過程によって，海洋地殻の多様性を生んでおり，形成過程の解明が海洋地殻の理解には欠かせない．

〔島　伸和〕

## 7.6 海洋マントル

海洋地域は，海嶺でプレートが生成され，その後冷却によってプレートが成長しながら移動し，最後に沈み込み帯で地球内部に沈み込むというプレートの一生を観察できる場所である．

### ● プレート成長

海洋プレート (oceanic plate) は熱伝導による地球表面からの冷却で，徐々に厚くなって成長していく．熱伝導の微分方程式を解くと，プレートの厚みは，岩石の熱拡散率を $k$（約 $10^{-6}\,\mathrm{m^2/s}$），海洋プレートの年代を $t$，とするとおおよそ $2\sqrt{kt}$ となることが導かれる．例えば生成されてから1億年たったときのプレートの厚さは約110kmとなる．このようなプレートの厚みの年代依存性は，地震学的手法を用いた解析で実際に確かめられている．

海洋プレートとその下のアセノスフェア (asthenosphere) は同じ化学組成を持った岩石から構成されており，その違いは温度と粘性に起因するものである．岩石は低温で高粘性かつ弾性波速度が速くなるため，地震波速度は海洋プレート内の方がアセノスフェア内よりも速くなる．つまり，海洋底年代ごとの上部マントルの地震波速度構造を求めることで，この年代依存性を明らかにすることができることになる．

実際，世界最大の海洋プレートである太平洋下の上部マントルのS波速度構造[1]を海洋底年代ごとに並べてみると年代が増加するに従って，S波の高速度領域（図中青色：海洋プレートに相当）が徐々に厚くなっていることが明瞭にみられる（図1）．このようなプレート成長の様子は，規模の大きい太平洋だけでなく，小さな海洋プレートであるフィリピン海プレートでも成立している．また，海洋プレートの下，深さ約200kmまでのS波の低速度領域（図1オレンジ色の領域）はアセノスフェアに対応する．図1の黒線は1300℃のマントル物質が地表に現れ，その後，徐々に冷却されたとき，地球内部での温度が1200℃の等温線を示しており，地震波速度異常とよい相関があることがわかる．

### ● 方位異方性

異方性 (anisotropy) とは，方向に依存する性質を有していることを意味する言葉であり，地球内部を理解するのに必要な概念のひとつである．

ここでは地震波の異方性について述べるが，異方性は地震波だけでなく，電気伝導度構造（地球内部の電気の通りやすさをあらわし，地球内部の流体やメルトの存在を反映している）にも存在する．

ここで述べる異方性は，速度異方性，つまり，地震波の速度に方向依存性があるという性質のことである．これは，地球内部を構成している鉱物の結晶自体に異方性があることに起因している．鉱物の集合体である岩石全体としてみたとき，通常は，結晶の方向が様々であるため，個々の異方性の効果は相殺され，地震波で観測した場合，異方性は観測されない．しかし，変形によって鉱物の結晶方向が揃うと，個々の結晶の異方性が相殺しきれず，結果，岩石としても弾性的異方性の性質を持つ．このため，地震波でも異方性が観測される．

マントル中の主要構成物質であるかんらん石は，強い異方性を有しており，弾性波速度の速い方向と遅い方向の速度差は20%以上に及ぶ．また，かんらん石は流れの方向に結晶の速度の速い軸が並ぶという性質（選択配向）があることが，岩石実験から明らかになっており，これが異方性の成因の1つになっている．

海洋マントルでは，海嶺での海底拡大や，プレート運動による海洋プレートの移動があり，特定方向への変形が生じている．この変形により，かんらん石が選択配向し，地震波速度の方位異方性 (azimuthal anisotropy) が生じる．海嶺は，海洋プレートが生成される場であり，マントルの流れの方向は海底拡大

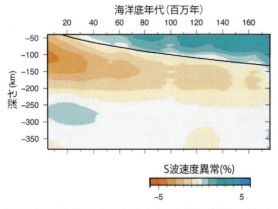

図1 海洋底年代ごとの海洋マントルのS波速度異常図（文献1 図9を改変）

# 7. 地球内部の地球物理学的構造

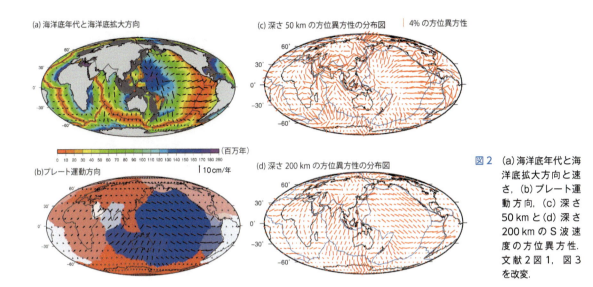

図2 (a)海洋底年代と海洋底拡大方向と速さ，(b)プレート運動方向，(c)深さ50 kmと(d)深さ200 kmのS波速度の方位異方性．文献2図1，図3を改変．

方向である．つまり，方位異方性の速い軸は海洋底拡大方向を向くこととなる．海嶺軸から離れるに従って，海洋マントルが冷却されるため，海洋プレートはプレート形成時の方位異方性を保持する．一方，やわらかいアセノスフェアは，現在のプレート運動方向に変形するため，方位異方性の速い軸はプレート運動方向を向く．図2に，海洋底年代から求めた海洋底拡大方向と，地質学的スケールでのプレート運動方向，プレートに相当する深さ50 kmでのS波の方位異方性，アセノスフェアに相当する深さ200 kmの異方性を示す[2]．

ここでは，海洋底拡大速度やプレート運動速度が速い太平洋プレートでの異方性の様子について示す．

深さ50 kmのS波の方位異方性（図2c）をみると，東太平洋では東西方向に速い軸が，北西太平洋では南北方向に速い軸が向いている等，海洋底拡大方向（図2a）と調和的である様子が示されている．一方，深さ200 kmの方位異方性（図2d）は北西南東方向が速い軸であるが，この方向は，現在のプレート運動方向（図2b）とよく合っている．

## ● 鉛直異方性

S波では方位異方性の他に鉛直異方性（radial anisotropy）がよく観測される．ここで述べる鉛直異方性は鉛直面内で振動するS波（SV波）と水平面内で振動するS波（SH波）で伝播速度が異なるという異方性である．

鉛直異方性を含めた全地球平均1次元地震波速度構造モデルであるPREMでは，SH波が速い鉛直異方性がモホ面直下から深さ220 kmまで存在し，その大きさはモホ面直下が最大であり，深くなるにつれ

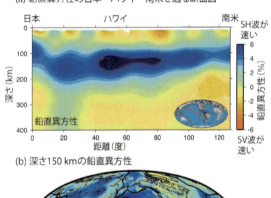

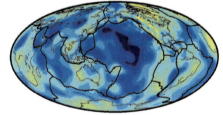

図3 (a)S波鉛直異方性の日本から南米を通る断面図，(b)深さ150 kmでの鉛直異方性の強さの分布．文献3図13，14を改変．

単調に減少する．

しかし，最近の表面波を用いた研究[3]で，太平洋では，S波の鉛直異方性が深さ約125 kmで最大になるという特徴があること，鉛直異方性の強さは太平洋中央部で最大となることが，明らかになってきた（図3）．これは，鉛直異方性がプレート内で小さく，アセノスフェアで大きいことを意味している．

現在のところ，PREMモデルとの違いの原因や，このような異方性構造の成因等は，議論の最中であり，この解明は今後の課題である． 〔一瀬建日〕

## 7.7 大陸地殻

大陸地殻は，プレートの運動・相互作用（沈み込み・分裂・衝突等）とそれに伴う火成活動の結果として形成される．したがって，その形成過程によって物性が大きく異なる．これは，成因に著しい共通性がある海洋地殻と対照的である．本項目では，主として地震波速度を用いて求められた大陸地殻の構造を述べる．

### ● 古典的大陸地殻モデル

大陸地殻の地震波速度構造の研究は，クロアチアの地震学者であるモホロビチッチに始まる．彼は，震央距離（震源から観測点までの水平距離）と走時（地震波が観測点まで到達する時間）の関係（走時曲線）から，地球の一番外側の部分が地殻とマントルの2層に分かれることを初めて示した[1]．さらに，地殻とマントル最上部における地震波のP波速度（Vp）がそれぞれ5.6 km/s, 7.7 km/s で，地殻の厚さが50 km であると推定した．地殻とマントルの境界を，彼にちなんでモホロビチッチ面不連続（モホ面）と呼ぶ．1920～30年代には，地殻は，更に2つの層（上部地殻（Vpが6 km/s前後）と下部地殻（Vpが6.5～7 km/s前後））に分かれるとされた[2]（図1(a)）．この上部地殻と下部地殻の境界をコンラッド面という．また，実験室で測定された火成岩の地震波速度と観測から求められた値の比較から，上部地殻を花崗岩層，下部地殻を玄武岩層と呼ぶことがある．これが，地殻・上部マントルの古典的モデルともいうべきもので，現在でも地殻のもっとも簡単なモデルとして用いられることも多い．しかし，その後の研究結果によると，大陸地殻は明瞭な2層構造の場合もあれば，ずっと複雑な構造を示す場合もあり（図1(b)），コンラッド面が大陸地殻に共通する特徴でもない[3]．

### ● 大陸地殻の地震波速度構造と岩石学的モデル

2000年代初頭までの人工震源を用いた屈折・広角反射法探査結果をまとめると[5]，大陸地殻のVpは上部で5.6～6.3 km/sであるが，深さ10～15 kmで6.4～6.7 km/sとなる（中部地殻）．場所によっては，上部地殻と中部地殻の境界がコンラッド面に対応する．地殻下部の速度は6.8～7.3 km，マントル最上部の速度は，8.1±0.5 km/sで，地殻の全体の厚さは，30～50 kmである．地質区分に分けてその特徴を抽出すると，楯状地では地殻の平均的厚さは41 kmで，下部地殻の地震波速度が7 km/sを超える場合が多い．しかし，同じ楯状地でも始生代に形成された地殻は，原生代以降の地殻に比べてその厚さが薄く（40 km以下）で，下部の地震波速度も低い（6.8 km/s程度）[6]．造山帯での平均的な地殻の厚さは43 kmであるが，チベット高原では70 kmを超える．また，伸張応力場に支配されたリフト帯の地殻では，平均厚さは31 kmと薄く，下部地殻のVpが6.8 km/s程度である．

中部・下部地殻に焦点を当てた研究[7]によれば，中部地殻の平均的速度はP波で6.0～6.8 km/s，S波で3.3～4.0 km/sである．下部地殻は，Vpが6.4～7.4 km/s, Vs（S波速度）が3.5～4.0 km/sであるが，Vpの頻度分布が，2つのピーク（6.7～6.8 km/sと7.3～7.4 km/s）を持つ．P波速度が7 km/sを超える例が多いのは，楯状地，プラットホーム域，火山性台地，リフト帯および受動的境界域で，速度分布が2つのピークを持つという特徴は，楯状地，リフトおよび受動的境界域で顕著である．図2は大陸地殻の構造の概念図で，

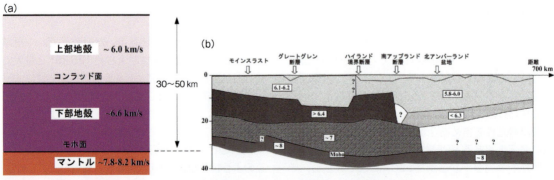

図1 (a) 古典的な地殻構造モデル，(b) 屈折法地震探査から求められた英国北部の地殻構造モデル[3, 4]

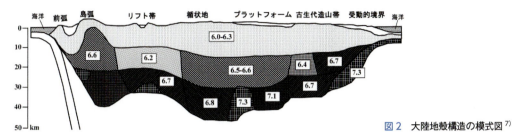

図2 大陸地殻構造の模式図[7]

地質区分によってその特徴が大きく異なる.

地殻の構成岩石についての実験室での地震波速度の測定結果と実際の探査データと比較から,大陸地殻の岩石学的モデルが提出されている.地殻の構成岩石を単純な変成岩の組合せと仮定したモデル[8]では,地殻最上部(5 km 以浅)は花崗岩質片麻岩,中部(〜20 km)は角閃岩・花崗岩質片麻岩・トナール岩質片麻岩の混合,深部(〜35 km)は苦鉄質グラニュライト・ざくろ石を含む苦鉄質グラニュライトの混合であり,深くなるにつれて,変成度が増加し $SiO_2$ 成分が減少する.しかし,Holbrook ら[7]は,岩石の推定には S 波速度情報が重要であることを唱え,例えば先カンブリア紀の下部地殻岩石を泥質変成岩あるいは苦鉄質グラニュライトとパイロクシナイトの混合とした.

### ● 反射法地震探査から見た大陸地殻

大陸地殻の構造研究は,1980 年代から導入された反射法地震探査によって飛躍的に進展した[9].比較的初期におけるもっとも重要な研究成果は,図3 に示すように,地殻の下部に顕著な反射体群が見られることである(反射的下部地殻).一方,地殻の上部は反射体に乏しい(非反射的(透明な)上部地殻).この特徴は,過去に伸張応力場が支配的であった地殻によく見られる.

しかし,その後の研究によれば,大陸地殻の反射法的構造は,上記のような単純なものではない.オーストラリア中央部や北アメリカ中央部の楯状地では,先カンブリア紀の造山運動や地殻の伸張と海盆形成に伴う構造をその深部まで確認できる.このような構造は,現在進行中の造構運動による構造と類似しており,現在と同様のプレート運動が先カンブリア紀(原生代)から継続していることを示唆する.また,古い構造が現在まで保持されているということは,楯状地が熱的かつ造構運動的に長期間安定であったことを示す.

これに対し,顕生代の地殻では,地殻に残されているべき過去の構造がその後の伸張応力場における延性的流動によって消され,反射的下部地殻が発達している.また,モホ面がかなり平坦であることも大きな特徴である.すなわちモホ面は,延性的変形やその後の火成活

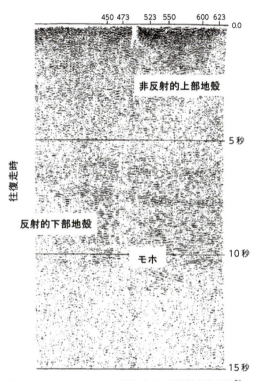

図3 Basin and Range 地域における反射法探査記録[6]

動の下で実現された再平衡状態を反映した"新しい構造"である.新生代の造山帯では,造山運動による地殻の根が明瞭である.ヨーロッパ側と地中海側(アドリア側)の地殻の衝突で形成されたアルプスでは,地殻全体の厚さが 50〜60 km を超え,さらに,ヨーロッパ側の地殻は裂けて下半分がアドリア側の地殻・上部マントルの下に入り込むデラミネーション構造を示す[10].

反射的下部地殻は,変形に伴う変成作用やマグマの貫入によって物性の異なる微細な層構造が形成されたと考えられている.上部地殻は脆性的であるのに対し,下部地殻は延性的で,その流動的変形が大陸地殻の発達過程に重要な役割を果たしている.反射的下部地殻と地殻の低比抵抗部分がよい一致を示すことから,下部不均質構造の形成への流体の関与も考えられるが,下部地殻の温度・圧力条件では流体が長期的に保持できないという反論もある.　　　　　　　〔岩﨑貴哉〕

## 7.8 大陸マントル

### ● 大陸下の上部マントル

　プレート運動に伴い，海洋リソスフェアは海溝から沈み込んでしまうため，その生成から2億年足らずで地球表層から消えていくが，大陸リソスフェア (continental lithosphere) は，離合集散を繰り返しながら数十億年にもわたって表層を漂い続けている．そのため大陸には，太古の地球史を探るうえで貴重な情報が残されている．

　大陸域は，クラトン (craton；安定地塊) と造山帯 (orogenic belt) に分類できる．クラトンは，太古代 (40〜25億年前) から原生代 (25億〜5.42億年前) にかけて形成された安定した陸塊で，大陸の芯を成し，ほぼ平坦な地形を示す．造山帯はプレートの衝突や沈み込みで形成され，とくに若い年代の活動域は高い地形で特徴づけられる．これら表層の地殻構造の違いは大陸下の上部マントルにも反映されている．図1は，深さ100 kmでの地球平均からのS波速度の変化を示す[1]．海洋域のアセノスフェアやプレート境界近傍の造山帯で低速度異常が見られる一方，大陸中央部では厚さ200 km以上にも達する厚いリソスフェアを有するクラトンを中心に，顕著な高速度異常が見られる．

### ● 大陸の根と異方性

　クラトン下の大陸リソスフェアの厚さは，地震波の解析によって得られる大陸下の高速度異常から推定でき，一般的に150〜250 km程度であるが，利用する波の種類によって，見かけの厚さに違いが生じる．図2は，大陸リソスフェアを異なる種類のS波で見た断面図である[2]．横波のS波には，水平面内で振動するSH波と，鉛直面内で振動するSV波がある．マントルを構成する鉱物の異方的性質や，マントル内の物質の流動の影響等により，これら2つのS波速度は必ずしも一致しない．この振動成分による速度の違いを示す鉛直異方性 (radial anisotropy) が，大陸リソスフェアの見かけの厚さにも影響を及ぼす．図2では，SV波よりもSH波のモデルにおいて，大陸リソスフェアが厚く見えている．その一因として，プレート下面付近での水平流によって生じるせん断力のために，SH波速度が相対的に大きくなり，大陸リソスフェアを厚く見せていると考えられる．

　この影響は，オーストラリア大陸の高解像度のS波速度モデル (図3) でも確認できる．クラトン下のSV波の高速域は，深さ約150〜200 kmまで見られ，その下の200〜250 km付近には，顕著な鉛直異方性 (SH波速度＞SV波速度) が見られる．とくに移動速度が速いオーストラリアプレート (約7 cm/年で北上) の下では，大陸リソスフェアとアセノスフェアの境界付近に強い水平せん断力が働いていると考えられる．

　また，高速に移動する大陸リソスフェアの底付近では，プレート運動に平行な方向に，顕著な方位異方性 (azimuthal anisotropy；伝播方向による速度の違い) の存在も確認されている[1]．一方，大陸リソスフェアの内部では，現在のプレート運動とはほぼ相関のない方位異方性が観測される．これらは，大陸リソスフェアの形成時や過去の変形過程等を記憶した凍結異方性 (frozen anisotropy) を表すものと考えられる．

　なお，クラトン下の大陸リソスフェアの"底面"は，地震波の観測ではあまり明瞭にみることができない．大陸域でのレシーバー関数解析では，大陸リソスフェア底面付近からの変換波がほとんど観測されないことから，シャープな境界面ではなく，漸移的に変化する境界層を成すと考えられる[3]．

### ● 大陸リソスフェア：長寿の秘訣は何か？

　厚い大陸リソスフェアがどのように形成され，それがなぜ数十億年も生きながらえたのかは，あまりよくわかっていない．大陸リソスフェアの厚さとクラトン

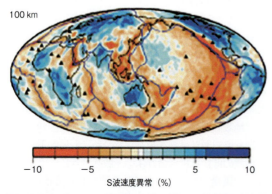

図1　深さ100 kmのS波速度分布．大陸内部の高速度領域(青色)がほぼクラトンの分布に一致する[1]．

7. 地球内部の地球物理学的構造

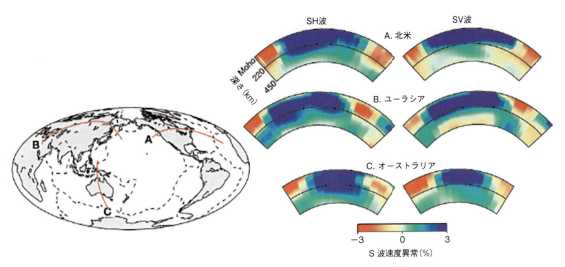

図2 SH波とSV波でみた大陸の見かけの厚さの違い[2]

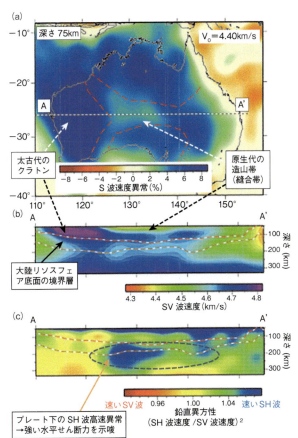

図3 オーストラリア大陸のS波速度モデルと鉛直異方性[3].
(a) 深さ75 kmでのS波速度異常. 赤点線はクラトンの境界線. (b, c) 大陸中央部でのS波速度および鉛直異方性の東西断面図. 点線 (赤, 茶) はそれぞれ, リソスフェアからアセノスフェアへの遷移境界層の上限と下限.

の形成年代には, 海洋の場合ほどの明確な関係は見られず, 海洋リソスフェアのような冷却モデルでは, 現在の大陸リソスフェアの厚さは説明できない. クラトン下の大陸リソスフェアは, それ以外のマントルに比べて地震波速度が速いうえに密度が小さく, 化学組成も異なると考えられ, さらに水も枯渇することにより, その粘性率が高くなっている (つまりかたい) とも考えられる[4].

クラトン下のリソスフェアが数十億年にわたり, マントル対流に取り込まれるのを防ぐには, それ自体のかたさに加え, その周囲にやわらかい領域が必要なことがシミュレーションの結果から示唆されている[5]. 図3のオーストラリア大陸の例では, 大陸を形成する西部・北部・南部の3つのクラトン間の中央には, 13億年ほど前にクラトン同士が衝突した際の造山帯の痕跡である縫合帯 (suture zone) が存在し, 最上部マントルに明瞭な速度コントラストが見られる. 縫合帯は長い歴史の間に何度も造山活動の影響を受けた一方, 隣接する古いクラトンは長期にわたり安定していることから, 太古代のクラトンの長寿に, その周囲の造山帯や縫合帯が重要な役割を果たしていると考えられる.

一方, 北米大陸下の上部マントルの密度異常分布に関する最近の研究から, 深さ200 km付近に存在するクラトンの根がマントル対流に引きずられ, プレート移動の向きに, 数百 kmほど水平にずれているとの報告もある[6]. このことは, 大陸の根が常に安定的なものではなく, マントル対流の影響を受けて長い時間をかけて徐々に変化しうることを示唆している.

〔吉澤和範〕

7.8 大陸マントル | 171

## 7.9 プレート沈み込み帯の地殻

プレート沈み込み帯は，海洋プレート（oceanic plate）が上盤プレートの下に沈み込むプレート収束境界である．上盤プレートは，大陸プレート（continental plate）である場合と海洋プレートである場合がある（図1）．

沈み込み帯の地殻および最上部マントル構造は，沈み込む海洋プレートの年代やできかたによって，また，上盤プレートが大陸プレートか海洋プレートか，等によって異なる特徴を示す．本項では，日本周辺の代表的な沈み込み帯として，南海トラフ，日本海溝，伊豆・小笠原海溝周辺の地殻および最上部マントル構造を例にあげて説明する．

### ● 沈み込む海洋プレートの多様な姿

日本周辺では，日本海溝〜伊豆・小笠原海溝で東から太平洋プレート，南海トラフで南からフィリピン海プレートが沈み込んでいる．海洋プレートは，海洋地殻と海洋マントルから成るが，同一のプレートでも一様な構造ではない．例えば，フィリピン海プレート上面にはところどころ凹凸があり，室戸岬沖東方には富士山級の海山が沈み込んでいる[1]（図2）．海山の下ではフィリピン海プレートの最上部マントルのP波速度は 7.4〜7.8 km/s と周囲より小さい．沈み込み角度は紀伊半島沖で深さに伴い最大 10°以上に達するが，その東西ではより緩やかになり，足摺岬沖では 8°程度になる．日本海溝付近では，プレートの沈み込み角度が地域によって異なるだけでなく，沈み込む方向に急変する特徴が確認されている[2]（図3）．沈み込むプレートの構造も場所によって違いが見られ，例えば，プレート上部の堆積層の厚さが福島沖では周囲に比べて厚い[3]（図3）．このような構造の違いが沈み込みに伴って地下深部に持ち込まれる水の量と関連することが近年明らかになってきており[4]，後述の上盤プレートの最上部マントル構造等にも影響すると考えられる．

### ● 大陸プレートと海洋プレートの収束境界

大陸プレートの表面は，厚い大陸地殻（7.7 参照）で覆われている．大陸地殻は，密度の小さい花崗岩で構成されているため，密度の大きい玄武岩やかんらん岩で構成されている海洋プレートのようにマントル内部へ沈んでいくことはできない．大陸プレートの下に海洋プレートが沈み込む代表的な場所は，環太平洋火山帯に沿って存在し，アメリカ西海岸やチリ沖，日本周辺では千島〜日本海溝，南海トラフ等である．しかし，それぞれの海域で，沈み込み帯の地殻および最上部マントル構造は一様ではない．

例えば，南海トラフのプレート沈み込み帯の地殻構造は，沈み込む海洋地殻，楔形堆積物，さらに陸側の岩石の3つから構成される（図2）．西南日本は，付加作用と呼ばれる海洋プレートの上にのった堆積物の一部が沈み込むことができずにはぎ取られ，上盤プレートの先端に次々と押し付けられる作用によって，付加体

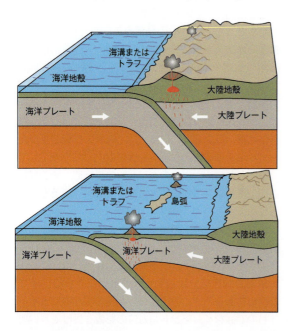

図1 プレート収束境界の模式図．（上）大陸プレートへの沈み込み帯，（下）海洋プレートへの沈み込み帯．

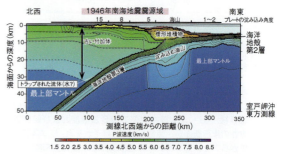

図2 南海トラフ（室戸岬沖）の地殻・最上部マントル構造[1]

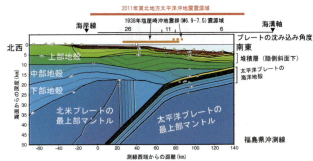

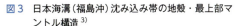

図3 日本海溝（福島沖）沈み込み帯の地殻・最上部マントル構造[3]

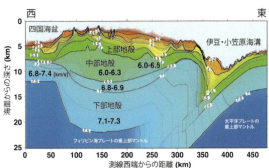

図4 伊豆・小笠原海溝（北緯32°付近）の沈み込み帯の地殻・最上部マントル構造の一例[6]

が形成されている．楔形堆積物とその陸側の岩石は，それぞれ主に新第三紀以降の付加体，白亜紀〜第三紀の付加体である．楔形堆積物の厚さは最大で10 km程度になる．小アンチル海溝（カリブ海），メキシコ沖中米海溝，アリューシャン海溝，スンダ海溝等でも付加体が発達している．南海トラフの楔形堆積物は約4.5 km/s以下のP波速度を持ち，やわらかい物質からなる．

一方，東北日本沖の日本海溝では，南海トラフほど大きな規模の付加体は形成されていない（図3）．ここでは沈み込むプレートが上盤プレートを削り込み，侵食し，海洋プレートとその上にのっている堆積物もろとも地球の中へ持ち去ってしまう現象が起きている．日本海溝のほか，ペルー・チリ海溝，グアテマラ沖中米海溝等でも同様の現象が起きている．堆積層（陸側斜面下）の下の岩石は，東北日本が日本海拡大前にユーラシア大陸の一部としてその東縁にあったときのプレート沈み込みによって形成されたものと，東北日本が大陸から分離した日本海拡大以降のプレート沈み込みによって形成されたものから成ると考えられ，東北日本の厚さ30〜40 kmの地殻につながる．この地殻は，上部（P波速度6 km/s以下），中部（6.2〜6.5 km/s），下部（6.6〜6.8 km/s）の3つに分けられる[5]（図3）．いずれも南海トラフの陸側の付加体より速度が大きく，かたい岩石でできていることを物語っている．また，陸側の最上部マントルは，岩手，宮城沖ではP波速度8 km/s程度だが，福島沖では7.5 km/sと小さくなっている．沈み込みに伴って地下深部に持ち込まれる水の量が福島沖で多く，最上部マントルを構成するかんらん岩が蛇紋岩化していると考えられている[3]．

### ●海洋プレートと海洋プレートの収束境界

沈み込む海洋プレートの年代は海嶺からの距離や移動速度によって決まる．古い海洋プレートは生成されたときに比べて十分冷たく密度が高いので，より温度が高くて密度が低い若い海洋プレートに比べて，マントル内に沈みやすい．伊豆・小笠原海溝は，若いフィリピン海プレートの下に古い太平洋プレートが沈む場所である．上盤プレートであるフィリピン海プレート上に南北にのびる伊豆・小笠原弧の地殻は，太平洋プレートの沈み込みによってフィリピン海プレート上の海洋地殻をもとに，45〜40 Maに形成され，現在も成長し続けている．現在の伊豆・小笠原弧の地殻は，上部（4.5〜6.0 km/s），中部（6.0〜6.5 km/s），下部地殻上下2層（6.5〜6.8 km/s，6.8〜7.5 km/s）から構成される（図4）[6]．鳥島より南方では，島弧の地殻の厚さが最大でも約15 kmと全体的に薄いのに比べ，北方では20 km程度の厚さになるなど，南北の構造の違いが見られる．また，中部地殻の厚さの違いとその地域の火山下で生成されるマグマの種類に関連があり，中部地殻が厚いところで玄武岩マグマが生成され，薄いところでは流紋岩マグマが生成されていると指摘されている．これらの構造の違いは，地殻の形成過程の違いを反映していると考えられる[6]．伊豆・小笠原海溝周辺の上盤プレートの地殻の厚さは，大陸プレート上にある東北日本弧と異なり，最大20 km程度と薄く，地殻が現在も成長を続けていることを示す下部地殻の7 km/s以上の高速度物質の存在等，形成途上にある地殻特有の構造の特徴が見られる．一方で，伊豆・小笠原海溝周辺でも，日本海溝と同様に付加体は発達しておらず，P波速度7.1 km/sの陸側の蛇紋岩化した最上部マントルが見られる[6]．　〔**仲西理子**〕

## 7.10 プレート沈み込み帯のマントル

グローバル地震波トモグラフィーでは沈み込み帯は背弧海盆(back arc baisin)，火山弧(volcanic arc)を含むマントルウェッジ(mantle wedge)は低速異常かつ地震波高減衰，沈み込む海洋プレートは高速異常かつ地震波低減衰という対照的な構造でイメージされている．マントルウェッジでは強い地震波異方性(seismic anisotropy)が見られる．S波スプリッティング(S-wave splitting)の測定によって，海溝の近くでは海溝に平行にS波速度が速いが，背弧(back arc)側では海溝に直交した方向が速くなる異方性の急激な変化が示されている．海溝に直交な高速方向の異方性は沈み込むプレートに伴うマントルウェッジでのコーナー流によるかんらん石の結晶選択配向に起因すると解釈されている．海溝に平行な高速方向の異方性に関しては様々な異方性生成メカニズムが提案されている．

### 日本の下の構造

ローカルトモグラフィーによって詳細な構造が明らかになってきており，図1に東北地方を横切るS波速度構造とP波減衰構造の断面図を示した．沈み込む太平洋プレートは高速かつ低減衰域としてイメージされている．マントルウェッジでは低速かつ高減衰域が深さ約100kmから斜め上方火山フロント下のモホ面まで連続的に見られる．この低速高減衰域は高温異常に加え数%のメルトが原因で，海洋プレートからの脱水が関係している．東北地方では深さ70～150km付近で沈み込んだ海洋地殻からの脱水によってプレート直上のマントルウェッジが蛇紋岩等の含水鉱物となったことに関連する低速度異常や地震波速度不連続等が明らかにされている．海洋プレートからマントルウェッジへ放出された水は主要岩石のかんらん岩(peridotite)の強度を低下させたり，融点を下げてマグマを発生させたりする．プレート内地震・プレート境界地震の発生や島弧火山は海洋プレートの水と深く関係している．

日本で沈み込んだ太平洋プレート(スラブ(slab))はおよそ30°の角度で沈み込むが深さ410kmと660kmの地震波速度不連続面に挟まれたマントル遷移層(mantle transition zone)でほぼ水平に横たわりその西端は中国大陸まで達している(図2)．水平に横たわるスラブはスタグナントスラブ(stagnant

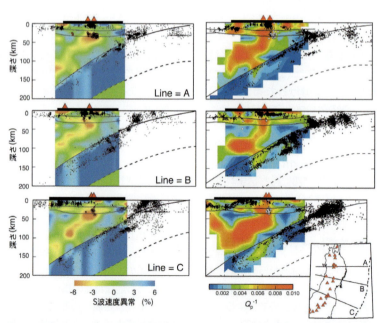

図1 東北を横切る(左)S波速度モデル[1]と(右)P波減衰構造モデル[2]．各断面上部の黒帯と赤三角は陸地と火山を表す．黒点は震源，赤丸・白丸は低周波地震源を示す．コンラッド面，モホ面，プレート面を黒線で示してある(図は文献3より)(付録1)．

7. 地球内部の地球物理学的構造

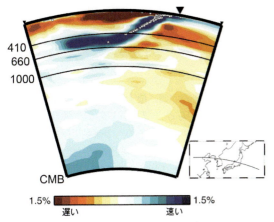

図2 日本を横切るP波速度モデルGAP_P4[4]のマントル断面．三角は海溝，白丸は地震を示す．

slab）と呼ばれる．スタグナントスラブが生じる原因の1つとして660 kmにおける上部マントル物質からより密度の高い下部マントル物質への相変化（phase change）が考えられる．この相変化は温度の低いスラブ内ではより深いところで起こる．スラブ内と周囲のマントルでの相変化の深さの差によってスラブ内に浮力が働く．この他にも海溝のプレート沈み込み方向と逆方向の移動（trench retreat）に関連している等様々な原因が指摘されている．スタグナントスラブが相変化を起こし，下部マントルへ突き抜けると再び負の浮力が働き沈降していく．図2のスタグナントスラブの下，より西方の核-マントル境界（core-mantle boundary：CMB）の上に高速異常が見られる．これは中生代初期〜中期に沈み込んだスラブの"墓場"で，当時の沈み込みが現在より西寄りであったことを反映していると考えられる．下部マントル上，中間部ではスラブに対応するような強い高速異常は見られない．

### ●世界の沈み込んだスラブ

図3は環太平洋の様々な沈み込み帯で沈み込んだスラブの様子を断面図で示したものである．深さ660 kmの上部マントル-下部マントル境界のそれぞれ上と下でスタグナントスラブが観測される場所で分類している．このようなスタグナントスラブの深さ変化は隣接した沈み込み帯でも起きている．トンガでは境界の上・下両方にスタグナントスラブが見られる．下部マントルでスラブが滞留する場合，その深さ約1000 kmで留まっているのがわかる．下部マントルでは沈み込んだ地殻が原因と考えられる地震波の散乱波が観測されているが，その散乱体の観測例は深さ1000 kmまでが多い．これは下部マントルスタグナントスラブの深さを反映していると考えられるが，なぜ1000 kmでスタグナントスラブが観測され，1500 kmを超えて観測されないのかはわかっていない．

〔大林政行〕

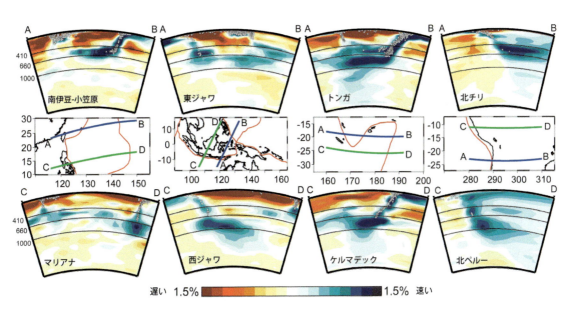

図3 環太平洋の様々な沈み込み帯におけるP波速度モデルGAP_P4の断面．中段の地図中の青線，緑線はそれぞれ上段，下段の断面図の位置を表す．上段は上部マントル，下段は下部マントルでスタグナントスラブが見られる．

7.10 プレート沈み込み帯のマントル | 175

## 7.11 中央海嶺の地殼

### ● 中央海嶺での海洋プレート生成

中央海嶺は海洋プレートの拡大境界で作られる．そこでは，離れていく2つのプレートの間を埋めようと，マントルが上昇してくる．温度の高いマントルが上昇中に圧力が下がって，一部は溶けてマグマになり，玄武岩質の海洋地殼が作られる．海洋プレートは海洋地殼とマントルの最上部がかたくなった領域でできている．できたての海洋プレートは温度が高いため，高まり地形になる．プレート境界から離れて年代が経つにつれて，プレートが海底で次第に冷やされて，密度が高まった最上部マントルの領域が厚くなり，重みを増して沈降するため，水深は深くなっていく．そのため，プレート拡大境界に沿って連なる直線状の海嶺が形作られる．この海嶺をとくに中央海嶺という（図1）．プレート拡大境界の位置は海嶺軸という．

中央海嶺の総延長は地球1周半ほどの約7万kmあり，中央海嶺で現在の地球上のマグマ生産率の60～80%を占める，海底にある長大な火山山脈である．標準的な火成岩の海洋地殼は，平均厚さ6 kmで，マグマが噴出して固化した玄武岩溶岩・岩脈層の上部地殼（厚さ約2 km）と，深部で固化した斑れい岩層の下部地殼（厚さ約4 km）で構成されている（図2）．この海洋地殼と，その下の最上部マントル層であるマグマが抜けたかんらん岩層との境界が，海洋におけるモホロビチッチ不連続面（モホ面）である．

プレート上面の地殼，最上部マントル層は割れやすい（脆性的）層になる．プレートの引っ張りにより脆性層が割れて破壊されるため，海嶺軸に平行な方向に正断層群が発達する．海嶺斜面は，アビサルヒルと呼ばれる起伏数百m～1 kmの海嶺軸に平行な直線状の峰と谷の連続になっており，階段状に海洋底が下がっていく．

### ● 中央海嶺のセグメント構造

海嶺軸は数百km間隔で所々，それとほぼ直交したトランスフォーム断層により，数十～数百kmの距離を水平にずれている（図1）．トランスフォーム断層は，2つのプレートが互いにすれ違う横ずれ断層である．トランスフォーム断層とそれに続く断裂帯の走向は，プレート運動の方向を示している．トランスフォーム断層の他にも海嶺軸は距離10 km以下のずれでも分断され，海嶺は数十～100 kmの間隔の長さごとにセグメント化されている．この海嶺セグメントという地形の区切りは，海洋地殼形成過程と関連している．マグマを含んで軽くなったマントルは，3次元的なかたまり（マントルダイアピル）となって上昇すると考えられる．海嶺セグメント中央はダイアピル上昇中心でマグマが最大に供給される場所で，端に向かうにつれてマグマの供給は少なくなる．隣り合う海嶺セグメント同士，半ば独立した地殼形成が行われるので，セグメント端で海嶺軸のずれとなって現れる．

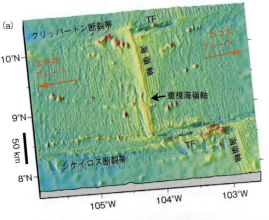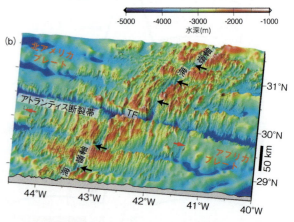

図1 （a）拡大速度の速い東太平洋海嶺（北緯8～10°，ここでのプレート両側拡大速度は10 cm/年），（b）拡大速度の遅い大西洋中央海嶺（北緯29～31°，プレート両側拡大速度2 cm/年）のマルチビーム音響測深による海底地形．TFはトランスフォーム断層，黒矢印は海嶺軸のずれの位置，赤矢印はプレート拡大方向を示す．

## 7. 地球内部の地球物理学的構造

### ●高速拡大海嶺と低速拡大海嶺

中央海嶺での海洋プレートの拡大速度は，1〜18 cm／年（2つのプレートが海嶺の両側に離れていく速度）の範囲がある．拡大速度の違いにより中央海嶺の構造は変化する．

拡大速度の速い中央海嶺下は，マントルが高速に上昇しているため，高温である．したがって，海嶺軸は緩やかに盛り上がる（図1）．マグマ供給量が多く，活発な火成活動，海洋地殻の生産が起こっているため，海嶺軸に沿った方向に，地殻の層構造，厚さは均質であり，水深の変化が小さい（図2）．地下温度が高いため脆性層が薄い．したがって，落差が小さい断層が発達し，断層間の間隔が狭くなるため，アビサルヒルの比高，間隔は小さい．現在の地球上の海洋プレート面積のおよそ半分は，高速拡大海嶺の産物である．

拡大速度がおよそ3 cm／年以下の遅い中央海嶺になると，マントルが低速に上昇して地下温度が低いため，脆性層が厚くなり，プレートの引っ張りにより海嶺軸は，中軸谷と呼ばれる幅20〜30 km，深さ数 kmの谷になっている（図1）．マグマ供給率が低いために火成活動が非活発で，プレート拡大の伸長量に見合う海洋地殻生産が不足気味になる．海嶺セグメント中央で地殻が厚くなり水深は浅いが，海嶺軸に沿ってセグメント端に向かうにつれてマグマ供給が少なくなり，地殻は薄くなり，水深は深くなる（図2）．地殻は成層構造にならずに，深成岩の斑れい岩，かんらん岩が海底に露出する場所もある．海底・地下浅所では，かんらん岩は海水と反応して蛇紋岩に変質する．地下温度が低いため脆性層が厚くなり，落差の大きい断層が発達する．1つ1つの断層の活動期間が長くなるため，アビサルヒルの比高，間隔が大きくなる．セグメント端に向かって，断層・アビサルヒルの落差・比高，間隔はより大きくなる．そのため，セグメント端では，断層下盤の下部地殻の斑れい岩層やマントルかんらん岩層は，より地下浅所に引き上げられることになる（図2）．

### ●中央海嶺での熱水循環

中央海嶺では，海洋地殻内で活発な高温<u>熱水循環</u>が起こる．海水は，まだ堆積層に覆われていない海底に露出する，高透水性の岩石や断層を通じて，海洋地殻に浸み込む．海水の流入域は広い範囲におよび，ゆっくりとした流速で侵入すると考えられている．浸み込んだ海水は，海嶺軸付近の地下の高温岩体の熱源により加熱され熱水になる．中央海嶺の水深の水圧下では温度300〜400℃まで上がる．高温の熱水は，周囲の岩石と化学反応を起こし，熱水自身および岩石の化学組成を変化させる．熱水は上昇流となり海底に還ってきて海水中に拡散する．熱水循環は地球の物質循環の重要なプロセスの1つである．高温の熱水は，狭い流出域の熱水噴出孔から勢いよく噴出する．熱水が高温のまま海底に噴出し温度約2℃の周囲の海水と混合し冷やされた場合には，熱水に溶けていた重金属の硫化鉱物が析出するため黒色に濁る．このような熱水噴出孔は<u>ブラックスモーカー</u>と呼ばれる．析出物は周辺の海底・海底下に沈殿し熱水性金属鉱床となる．

高速拡大海嶺では，火成活動が活発であるため熱水噴出域が数多く，海嶺軸沿いに100 kmの距離におよそ2〜3地点の割合で存在するが，低速拡大海嶺に比べて小規模である．低速拡大海嶺では，地殻構造に多様性があるので，熱水域の規模，熱水の化学組成も多様である．低速拡大海嶺では，流路の周囲の岩石として玄武岩質層の他にかんらん岩層がある．かんらん岩と熱水との反応では水素が発生する．

〔富士原敏也〕

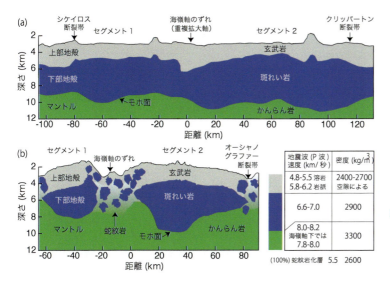

図2 (a)東太平洋海嶺（図1(a)海域），(b)大西洋中央海嶺（北緯34〜35.5°，プレート両側拡大速度は2 cm／年）の地震波探査に基づいた海嶺軸に沿った方向の地殻構造断面．

## 7.12 中央海嶺下のマントル

　世界の海洋底に連なる大山脈は，中央海嶺（mid-ocean ridges）と呼ばれる海洋プレート（oceanic plate；海洋リソスフェア（oceanic lithosphere）とも呼ばれる）の生成場である．海洋リソスフェアの形成プロセスは，中央海嶺玄武岩（mid-ocean ridge basalt：MORB）の岩石学的・化学的分析や地球物理学的観測，計算機によるシミュレーション等により，多角的に研究されている．

### ●地球物理学的観測による描像

　マントルの構造を描像する地球物理学的観測手法としては主に地震学的手法と電磁気学的手法が用いられる．前者は地震波速度，後者は電気伝導度の分布としてマントルを描像する．グローバルな表面波速度構造の研究からは，深さ約100 kmよりも浅いマントルでは，低速度領域が中央海嶺に沿って分布していることが知られている．より詳細な構造は，中央海嶺近傍での海底観測機器を用いた高密度な観測によって得られているが，そのような研究はまだ限られた海域でしか行われていない．

　高密度観測に基づいてもっともよく研究されているのは，高速に海洋底が拡大する東太平洋海膨（East Pacific Rise：EPR）である．EPR直下には，地震波の低速度領域あるいは高電気伝導度領域が明瞭に描像されている．図1にEPRの南緯17°近傍で得られたS波速度構造[1]と北緯9°近傍で得られた電気伝導度構造[2]の例を示す．海嶺軸を横切る断面でみると，低速度または高電気伝導度領域はおおよそ海嶺軸に頂点を持つ三角形を成している．EPR南緯17°では拡大軸からやや離れた海底下の地震波速度・電気伝導度の描像も得られている[3,4]．それらによると，低速度かつ高電気伝導度の層が，深さ100 kmを中心にほぼ一様に分布している（図2）．

　より詳細にみると，EPR南緯17°の構造は海嶺軸の東西で非対称性が強く（低速度領域，高電気伝導度異常が海嶺軸の西側でより大きい），海洋リソスフェア形成のプロセスには，よりローカルな多様性があることを示唆している．

### ●中央海嶺下のマントルダイナミクス

　中央海嶺下のマントルで進行している基本的なプロ

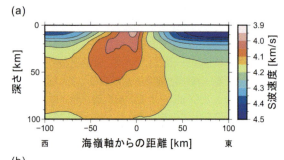

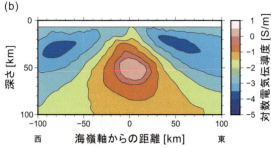

図1　(a) 東太平洋海膨南緯17°のS波速度構造[1]，(b) 同北緯9°の電気伝導度構造[2]

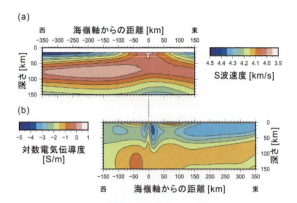

図2　(a) 東太平洋海膨南緯17°周辺のS波速度構造[3]，(b) 同海域の電気伝導度構造[4]

セスは，おおよそ以下のように理解されている．中央海嶺ではプレートが両側へ広がるために生じる隙間を埋めるように，マントル物質が受動的に上昇してくる．岩石が溶け始める温度はソリダス（solidus），完全に溶けてしまう温度はリキダス（liquidus）と呼ばれる．ソリダスとリキダスの間の温度では，固相と液相（メルト；melt）が共存する部分融解（partial melting）状態となる．ソリダス・リキダス温度は深い（高圧下

7. 地球内部の地球物理学的構造

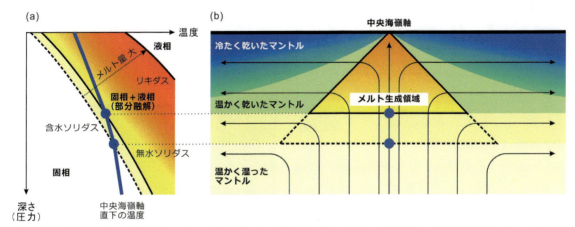

図3 中央海嶺下マントルで想定されるプレート生成プロセスの概念図．(a) マントルの相平衡と中央海嶺直下の温度分布．(b) 中央海嶺軸に直交する方向の深さ断面図．矢印はマントル物質の流れを示す．上昇流成分を持つ三角形の領域では減圧融解による部分融解が進行する．

ほど高いので，マントル物質が断熱的に上昇してくると，圧力解放の効果によって部分融解を開始し（減圧融解），浅部へ上昇するほどメルト量が増す．マントルにはごく少量の水が溶け込んでいると考えられていて，その場合のソリダス温度は無水の場合のソリダス温度よりも低い．したがって部分融解はマントルが無水のときよりも深部から進行する（図3a）．ただし含水ソリダスと無水ソリダスの間では，生成されるメルトはごく少量と考えられている．近年ではマントル中の二酸化炭素による同様の効果も議論されており，この場合融解開始深度はさらに深くなる．

中央海嶺軸に直交する方向の深さ断面で見ると，部分融解は，マントルの流れが上昇成分を持ち，かつソリダス温度よりも高温となる三角形の領域で進行する．メルト量がある程度以上になると，メルトは周囲のマントル物質と分離して上昇し，集積する．集積したメルトの一部は海底に噴出し，海洋地殻を生成する．部分融解プロセスにおいて，マントル中の水はメルトに濃集する特性があるので，溶け残りマントル物質は水に枯渇する．溶け残りのマントル物質は，中央海嶺の左右へと広がっていく過程で，上面から冷やされる．したがって海嶺軸から離れるほど，冷たい層が厚くなる．含水ソリダスと無水ソリダスの間の深さでは，メルト量が限定的であるため，固相はなお水を含み，メルトは濃集できずに固相マントルと共に横方向に広がっている可能性がある（図3b）．

● 地震波速度構造・電気伝導度構造の解釈

EPRの海嶺軸直下で観測された，三角形の低速度領域や高電気伝導度領域は，部分融解が進行している領域を描像したものと考えられる．海嶺軸から離れた浅部マントルは，高速度・低電気伝導度で，海嶺軸から離れるに従って冷却される，水に枯渇したマントルと説明できる．

海嶺軸から離れた深さ約100 kmの低速度層および高電気伝導度層は，マントルが温かく湿っていることによる効果で解釈されている．地震波の低速度と高減衰については，マントルが水を含むことによる非調和効果と非弾性効果を考慮に入れることで説明することが試みられている．高電気伝導度は，固相マントル中の水の効果または連結した水・二酸化炭素が溶け込んだメルトによる効果，あるいはその両方での説明が試みられている．メルトが両者の異常にどの程度貢献しているかという定量的な議論は現在も続いている．

〔馬場聖至〕

7.12 中央海嶺下のマントル | 179

## 7.13 マントルプルーム

マントルプルーム（以下プルーム）とは，地球深部の核-マントル境界（以下 CMB）やマントル遷移層等熱境界層からの上昇流であり，ホットスポット火山活動の原因として提唱されている[1]．地球上の火山活動のうち，海嶺やプレート沈み込み等プレート運動に伴うもの以外に，プレート内の火山（ホットスポット）がある．ホットスポットはしばしば直線状に並ぶ火山列を伴う．典型的な例はハワイ火山列である．現在活発な火山活動が起きているハワイ島から西北西の太平洋プレート運動方向に火山列が並んでいる（図1）．これは，西北西に移動する太平洋プレートに，地球深部に固定された高温プルームによってマグマが供給され続けていると考えれば説明できる．理論や実験によれば高温のプルームはマッシュルームのように横に広がったプルームヘッドとそこから下に延びる直径数百 km のプルームテールからなる（図2）．世界各地に分布する玄武岩に覆われた広大な地域（巨大火成岩区）が，プルームヘッドによる大規模火成活動によるものだという解釈がある．プルームがホットスポットや巨大火成岩区の原因とする考えにはまだ異論があり，活発な論争が続いている．

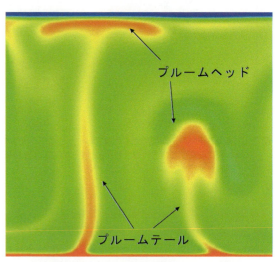

図2 数値シミュレーションによる高温プルームの形状．赤が高温，緑が低温（柳澤孝寿氏提供）．

### ●地震波トモグラフィーによる描像

プルームは周囲よりも高温であるため，地震波トモグラフィーでは低速度異常として検出されるはずである．ホットスポットと CMB 付近の地震波速度マップを比べると，南太平洋とアフリカ大陸下に広大な低速度異常があること，ホットスポットがその異常域やその近くに位置している（図3）．これはホットスポットへの CMB からプルームが上昇していることを間接的に示している．近年，地震観測によっていくつかのホットスポット直下に下部マントルから表層に延びる低速度異常が見出されており（図4），マントルプルームと

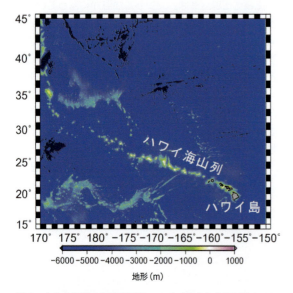

図1 中央太平洋の海底地形図．ハワイ島から北西に連なっているのがハワイ海山列．

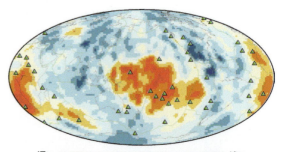

図3 CMB 直上の S 波速度[2]．緑△はホットスポット．赤が低速度，青が高速度．カラースケールは平均からのずれ(%)．

7. 地球内部の地球物理学的構造

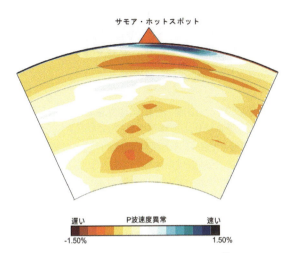

図4 サモア・ホットスポット下のP波速度構造[3]

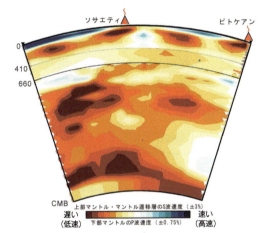

図5 南太平洋の地震波速度構造[4]. ソサエティホットスポットを通る北西―南東断面を示す. 赤が低速度, 青が高速度.

解釈されている. また, 南太平洋とアフリカ大陸下では, CMB から深さ 1000 km までは巨大な低速度異常があり, その上から細い低速度異常がホットスポットにつながっているところもある (図5). 図2のようなヘッドとテールからなる単純な形状の高温プルームが観測されることはむしろ少なく, プルームは高温であるとともに, 化学組成も異常があると考えられている. また, 現在の観測による地震波トモグラフィーの分解能では, 下部マントルの細いプルームテールの描像を得るのは難しいこともあり, 今後の観測の充実が必要である.

● 電磁気トモグラフィーによる描像

プルームの温度・組成異常を推定するためには, 地震波速度と独立の情報である電気伝導度が有用である. 近年, 太陽の磁気嵐の磁気シグナルに対する地球内部のレスポンスを電位差計や磁力計でとらえ, マントルの電気伝導度構造を推定するマグネトテルリック法 (MT 法) という手法が発達し, マントルの3次元電気伝導度構造が推定できるようになってきた. タヒチ島近くのソサエティホットスポット直下では, 少なくとも深さ 400 km から電気伝導度の高い直径約 200 km のプルームが捉えられている. 電気伝導度は非常に高く, このプルームは高温であるとともに水や二酸化炭素等の揮発性成分を含んでいるらしい. MT 法では下部マントルに対する分解能がないため, このプルームが下部マントルから上昇しているかどうかわからないが, 地震波トモグラフィーの結果と比較すると, 下部マントルから上昇している可能性が高い. プルームの温度や揮発性成分の量については, 今後地震波トモグラフィーの結果と併せて解析することによってより明らかにできるであろう. 〔末次大輔〕

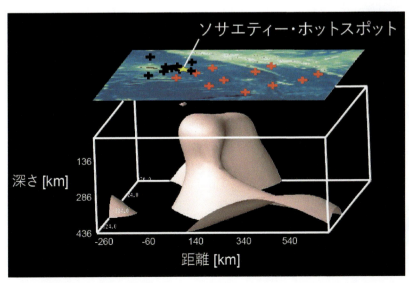

図6 ソサエティホットスポット直下の高電気伝導度異常. 伝導度 0.3 S/m 以上の領域をピンクで示す[5].

7.13 マントルプルーム | 181

## 7.14 下部マントル，D″，核−マントル境界

下部マントルとは，深さ 660 km からマントルの底（深さ 2890 km）までの範囲を指し，その体積は地球全体の約 6 割を占める．全体として上部マントルと比較して地震波速度の水平方向不均質は弱いが，最下部約 200～300 km（D″層）は地震波速度不均質が強く，コアとマントルの境界層（核−マントル境界）とみなされている．下部マントル不均質は，地球の 1 次元構造が確立してきた 1980 年代より研究の方向が 3 次元構造に移行したころから数多くのモデルが提案されている．その概略は別項にある通りなので，ここでは下部マントルに特徴的な構造を取り上げる．

### ● 環太平洋下の小規模不均質

環太平洋沈み込み帯で起きた深発・やや深発地震の地震波アレー観測から，沈み込み帯下深さ 1100～1800 km にある数 km スケールの不均質物質によって散乱された地震波が検出されている．不均質物質は沈み込み帯下深さ 1100～1800 km に分布しており，沈み込んだスラブ上部にある海洋地殻からの散乱波だという解釈が有力である．

### ● 大規模 S 波低速度体（large low shear velocity province : LLSVP）

全地球トモグラフィーにおいて，アフリカと太平洋中央部のマントル最下部に低速度領域は P 波，S 波ともに 1980 年代より検出されていた．しかし，低速度・高速度ともに S 波の速度変化は P 波よりも大きく，S 波以外にも比較的観測されやすい ScS 波，SKS 波の走時や波形解析から S 波の速度構造について個別的な研究例が増え，LLSVP という呼称が定着している（図 1）．アフリカ大陸の東部に展開された臨時地震観測のデータに基づいた以下のようなモデルが提唱されている．アフリカ大陸の下にある LLSVP は大きな 1 つの塊であり，そこから城壁のような低速度域が南西方向に伸びてインド洋にまで達している．一方，太平洋下の LLSVP については，海域の地震観測点が少ないために，全容解明にはほど遠いが，大きなひとかたまりというよりはいくつかの低速度領域が赤道上に並んでいる姿が提案されている．

### ● D″不連続面

1980 年代より直達 P 波のアレイ解析より，マントル最下部 200～300 km に不連続面の存在が示唆されていた．その後の観測によって震央距離 70°～80°で S 波と ScS 波の間に検出された未知の位相がマントル最下部の不連続面からの反射波（SdS）であるという解釈が定着してから，その存在が広く認められるようになった（図 2）．その厚さが D″層と近いことから

図 1　マントル最下部における S 波速度の地域変化．赤は地震波速度が標準より遅いところ，青は速いところを示す．太平洋直下に見られる大きな低速度領域が LLSVP．

# 7. 地球内部の地球物理学的構造

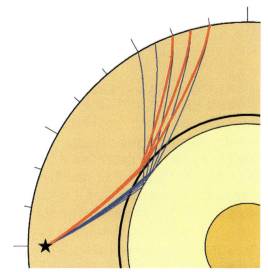

図2 核-マントル境界で反射するScS波（青）とD″不連続面で反射するSdS波（赤）の地震波線．太い実線の位置がD″不連続面が存在する深さに相当する．星印は震源．

D″不連続面と呼ばれる．この不連続面はどこでも検出されるわけではなく環太平洋地域に多い．全地球トモグラフィーで見られる高速度地域とよく一致している．その成因は長らく謎であったが，2000年代のペロフスカイト（PV）－ポストペロフスカイト（PPV）相転移の発見で一応の決着を見た．不連続面の深さと相転移の発生する深さを対比することによって，D″最上部の温度や温度勾配，ひいては核-マントル境界における熱流量を推定するための指標になることが期待される．今後は組成の違いに伴う相転移の深さ変化やPVとPPVが共存する領域の有無についての解明が待たれる．

## ● 超低速度領域（ultra-low velocity zone：ULVZ）

PcP先行波，SKS後続波の詳細な解析から，P波速度が約10%減少し，厚さが5〜40kmしかない薄い層がマントル最下部に存在するという説が1990年代に提案された．この層をULVZと呼ぶ．さらにScPに対する先行波・後続波の走時差や振幅比から，層厚・P波速度減少量だけでなく，S波速度減少量や密度増加量も推定されている．しかしながら，ULVZはどこにでも存在するわけでない．一時はLLSVPの周辺域に多く分布するという見方もあり，地表のホットスポット分布との相関も議論されたが，それとはまったく関係ない地震波速度高速度域の真ん中でも検出されている．また，ULVZの成因については，S波速度の減少率がP波の場合の3倍あるという観測（dVs：dVp＝3：1）に基づいて，部分融解しているという解釈が優勢であり，マントル・プルームの発生場所という解釈もなされていた．しかし，最近の報告例では，P波速度減少の割合が必ずしも10%でもなく，S波の速度減少率がP波の3倍でもない場合がある．そのため，コアから鉄が混入して形成されたというアイデアも有力である．

## ● 異方性

地震波速度異方性は媒質の変形や流動に伴う選択配向によって生じ，地殻や上部マントルで強く下部マントルの大部分で弱いと考えられているが，マントル最下部のD″で再び強まると考えられている．とくにS波速度の鉛直異方性に伴うScS波や回折S波のSH成分とSV成分のスプリッティングが数多く観測されている．興味深いことに全地球トモグラフィーの結果との対応が指摘されている．例えば，環太平洋地域の高速度域では$V_{SH} > V_{SV}$となり，水平方向の流動が卓越するためと解釈されている．一方，太平洋中央部直下のようなLLSVPにおいては，$V_{SH} > V_{SV}$と$V_{SH} < V_{SV}$が混在している．これは局所的にマントル・プルームによる上昇流が存在しているためと解釈されている．

地殻や上部マントルで観測されている方位異方性については，まだ十分な観測例はない．

## ● 核-マントル境界の地形

1960年代より地球回転の揺らぎを説明するために，核-マントル境界に凹凸の存在する可能性が議論されていた．このパターンと振幅は，マントル対流のシミュレーションにおいて，マントル粘性率の深さ変化を決めるためにも必要な情報である．

地震学的に解析されるようになったのは1980年代後半であり，当初，地震波走時の解析から空間的波長数千kmにおける凹凸の振幅が10kmを超えるというモデルが提唱されていたが，近年はその振幅が約3km以下であろうと見積もられている．凹凸のパターンとしては環太平洋地域で沈み，太平洋やアフリカ直下で盛り上がっているような結果が示唆されているが，さらなる検証が必要である．一方，地震波の散乱波の解析から空間スケール約数十kmの凹凸の振幅が約300mと推定されているが，D″の小規模不均質に起因する散乱波による影響の区別が困難であるため，これより小さい可能性が高い． 〔田中　聡〕

## 7.15 外核の構造

### ●外核の構造

ここでは地球の外核の，地震波速度，密度，圧力，温度，の鉛直方向分布について解説する．マントルと比べ，外核の水平不均質は弱いと考える根拠があり鉛直速度構造モデルの物理的意味はより明快である．

### ●外核全体について

#### ◎P波速度 (Vp)

地震波速度 (Vp) の構造はもっとも高精度でわかっている．外核を伝わる実体波のP波をPKP波と呼ぶ．外核は液体でありS波は伝わらないとされている．核のVpがマントルと比べて著しく低速度であり，PKP波は外核中央以浅では最深点を持たない (図1)．これは外核全体のVpを決めるには不都合であるが，マントル中をS波として伝わり核をP波として伝わる波 (SKSとSKKS) が全地球的に多数観測され外核の浅部でも最深点を持つ (図1)．マントルの平均的鉛直S波速度構造がよくわかっているので，SKSとSKKSの走時の解析により外核全体のVp構造は精度よく決まる．これらの実体波より深さ方向の解像度は劣るが，自由振動モードの固有周期からもVpを制約できる．

最近の全地球的地震波速度モデルとして，PREM，IASP91，SP6，AK135 等がある．外核についてこれらのモデル間Vpの違いは0.2%程度 (最大約0.4%) でしかない (図2)．ただし外核の最上部と最下部では，モデル間の違いはより大きく0.5% (最大約1%) 程度である (図2)．もっとも新しいAK135[2]でも1995年の発表であり，外核のVp鉛直分布は現在ほぼ確立されていると見られる．

外核半径つまり核-マントル境界 (CMB) の半径は，PcPの走時等を用いて精度よく決まる．上記のモデル間の差から判断して，CMB半径は±1km程度の精度で決まっていると思われる．CMBが凹凸を持つ可能性はあるが，地球回転を用いたCMBの扁平率の推定を例外として凹凸の確かな見積もりはまだない．一方内核-外核境界 (ICB) の半径の決定にはPcPとPKiKP走時差がよく使われる (図1)．

#### ◎密度

外核の密度を観測から直接決めることはVpより難しい．外核全体が対流でよく混ざっていると仮定すれば，均質で断熱的な場合の密度勾配が計算できる．CMBの半径，測地学的観測に基づく地球の慣性能率と全質量を併せ，実体波Vpモデルを用いて密度分布の第一次近似モデルができる (アダムス・ウイリアムソンの方法)．この初期モデルと，実体波走時や自由振動の固有周期を用いて，より高精度の密度モデルが決まる．外核の最下部と最深部を除けば，深さ200km程度の範囲を平均した密度はおよそ±0.5%以内の精度で決まる[3]．初期モデルを用いないモンテカルロ法でも食い違いの程度は高々±250kg/m$^3$ (±2%) である．密度構造から圧力分布も決まる．ある深さの圧力は，それより上部の密度の積分値を反映し，密度構造の詳細には鈍感であるため，外核の圧力はきわめて高精度で決まる．磁場の西方移動等により推定される核内の流れの力学的考察から，密度の相対的水平揺らぎは高々10$^{-4}$程度と見られている[4]．

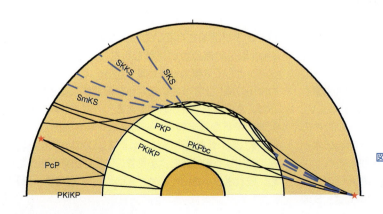

図1 外核の構造決定に使われる地震波の波線．実線はP波．波線はS波を表す．半円は内側から，ICB，CMB，地表を表す．星印は震源を表す．

### ◎その他の地震波に関わる物性

外核は液体と考えられているが,外核をS波が伝わらないことを立証することは実は容易でない.地球の潮汐に対する応答や自由振動モードを解析することで,外核の剛性率の上限が,1GPa程度(体積弾性率の1000分の1)以下とされている.外核の地震波減衰($Q\kappa^{-1}$)はPKP波の振幅スペクトルや自由振動の振幅を用いて推定できる.しかし減衰が非常に小さいことからその正確な見積もりは難しく,$Q\kappa^{-1}=0$にきわめて近いと仮定されることが多い.外核の粘性の観測による確かな見積もりはまだない.

### ● 外核最上部

外核最上部700km程度のVp構造は,前述のSKSとSKKSのデータに,CMBにおいて多重回反射するSmKS(m=3〜6)を加えることにより高精度に決まる(図1).外核最上部およそ300kmの範囲ではVpの鉛直勾配がその下の外核中央部よりも有意に急になっており[1],そこに安定した成層構造が存在する可能性がある(図2のKHOMCモデル).鉄の電気伝導度に関する第一原理計算等から示唆される外核の高熱伝導率が正しいとすれば,この成層構造が熱的に形成された可能性もある.しかし外核の圧力条件における液体金属のVpの温度依存はきわめて小さく,観測された構造は何らかの化学組成の鉛直不均質が存在すると考えるのが妥当である.

### ● 外核最下部とICB

外核最下部あるいはICBの上200kmほどの深さ領域は時にF層と呼ばれ,1930年代から色々な波を用いて調査されてきた.そこではVp勾配が異常に小さいとされることが多いが,必ずしもそうはいえない.外核最下部を通過するSKSやSKKSはVpの決定にそれほど多く用いられておらず,内核のPKP波に関連する観測(PKPbcとPKIKPの走時差や振幅比等)は,内核のVpの不均質構造や減衰に影響されている.これらの理由からF層のVpを精度よく決めるには,内核構造には大きく依存しない観測が必要である.PKiKPとPKPbcの走時差やPKPbc波の周波数分散の解析によれば,F層周辺の速度勾配に大きな異常は認められない地域がある[5].内核・外核境界は通常非常にシャープだと考えられているが,凹凸や直下の内核の小さいスケールの不均質などが示唆されている.ICBでの密度ジャンプは$1.0 g/cm^3$を超えないと見られており[6],自由振動で求めたジャンプの方がPKiKPの振幅から決めたものよりも大きい傾向が指摘されている[7].

### ● 外核の温度

マントル岩石の融点より外核最上部(CMB)での温度の上限が決まる.またICBの圧力における鉄合金の融点が外核最下部の温度を表わす.外核中の温度勾配は,断熱温度勾配に近いと考えられるので,熱膨張率や体積弾性率等の物性値を用いて精度よく推定できる.純鉄の融点は,衝撃圧縮実験,DACによる静的圧縮実験,第1原理計算等を総合して見積もられる.現時点の最良の見積もりでは,外核最下部の温度は6000±500K,最上部の温度は4000±500Kである.高圧実験における融点決定の不確かさや鉄合金組成の融点降下の正確な見積もりの困難から,精度を大きく向上させるのは容易でない.

〔金嶋 聰〕

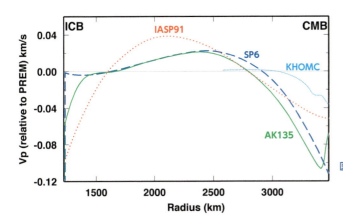

図2 外核のVp構造のモデル.横軸は地球中心からの距離(km).縦軸はPREMのVpからの差(km/s)を表す.細い点線で示したKHOMC[1]は外核上部のみのモデルである.

## 7.16 内核

内核とは，地球の中心にある半径約 1200 km の領域である．有限の S 波速度が確認されているため，液体ではないと考えられているが，完全な固体とみなすにはその S 波速度はあまりにも小さい．内核の体積は地球全体の約 0.7% しかない．しかしながら，成長に伴って軽元素を放出することで地球磁場の維持に貢献し，地球磁場の極性を安定させる等，その役割は決して小さくはない．

### ● 内核・外核境界

地球磁場の原因であるジオダイナモを維持する機構の一つに 内核-外核境界 (inner core boundary：ICB) からの軽元素放出による組成対流が議論されている．その寄与を明らかにするためには，ICB での密度差に関する地震学的情報は重要である．ICB での反射波 PKiKP の振幅から推定された値は 0.4～0.6 g/cm$^3$，一方，自由振動から推定された値は約 1.0 g/cm$^3$ とやや高めである．ただし，自由振動で推定された値は，ICB を挟んで上下 500 km の範囲の平均値であるため分解能が低い．したがって，空間分解能の高い PKiKP から推定された値との不一致は，密度が ICB で一気に増加するのではなく，ICB の下で徐々に増加していることを示唆している．

一方，内核成長のメカニズムも興味深い．従来は，外核の温度分布と鉄の融点分布が ICB 直上で交差すると考えられていたので，ICB では組成的過冷却によって不純物が外核に排出され，やや純度の高まった鉄分が内核に取り込まれ，ICB には樹木状結晶が形成されると考えられていた (図 1)．

しかし，核内の温度分布と鉄の融点分布が外核の最上部や中心部で交差する場合は，ICB から離れた地点で鉄の結晶が晶出し，ICB に降り積もる場合も考えられる (図 2)．

図 2 外核内で晶出した鉄の結晶が ICB (破線) に降り積もることによって成長する内核のイメージ

### ● 内核の S 波速度

1936 年にレーマンによって内核が発見されたときは，P 波速度構造しか明らかにならなかったが，その当時から内核は固体であるとの予想がなされ，内核を S 波で通過する PKJKP 波の探索が行われてきた．しかし，確実な観測例が報告されないまま月日が過ぎ去り，1970 年代に観測され始めたコアの構造に敏感な自由振動のモード (コア・モード) を用いて推定された S 波速度は予想よりもはるかに遅い 3.5 km/s であった．その後，稠密に配置された高性能地震計の記録を重合することによる PKJKP 波の検出報告がなされているが，信頼できる例はまだ多くない．

### ● 内核異方性

1980 年代に世界中の地震波到達時刻の報告を集めたカタログ (国際地震センター彙報，Bulletin of International Seismological Center：BISC) に収

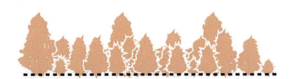

図 1 ICB (破線) で樹木状結晶を形成しながら成長する内核のイメージ

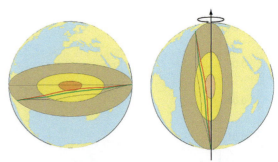

図 3 PKIKP 波の地震波線 (赤線)．(左) 東西方向に伝わる場合，(右) 南北方向に伝わる場合．PKP 波の地震波線 (緑線と黒線)．地球断面中心部，オレンジ色の領域が内核．

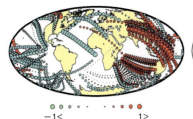
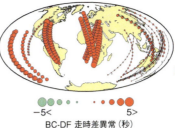

図4 内核内部を東西方向に伝わる場合(左図)と南北方向に伝わる場合(右図)の走時差異常.走時差が正(赤丸)の場合は,内核の地震波速度が速いと解釈される(🌐付録1).

録された内核を通過するPKIKP波(図3)の走時解析によって,極域で観測される場合が赤道域より約2秒も小さいことが報告された.さらにコア・モードの周期異常を説明するために,内核におけるP波地震波速度が極方向に伝わる場合は,赤道方向より約3%速いという異方性の概念が提唱された.これは内核が,対称軸が南北を向いた六方最密充填構造を持つ鉄によって構成されている,と解釈されている.この仮説が提唱された当初,自由振動データの感度から地震波速度異方性は内核表面がもっとも顕著であり,深くなるにつれ小さくなるとされていた.最近の結果では,むしろ内核表面では異方性が小さいかほとんどなく,中心部の方が大きいとされている.一方で,中心部半径約300 kmの範囲には内核の中の内核と呼ばれるべき領域があり,異方性の性質も異なっているという説もある.

### 🟡 内核超回転

外核の対流と内核の電磁気的結合の結果として内核に余分な回転力が加えられるという説があった.1990年代後半の研究で,約30年間にわたってPKIKP波(内核を通過する地震波)とPKP波(マントル内はPKIKP波と近接するが内核のすぐ上を通過する地震波)(図3)の時間差を同じ観測点で追跡した結果,30年間で走時差異常が約1秒増加している観測点が見出された.その解釈として,地球の回転軸より約20°傾いた軸を中心として,年に1°の割合で地球回転より速く回転している(超回転)という仮説が提案された.しかしながら,走時差異常の時間変化は,震源決定精度の変化や観測システムの変更等による見かけのものである,という反論もある.さらに,相似地震という特異な地震(繰り返し地震とも呼ばれる.

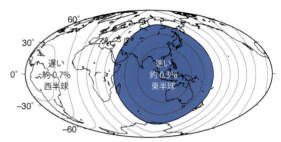

図5 地震波が東西方向に伝わる場合の内核半球構造不均質のモデル.東アジア直下の地震波速度はアメリカ直下と比べると1%速い.

近接する場所で何年かごとに発生する.同じ観測点で観測した波形はきわめて似ている)を使った最近の研究から導かれた超回転の割合は,年に0.1°という非常に小さい値や年によって変動するという結果も報告されている.

### 🟡 内核半球構造

1990年代後半,PKIKP波とPKP波の走時差の異常が,欧米を中心とする西半球と東アジアを中心とする東半球で異なることが報告された.それは,西半球を東西方向に伝わる場合の走時差が平均より約0.5秒小さく,南北方向に伝わる場合は3秒以上大きくなるのに,東半球では東西方向・南北方向いずれの場合でも平均より約0.5秒大きい,というものである(図4).これは,内核には半球的な不均質構造があり(図5),異方性も西半球で顕著であると解釈される.

しかしながら,この特異な構造の起源について納得できる説はまだない.現状では,マントルの熱異常に影響された外核の対流運動によるという立場と内核そのものの独自の成長過程による立場から様々な説が提唱されている. 〔田中 聡〕

# 8.1 地殻ダイナミクスシミュレーション

### ●地殻の変形・破壊の原因となるプレート運動

　地球の表面は，プレートと呼ばれる厚さ100km程度の10数枚の岩盤でおおわれており，それらが年間1～10cmで動いている（図1）．そして，プレートの一方が他方の下に沈み込む境界（沈み込み帯）の付近（数百km以内）で，プレートを構成する岩石の変形や破壊が集中して発生する．このことは，1年あたり数cm/数百km＝10$^{-7}$程度の岩盤のひずみがプレート境界付近で生じることを意味する．実際，例えば東日本では年間数cmずつ短縮する変形が生じている（図2左）．このひずみの多くは，東北地方太平洋沖地震のようなプレート境界地震が発生することによって解消される（図2右）．しかし，一部は解消されずに残り，地殻内の地震や地震を伴わないゆっくりした断層のずれ等の原因となり，その結果生じる変形が，何万年もかけて蓄積して，日本列島のような起伏に富んだ地形の形成に大きく寄与する．

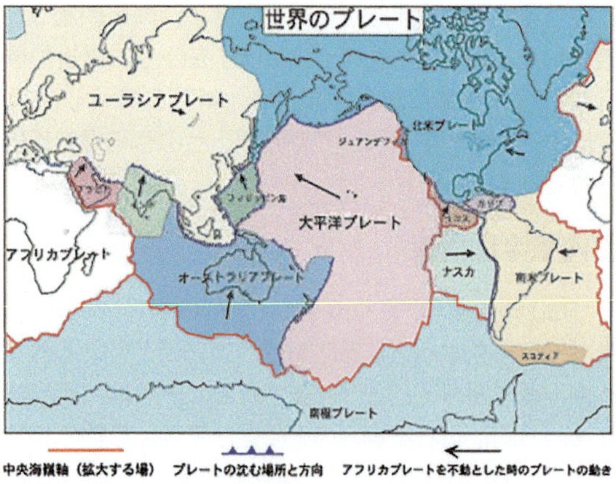

　このように，地殻の変形と破壊は，秒単位で起こる地震の際の断層のすべりから，何万年もかけて生じる地形の形成まで，幅広い時間スケールにわたっている．このため，対象とする現象の時間スケールや変形・破壊の仕方の特徴に合わせたモデルを用いてシミュレーションを行うことになる．とくに長い時間スケールでは，断層のずれや破壊が何度も生じて，大きなひずみが生じるので，モデル化や計算に工夫が必要になる．

　以下では，時間スケールの短い例として，巨大地震を伴う沈み込み帯でのひずみ蓄積・解消過程のシミュレーションを紹介するとともに，時間スケールの長い，大きなひずみが生じる例として，沈み込み帯での付加体の形成に関わるシミュレーションを紹介する．

### ●沈み込み帯でのひずみの蓄積・解消過程

　図2左で示した短縮変形が生じるのは，日本列島を載せた上盤プレートと沈み込むプレートとの境界面に摩擦が働き，沈み込むプレートが上盤プレートを引きずり込むことが主な原因と考えられている．地表で観測される変形速度の分布と合うように，引きずり込まれる速度を推定したのが図2左の中の図で，固着している所はほぼプレート相対速度で引きずり込まれるが，数分の1の所もある．一方，引きずり込まれた上盤の一部が元に戻る動きが図2右の地震時の変形である．つまり，どの部分がいつどれだけ戻るかが，地震がいつどこでどの大きさで起きるかに対応する．最近では，地震時のすべり速度（毎秒1m程度）よりも桁違いに遅いすべり速度（年間10m程度）でゆっくり戻る場合もあることがわかっている（スロースリップ等）．

　上記のような沈み込み帯でのひずみの蓄積と解消の過程を数式で表現するため，プレート境界のすべり速度，上盤が元の形に戻ろうとすることで境界面に働くせん断応力，プレート境界面の摩擦強度の三者の関係，そして摩擦強度の変化の仕方（すべり量に応じて摩擦強度が低下し，摩擦強度が小さいと摩擦強度が早く回復する）を岩石の摩擦すべり実験にもとづく式で近似し，せん断応力は，弾性体中のプレート境界の形をし

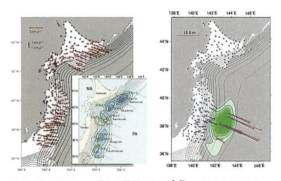

図1　世界のプレートの分布と動き[1]

図2　東日本でのひずみの蓄積と解消[2,3]．1996～2000年の変形（左）と2011年東北地方太平洋沖地震時の変形（右）（付録1）．

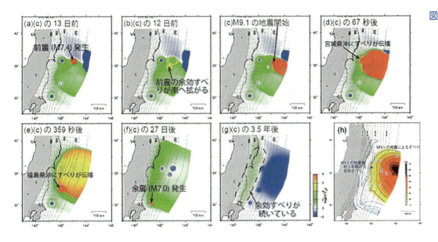

図3 M9本震前後のすべり速度とすべりの分布[4]．(a) 赤色部分でM7.4の地震（前震）発生．(b) 前震の余効すべり（黄緑色）が南に伝播．(c) 赤色部分から本震の破壊開始．(d) 本震の破壊が宮城県沖まで到達．(e) 本震の破壊が福島県沖まで到達．(f) 本震の最大余震（M7.0）が茨城県沖で発生．(g) 緑色部分が余効すべり，青色部分で引きずり込みが再開．(h) 地震時すべりと余効すべりの分布（🌐付録2）．

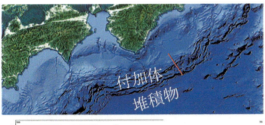
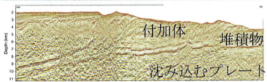

図4 上：紀伊半島〜四国沖に発達する付加体（Google map）
下：赤線部分の鉛直断面[5]

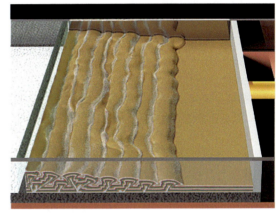

図5 2.4億個の粒子を入れた砂箱での付加体形成過程のアナログ実験の数値シミュレーション[6]（🌐付録3）

た面でのすべりによる変形から計算する．あとは，プレート間の相対速度や摩擦強度の変化の仕方を決めるパラメータの分布等を与えれば，数値シミュレーションをすることができる．例として，東北地方太平洋沖地震（M9）やその前に数十年に一度発生していた宮城県沖地震等M7クラスの地震のシミュレーション結果を図3に示した．前震後のゆっくりしたすべりの伝播から本震に至る過程，本震後の最大余震の発生，余効すべりの分布等をある程度再現できている．

こうしたシミュレーションは，過去を再現するだけでなく，その後の推移を予測したり，将来起こりうる地震の発生シナリオを検討したりすることに活用され始めている．ただし，仮定しているモデルは不確かさがあり，モデルを規定するパラメータを推定するためのデータも不十分なので，データと整合する範囲で，起こりうる様々なシナリオを用意する必要がある．また，力の働き方を計算する際に日本列島下の不均質な構造を考慮できる大規模高速計算を実現したり，地震後の余効変動に寄与する粘弾性を導入したり，すべり が高速になった場合の知見を導入したり等，モデルをより現実に近づける研究も進んでいる．

## 付加体の形成過程

付加体は，堆積物を載せたプレートが沈み込む際に，一部がはがれて上盤側に付加してできた岩体のことである（図4）．付加体は，堆積物が圧密・褶曲・破壊・膨張を繰り返すことで形成される．このような現象をモデル化するために，砂等の粒子を使ったアナログ実験が古くから行われていた．粒子の集合体のシミュレーションには個別要素法（DEM）がよく用いられる．計算コストの問題で，従来は2次元モデルで図4のような断面を模擬するのが限界だったが，最近，億単位の粒子での計算が可能となり，図5のような3次元計算が実現した．これにより，沈み込み方向だけでなくそれに直交する方向を含めた付加体の形成や3次元的な断層の形成・すべり過程等も検討が可能となった．〔堀　高峰〕

## 8.2 全マントル対流シミュレーション
### マントル対流の大規模構造

### ●マントル対流

マントルは放射性元素の崩壊熱や地球形成時に発生した熱を放出するために，地質学的な時間スケールで対流を起こす．この現象をマントル対流と呼ぶ．ここでは，その基本的性質と数値シミュレーションから明らかになった大規模構造の成因について解説する．

### ●マントル対流の基本的性質

マントル対流の性質を理解するのに重要な物性量は，粘性率，密度，熱伝導率である．マントルの粘性率は非常に大きい（5.4参照）．これは，マントルの運動が非常に遅いということだけでなく，マントルの流れは密度による浮力と粘性応力のみの釣り合いで決まることを意味する（8.4参照）．一方，岩石の熱伝導率は小さく，伝導のみの熱輸送は効率が悪い．マントルが大きく，熱を輸送しなければならない距離が長いからである．その結果，粘性が大きいにもかかわらず，流動により熱を運ぶ対流が起こるのである．

もっとも単純化したマントル対流のモデルは，物理量をすべて一定と仮定した2次元モデルである（図1）．岩石の熱伝導率は小さいため，熱が伝導で運ばれる部分が地球表面と核-マントル境界付近の場所（青と赤の部分）に限られる．この場所は熱境界層と呼ばれ，大きな温度勾配を持つ．それ以外の場所は断熱温度（付録1）になっている．熱境界層は，マントル最上部において表面から冷やされて高密度に，最下部では核から暖められるので低密度になる．このため，浮力を持つのは熱境界層の部分であり，他の部分は粘性応力により引きずられて運動する．

### ●マントル対流とプレートテクトニクス

プレート（リソスフェア）は，地球の表層部分が伝導で冷やされて作られる（5.1参照）．すなわち，プレートはマントル対流における低温の熱境界層である．温度が低くなると岩石の粘性率は高くなり（1.1参照），変形するのに大きな応力が必要となる．このため，低温の熱境界層はかたい板のようにふるまい，それゆえプレートと呼ばれるのである．

温度により粘性率が変化する性質は，粘性率の温度依存性と呼ばれる．ところが，粘性率の温度依存性のみをモデルに取り入れるだけでは，地球のような運動するプレートは作り出せない．岩石の粘性率は100～200℃で1桁程度も変わるため，表層の運動が止まってしまうほど大きくなる．この場合，対流運動はアセノスフェア以深のマントルだけで起こる．このようなマントル対流は不動蓋型マントル対流と呼ばれ，現在の金星で起きていると推測されている（9.2参照）．

プレート運動が起きるには，プレートが完全に剛体ではなく局所的にプレートが変形することと，沈み込み境界の低角逆断層で行き違い運動ができることが必要である．局所変形の機構は明確にはわかってはいないが，応力が上限に達すると粘性が低下する降伏応力の効果で，局所変形を再現することができる．断層運動は，水が断層の摩擦を大きく低下させることで可能になると考えられている．これら2つの仕組みをモデルに組み込むと，地球のプレートと同様な性質，すなわち剛体的な運動と非対称沈み込みを持つ熱境界層が再現されるのである．

### ●相境界とマントル対流の層構造

地震波トモグラフィー（7.2参照）は，スラブ（沈み込んだプレート）には，上部・下部マントル境界である660 km不連続面付近に滞留スラブを形成するものと，下部マントルへ突き抜けるものの両方があることを示している[1]．これは，流れが上部・下部マントル境界で部分的に妨げられるものの，上部・下部マントルが一体となって対流（全マントル対流）している証拠であり，両者が同じ化学組成であることを意味する．

滞留スラブの原因の1つは，負のクラペイロン勾配を持つブリッジマナイト相転移（7.4参照）であると考えられる（付録2）．しかし，粘性が高いスラブをその浮力だけで滞留させるのは困難である．このため，660 km相境界での粘性率増加（5.4参照）や結晶の細

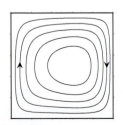

図1 物性量一定のマントル対流（左：流線，右：温度）

粒化（1.4 参照）によるスラブ強度の低下等様々な仕組みが検討されている．中でも重要なのは，スラブの海側への後退である[2]．これは，滞留スラブのある沈み込み帯の多くが日本海のような縁海を伴うことに注目した考えである．

図2は滞留スラブと縁海の形成が起こるプレート沈み込みのシミュレーションである（青〜白の部分がプレートである．左が沈み込む海洋プレート，右が上盤の大陸プレート）．このモデルには，前項のプレート運動を発生できる機構と，深さ 410 km と 660 km の 2 つの相境界（点線）が組み込まれている．さらに，スラブから放出された水（7.10 参照）によって上盤プレートの強度が低下すると仮定している．スラブは，660 km 相境界に衝突すると，海側（左側）に後退しながら，強度が低下した上盤プレートを伸張させて縁海を作り出す．同時に滞留スラブが形成される（🌐付録3，4）．これは，スラブの後退が相境界へ働くスラブの荷重を減らすからであると説明される．滞留スラブは，付け根の場所から折れ曲がり，最終的に下部マントルに沈降する．このようなスラブの進化は，プレート境界の移動速度や最深発地震の深さの観測とも整合的である．

## ● マントル深部の大規模不均質構造

高温の熱境界層が上昇する部分（図1）はプルームと呼ばれる．プルームの水平の大きさはプレートの厚さと同程度，つまり 100 km 位であると予測される．一

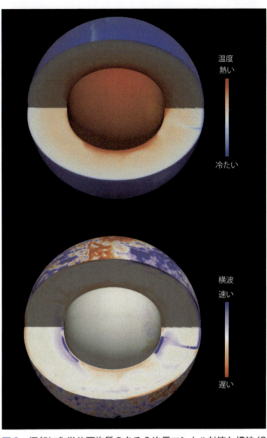

図3　深部に化学的不均質のある 3 次元マントル対流と横波（S 波）速度異常の予測

方，地震波トモグラフィーが捉えたマントル最深部の高温の領域，すなわち，地震波低速度域は水平・垂直スケールが 1000 km 以上もあり，大規模地震波低速度域あるいはスーパープルームと呼ばれる（7.2 参照）．

その成因は，大規模な化学的不均質構造であると考えられている．化学的不均質構造を形成する物質は普通のマントル物質より密度が高く，熱源である放射性元素を多く含むと考えられている．このような不均質をマントル対流モデルに導入すると，大規模な高温領域（図3上，🌐付録5，断面の赤が濃い部分），すなわち，地震波速度が遅い領域（図3下，🌐付録5，断面の赤の部分）を作ることができる．なぜなら，密度が高い物質は，対流により混合されることなくマントルの底に停留し，その内部は，放射性元素の熱と核からの熱で高温となるからである．しかし，その物質の起源はよくわかっていない．このため，化学的不均質を生成する火成活動を取り入れたシミュレーション[3]や，粘性率や密度差等の物性値が高温異常の形状や継続時間に与える影響を調べる研究が行われている．

〔中久喜伴益・中川貴司〕

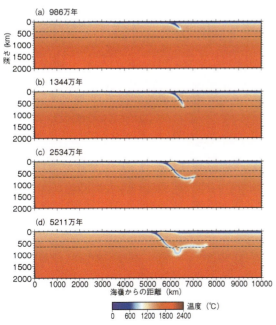

図2　縁海形成を伴うスラブの滞留と崩落過程（色：摂氏温度）

# 8.3 コアダイナミクスシミュレーション

## ● 地球磁場とコアのダイナモ

地球磁場 (geomagnetic field) は地球中心に置いた棒磁石 (磁気双極子) でよく近似され，過去数十億年間もの長期間存在していることが知られている．地球磁場の生成維持機構と考えられているのが地球の中心核 (コア)，とくに液体状の外核におけるダイナモ作用 (dynamo action) である．端的にいえば，ダイナモ作用とは，地球のコアで起きている電磁誘導による一連の発電作用を意味する．コアは主に鉄とニッケル，少量の軽元素からなる導体である．外核は流体であり，内部の熱を外部へ逃がすために活発に対流している．コア全体が冷却することで固体の内核が成長する．一般的に，導体が磁場中で運動すると誘導電流が流れ，この電流は新たな磁場を作り出す．新しく生じた磁場が元々存在していた磁場と同様なものであれば，磁場が維持されるという仕組みである．こうした過程が地球のコアで連綿と繰り返し起きることによって，地球磁場が生成維持されていると考えられている．

ダイナモ作用は天体規模の固有磁場を生み出すほぼ唯一の物理的な機構であり，現在の地球磁場は地球の内部構造とその状態，進化および起源の帰結である．したがって，コアのダイナモ作用は地球の進化史を理解するうえでも非常に重要なテーマである．コアは流体力学と電磁気学の複雑な相互作用によって支配される世界であり，そのダイナミクスは磁気流体力学 (magnetohydrodynamics：MHD) によって記述される．コア内部のダイナモ作用は観測不可能なうえに，MHD の方程式は非線型なため解析解を得ることができない等の困難が存在するが，数値シミュレーションを利用することによって，地球磁場の生成過程とそのダイナミクスを段々と明らかにすることが可能になってきた．以下それらについて見ていこう．

## ● 回転球殻内の MHD ダイナモシミュレーション

コアの対流とダイナモ作用の物理モデルとして，磁気流体で満たされた回転する球殻を考える．解くべき方程式は磁気流体の運動方程式，熱・組成の移流拡散方程式，磁場の誘導方程式，状態方程式，流体と磁場の連続の式である．これらを連立させて，与えられたパラメータ，初期条件，境界条件の下で同時に時間発展させることで数値的に解くわけだが，詳細は他項に譲ろう (例えば 8.6)．

## ● 柱状対流による磁場生成過程

コアでは冷却に伴う熱的なものと，内核の固化による軽元素の放出に伴う組成的なものとの 2 種類の浮力によって対流が駆動される．コア対流のもっとも特徴的な構造は自転軸方向に沿って形成されるロール状の対流渦であり，高気圧型 (時計回り渦) と低気圧型 (反時計回り渦) が対になって東西方向に配列する．これを柱状対流 (columnar convection) と呼ぶ (図1)．このような対流構造は，コアで支配的な流れは地球が自転していることによって生じるコリオリ力が，粘性に対して卓越する地衡流 (geostrophic flow) 成分であることを示唆している．

磁場の生成過程とは対流の運動エネルギーを磁気エネルギーへと変換する過程である．柱状対流では流れによる磁場の移流と引き伸ばしという過程を通して，磁気エネルギーへの変換が実現されている．赤道近くで

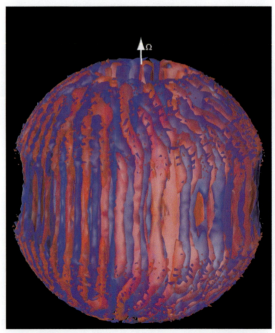

図1　シミュレーションによる外核中の柱状対流の様子．青色は高気圧型渦，赤色は低気圧型渦を表す．矢印は自転軸を表す．

は高気圧型の対流渦に磁場が移流によって集められる.一方,核-マントル境界(core-mantle boundary)付近では低気圧型対流渦に磁場が集まる.このような磁場の分布は対流渦内のらせん状の流れによって磁力線が途中で曲げられることで生じる.その際に磁力線は引き伸ばされて,磁気エネルギーが増加する.このような移流と引き伸ばしという過程が系統的に起きる柱状対流は,ダイナモによって磁場を生み出すのに非常に適した対流形態であるといえよう.

### ● 磁場の対流へのフィードバック

ローレンツ力は対流による磁場変化を打ち消す方向に働くので,上述の磁力線の伸長が起きているところでは,流れがローレンツ力に逆らって仕事をしている.一方で,磁場が十分に強いところでは,対流がローレンツ力によって抑制されることがある.この効果は流体の粘性が低く,強い磁場が生成される,地球のコアに近い条件でのシミュレーションで顕著に見られる.赤道断面内で大規模で強い東西方向の流れが存在しているところ(図2)では,それと反平行に強い東西磁場が存在する.導体は磁力線を横切ることができないので,磁力線と平行な大規模な流れしか許されないのである.同時に,細長いシート状の柱状対流も所々に確認できる.

磁場がない場合,粘性の効果が小さくなるに従って,柱状対流の幅は小さくなり,その数は増えていくことが理論的に示されている.つまり,対流の東西方向の

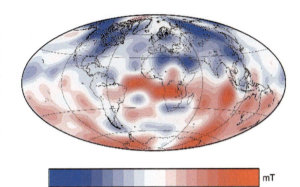

図3 核-マントル境界における2015年の地球磁場動径成分の分布

空間スケールは小さくなっていく(図1).それに対して,強い磁場が存在する場合は,対流の空間スケールは大きくなっていくことが知られている.こうした現象は,運動方程式においてローレンツ力とコリオリ力がほぼ釣り合っている状態で実現する.エネルギー的な観点からいえば,エネルギーの散逸が粘性による運動エネルギーの散逸ではなく,オーム損失による磁気エネルギーの散逸によって,主に起きていることを意味する.このような,対流のダイナミクスが磁場と回転によって支配されているような流れを磁気地衡流(magnetostrophic flow)という.

### ● 地球磁場観測との比較

最後に現在の地球磁場[1]はダイナモシミュレーションでどのように解釈されるのか見てみよう(図3).まず注目すべき点は,各半球の高緯度でほぼ南北反対称に見られる強いパッチ状の磁場である.この場所は低気圧型の柱状対流渦の端で磁場が集められている場所と対応し,この成分が地球磁場の双極子成分を担っていると考えられる.パッチの空間スケールは比較的大きいので,柱状対流セルの大きさも同程度であるとすれば,コアの流れは磁気地衡流的なものであることが示唆される.一方で中低緯度には無数のパッチが繋がるように分布し,アフリカや大西洋南部では逆極性のパッチも存在する.これらのパッチの生成過程の理解は未だ不十分で,今後の課題として残っている.

〔高橋 太〕

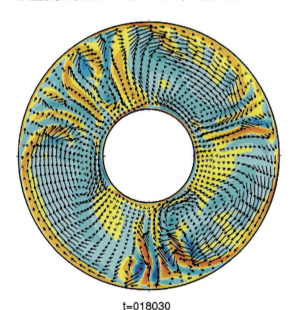

図2 北から見た赤道断面内の対流構造.青は高気圧型渦,赤は低気圧型渦,矢印は速度ベクトルをそれぞれ示す.

8.4

# マントルダイナミクスに関する数値解析手法

## マントルダイナミクス問題の物理的・数理的構造

まずマントルダイナミクス問題で登場する「流体」の特徴を検討しておく.「固体」の岩石であるマントルは「粘性率の非常に高い」流体とみなされる. 加えてその粘性率は, 条件(温度・圧力・変形の速さ・変形する仕組み等)によって大きく変化する. このように特異なレオロジー(rheology; 流動特性)を持っていることが原因で, マントルダイナミクスの数値解析は非常に異質なものになっている.

粘性率の非常に高いマントルの流れはレイノルズ数(Reynolds number)の非常に小さい「遅い流れ」である. そのため速度の2乗を含む項(非線形項)を無視するストークス近似(Stokes approximation)が成り立ち, 地球の自転の影響も無視できるほど小さい. また動粘性率と熱拡散率の比であるプラントル数(Prandtl number)は10の24乗程度と桁外れに大きい. これは力のつり合いが(熱輸送の時間スケールと比べれば)瞬間的に成立することを意味しており, 地震波トモグラフィー等で観察されるマントル内部の瞬間的な特徴からマントル内の現在の流れを推察する際の根拠ともなる. しかし一方で, プラントル数の逆数が0と近似されることの影響で, マントル対流の数値解析はきわめて困難になる. なぜなら音波(地震波)を抑制する非弾性流体近似(anelastic liquid approximation)も合わせて課されることにより, 数値解析の手順に含まれる時間発展ループの各段階で力学的な平衡(力のつり合いと流体の出入りのつり合いがあらゆる場所で成り立つ)の状態を求める必要があるからである(図1). さらに粘性率が場所ごとに大きく変化するため, 力学的平衡状態を記述する微分方程式(楕円形偏微分方程式)の性質が非常に悪くなる. 実際, マントル対流の数値解析では時間ステップ1回分にすら膨大な計算量・計算時間を要するのだが, その9割以上が流れ場の求解に費やされる.

do 時間発展ループ

solve 熱輸送方程式(温度場 $T$ を更新)

$$\rho C \frac{\partial T}{\partial t} = \boxed{伝導} + \boxed{移流} + \boxed{内部発熱} + \boxed{断熱温度変化} + \boxed{粘性散逸}$$

solve 運動方程式+連続の式(速度場 $\boldsymbol{v}$ と圧力場 $p$ を更新)

$$0 \simeq -\frac{\partial \rho}{\partial t} = \nabla \cdot (\rho \boldsymbol{v})$$

$$0 \simeq \frac{1}{Pr}\frac{D\boldsymbol{v}}{Dt} = -\nabla p + \nabla \cdot (2\eta \dot{\varepsilon}) + \Delta \rho g \boldsymbol{e}_z$$

end do 時間発展ループ

図1 マントルダイナミクスの数値解析手順の基本的な枠組み. 時間発展ループの各段階で流れが力学的平衡状態にあることが, 困難の原因である.

## 基礎方程式の空間離散化の方法

一般に, 非弾性(あるいは非圧縮性)の流体の運動を数値的に取り扱うには, 微分方程式を直接的に差分で近似する有限差分法(finite difference method: FDM)よりも, その積分形を基本とする有限体積法(finite volume method: FVM)あるいは有限要素法(finite element method: FEM)が有利である. これらの方法では, 計算領域を多くの「検査体積」(control volume: CV)あるいは「有限要素」(FE)に分け, 各CVやFE上で微分方程式を積分することで, 最終的に解くべき方程式を導く. とくにマントルダイナミクスを有限体積法で扱う場合には, スカラー変数(温度・圧力等)とベクトル変数(速度)の位置を食い違うように配置した計算格子(スタガード格子; staggered grid)がよく用いられる(図2).

また解くべき変数の空間分布を何らかの直交関数系で表現するスペクトル法(spectral method)も, 以前はよく使われていた. しかし, 粘性率等の物性値の空間変化が大きい場合の扱いが難しいこともあり, 近

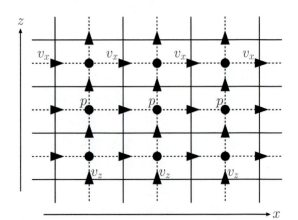

図2 スタガード格子における変数の配置. 実線は「検査体積」(CV)の境界面, 破線はCVの中心を貫く線を示す.

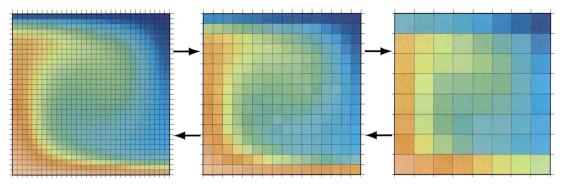

**図3** 多重格子法計算の概念図．解像度の異なる格子系を用いて問題を解き，その解をうまく階層的に組み合わせて解を求める．

年のマントルダイナミクスの数値解析でスペクトル法が用いられることは非常に少なくなってきている．

### ●マントルダイナミクスの数値解法：3次元問題

#### ◎高粘性かつ非圧縮性（非弾性）流体の定常流れの求解

非圧縮性（密度 $\rho$ が一定）流れの問題では圧力場が直接求まらないのが特徴である．そのため3次元マントルダイナミクス問題の数値解法も，圧力場の取り扱いによって2つに大別される．1つは速度場と圧力場を別個に解くものであり，とりわけ近年は Uzawa アルゴリズム（経済学者の宇沢弘文に由来）と呼ばれるものがよく使われている．もう1つは速度場と圧力場を一体的に解くものであり，とくに定常流れを得意とする SIMPLE 系の解法や擬似圧縮性法に基づく解法などがあげられる．ただしどちらの方法であっても，圧力場や速度場に関する大規模な楕円形偏微分方程式を解く作業から逃れることはできない．言い換えれば，この手順を正確かつ高速に実行することがマントルダイナミクス問題の数値解析で決定的に重要である．

#### ◎大規模楕円形偏微分方程式の求解：多重格子法

多重格子法（マルチグリッド法；multigrid method）とは，楕円形偏微分方程式を数値的に解く最高速の方法である．その名の通り，解像度の異なる複数の格子系を駆使して問題を解くのが多重格子法であり，各格子レベルで得られた解をうまく階層的に組み合わせることで，もっとも細かい格子系での解を高速に求めることができる（図3）．その威力は問題が大規模になるほど大きく，マントルダイナミクスの3次元シミュレーションで主要なプログラムのほとんどは多重格子法を使用している．

ただし多重格子法では，細かい解像度の格子系では「見える」が粗い解像度の格子系では「見えない」レベルの微細な構造の取り扱いが非常に難しい．この結果，多重格子法によるマントルダイナミクスの数値解析では，例えば地表面の「かたいプレート」とプレートの間の「薄くてやわらかい層」とのコントラストに代表されるような，粘性率が急激に変化する構造を持つ問題を正確かつ高速に解くのが不得意であり，この困難を克服するための努力が現在も進められている．

### ●マントルダイナミクスの数値解法：2次元問題

問題が2次元の場合には，流れ場の求解に流れ関数（stream function）を使う方法も有効である．例えばデカルト座標系内の2次元非圧縮性流れでは，流れ関数 $\psi$ とは $v_x = \partial \psi / \partial y$ かつ $v_y = -\partial \psi / \partial x$ を満たすものとして定義される．このように表現された速度場は連続の式を自動的に満たす．さらに運動方程式から圧力も消去すれば，流れ場の方程式群は $\psi$ のみを含んだ4階の偏微分方程式1つに集約できる．

ただし，これから流れ関数を解くには，離散化で得られる連立一次方程式の性質上，共役勾配法といった一般的な反復解法ではなく，ガウスの消去法のような直接解法を用いる必要がある．また粘性率が一定というごく簡単な場合を除けば，この方法を3次元問題へと拡張することはとても実用的ではない．その反面，粘性率の場所ごとの変化がどれほど急激であっても，必要な計算量・計算時間が変わらないという利点があることから，そのような2次元問題を扱う場合には流れ関数による方法を利用する価値は大いにある．

なお類似の方法は，非弾性流体近似の場合でも用いることができる．具体的には，密度 $\rho$ の変化を考慮して，流れ関数の定義を $\rho v_x = \partial \psi / \partial y$ かつ $\rho v_y = -\partial \psi / \partial x$ のように修正するだけでよい．〔亀山真典〕

## 8.5 コアダイナミクスに関する数値解析手法

### ● 金属核の流体力学的な特質

コアのほとんど，体積でいえば95%以上は外核，つまり液体金属である．液体金属のダイナミクスは磁気流体力学 (magnetohydrodynamics：MHD) 方程式で記述される．外核中の(磁気)音波は対流速度に比べて十分速いので衝撃波を考慮する必要はない．天体物理におけるMHDシミュレーションと比較してこの点でコアダイナミクスの数値計算的は比較的簡単といえる．一方，外核はマントル (電気的にはほぼ絶縁体) でしっかりと「蓋」をされている．したがってほぼ完全な球形の固体壁と，それに伴う境界層 (エクマン層) を解く必要があることがコアダイナミクスの数値計算を難しくする．

### ● 球ジオメトリの特徴

外核のMHD方程式の空間離散化手法として使われているのは，スペクトル法，有限差分法，有限体積法，有限要素法 (およびこれらの組合せ) 等である．このうち古くから使われていて現在でもよく使われているのはスペクトル法である．

スペクトル法には，水平方向 (緯度と経度方向) にのみ物理量を基底関数で展開 (スペクトル展開) し，半径方向には差分法やコンパクト差分法を使う場合と，半径方向にもスペクトル展開する場合がある．後者の場合，基底関数としてチェビシェフ多項式が使われる．

水平方向のスペクトル展開の基底関数としては，球面調和関数 $Y_\ell^m$ が用いられる (図1)．ここで $|m| \leq \ell$ である．$Y_\ell^m$ は2次元 (球面上) のラプラシアンの固有関数なので，磁場や (非圧縮性を仮定する場合の) 速度場等，発散のない (つまりソレノイダルな) ベクトル場の記述に適している．また，外核の外部に漏れ出る磁場をポテンシャル場と仮定する場合，外核表面 (CMB) での磁場の境界条件を簡単に (各基底関数で独立に) 書けるというのもスペクトル法の利点である．

球面上での数値計算に，球座標に基づく計算格子 (緯度経度格子とも呼ばれる) を用いるのは得策ではない．なぜなら緯度経度格子では極付近に格子点が集中しているためである．一方，$|m|$ が大きい (したがって $\ell$ が大きい) ときの球面調和関数 $Y_\ell^m$ は，極付近の値が自然にゼロになっているため，高緯度部分で解像度が異常に高くなるという無駄はない (図1の左上以外の3つを参照)．

球面調和関数の空間分解能を詳しく見るために，赤道付近の90°，余緯度 $\theta$ でいえば $[\pi/4 \leq \theta \leq 3\pi/4]$ の範囲を切り出してみる (図2上)．ここで経度 $\phi$ の範囲は $[-3\pi/4 \leq \phi \leq 3\pi/4]$ とした．この図からわかるように，低緯度付近では，緯度と経度の両方向にそれぞれほぼ一様な分解能を球面調和関数は持っていることがわかる．これは $|m|$ が大きい $Y_\ell^m$ に共通する性

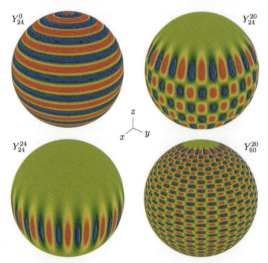

図1　球面調和関数 $Y_\ell^m$ (実部) の分布．正が赤，負が青．

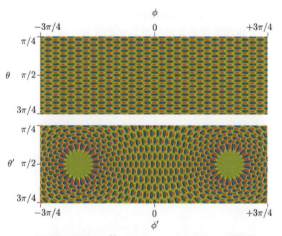

図2　球面調和関数 $Y_{60}^{20}$ の実部．上は球座標の低緯度部分．下はy軸を北極と考えたときの低緯度部分．2つの円状模様の中心に南北両極がある．

質である.

図2上に示した$[\pi/4 \leq \theta \leq 3\pi/4] \times [-3\pi/4 \leq \phi \leq 3\pi/4]$の範囲をここでは球面のイン(Yin)領域と呼ぼう. 面積を計算すればわかるように, イン領域は球の約半分を覆う. 残りの半分の分布を見るために, 通常の球座標での$(x, y, z)$軸を回転した新しい座標軸$(x', y', z')$を$x'=-x, y'=z, z'=y$として定義する. そして$z'$軸を極軸とした余緯度$\theta'$と経度$\phi'$をとり, 上と同じ範囲$[\pi/4 \leq \theta' \leq 3\pi/4] \times [-3\pi/4 \leq \phi' \leq 3\pi/4]$で切り取る. これをヤン(Yang)領域と呼ぶ. 2つの合同な面, イン(陰)とヤン(陽)は, 互いに相補的に組み合わされて球面全体を覆う. ヤン領域上での$Y_{60}^{20}$を図2の下に示す. 2つの円状の模様の中心に南北の極点がある. 高緯度付近は値がほぼゼロになっていることがわかる.

● **様々な数値計算手法の特徴**

コアダイナミクスの計算で使われるスペクトル法は, 正確には擬スペクトル法と呼ばれるものである. 物理量の積はスペクトル空間では畳み込み(convolution)になる. だが畳み込みは計算量が大きいので, 積の計算だけを実空間で行うのが擬スペクトル法である. 擬スペクトル法では, シミュレーションの各時間ステップでスペクトル空間と実空間の間の変換と逆変換を繰り返す必要がある. 球面調和関数展開の実用的な高速アルゴリズム(フーリエ変換のためのFFTアルゴリズムに相当するもの)が実用化されていないため, 擬スペクトル法に基づくコアダイナミクス計算では, ほとんどの計算時間が球面調和関数展開(具体的にはルジャンドル変換)に費やされる. ルジャンドル変換の計算量は, 空間分解能を上げると, ($\ell$の最大値を$L$として)$L$の2乗で上昇してしまう.

数値流体力学におけるスペクトル法の利点は, 比較的少ないモード数で高い近似精度を得ることができることである. 計算機のメモリが少なく, 演算速度も遅かった時代にはこれは魅力的な性質であったが, スーパーコンピュータの計算性能(メモリ容量と演算速度)が劇的に向上し, しかも大規模な並列計算が必須となる現在の計算機環境では, スペクトル法以外の手法の重要性が高まってきている.

有限差分法または(構造格子に基づく)有限体積法を用いる場合には, 空間の離散化, すなわち計算格子

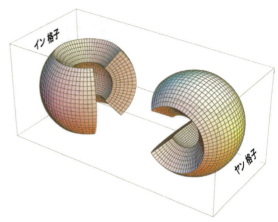

図3　イン＝ヤン格子[1]

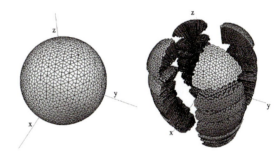

図4　有限要素法のための非構造格子の例[2]

の生成が鍵となる. 上述したように緯度経度格子は極付近に格子点が無駄に集中するため計算効率が悪いだけでなく, 陽的な時間積分を行う際の時間刻み幅(CFL条件)が非現実的なほど厳しくなる. この問題を解決するために, イン領域(図2の上)とヤン領域(図2の下)それぞれで緯度経度格子に基づく計算を行い, 境界上の値を相互に補間し合う方法がある. この格子系はイン＝ヤン格子と呼ばれる(図3).

イン＝ヤン格子は地球ダイナモシミュレーションのために考案され, 現在では有限差分法や有限体積法の基礎格子としてマントル対流や気象モデル, 太陽物理, 超新星爆発等の天体物理の計算にも活用されている.

球内部の空間を非構造格子で離散化する方法も用いられている. 有限要素法を用いた計算のための非構造格子の例を図4に示す. 〔陰山　聡〕

## 8.6 固体地球シミュレーションと可視化

### ●シミュレーション研究における可視化の役割

固体地球の数値シミュレーションでは，対象となる現象が3次元かつ複雑な構造を持つことが多いため，数値データ解析が困難な部類に含まれる．この問題の解決に向けたコンピュータグラフィクス (CG) による可視化の研究が古くから行われており，現在では等値面，ボリュームレンダリング，グリフ，流線や線積分畳み込み法等の多くの可視化手法がシミュレーションデータの解析に用いられている．これらの可視化アルゴリズムは OpenGL 等の CG ライブラリを用いることで，Cや Fortran といった汎用言語を用いて容易にシミュレーションコードに実装ができる．また，ParaView，MATLAB，EnSight，AVS といった汎用的可視化アプリケーションも普及しており，プログラミングすることなくシミュレーションデータを手元の PC 環境で手軽に，対話的に可視化処理ができる．これらのツール開発によりシミュレーションの3次元可視化は，データの内容を把握するための一般的な研究工程となっている．

### ●増大し続ける可視化コスト

一方で，近年のスーパーコンピュータ (HPC) の進歩による新しい課題も生まれている．それらは，主にシミュレーションの大規模化に伴い，データサイズや可視化処理コストの増加が，一般的な PC 環境では処理できないレベルに達しているためである．そこで可視化作業の並列化処理による高速化や，再現される複雑かつ膨大な現象の表現方法，爆発的に増加するデータ出力を伴わない工夫において，現在も様々な開発が行われている．

### ●並列化の取り組み

可視化における並列化処理の取り組みは古くからある．一般的に並列化には，各々のプロセッサに対して異なる可視化工程を分配するタスク並列と，データを領域分割し分配するデータ並列がある．例えば，図1に示す全休地震波伝搬シミュレーションの可視化事例では，パッチ処理によるタスク並列を用いている．本事例では，地震波伝搬の様子を，表面形状の変化として可視化しており，従来の Generic Mapping Tools (GMT) 等による2次元表現より直感的，印象的な可視化が行えている．しかし，その計算コストは一般的な PC にとって過大である．そこで本例では，PC クラスタ (768 コア) を用いて，各コアに各画像をバッチ並列処理で生成させることで，計 63968 枚の画像をトータルのレンダリングコストの約 1/480 である 74160 秒にて可視化処理した[1]．一方で，データ並

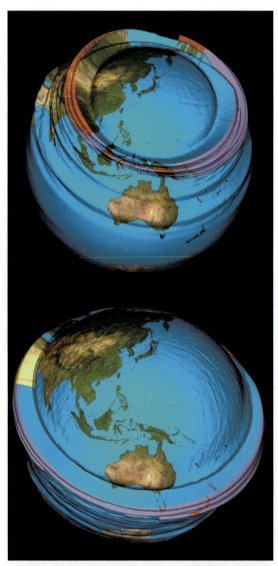

図1　東北地方太平洋沖地震により発生した地震波の伝播シミュレーションの可視化

列の可視化も盛んに研究が行われている．計算演算性能の向上と比較してデータ転送性能がそれほど進歩していない現状においては，総じてプロセス間のデータ転送量が少ない手法ほどよい結果をもたらす傾向にある[2]．

### ●進化する可視化の表現

シミュレーションの大規模化に伴い，再現される現象も複雑になるため，それらを容易に認識させる可視化表現方法も重要になる．複雑な3次元構造を人間の知覚能力に適応させた形で表現するためには，バーチャルリアリティ（Virtual Reality：VR）技術の活用や高品位なレイトレーシング（Ray-Tracing）表現が有効である．図2はCAVEと呼ばれる没入型立体可視化装置を用いてダイナモシミュレーションの対流を可視化した例であり，可視化装置の中に入り対話的に可視化操作を行うことで磁場等の複雑なベクトル場の解析を行っている[3]．これらCAVEやヘッドマウントディスプレイ等のVR機器に適したソフト開発はまだ発展途上であり，現在も没入感を活かした可視化アプリケーションの開発がすすめられている[3]．また，POV-RayやRenderMan等の高品位なRay-Tracingアプリケーションを使用した，シミュレーション可視化事例も近年増加している．Ray-Tracingによる繊細な光の描写は，とくに透明なポリゴンを用いた表現に適しており，図3のような空間的に重なり合う幾何学構造を可視化する際に非常に有効である．過去には，Ray-Tracingソフトウェアを使用するには，独自のフォーマットに沿ったデータ加工，並びにポリゴン作成プログラム，さらにカメラ・照明位置の設定ファイルの作成が必要であったため，一般の研究者にとって敷居の高いものであった．しかし，近年ではParaViewやAVS等の汎用アプリケーションからPOV-Ray用のレンダリングファイルを

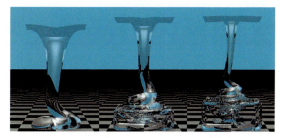

図3　Fluid Rope Coiling シミュレーションの可視化

作成でき，Ray-Tracing可視化に際する技術的難易度が下がっている．よって，今後もフォトリアリスティックなRay-Tracingによるシミュレーション可視化事例は増えていくものと思われる．

### ●可視化のタイミング

近年，可視化作業をシミュレーションジョブのPost-Processing（後処理）ではなく，ジョブ実行中に可視化アプリケーションが出力ファイルにアクセスするCo-processing（共処理）可視化や，シミュレーションコード自身に可視化を組み入れてメモリ上のデータを直接In-Situ Processing（その場）で可視化する技術開発が盛んに進められている．これらは，シミュレーションの大規模なRawデータ（生データ）出力を回避し，シミュレーションと同等の並列環境リソースを用いて高速に可視化処理するための工夫であるため，現ペタフロップス級さらには将来のエクサフロップスの環境においてもっとも有効な可視化手段だと考えられる．しかしながら，Rawデータ出力を伴わないCo-ProcessingもしくはIn-Situ Processing可視化では視点，可視化手法・パラメータ等をジョブ実行前に指定する必要があるため，ジョブ実行後にそれらを変化させた可視化結果が得たいと思うと再度シミュレーションを実行しなくてはならないという不便さがある．近年この問題を解決するために，あらかじめ全視点から様々な可視化手法・パラメータを用いて撮影した映像群を作り出し，それらを手元のPC環境で対話的に解析する新しい方法が提案されている[4]．このような取り組みは，増え続ける解析データ，エクサスケールにおけるHPCシミュレーション可視化において有効な手法だと期待される．

〔古市幹人〕

図2　CAVEにおけるダイナモシミュレーションの可視化（神戸大学・陰山聡教授提供）

## 9.1 太陽系内の惑星たち

### 太陽系の姿

我々の太陽系には8つの惑星と，多数の衛星，そして無数の小天体が存在している．太陽系の内側を4つの地球型惑星（水星・金星・地球・火星）が公転しており，その外側に木星型惑星（木星・土星）と海王星型惑星（天王星・海王星）が公転している（表1に各惑星の特徴をまとめた）．火星と木星の間の軌道には，現在見つかっているだけでも30万個を超える小惑星が存在している．海王星よりも外側には，冥王星等の準惑星や，オールトの雲（彗星の巣）を含めた太陽系外縁天体が多数存在している．木星型惑星と海王星型惑星には多数の衛星が存在するが，地球型惑星で衛星を持っているのは地球と火星のみであり，その数も非常に少ない．

図1は太陽と各惑星の大きさを比較したものである．太陽系の総質量の約99.9%は太陽が占めており，残りの0.1%のうちの大部分を木星型惑星が占めている．地球がいかに小さい天体であることがわかる．図2に各惑星の内部構造の概略を示す．地球型惑星は，主に岩石と金属鉄でできており，水星以外の地球型惑星では，質量比で約30%の金属鉄のコアが惑星中心部に存在している．水星の金属鉄量は，他の惑星と比べて多く，質量で約60〜70%程度存在していると考えられている．その原因については，まだはっきりとしたことはわからないが，水星形成時に，天体が水星に高速衝突を起こして，岩石の大部分が剥ぎ取られたのが原因だとする説がある．木星型惑星は，質量の大部分が水素とヘリウムを主体とするガスで構成されており，圧力の高い惑星内部では，水素が金属化していると考えられている．中心部には，氷・岩石・鉄を主成分とする地球質量の数倍程度の核が存在していると考えられている．海王星型惑星の主成分は氷で，内部に岩石と鉄の核が存在し，外部には，水素とヘリウムの大気が存在している．

表1 太陽系の各惑星の特徴

| 惑星 | 距離[AU] | 質量 | 半径 | 密度[g/cc] | 衛星の数 |
|---|---|---|---|---|---|
| 水星 | 0.39 | 0.055 | 0.38 | 5.4 | 0 |
| 金星 | 0.72 | 0.82 | 0.95 | 5.2 | 0 |
| 地球 | 1 | 1 | 1 | 5.5 | 1 |
| 火星 | 1.5 | 0.11 | 0.53 | 3.9 | 2 |
| 木星 | 5.2 | 317.8 | 11.2 | 1.3 | > 60 |
| 土星 | 9.6 | 95.2 | 9.5 | 0.7 | > 60 |
| 天王星 | 19.2 | 14.5 | 4.0 | 1.3 | 27 |
| 海王星 | 30.1 | 17.2 | 3.9 | 1.6 | 13 |

### 水惑星としての地球

地球は，太陽系の天体の中で唯一，惑星表面に液体の水を保持している天体である．火星は過去（約40億年前）に液体の水が表面に存在していたかもしれな

図1 太陽と8つの惑星の大きさを比較．左から，太陽，水星，金星，地球，火星，木星，土星，天王星，海王星．

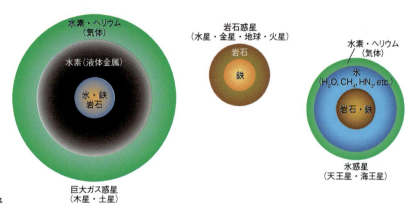

図2 惑星の内部構造の概略

いという証拠がいくつかあるが，現在の火星は表面に水が液体として存在できる環境にはない．また，いくつかの氷衛星，準惑星の内部には液体の水（内部海と呼ばれている）が存在している可能性が指摘されている．

地球のみが惑星表面に液体の水，つまり海洋を保持することができるのは，地球が太陽からちょうどよい距離を公転していることが最大の理由である．太陽から近すぎると，水はすべて蒸発してしまい，遠すぎると，水は凍ってしまう．液体の水が惑星表面上に存在できる中心星からの距離の範囲は「ハビタブルゾーン」と呼ばれ，地球はハビタブルゾーンの中に入っている太陽系では唯一の天体である．液体の水が長期間にわたって安定的に惑星表面に存在したことが，生命の起源と進化にとって重要であったと考えられている．

● 太陽系探査

人類はこれまでに8つすべての惑星に探査機を送り込むことに成功しており，2015年にはNASAのニューホライズンズ探査機が冥王星に接近し，詳細な画像が撮られた．人類の太陽系探査は，地球にもっとも近い天体である「月」から始まった．その後，金星・水星・火星等の地球型惑星の探査が行われ，徐々にその到達領域を広げていった．月は人類が降り立った唯一の地球外の天体であり，NASAは2030年代には火星に人を送り込む計画を立てている．日本が主導的に進めてきた太陽系探査に関しては，月探査衛星「かぐや」，小惑星イトカワの探査とサンプルリターンを行った「はやぶさ」，そして，現在，金星探査を行っている「あかつき」と小惑星リュウグウに向かっている「はやぶさ2」である．

● 系外惑星

1995年の発見を機に，現在では，太陽以外の恒星

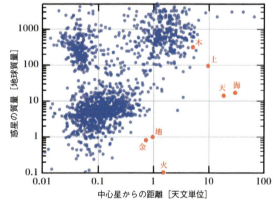

図3 これまでに発見された系外惑星．比較のために太陽系の惑星も記した．

の周りを公転している惑星（系外惑星と呼ばれる）が多数発見されている．存在が確定しているものだけでも2000個を超え（図3），候補天体としては4000個を超えている．初期に発見されたのは，太陽系の木星のような巨大ガス惑星で，恒星の周りを非常に短周期で公転するホットジュピターと呼ばれるものであった．その他に，太陽系では見られない超楕円軌道の系外惑星（エキセントリックプラネット）等が発見された．観測装置や解析手法が向上するにつれて，発見可能な惑星の質量は，現在，地球質量程度にまで下がってきた．また，長年の観測により，長周期（数年）の系外惑星も発見できるようになってきた．これまでに発見された系外惑星の軌道や質量の分布から，系外惑星系は多様であり，太陽系のような惑星系は，その多様性の中の1つであるという認識に至っている．今後は，系外惑星専用の宇宙望遠鏡を用いたハビタブルゾーン内に存在する地球型惑星の多数検出，そして，大型地上望遠鏡を用いた大気・バイオマーカーの観測がなされていくだろう．

〔玄田英典〕

## 9.2 灼熱の惑星，金星

金星探査は1962年のマリナー2号のフライバイで始まりすでに50年以上の歴史がある．金星探査はアメリカ，旧ソ連とも活発に行ってきており，ヨーロッパや日本の貢献も増えてきている．金星と地球はサイズが似ているが，その他の条件は驚くほど違っている．金星では二酸化炭素が大部分を占める90気圧の大気の強力な温室効果のおかげで，地表温度は500℃近くにもなる．地表環境をリモートセンシングで調べる場合，最大の障害になるのが硫酸でできた雲の存在で（図1），地表は可視・赤外のほとんどの領域でまったく見ることができない．そのためマイクロ波を使ったレーダーが主要な観測手段となる．

### ● 主要な金星探査ミッションとその実績

アメリカのパイオニアビーナスは1978年に打ち上げられ，厚い雲に覆われた金星の地表をはじめてリモートセンシングで垣間見ようとした試みである．使われたレーダー高度計の地上解像度は約23×7 km，高度誤差は約150 mであった．この観測で地球の大陸に比較されるアフロディーテテラ，イシュタールテラ，アルファ地塊，ベータ地塊等が発見されている．また質量分析計による測定結果であるが，大気中の重水素と水素の比が地球に比べて著しく大きいことがわかった．金星の初期に存在していた大量の水が，あるとき爆発的な温室効果によって上昇した温度によって，宇宙空間に逃げたという仮説が生まれるきっかけとなった．旧ソ連が1980年代に行ったヴェネラ15，16号ミッションでは合成開口レーダーが惑星探査で初めて地表を調べるために使われた．これらのデータは地表全体の約4分の1をカバーしたのみだったが，地上解像度約2 kmで収得された鮮明な画像群によりイシュタール大陸の褶曲山脈やテッセラと名づけられた構造地形等の細かな特徴が初めて明らかになった．

着陸機は金星地表の調査を行った．旧ソ連の1970～1980年代にかけての着陸機群（ヴェネラ8，9，10，13，14号，ベガ着陸機1，2号）は厳しい地表条件のため稼働時間は短かったがそれでも周辺の風景の撮影（図2），地表の岩石の蛍光X線化学組成分析等を行った．重要な発見としては，データの測定地点の数は少ないが地表に玄武岩質やアルカリ岩質の岩石があることがわかった．これらの岩石は地球にも多く存在する粘性の低い溶岩であり，基本的には金星は地球に似た火成作用があることを示唆している．

アメリカのマゼランは1989年に打ち上げられ金星に送り込まれた．合成開口レーダーを使って最高地上解像度約100 mで98%の地表がカバーされた．現在に至るまで地表研究のベースデータを提供し続けている．2005年打ち上げのヨーロッパのビーナスエキスプレスは，地表の放射率測定を行い溶岩の一部があまり風化作用を受けていないことを明らかにした．これはそれらの溶岩が過去250万年以内に噴出したことを示しており，金星の火山活動が地質年代的にはまだ停止していないことの証拠とされた．また比較的大気の深いところまで見られる赤外の波長帯を使って温度に強く依存する地表の輝度を調査し，地表温度が周囲より高い場所（ホットスポット）を，ガニスカスマと呼ばれる地溝帯においていくつか発見した．この高温の原因は溶岩の活動によると解釈され，火山活動が金星表面で現在も起きていると結論づけられた．

2010年に打ち上げられた気象や地表面の赤外線放射観測を目的にした日本の金星探査機あかつきはその年に金星周回軌道投入に失敗した．しかし2015年に軌道周回再投入に成功し，観測が行われた．

### ● 発達した構造地形と火山地形

金星には多様な構造地形が存在するが，地表面の侵食速度が非常に遅いためきわめてよく保存されている．代表的な高地であるイシュタールテラは3700×

図1　雲に覆われたパイオニアビーナスによる撮影の金星全体像

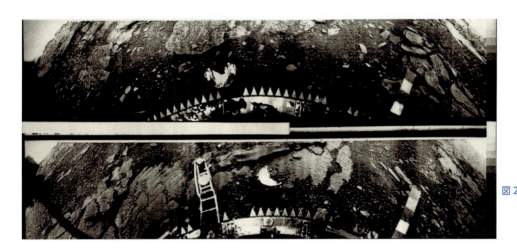

図2 ヴェネラ13号の撮影した金星地表面

1500 km，平均高度2 kmで非常に複雑な変形パターンが見られる．複合峰地域あるいはテッセラと呼ばれる地形は金星地表各所に存在するが，いくつにも交差する直線地形より特徴づけられ，マゼランの画像解析から古い圧縮性の峰構造の上に伸張性の地溝や断層が重なっているという事実が判明している．金星表面に数多く存在するコロナは主に同心円状の峰あるいは断裂を持つ．内部は隆起あるいは陥没していて数多くの火山や構造地形が分布する．コロナは金星内部深くより由来する上昇流（プルーム）の地上での表れであると一般的に考えられている．

金星の火山地形はその数，多様性ともに地球に匹敵する．大規模火山（図3）は直径100 km以上で放射状の溶岩流で特徴づけられる．中には同心円状あるいは放射状の断裂群を伴うものもある．急傾斜ドームは頂上が平坦で円形，放射状と同心円状の断裂系を伴うことが多い．地球のある種の高シリカ岩質ドームに似ているが，その規模は1桁近くも大きい．最長6800 kmにも及ぶチャンネルと呼ばれる蛇行した溝構造地形群は地球の溶岩チャンネルに類似したもの（比較的直線的）も多いが，地球の河川系に近い形態（蛇行，枝分かれ，ポイントバー，デルタ等）を示すものもある．成因については高流量の低粘性溶岩が関与したことが示唆されている．また厚い大気中に細粒の物質が浮き重力の影響で高度の低い方向に移動する密度流という現象でできたという考え方もある．

マゼランが見つけたその他の地表の特徴として数多くの風紋，砂丘，風による侵食地形等があり，金星の高温，高圧の大気中でも風成作用が起きていることが確認された．地すべりは構造性のトラフの内側や火山の山麓に見られ，多様な形態が確認されている．

## ●衝突クレーターの地表分布が物語る地表の歴史

金星の衝突クレーターは900〜1000個ほど存在するが，その地表における位置分布がランダムであるという事実が明らかになって以来，これを説明する大別して2通りの仮説が提案された．1つは，クレーターは形成されるのとほぼ同じ割合で火成あるいは構造作用により消され，消滅現象はランダムな地表分布をしているというものである．もう1つは全球的な大規模一斉更新説である．約3〜5億年前（誤差は数億年）に約1億年かそれ以下の期間続いた全星規模の火成，構造活動が起き，ほとんどすべてのクレーターを消しさって，その後は火成活動が小規模，終息に向かい消滅はほとんど起きなくなったという説である．そのような大規模活動の原因はよくわかっていない．高い地表温度が金星の表層を変形しやすくし沈み込みが増えマントル対流が激しくなる，あるいは安定し厚くなり続けるリソスフェアが金星内部の温度を上昇させる．その結果，構造運動を伴いながら大量の溶岩が噴出し地表の大規模一斉更新が起きたというような考え方が提唱されている．

〔小松吾郎〕

図3 サパス火山．マゼラン合成開口レーダー画像．

## 9.3 火星探査の歴史

### ● 火星探査の黎明期

　地球に近い赤い惑星，火星は，人類の興味を長く引き付けてきた．しかし科学的に多くの情報が得られるようになったのは，探査機を直接送り込めるようになった1960年代からだ．そのころ月探査に成功しつつあった米ソの宇宙開発競争は，火星を次のターゲットとしていた．

　はじめは旧ソ連もアメリカも打ち上げ失敗や通信途絶等の失敗が相次いだが，アメリカのマリナー4号は1965年，ついに火星近傍での火星撮像に成功した．その後も1969年にマリナー6号，マリナー7号と立て続けにフライバイに成功し，マリナー9号（1971年打ち上げ）は，火星周回軌道に投入された．その結果火星表面の約7割の撮像に成功し，SFの中で盛んに話題となった運河のような人工構造物は火星になく，洪水地形や巨大火山が存在することを発見した．

### ● 初期の火星探査

　火星着陸にはじめて成功したのは，旧ソ連のマルス3号（1971年着陸）である．しかし着陸後すぐに通信が途絶してしまい，不鮮明な画像のほんの一部を送るにとどまった．そのため人類が火星表面からの写真を初めて手にしたのは，1975年にアメリカが打ち上げたバイキング探査機による．1号機，2号機と相次いで打ち上げられた火星探査機バイキングは，それぞれ母船と着陸機が組み合わされていたので，現在の数え方をすれば4機の探査機が打ち上げられたことになる．

　1976年，バイキング1号着陸機は洪水が北部平原へと流れ込む場とみられたクリュセ平原に，2号着陸機はユートピア平原に着陸した（図1）．その目的の1つは生命探査実験で，有機物検出実験や代謝実験，光合成実験が行われたが，生命の存在を示す確実な証拠は発見できなかった．バイキングは大気成分の組成や量，同位体比も測定し，これらは後に火星由来隕石を同定するうえで決定的に重要な成果となった．さらに窒素が重い同位体に富むこと等は，大気散逸による同位体分別のためと解釈された．

　バイキングによって否定的な結果が示されたとはいえ，火星生命に関する議論はその後も続いていた．地球と火星の軌道の関係から，地球から火星へと探査機を打ち上げる好機は約2年（ほぼ26ヵ月）ごとに巡ってくるので，打ち上げ好機ごとに火星探査機の打上げが検討された．しかししばらくの間は，打ち上げにこぎつけても失敗が相次ぐ火星探査冬の時代が続いた．例えば1988年に旧ソ連が打ち上げたフォボス1号は打ち上げ後に通信が途絶し，相次いで打ち上げたフォボス2号もフォボス着陸機の放出に失敗した（フォボス2号は火星周回軌道に入り，火星由来の酸素が太陽と反対側から流出していることを発見した）．その後1996年に打ち上げられたマルス96は打ち上げに失敗，2011年に打ち上げたフォボス・グルントも地球軌道の離脱に失敗した．アメリカが1992年に打ち上げたマーズ・オブザーバーも打ち上げ後1年足らずで通信途絶している．

### ● 近代的な火星探査の幕開け

　ALH84001と呼ばれる火星由来隕石に生命の痕跡があるとする発表（1996年）は，火星探査を後押しする形となった．そして1997年にマーズパスファインダーがアレス谷への着陸に成功し，質量11 kg弱の小型ローバー，ソジャーナで表面探査を実施した．同じ1996年にマーズ・グローバル・サーベイヤが火星周回軌道に投入され，2006年まで運用を続けた．最高解像度1.4 mという高分解能カメラを搭載していたため，流水の痕跡のように見える新しい地形や，極冠の大規模な層状構造等を発見した．また高度計によって全球地形図が初めて作成された．南半球の強い残留磁場の縞模様等，多くの重要な発見がもたらされた．

　1998年の打ち上げ好機には，アメリカはマーズ・クライメート・オービターとマーズ・ポーラーランダーを打ち上げたが，それぞれ軌道投入と着陸に失敗した．日本も火星磁気圏や上層大気の調査を目的としたのぞみ（Planet-B）を打ち上げた．火星へ約1000 kmまで接近したものの最終的には軌道投入を断念すること

図1　バイキング1号着陸機の撮影した火星表面

図2 火星探査車キュリオシティ

となったが，宇宙空間のプラズマやダストに関する貴重なデータの取得に成功している．

2001年の打ち上げ好機には，アメリカはさらにマーズ・オデッセイを打ち上げた（2017年時点も観測を継続中）．搭載されたガンマ線中性子線分光器は地下1m程度の元素組成の分布を明らかにした．とくに水の存在が，極域や高緯度帯を中心としながらも，赤道付近も含めた広域に分布していることは驚きを与えた．熱放射撮像カメラは火星全球をマッピングし，その昼間時の撮像結果は火星の広域解析用のベースマップとして広く用いられるようになった．

### ● 火星探査の現在

2003年の打ち上げ好機に，アメリカはさらにスピリットとオポチュニティという2台の探査ローバーを打ち上げた（これらはほぼ同型のローバーで，まとめてマーズ・エクスプロレーション・ローバーとも呼ばれる）．それぞれグーセフクレーター，メリディアニ平原に着陸し，期待通り液体の水の存在を示す数多くの証拠を見出した．

ヨーロッパ宇宙機関（ESA）は2003年にマーズ・エクスプレスを打ち上げた．着陸機ビーグル2は着陸前後に通信が途絶してしまったが，母船は火星を周回しながら高分解能ステレオカメラにより火星のほぼ全域の撮像に成功し，さらに可視近赤外分光器は火星表面に含水鉱物や硫酸塩鉱物が存在することを明らかにした．また別の分光器により，火星大気に微量だがメタンが存在することを明らかにした．

2005年の打ち上げ好機には，アメリカはマーズ・リコネサンス・オービターを打ち上げた．最高解像度30cm以下という望遠カメラは，これまで不明瞭で

あったさまざまな地形の解析に貢献し，とくに現在における微地形の変化等を明らかにした．また可視近赤外分光計も搭載され，層状ケイ酸塩や硫酸塩水和物も含めた多様な鉱物が予想以上に複雑性を持ちながら火星に点在していることを明らかにした．

2007年にアメリカは着陸機フェニックスを打ち上げ，08年に火星北半球の高緯度地域に着陸させた．地表付近の地下に氷を発見しただけでなく，土壌の化学組成等を明らかにした．

2011年の打ち上げ好機にアメリカは，探査ローバー・キュリオシティ（マーズ・サイエンスラボラトリーとも呼ばれる）を打ち上げた．予定通り北部平原と南部高地の境界域にあるゲールクレーターに着陸し，湖成堆積物とみられる堆積層の上を移動しながら調査している（図2）．過去の火星環境が微生物の生存に適していたこと，有機物が存在すること，大気中にメタンが含まれ，しかもその量が変動していること等を明らかにした．

2013年の打ち上げ好機にはアメリカは大気観測を行うメイブン探査機を打ち上げた．2014年に到着してから，火星大気が現在も太陽風によってはぎとられつつあることを確認し，太陽嵐の影響を受けるとこの過程が加速することを明らかにした．さらにインドがマーズ・オービター・ミッションを打ち上げ，2014年に周回軌道への投入に成功している．

2016年の打ち上げ好機には，ESAがエグゾマーズプロジェクトの一環としてトレースガス・オービターを打ち上げた．2016年現在の火星は，8機の探査機が同時に観測を進行中で，今後も火星探査ラッシュは続きそうだ．日本も2024年に火星衛星探査を計画している．

〔宮本英昭〕

## 9.4 火星の進化史

　現在は寒冷で乾燥した惑星である火星には，かつては磁場や厚い大気，そして液体の水（海・湖）が存在していたことが明らかとなっている．このように火星は，少なくともある一時期において地球に似た表層環境を有し，かつ地球からもっとも近距離に位置する生命の存在条件を満たすハビタブル惑星として，比較惑星学および宇宙生命学的観点から，もっとも精力的な研究が行われてきた天体である．

### ● 火星の概形と地質区分

　火星のダイナミックな環境進化は，地形学・岩石学的な情報として火星地殻に記録されている．火星地殻は年代・組成・地形学的に明瞭な二分性を持ち，年代が古く（ノアキアン，約37～45億年前）玄武岩質な岩石で覆われている南部高地（地殻の厚さ約60 km）と，比較的年代が若く（ヘスペリアン，約30～37億年前）変質した玄武岩堆積物で覆われていると考えられる北部低地（地殻の厚さ約30 km）に分けられる．地殻二分性の成因については，外因性（例えばジャイアント・インパクト説）および内因性（例えばマントル対流）の両者が提案されている．また，半球規模での二分性地殻に加え，北部低地よりさらに年代が若く（アマゾニアン，約30億年前以降），大規模なプルーム活動によって形成されたと考えられるエリシウム火山および複数の楯状火山からなるタルシス高地（地殻の厚さ約100 km以上）が存在する．

　クレーター年代学に基づき分類された火星地質区分（ノアキアン・ヘスペリアン・アマゾニアン）は，地殻二分性を伴う地形学的特徴に加え，表層の水成・風成鉱物の分布状況とも大局的な相関を示す（図1）．粘土鉱物に代表される含水フィロケイ酸塩鉱物は，もっとも古い地質年代区分であるノアキアンに顕著に認められる．ヘスペリアンでは，フィロケイ酸塩鉱物の割合が相対的に減少し，炭酸塩鉱物や，その層序学的上位に硫酸塩が分布する．一方，もっとも若い地質年代区分であるアマゾニアンには無水鉱物や酸化鉄が卓越している．

### ● 水の存在とその歴史

　流体の存在下で形成される粘土鉱物や炭酸塩・硫酸塩鉱物の存在は，少なくともノアキアン・ヘスペリアンにおいて液体水が存在した時期があったことを強く

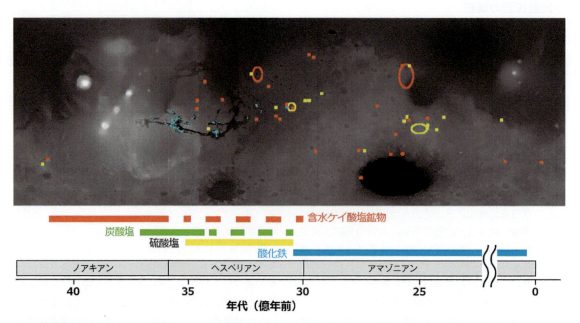

図1　変質鉱物の分布図（上）．鉱物種の色分けは地質年代区分図（下）に示されたものと対応している．文献1および文献2をもとに作成．

示唆する．また，高い水−岩石比において形成される粘土鉱物，中性〜塩基性溶液中で安定な炭酸塩，酸性流体からの蒸発物として形成される硫酸塩の年代分布から，火星環境は表層水量の減少に伴い酸性化していったと考えられている．

過去の液体水量は地形データを基に見積もられてきた．例えば，三角州等の地形情報を基に推定された海岸線の高度分布と，クレーター密度から得られた年代情報を組み合わせることで，古海洋の体積の時代変化を推定することが可能となる．結果，全球の約1/3に相当する北部低地を覆い尽くす古海洋が，ノアキアン・ヘスペリアンの一時期において存在していたことが示されている（図2）．しかし，このような地形学に基づいた推定は，地質記録が残されていない約42億年以前の海の情報や，地下水圏に関する情報が得られないといった手法上の限界が存在するため注意が必要である．

近年，火星の水の貯蔵層として，地下水圏や地下凍土層の存在が着目され始めている．例えば，レーダーサウンダーを用いた地下構造探査により，古海洋に匹敵する量の水が現在でも氷として地下に存在している可能性が示唆されている．また，過去においても，液体水が火星表面に安定的に存在できるほどの十分な大気圧や効果的な温暖化ガスは考えにくく，水の多くが地下水，凍土層，あるいは氷床として存在していたという説も有力である．

ノアキアン・ヘスペリアンにおいて，液体水は静的な古海洋として存在しただけでなく，動的な流体として扇状地や三角州といった堆積構造や，複雑な谷地形

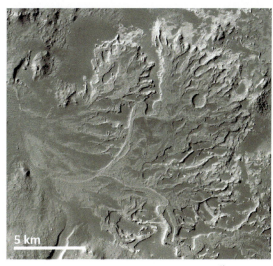

図3　周回機により撮影された流体による堆積構造[3]

を形成した（図3）．とくに，ノアキアン-ヘスペリアン境界では，大規模な洪水地形の1つであるアウトフローチャネルが卓越しており，大量の流体が集中的に火星表面に流出したことを示している．アウトフローチャネルの形成要因に関しては，天体衝突による地下凍土層の融解や，火山活動による一時的な温暖化等があげられているが，統一的な見解が得られているわけではない．

● **火星の熱進化**

惑星の表層環境進化は内部の熱進化と密接に関係する．火星の火成活動は約35億年前までに集中しており，内部の活動度もそれ以降は大幅に低下していると予想される．しかし，内部活動度の低下を"冷たい火星"という描像に結び付けるのは性急である．例えば，13億年より若い火成作用の年代を示す火星隕石が多数発見されていることに加え，詳細な地形データ解析により近過去（数億年程度）における火山活動も報告されている．また，測地学に基づく潮汐変形解析により，火星の核が現在でも溶融していることや，マントルの温度構造が地球とそれほど変わらないことなどが予想されている．これらのことは，火星表面における見かけ上の活動度が低い一方で，内部は現在でも十分に熱を保持している可能性を示唆している．内部からの熱流量は地下水圏や凍土層の安定条件に直接的な影響を及ぼすため，内部探査を主目的としたNASAインサイトミッションの成功が待たれる．〔臼井寛裕〕

図2　ヘスペリアンにおける火星の想像図（画像提供：NASA）

## 9.5
# 地球の衛星，月

月は唯一の地球の自然衛星であり，人類が到達した唯一の地球外天体である．半径は1738 km（地球の約1/4），質量は$7.35 \times 10^{22}$ kg（地球の約1/80）であり，惑星に対する大きさは太陽系衛星としては最大である．

現代の月科学の基礎は1960年頃から70年代に行われたアメリカのアポロ計画と旧ソ連のルナ計画の成果によるところが大きい．とくにアポロ計画では人類が月面に降り，様々な地質活動，地球物理探査を行った．また，計6回の着陸で300 kg以上の岩石試料を持ち帰った．その後，90年代に入りアメリカの月探査機クレメンタイン，ルナプロスペクターがリモートセンシングによる月全球の観測を実施し，それまでの局所的な情報を全球へと拡大させた．さらに2000年代後半からは日本の月周回衛星「かぐや」をはじめとする，アメリカ，ヨーロッパ，中国，インドによる全球観測によって，地形や重力場，表層の元素・鉱物組成の理解が劇的に進展している．

### ●月の表面地形と地質史

月の表面は高地と海に大分される．高地は斜長岩からなる反射率の高い領域であり，多くのクレータが存在し起伏が大きい．一方，海は玄武岩から成る暗い領域であり，平坦な地形でクレータも少ない．海の面積は月面の17%程度であり，その大部分は月の表側（地球を向いている半球）に集中している（図1）．

高地を構成している斜長岩は体積の90%以上が斜長石からなる比重の小さい岩石である．このような軽い岩石が月全球を覆っていることは，月の形成時に全球的に溶融した状態であったことを意味している．これをマグマオーシャン（lunar magma ocean：LMO）と呼ぶ．LMOの冷却において，まずかんらん石と輝石が晶出し，これらは液相よりも重いために沈降してマントルを形成した（図2）．さらに冷却が進んでいくと，斜長石が晶出しはじめる．斜長石は液相よりも軽いために浮上し，地殻を形成した．アポロ試料中の斜長岩は44億年前よりも古いことから，LMOは月形成後1億年程度で固化したことがわかっている．

月の海はマントルの部分融解でつくられたマグマが月面に噴出した領域である．アポロ玄武岩試料の放射年代から，主なマグマ噴出は41～31億年前に起こっていたことがわかっている．また，表面のクレータ数密度（単位面積あたりのクレータ個数）の調査から，雨の海，嵐の大洋の中心領域では10～20億年前まで

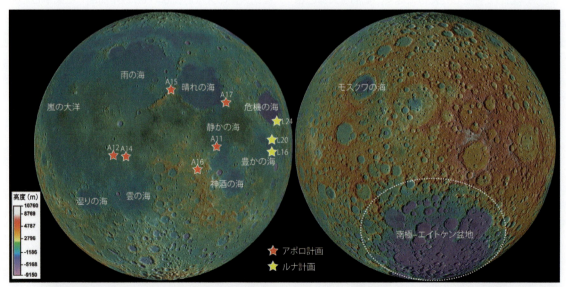

図1 月の表側（左図）と裏側（右図）の地形．星印は試料が採取された地点を示す．地形が低く，平らな領域（紫～青色の領域）の大部分は海に対応しており，低地をマグマが埋めてできた地形である．直径300 km以上の衝突クレータは衝突盆地と呼ばれ，月面における最大の衝突盆地は裏側南半球の南極-エイトケン盆地で，その直径は2500 kmである．

マグマ活動が続いていたことが知られている.

### ● 天体衝突の歴史

岩石試料の放射年代と試料採取地点のクレータ密度の関係から月面における天体衝突頻度の歴史が調べられている．それによると 38 億年前以前は現在の 100〜1000 倍もの高いクレータ生成率（一般に，単位時間，単位面積あたりにつくられる直径 1 km 以上のクレータの個数で定義される）であった．30 億年前までに時間とともに減少し，過去 30 億年間はおおよそ一定のクレータ生成率であったと考えられている（図 2）.

月面には「衝突盆地」と呼ばれる直径 300 km 以上の衝突クレータが 30 個ほど発見されている．アポロ試料中の衝突溶融岩の大部分は衝突盆地の形成時につくられたものだと考えられており，その放射年代は 38〜40 億年に集中している．このことから一部の月科学者は 39 億年前に天体衝突が活発に起こった時期があったと考えている．これを後期重爆撃期仮説と呼んでいる.

### ● 月の内部構造

月は表層を覆う地殻と，海の玄武岩のソースであるマントルの 2 層に分化していることは確実であるが，中心部に金属核が存在するか否かは不明である．存在したとしても半径 400 km 以下と見積もられている.

アポロ以降，月の地殻は斜長岩からなる上部地殻とより苦鉄質岩に富む下部地殻からなると考えられてき

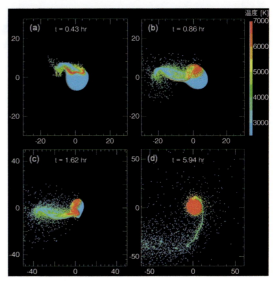

図 3 巨大衝突の数値シミュレーション[1]（付録 1）

たが，近年，「かぐや」による反射スペクトルの調査によって，数十 km の深さまで非常に斜長石に富む岩石で構成されていることがわかってきた．地殻の厚さは重力異常から推定されており，月の表側では地殻が薄く，平均で 20〜30 km，裏側では厚く，平均で 40 km 程度であり，表側と裏側で二分性があることが知られている.

### ● 月の起源

現在，もっとも支持されている月の形成仮説は巨大衝突説である．巨大衝突説の標準的なモデルによると，原始地球に火星サイズの天体が衝突し，衝突でばら撒かれた破片が地球周囲に円盤を形成し，それらが集積することで月ができたと考えられている（図 3）．この際に衝突で解放された膨大なエネルギーによって円盤物質は全溶融したとされる.

この仮説は月が大規模溶融した状態（LMO）で形成したこと，地球−月系が大きな角運動量を持つことを説明することができる．また，円盤を形成する物質の大部分は衝突天体のマントル起源であるため，月の金属核が小さいこととも整合的である．しかし，地球と月の酸素同位体比はきわめて近い値を持っており，現状の巨大衝突説ではこれを説明することは困難である.

〔諸田智克〕

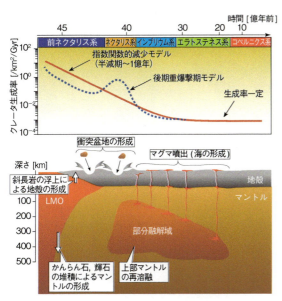

図 2 月の天体衝突史と表層・内部進化過程の模式図

## 9.6 木星の活発な衛星たち

木星には69個（2017年6月時点）の衛星が発見されており，この中でもとくに大きい4つの衛星（イオ・エウロパ・ガニメデ・カリスト）はガリレオ衛星と呼ばれ，木星系衛星の総質量のほぼすべてを占める．双眼鏡でも見えるこれらの衛星はみな木星に同一面を向けて公転する同期回転状態にあり，イオ，エウロパ，ガニメデの3衛星ではその周期が1：2：4の整数関係を持った軌道共鳴（ラプラス共鳴）状態にある．

ガリレオ衛星が第一級の研究対象として位置付けられ続けているのは，衛星ごとに大きく異なる活動度の多彩さと，アストロバイオロジーの最前線たる特徴を持つ点に集約される．激しい火山活動を持ち表面が常に塗り替えられているイオ，滑らかな氷の表面下に大規模な地下海の存在が予想されているエウロパ，衛星唯一の磁場を持ち全球規模の巨大な断層構造に覆われたガニメデ，そしておびただしい衝突クレータに覆われ地質的に不活発なカリスト．過去の惑星探査計画がこうしたガリレオ衛星の特徴をあらわにしたが，その観測例は月や火星・金星等に比べるときわめて少なく，現在我々がガリレオ衛星に関して持っている知見の大部分は，1979年に木星をフライバイした2機のボイジャー探査機と，1995年から約8年間にわたり木星系にとどまり調査を続けたガリレオ探査機が得たものである．

### ● 活発な火山活動を見せるイオ

もっとも木星に近いガリレオ衛星である衛星イオは，太陽系でもっとも激しい火山活動を持つ（図2）．最高で1600Kもの高温を示す火口からは，地球のようなケイ酸塩の溶岩とともに大量の硫黄化合物を噴出させているのが特徴で，温度や組成の違いがイオの表面を白色や赤色に染めている．イオの火山活動のエネルギー源は，木星から受ける潮汐である．木星の巨大な質量は，楕円軌道を回るイオに強大な潮汐力をおよぼし，表面を最大で100m近くも上下動させる．これに伴う摩擦熱が激しい火山活動を引き起こしている．イオ内部から噴出した硫黄，酸素，ナトリウム，塩素，カリウム等の中性原子はイオの周辺に雲のように広がり，その一部は木星磁気圏と相互作用してプラズマ化し，木星磁場とともに回転しながらイオ軌道の周囲にドーナツ状に漂っている．これをイオプラズマトーラスと呼ぶ．

### ● 地下海のあるエウロパ

イオの外側の軌道を回りガリレオ衛星の中でもっとも小さい（半径1565km）エウロパは，水氷を主体とする厚さ数十kmの地殻に暗褐色の筋状や斑状の地形

図1 ガリレオ衛星の内部構造の想像図．左上から時計回りに，イオ，エウロパ，カリスト，ガニメデ．

図2 冥王星探査機ニューホライズンズが撮影した衛星イオ．北極付近のTvashtar火山から噴き出るプルームが見える．

が卓越し (図3),衝突クレータがきわめて少ない.エウロパでは木星磁場の変動に伴う誘導磁場が生じていることから,表面下の全球的な電気伝導層,すなわち地下海の存在が予想されている.またハッブル宇宙望遠鏡は,南極域に水素と酸素の原子が濃集している様子を捉え,内部からの水噴出を示すものと報告された.エウロパの外見を特徴付けている筋状の地形はリッジ (Ridge) と呼ばれ,高さ数十～数百メートルの山脈状の形態を持つ (図4).潮汐力に伴う地殻の変形や,同期回転からのわずかなずれ,地下海の長期的な固化等によって地殻が伸張性の応力を受けて破壊したことが原因と考えられている.もうひとつの特徴的な地形である斑状模様は,レンティキュラ (lenticulae),大きいものはカオス (chaos) と呼ばれ,何らかの熱を受けて地殻が局所的に融解あるいは軟化したものと考えられている.とくに大きなカオスの下部には,氷地殻に閉じ込められた地下湖ともいうべき液体領域が存在すると予想されている.リッジやカオス領域ではマグネシウムやナトリウムの硫酸塩や炭酸塩が濃集しており,地下海が岩石と相互作用した結果だと解釈されている.また暗褐色の原因として,塩化ナトリウムの長期的な放射線曝露が考えられている.

### ●巨大な氷衛星,ガニメデ・カリスト

ガニメデは2634 kmの半径を持った太陽系最大の衛星だが,水星より大きいその半径に対して平均密度は約1.9 g/cm$^3$と小さく,$H_2O$が約半分を占めている.慣性能率の小ささ(約0.311)から,その内部は$H_2O$と岩石,金属がそれぞれ明瞭に分化した層構造を持つ(図1)と考えられ,中心の金属核では衛星の中で唯一の固有磁場を生じている.木星の磁力線と繋がった極域ではオーロラが生じ,木星磁場と相互作用する中で電気伝導性を持ったガニメデの地下海がオーロラの揺動を抑制していると考えられている.水氷を主体とする地殻は総じてエウロパの表面より有意に古く,衝突クレータに富む古い地域と,伸張性の断層が卓越する比較的若い地域に二分される.古い領域にはマグネシウム硫酸塩等が比較的多く含まれ,若い領域は水氷の比率が高い.

ガリレオ衛星の中でも木星からもっとも遠い軌道を14日あまりで回るカリストは,ガニメデと同程度の大きさと平均密度を持ちながらその様相が大きく異なる.内部はガニメデのような成分分離が進んでおらず,表面は衝突クレータに覆われ地質活動の痕跡がほとんどない.水氷の中に鉄やマグネシウムを含むケイ酸塩の水和物や二酸化炭素,二酸化硫黄,有機物等の不純物が混ざることで,表面はとても暗い.一方で,木星磁場の変動に応答した誘導磁場が検出されていることから,カリストにも地下海の存在が予想されている.

〔木村 淳〕

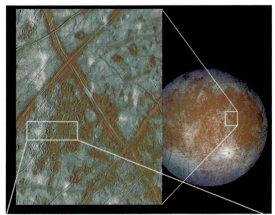

図3 エウロパ全球と,カオス領域の拡大画像.色調は強調してある.下の画像は縦30 km,横70 kmを撮影.

図4 エウロパのリッジ地形.左下から右上に走る山脈は幅2.6 km,高さ300 m.画像は縦17 km,横14 km.

## 9.7
# 土星の特異な衛星たち
## タイタン，エンセラダス，地下海，メタン循環

　土星には60を超える衛星が存在するが，主なものは巨大衛星タイタン（半径，約2580 km）と，半径が200～800 km程度の6つの中型衛星である．1980年のボイジャー探査機による近接通過（フライバイ）では，土星本体や衛星タイタンの大気に関する基礎的なデータが得られた．その後，2004年から始まったカッシーニ・ホイヘンス探査によって，タイタン地表への探査機による軟着陸が行われ，中型衛星についても初めて本格的な観測が行われた．

### ● メタンが循環するタイタン

　タイタンは，土星系衛星全体の中でも95％以上の質量を占めており，木星の衛星ガニメデに次いで，太陽系で2番目に大きな衛星である．その平均密度から，タイタン質量の約半分が氷成分，残りが岩石成分であると推定されており，内部は含水鉱物からなる岩石コアと氷のマントルに分化している．氷マントルの一部は融解し，液体の地下海も存在していると考えられている．

　タイタン最大の特徴は，その表層環境にある．タイタンは太陽系で唯一厚い大気（地表面で1.5気圧）を持つ衛星であり，その大気組成は窒素（$N_2$）を主成分とし，2～5％のメタン（$CH_4$）を含む．大気中では，太陽紫外光等によってメタンが重合反応を起こし，エタン（$C_2H_6$）やベンゼン（$C_6H_6$）等の炭化水素や，分子量が数千の有機物エアロゾルが生成している．

　このようなタイタンの厚い大気は，地球の場合と同様に，地表面を暖める温室効果を持っている．タイタンに大気がなかった場合，地表面温度は約81 Kになると推定されるが，大気があることによって地表が暖められ現在の約93 Kに保たれている．その結果，大気中に存在するメタンやエタンが，地表面で液体として存在できる．

　実際，タイタンの高緯度地域には，大小様々な液体

図1　タイタン北極域に存在するリゲイア海のレーダー画像
（画像提供 NASA/JPL）

メタンの湖が存在する．北極付近に存在するリゲイア海と呼ばれる湖は，地球の北米五大湖のひとつスペリオル湖の面積に匹敵し，そこに注ぎこむ河川やリアス式海岸のような地形も存在する（図1）．タイタンの高緯度地域では，これら湖から蒸発したメタンが大気中で積乱雲を作り，雨を降らせている．探査機ホイヘンスの着陸地点には，角が取れて丸くなった小石程度の大きさの氷も見つかっており，雨として降った液体メタンが氷地殻を侵食していることを示している．

湿潤な高緯度域とは対照的に，タイタンの低緯度域は基本的に乾燥している．タイタンの赤道には，全球を取り巻くように砂丘が発達している．砂丘を構成する粒子は，大気中でできた有機物エアロゾルと考えられており，これが地表に沈降後，地表面付近の風によって砂丘を形成する．観測される砂丘の向きや室内実験から，砂丘を形成する風は風速毎秒数 m の西風であると推定されている．

このように，タイタンは地球以外では太陽系で唯一，現在でも地表面に安定して液体が存在できる天体であり，メタンの循環に伴う気候や気象が存在している．物質は異なるものの地球とよく似た物理現象が生じているのがタイタンの特徴であり，その結果，湖や河川地形，侵食運搬作用，風成地形等，地球と共通の地形が形成されている．

● **水が噴き出すエンセラダス**

土星衛星の中で，とくに近年，注目を集めているのは，半径 250 km ほどの比較的小さな中型衛星であるエンセラダス（エンケラドス，エンケラドゥスとも記される）である．エンセラダスは，土星との潮汐加熱に起因した地質活動を有し，氷地殻下の内部に地下海が存在するという特徴を持つ．

エンセラダスの南半球には，クレータがほとんどなく，表面上にリッジと呼ばれる複数の割れ目が存在している．リッジ付近の表面温度は，周囲に比べて 100 K 以上も高く，きわめて高い地殻熱流量が推定されている．クレータ密度から推定される南極付近の表面年代は 1 億年以内と非常に若く，高い熱流量と合わせて，活発な地質活動が起きていることが示唆される．一方，北半球は多くのクレータで覆われており，推定される表面年代は，約 20～40 億年と非常に古い．このような南北非対称性を生み出した原因や，南半球リッジの高い熱流量の維持機構はよくわかっておらず，中型衛星でもエンセラダスに特有の現象である．

エンセラダスの大きな特徴は，南極付近のリッジから間欠泉のように噴出するプルームである（図2）．こ

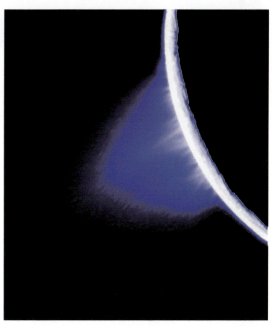

図2　エンセラダスのリッジ上から噴出するプルーム（画像提供 NASA/JPL）

のプルームは氷地殻下の地下海水の噴出に由来する．プルームは，ガスと固体粒子からなり，ともに主成分は水（$H_2O$）である．固体粒子には，水氷の他に，有機物やケイ酸塩，ナトリウム塩，炭酸塩が含まれている．ガス成分は，90% 以上が水蒸気であり，二酸化炭素（$CO_2$），メタンやアンモニア（$NH_3$），水素分子（$H_2$），その他多様な有機分子も含まれている．

固体粒子中のナトリウム塩の存在は，鉱物に含まれていたナトリウムが液体の水に溶脱していること――つまり，エンセラダス内部で地下海と岩石コアと触れ合い物質交換していることを示す．さらに，観測されるナトリウム塩や炭酸塩から，海水はアルカリ性であると推測されている．また，プルーム中のケイ酸塩にはシリカ（$SiO_2$）のナノ粒子も含まれている．シリカ微粒子は，地球上では温泉等の熱水環境で生成する．そのため，シリカ微粒子の存在は，エンセラダス内部に，少なくとも局所的には熱水環境が存在することを示唆している．

このように，エンセラダスには地球上の生命の誕生や生存に必須と考えられている，液体の水，有機物，エネルギーの3要素が現在でも存在している．将来の探査によるプルーム成分のその場分析やサンプルリターンによって，生命につながる化学進化過程や地球外生命の可能性に対する我々の理解を飛躍的に進めることを期待させてくれる天体である．〔関根康人〕

## 9.8 小さく多様な小天体

　太陽系には300万個以上の天体が存在するといわれているが，ほとんどは直径1000 kmに満たない小さな天体である．これらのうち多くは小惑星や彗星と呼ばれてきた．小惑星と違って彗星は，コマと呼ばれる一時的な大気や，コマの物質が流出したテイル（尾）を伴うものとして区別されたが，コマやテイルは彗星内部の揮発性成分が太陽の熱によって昇華することで形成されるので，太陽から遠方にある場合や揮発性成分が枯渇したタイプの彗星はこれらを伴わない．そのため現在では小惑星と彗星を厳密に区別せず，太陽系小天体と総称されることとなった．

　惑星や月のように天体が大きいと，大規模な溶融や活発な内因的活動等によって物質の状態が更新されるので，天体が形成される前の情報は失われてしまう．これに対して小天体は，ごく古い時代にのみ溶融を経験しただけのものや，そもそも溶融を経験しなかったものが多いため，大きな天体では持ちえない初期太陽系の情報が残されている可能性がある，と考えられている．

### ● 小天体の分布

　2016年現在，軌道がわかっている小天体はおよそ70万個ある（観測技術の向上で今後その数は増えるだろう）が，軌道のわからない小天体も無数に存在するはずで，それらが太陽系内でどのような分布をしているのか，よくわかっていない部分が多い．しかし火星と木星の間（2.2〜3.3 AU周辺）には小惑星帯と呼ばれる，小惑星が多数存在している領域があることが知られている．その外側に位置する木星や土星は，それぞれ60個ほどの衛星を持つが，それらの一部は小惑星や彗星が木星や土星の重力により捕獲されたものであろう．さらに太陽から離れた太陽系外縁天体（エッジワース・カイパーベルト天体やその外側のオールトの雲と呼ばれる領域に無数に存在するといわれる天体を含む）は，まだ発見数は多くないが，実際には未発見のものが無数に存在すると考えられている．

### ● 小惑星帯の小天体

　大きな天体からの破砕物で小さい天体が作られるとき，小さな天体の数は直径の3乗に反比例すると考えられる．小惑星帯における観測結果はこれと調和的で，天体の数が直径に反比例して減少している．ただしそのベキ数は3を下回っており，観測によるバイアスを無視すれば，大きな小天体の割合が上の予想よりも多いことになる．ということは，大きな天体の総体積を求めれば，小惑星帯の総体積を推定できそうだ．小惑星帯最大の天体が準惑星ケレス（直径952 km）であることを考慮すると，小惑星帯の総質量は意外に少なく，地球の1/1000以下であろうと予想される．

　小天体は小惑星帯において一様に分布しているわけではない（図1）．とくに木星の公転周期と整数の比を持つ周期の軌道に小天体が少ない領域があり，カークウッドの隙間として知られる．一方で似た軌道を持つ小惑星の集団とみなせる場合もあり，これらはファミリーと呼ばれることがある．

　近年の観測技術の向上により，小天体のスペクトル型やレーダー反射能等が調べられ，小惑星の大きさや物質，概形等が推定可能となってきた．小惑星はその

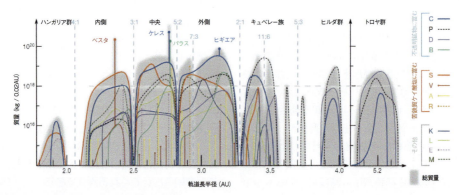

図1　小惑星帯における小惑星のタイプ（文献1を改変）

光学特性により大きく分けて次の3種類に分類される．まずは，岩石質で長波長成分（赤色）に富むS型と呼ばれるタイプに代表されるもの（普通コンドライトに属する隕石の起源天体と考えられている），次に長波長成分に乏しく（青色），アルベドがとても低いC型やP型と呼ばれるもの（炭素質コンドライト様のより始原的な天体），最後にM型等そのどちらにも分類できないもの（鉄隕石等がこれに対応するかもしれない）である．小惑星帯においては，太陽に近い内側にはS型小惑星が多く存在し，外側にはより始原的と考えられているC型やP型等の小惑星が卓越する傾向がある（図1）．ただし例外も多く，ヴィルト第2彗星から取得したサンプルには外側小惑星帯に典型的な物質と内側小惑星帯に典型的な物質とが混在していたこともあって，小天体の分布は，惑星大移動の影響を受けて混合されたのだろうと解釈されている．

● **探査機による探査**

1960年代から太陽系の探査が進められていたとはいえ，探査機による小惑星探査に初めて成功したのは1991年とかなり最近である．それも木星へ向かうガリレオ探査機が，小惑星ガスプラのフライバイ観測を行ったのが最初だった．ガリレオ探査機はさらに1993年に小惑星アイダを観測し，その小惑星が衛星ダクティルを持つことも発見した．

小惑星を主なターゲットとした最初の探査機はニア・シューメーカーであった．同探査機は1997年に小惑星マチルダのフライバイ観測に成功した後，小惑星エロスの接近観測（ランデブー）に初めて成功した．そしてこのS型小惑星が，地球で数多く見つかる普通コンドライトに属する隕石と類似した性質を持つことが確かめられた．その後ディープ・スペース1による小惑星ブライユ探査（1999年）や探査機スターダストによる小惑星アンネフランク（2002年）の観測により，起伏に富む荒々しい地形を持つ小惑星の姿が，次第に明らかになった（図2）．

小天体表面からサンプルを取得するのに初めて成功したのは，日本の小惑星探査機はやぶさである．2005年に小惑星イトカワにランデブーしたこの探査機は[2]，可視光による詳細な撮像や近赤外分光観測等を行い，2回の着陸を成功させた．その際に採取したごく微量なサンプルは2010年に地球に持ち帰られ，それが予想通り普通コンドライトと同じ物質であることが確かめられ，隕石の母天体が小惑星であることが確定的となった．はやぶさ探査機はさらに，イトカワの密度がかなり低く，岩石の集合体（ラブルパイル）であることを明らかにし，ほかにも宇宙風化の存在や低重力下における土砂移動等重要な発見を多数もたらした．

2012年にはドーン探査機が直径500 kmという大きな小惑星ベスタを探査し，活発な火山活動の痕跡が見られることを発見した．また予想通りHED隕石と呼ばれる隕石の起源天体と考えられることも確認された．ドーン探査機は2015年に準惑星ケレスも探査した．

彗星が初めて探査されたのは，1985年のアイス探査機によるジャコビニ・ツィナー彗星探査である．アイス探査機はさらに，日本のさきがけ探査機，ヨーロッパ宇宙機関のジオットらとともにハレー彗星の観測を行い，彗星は氷と塵の集まりであることが確かめられた．2001年にはディープ・スペース1号が，ボレリー彗星の核の詳細撮像に成功した．2004年にはスターダスト探査機がヴィルト第2彗星に接近し，コマの粒子を持ち帰った（2006年）．2005年にはディープ・インパクト探査機がテンペル第1彗星にインパクターを衝突させることに成功し，この彗星核も氷と岩石との混合物であることが確かめられた．その後エポキシ計画によりハートレー第2彗星が観測された．

こうした観測から彗星が地球の海水の起源である可能性も指摘されるようになったが，2014年に探査機ロゼッタがチュリュモフ・ゲラシメンコ彗星を観測したところ，放出される水のD/H比が地球と大きく異なっており，この説は裏付けられなかった．地球の海水の起源のもう1つの可能性はC型小惑星であり，そのひとつである小惑星リュウグウに向け，2016年現在，日本のはやぶさ2探査機が順調に飛行中である．

〔宮本英昭〕

**図2** 探査機によって観測された小惑星（credit：NASA/JPL-Caltech/JAXA/ESA）

# 9.9 はやぶさとはやぶさ2のミッション

## ●小惑星から試料を持ち帰る意義

小惑星は，45.67億年前に太陽系が形成されてから1億数千万年以内に，火山活動，熱変成作用，水質変成作用を終了した天体である．大部分は火星軌道と木星軌道の間に存在するが，一部は地球軌道の内側に入り込み，地球近傍小惑星と呼ばれる．一方，地球外物質である隕石のいくつかは，地球近傍小惑星とよく似た軌道を持っていたことが知られている．隕石の絶対年代は，大部分の隕石が太陽系初期に活動を停止した天体起源であることを示している．これらより，隕石の大多数は小惑星起源と考えられている．

小惑星物質である隕石を使っても，太陽系の天体を形成した物質や惑星形成前後のできごとを研究できるにも関わらず，小惑星から試料を持ち帰り研究する意義としては以下のことがあげられるだろう．地球上での汚染の影響のほぼない試料を研究できること，小惑星と隕石との対応関係を解明できること，小惑星表面を探査機が観測した後に試料採集を行うため，地質学的な情報のある試料を入手できること，隕石として入手できない小惑星表面の物質を研究できることである．

## ●はやぶさ計画の概要とイトカワ微粒子の発見

MUSES-C計画は1996年から開発が始められた．対象天体は，スペクトル型がS型に分類される小惑星1998SF36である．2003年5月にMUSES-Cは内之浦宇宙観測所より打ち上げられ，探査機は「はやぶさ」，対象天体は「(25143) イトカワ」と命名された．2005年9月にイトカワに到着し，5ヵ月間にわたり可視カメラ，ライダー(レーザー光による測距)，近赤外分光器，X線分光器等による観察・その場分析が行われた．その結果，イトカワの平均密度は1.9 g/cm³であり，もし，イトカワが普通コンドライトと同じ物質からなる場合，約40%もの空隙率を持つことが判明した．イトカワは瓦礫が重力的に緩く集合したラブルパイル小惑星であることがわかったのである．2回目のタッチダウン(試料採集)後に不具合が起き，当初予定よりも3年遅れて2010年6月にオーストラリアのウーメラに地球帰還カプセルは着陸した．カプセルはJAXA惑星物質試料受入設備に持ち込まれ試料探索が行われた．そして，イトカワの物質の発見が2010年11月に発表された．発見された物質は，最大で直径0.3 mmという微粒子であった(図1)．2011年からはイトカワ微粒子の研究が行われている．

## ●S型小惑星問題と宇宙風化

かんらん石および斜方(直方)輝石に含まれる$Fe^{2+}$に起因する吸収帯を波長0.9μmと2μmに持ち，長波長側ほど高い反射能を持つS型小惑星(図2上)が，地球近傍小惑星にもっとも多い．隕石の約5%は，普

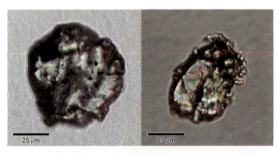

図1 イトカワ微粒子の光学顕微鏡画像(2011年 野口高明)

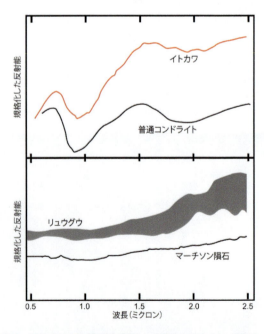

図2 (上)イトカワ(S型小惑星)と普通コンドライト，(下)リュウグウ(C型小惑星)とマーチソンCMコンドライトのスペクトル形状の比較(リュウグウのスペクトルに幅があるのは測定誤差の範囲を示す)

通コンドライト隕石（H，L，LL コンドライトに細分）に属する．

普通コンドライト隕石が地球近傍小惑星起源ならば，近地球型小惑星の多くは S 型小惑星に属することから，普通コンドライトは S 型小惑星起源と予想される．しかし，両者の反射スペクトルは一致しない（図 2 上）．月表面の未固結物質（レゴリス）の表面には，微小隕石の衝突によって蒸発した物質がごく薄く（100 nm）蒸着しており，その中のナノ金属鉄が反射スペクトルを変化させている（宇宙風化という）．同様に，S 型小惑星でも宇宙風化で形成されたナノ金属鉄がスペクトルを変化させていると考えられた．イトカワの場合は，LL コンドライト隕石とほぼ同じ物質が宇宙風化を受けたものと予想された．

## ● イトカワ微粒子の分析でわかったこと

イトカワ微粒子（直径 30〜150μm）に含まれるかんらん石，低 Ca 輝石（主に斜方輝石，一部は低 Ca 単斜輝石），斜長石といった鉱物の化学組成から，全粒子の約 85％ が，鉱物の化学組成が均質化した LL コンドライトと一致していた．二輝石地質温度計からは LL5−6 コンドライトと同程度の熱変成作用（780〜840℃）を受けたことが推定された．これらの鉱物に含まれる酸素同位体比も LL コンドライトとほぼ等しかった．このようにイトカワは LL コンドライトとほぼ同じ物質であり，LL コンドライトは S 型小惑星起源であることが明らかになった．

イトカワ微粒子の表面に宇宙風化層が存在することも明らかになった．宇宙風化層は，下地の結晶に含まれない元素を含む再凝縮層（厚さ 2〜15 nm）と部分的に非晶質化した層（厚さ 30〜60 nm）の 2 層構造を持っていた．再凝縮層はナノ硫化物粒子を含む場合があり，部分的に非晶質化したかんらん石や斜方輝石はナノ金属鉄粒子を含む．また，イオン照射に伴うブリスタリング（発泡）によく似た構造を持つ宇宙風化層も観察された．これより，イトカワの宇宙風化では，太陽風照射が重要な役割を果たしていることが明らかになった．さらに，イトカワ微粒子に打ち込まれた太陽風起源の希ガス分析から，イトカワ微粒子が小惑星の表層内部を移動していたことが明らかになった．

## ● はやぶさ 2 計画の概要

はやぶさ 2 計画は 2012 年から開発が始められた．対象天体は C 型小惑星に分類される 1999JU3 である．はやぶさ 2 は 2014 年 12 月に種子島宇宙センターより打ち上げられ，対象天体は（162173）リュウグウ

と命名された．はやぶさ 2 は 2018 年にリュウグウに到着し，可視カメラ，ライダー，近赤外分光器等による観察・その場分析，子機の分離，最大 3 回のタッチダウンを行う．試料採集では，衝突装置を使って小惑星表面にクレーターを形成し，クレーター内部あるいはクレーター内部から放出された物質の採集も行う．小惑星内部の試料を採集することで，太陽風や太陽紫外線の影響が少ない試料が採集できると考えられる．2020 年末に地球に帰還する予定である．

## ● C 型小惑星と CM コンドライト隕石

はやぶさ 2 の探査対象天体である C 型小惑星は地球近傍型小惑星には数少ないが，小惑星帯中心部（メインベルト）ではもっとも多い．C 型小惑星にもっともよく似た反射スペクトルを示すのが CM コンドライト隕石である（図 2 下）．CM コンドライトでは無水鉱物と水が反応して各種含水鉱物や炭酸塩鉱物等が形成されている．また，この隕石には約 2wt％ の炭素が含まれ，炭素のほとんどは有機物として存在する．有機物には，地球外でのアミノ酸合成を示す非タンパク質アミノ酸が含まれるだけでなく，L 体のアミノ酸が D 体よりも多く，生体分子のホモキラリティーの起源を地球外の有機物に求める説の根拠とされる．

## ● リュウグウからの試料に期待できること

はやぶさ 2 のサンプル容器には地球物質の汚染をできる限り少なくする工夫がなされており，隕石よりも地球物質の汚染をずっと少ない状態で分析できると期待される．CM コンドライトの炭酸塩鉱物は自らが成長した水溶液を流体包有物として取り込んでいることがある．リュウグウから持ち帰られる試料が水質変成作用を受けた物質ならば，流体包有物として閉じ込められた太陽系初期に小惑星に存在していた水を分析できる可能性がある．小惑星の水の重水素／水素同位体比から地球の水との関係を議論できるであろう．また，各種有機物のホモキラリティーの測定からは，地球外有機物と地球の有機物の関係を検討できる可能性がある．さらに，含水鉱物の表面を使った有機物の不斉反応の証拠等を調べることで生命前駆物質の化学進化についての知見が得られるかもしれない．

〔野口高明〕

# 文　献

## – REFERENCES –

こちらに掲載されている文献の書誌情報は，デジタル付録にも収録されています．検索の際にご活用ください．

## 第1章

### 1.1

1）Karato, S. *et al.*, 2008：Geodynamic significance of seismic anisotropy of the upper mantle：new insights from laboratory studies. *Annu. Rev. Earth Planet. Sci.*, **36**, 59-95.

2）道林克禎，2006：かんらん岩の構造解析と最上部マントルのレオロジー．日本レオロジー学会誌，**34**, 291-300.

3）Mainprice, D., 2007：Seismic Anisotropy of the Deep Earth from a Mineral and Rock Physics Perspective. In：Treatise on Geophysics, 2nd edition, vol.2（Schubert, G. ed.）. Elsevier, pp. 487-538.

### 1.2

1）Norris, R. J. and A. F. Cooper, 2003：Very high strains recorded in mylonites along the Alpine Fault, New Zealand：implications for the deep structure of plate boundary faults. *J. Struct. Geol.*, **25**, 2141-2157.

2）Behr, W. M. and J. P. Platt, 2014：Brittle faults are weak, yet the ductile middle crust is strong：Implications for lithospheric mechanics. *Geophys. Res. Lett.*, **41**, 8067-8075.

3）Ohzono, M. *et al.*, 2012：Geodetic evidence of viscoelastic relaxation after the 2008 Iwate-Miyagi Nairiku earthquake. *Earth, Planets and Space*, **64**, 759-764.

### 1.3

1）Di Toro, G. *et al.*, 2011：Fault lubrication during earthquakes. *Nature*, **471**, 494-499.

2）Ujiie, K. *et al.*, 2013：Low coseismic shear stress on the Tohoku-Oki megathrust determined from laboratory experiments. *Science*, **342**, 1211-1214.

### 1.4

1）Hiraga, T. *et al.*, 2010：Mantle superplasticity and its self-made demise. *Nature*, **468**, 1091.

2）Tasaka, M. and T. Hiraga, 2013：Influence of mineral fraction on the rheological properties of forsterite + enstatite during grain-size-sensitive creep：(1). Grain size and grain growth laws. *J. Geophys. Res.*, **118**, 3970.

3）Tasaka, M. *et al.*, 2014：Influence of mineral fraction on the rheological properties of forsterite + enstatite during grain size sensitive creep：3. Application of grain growth and flow laws on peridotite ultramylonite. *J. Geophys. Res.*, **119**, 840.

### 1.5

1）Bilek, S. L., 2010：The role of subduction erosion on seismicity. *Geology*, **38**, 479-480.

2）Clift, P. and P. Vannucchi, 2004：Controls on tectonic accretion versus erosion in subduction zones：Implications for the origin and recycling of the continental crust. *Rev. Geophys.*, **42**, doi：10.1029/2003RG000127.

### 1.7

1）Patriat, P. and J. Achache, 1984：India-Eurasia collision chronology has implications for crustal shortening and driving mechanism of plates. *Nature*, **311**, 615-621.

2）Schelling, D., 1992：The tectonostratigraphy and structure of the eastern Nepal Himalaya. *Tectonics*, **11**, 925-943.

3）Mitsuishi, M. *et al.*, 2016：E-W extension at 19 Ma in the Kung Co area, S. Tibet：Evidence for contemporaneous E-W and N-S extension in the Himalayan orogen. *Earth Planet. Sci. Lett.*, **325-326**, 10-20.

### 1.9

1）Clark, M. K. and L. H. Royden, 2000：Topographic ooze：Building the eastern margin of Tibet by lower crustal flow. *Geology*, **28**, 703-706.

2）Beaumont, C. *et al.*, 2004：Crustal channel flows：1. Numerical models with applications to the tectonics of the Himalayan-Tibetan orogen. *J. Geophys. Res.*, **109**, doi：10.1029/2003JB002809.

3）Mitsuishi, M. *et al.*, 2016：E-W extension at 19 Ma in the Kung Co area, S. Tibet：Evidence for contemporaneous E-W and N-S extension in the Himalayan orogen. *Earth Planet. Sci. Lett.*, **325-326**, 10-20.

### 1.10

1）Taira, A. *et al.*, 2016：Geological evolution of Japan：an overview. In：The Geology of Japan（Moreno, T. *et al.*, eds.）. Geological Society, pp. 1-24.

### 1.11

1）Renne, P. R. *et al.*, 1997：Ar-40/Ar-39 dating into the historical realm：Calibration against Pliny the Younger. *Science*, **277**, 1279-1280.

2）Schmitt, A. K., 2011：Uranium series accessory crystal dating of magmatic processes. *Annu. Rev. Earth Planet. Sci.*, **39**, 321-349.

3）Reiners, P. W. *et al.*, 2005：Past, present, and future of thermochronology. *Rev. Mineral. Geochem.*, **58**, 1-18.

4）Tagami, T., 2012：Thermochronological investigation of fault zones. *Tectonophys.*, **538-540**, 67-85.

### 1.12

1）Ito, Y. *et al.*, 2007：Slow earthquakes coincident with episodic tremors and slow slip events. *Science*, **315**, 503-506.

2）Brudzinski, M. R. *et al.*, 2007：Global Prevalence of Double Benioff Zones, *Science*, **316**, 1472-1474.

## 第2章

### 2.1

1）Kokubo, E. and H. Genda, 2010：Formation of terrestrial planets from protoplanets under a realistic accretion condition. *Astrophys. J.*, **714**, L21-L25.

2）Hamano, K. *et al.*, 2013：Emergence of two types of terrestrial planet on solidification of magma ocean. *Nature*,

**497**, 607-610.

3） Canup, R. M., 2004：Dynamics of lunar formation. *Annu. Rev. Astron. Astrophys.,* **42**, 441-475.

**2.2**

1） Neukum, G. and B. A. Ivanov, 1994：Crater size distributions and impact probabilities on Earth from lunar, terrestrial-planet, and asteroid cratering data. In：Hazard Due to Comets and Asteroids (Gehrels, T. ed.). University of Arizona Press, pp. 359-416.

2） Pham, L. B. S. *et al.*, 2011：Effects of impacts on the atmospheric evolution：Comparison between Mars, Earth, and Venus. *Planet. Space Sci.*, **59**, 1087-1092.

3） Sleep, N. H. *et al.*, 1989：Annihilation of ecosystems by large asteroid impacts on the early Earth. *Nature*, **342**, 139-142.

**2.3**

1） Corliss, J. B. *et al.*, 1979：Submarine thermal springs on the Galapagos Rift. *Science*, **203**, 1073-1083.

2） Hsu, H.-W. *et al.*, 2015：Ongoing hydrothermal activities within Enceladus. *Nature*, **519**, 207-210.

**2.5**

1） Maruyama, S. and J. G. Liou, 1998：Initiation of ultrahigh-pressure metamorphism and its significance on the Proterozoic-Phanerozoic boundary. *Island Arc*, **7**, 6-35.；Brown, M., 2007：Metamorphic conditions in orogenic belts：A record of secular change. *Int. Geol. Rev.*, **49**, 193-234.

2） Kitajima, K. *et al.*, 2001：Seafloor hydrothermal alteration at an Archaean mid-ocean ridge. *J. Metamorphic Geol.*, **19**, 581-597.；Nakamura, K. and Y. Kato, 2004：Carbonatization of oceanic crust by the seafloor hydrothermal activity and its significance as a $CO_2$ sink in the Early Archean. *Geochim. Cosmochim. Acta*, **68**, 4595-4618.

3） Sagan, C. and G. Mullen, 1972：Earth and Mars：Evolution of Atmospheres and Surface Temperatures. *Science*, **177**, 52-56, doi：10.1126/science.177.4043.52.

4） Shibuya, T. *et al.*, 2013：Decrease of seawater $CO_2$ concentration in the Late Archean：An implication from 2.6 Ga seafloor hydrothermal alteration. *Precambrian Research*, **236**, 59-64.

5） Santosh, M. and S. Omori, 2008：$CO_2$ windows from mantle to atmosphere：Models on ultrahigh-temperature metamorphism and speculations on the link with melting of snowball Earth. *Gondwana Res.*, **14**, 82-96.

**2.7**

1） Rogers, J. J. W. and M. Santosh, 2003：Supercontinents in Earth history. *Gondwana Res.*, **6**, 357-368.

2） Meert, J. G., 2002：Paleomagnetic evidence for a Paleo-Mesoproterozoic supercontinent Columbia. *Gondwana Res.*, **5**, 207-215.

3） Rogers, J. J. W. and M. Santosh, 2002：Configuration of Columbia, a Mesoproterozoic supercontinent. *Gondwana Res.*, **5**, 5-22.

4） Nance, R. D. *et al.*, 2014：The supercontinent cycle：A retrospective essay. *Gondwana Res.*, **25**, 4-29.

5） Yoshida, M. and M. Santosh, 2011：Supercontinents, mantle dynamics and plate tectonics：A perspective based on conceptual vs. numerical models. *Earth-Sci. Rev.*, **105**, 1-24.

**2.9**

1） Catling, D. C. and M. W. Claire, 1997：How Earth's atmosphere evolved to an oxic state：A status report. *Earth Planet. Sci. Lett.*, **237**, 1-20.

2） Bekker, A. *et al.*, 2010：Iron Formation：The Sedimentary Product of a Complex Interplay among Mantle, Tectonic, Oceanic, and Biospheric Processes. *Econ. Geol.*, **105**, 467-508.

3） Kirschvink, J. L. *et al.*, 2000：Paleoproterozoic snowball Earth：Extreme climatic and geochemical global change and its biological consequences. *PNAS*, **97**, 1400-1405.

4） Pierrehumbelt, R. T. *et al.*, 2011：Climate of the Neoproterozoic. *Annu. Rev. Earth Planet Sci.*, **39**, 417-460.

5） Shields, G. and J. Veizer, 2002：Precambrian marine carbonate isotope database：Version 1.1. *G-cubed*, **3**(6).

**2.10**

1） Courtillot, V. E. and P. R. Renne, 2003：On the ages of flood basalt events Sur l'âge des trapps basaltiques. *C. R. Geoscience,* **335**, 113-140.

**2.11**

1） Kataoka, R. *et al.*, 2013：Snowball Earth events driven by a starburst of the Milky Way Galaxy. *New Astronomy*, **21**, 50-62, doi：10.1016/j.newast.2012.11.005.

2） Svensmark, H., 2007：Cosmoclimatology：a new theory emerges. *Astron. Geophys.*, **48**(1), 1.18-1.24.

3） Kataoka, R. *et al.*, 2014：The Nebula Winter：The united view of the snowball Earth, mass extinctions, and explosive evolution in the late Neoproterozoic and Cambrian periods. *Gondwana Res.*, **25**, 1153-1163.

4） Isozaki, Y., 2009：Integrated "plume winter" scenario for the double-phased extinction during the Paleozoic-Mesozoic transition：the G-LB and P-TB events from a Panthalassan perspective. *J. Asian Earth Sci.*, **36**, 459-480.

**2.12**

1） Aubert, J. *et al.*, 2010：Observations and models of the long-term evolution of Earth's magnetic field. *Space Sci. Rev.,* **155**, 337-370.

2） Sumita, I. and S. Yoshida, 2003：Thermal interactions between the mantle, outer and inner cores, and the resulting structural evolution of the core. In：Earth's Core, Dynamics, Structure, Rotation (Geodynamics Series, 31, Dehant, V. *et al.*, eds.). American Geophysical Union, pp. 213-231.

3） Gomi, H. *et al.*, 2013：The high conductivity of iron and thermal evolution of the Earth's core. *Phys. Earth Planet. Inter.*, **224**, 88-103.

4） Tarduno, J. A. *et al.*, 2006：The paleomagnetism of single silicate crystals：recording geomagnetic field strength during mixed polarity intervals, superchrons, and inner core growth. *Rev. Geophys.*, **44**, RG1002, 31pp.

5） Tarduno, J. A. *et al.*, 2015：A Hadean to Paleoarchean geodynamo recorded by single zircon crystals. *Science*, **349**, 521-524.

# 第3章

## 3.1

1) Nishiyama, N. *et al.*, 2008：Development of the Multi-anvil Assembly 6-6 for DIA and D-DIA type high-pressure apparatuses. *High Press. Res.*, **28**, 307-314.

2) Yamazaki, D. *et al.*, 2012：P-V-T equation of state for $\varepsilon$-iron up to 80 GPa and 1900 K using the Kawai-type high pressure apparatus equipped with sintered diamond anivils. *Geophys. Res. Lett.*, **39**, L20308.

3) Tateno, S. *et al.*, 2010：The Structure of Iron in Earth's Inner Core. *Science*, **330**, 359-361.

4) Dubrovinsky, L. *et al.*, 2012：Implementation of micro-ball nanodiamond anvils for high-pressure studies above 6 Mbar. *Nat. Commun.*, **3**, doi：10.1038/ncomms2160.

## 3.2

1) マーチン, R. M., 2012：物質の電子状態（上・下）. 丸善出版.

2) Demuth, T. *et al.*, 1999：Polymorphism in silica studied in the local density and generalized-gradient approximations. *J. Phys. Cond. Mat.*, **11**, 3833-3874.

3) Tsuchiya, T. *et al.*, 2006：Spin transition in magnesiowüstite in Earth's lower mantle. *Phys. Rev. Lett.*, **96**, 198501.

4) Tsuchiya, T. *et al.*, 2004：Phase transition in MgSiO$_3$ perovskite in the earth's lower mantle. *Earth Planet. Sci. Lett.*, **224**, 241-248.

5) Wang, X. *et al.*, 2015：Computational support for a pyrolytic lower mantle containing ferric iron. *Nat. Geosci.*, **8**, 556-559.

6) Dekura, H. *et al.*, 2013：Ab initio lattice thermal conductivity of MgSiO$_3$ perovskite as found in Earth's lower mantle. *Phys. Rev. Lett.*, **110**, 025904.

7) Pozzo, M. *et al.*, 2012：Thermal and electrical conductivity of iron at Earth's core conditons. *Nature*, **485**, 355-357.

## 3.3

1) Morishima, H. *et al.*, 1994：The phase boundary between $a$-and $\beta$-Mg$_2$SiO$_4$ determined by in situ X-ray observation. *Science*, **265**, 1202-1203.

2) Irifune, T. *et al.*, 1998：The postspinel phase boundary in Mg$_2$SiO$_4$ determined by in situ X-ray diffraction. *Science*, **279**, 1698-1700.

3) Tateno, S. *et al.*, 2010：The structure of iron in Earth's inner core. *Science*, **330**, 359-361.

4) Klotz, S. *et al.*, 2017：Bulk moduli and equations of state of ice VII and ice VIII. *Phys. Rev. B*, **95**, 174111-174117.

## 3.5

1) Murakami, M. *et al.*, 2007：Sound velocity of MgSiO$_3$ post-perovskite phase：A constraint on the D" discontinuity. *Earth Planet. Sci. Lett.*, **259**, 18-23.

2) Ohtani, E. *et al.*, 2014：Sound velocity of hexagonal close-packed iron up to core pressure. *Geophys. Res. Lett.*, **40**, 5089-5094.

3) Irifune, T. *et al.*, 2008：Sound velocities of majorite garnet and the composition of the mantle transition region. *Nature*, **451**, 814-817.

## 3.6

1) Murakami, M. *et al.*, 2014：High-pressure radiative conductivity of dense silicate glasses with potential implications for dark magmas. *Nat. Commun.*, **5428**, doi：

10.1038/ncomms6428.

2) Yoshino, T., 2010：Laboratory electrical conductivity measurement of mantle minerals. *Surv. Geophys.*, **31**, 163-206.

3) Katsura, T. and T. Yoshino, 2015：Heterogeneity of electrical conductivity in the oceanic upper mantle. In：The Earth's Heterogeneous Mantle（Khan, A. and F. Deschamps, eds.）. Springer, pp. 173-204.

## 3.7

1) 赤荻正樹, 2010：地球構成物質の高圧相転移と熱力学.（新装版 地球惑星科学 第5巻, 鳥海光弘他編）地球惑星物質科学. 岩波書店, pp. 123-176.

2) 日本化学会編, 2005：温度・熱, 圧力（第5版実験化学講座6巻）. 丸善出版, 547pp.

3) Fabrichnaya, O. *et al.*, 2004：Thermodynamic Data, Models and Phase Diagrams in Multicomponent Oxide Systems. Springer, 198pp.

## 3.9

1) Sakai, T. *et al.*, 2014：Equation of state of pure iron and Fe0.9Ni0.1 alloy up to 3Mbar. *Phys. Earth Planet. Inter.*, **228**, 114-126, doi：10.1016/j.pepi.2013.12. 010.

2) Dziwonski, A. M. and D. L. Anderson, 1981：Preliminary reference Earth model. *Phys. Earth Planet. Inter.*, **25**, 297-356.

3) Anzellini, S. *et al.*, 2013：Melting of Iron at Earth's Inner Core Boundary Based on Fast X-ray. *Science*, **340**, 464-466, doi：10.1126/science.1233514.

## 3.10

1) Wei, W. *et al.*, 2015：P and S wave tomography and anisotropy in Northwest Pacific and East Asia：Constraints on stagnant slab and intraplate volcanism. *J. Geophys. Res.*, **120**, 1642-1666.

## 3.11

1) Inoue, T. *et al.*, 1995：Hydrous modified spinel, Mg$_{1.75}$SiH$_{0.5}$O$_4$：a new water reservoir in the mantle transition region. *Geophys. Res. Lett.*, **22**(2), 117-120.

2) Irifune, T. *et al.*, 1998：Phase transformations in serpentine and transportation of water into the lower mantle. *Geophys. Res. Lett.*, **25**(2), 203-206.

3) Nishi, M. *et al.*, 2014：Stability of hydrous silicate at high pressures and water transport to the deep lower mantle. *Nat. Geosci.*, **7**(3), 224.

4) Ohtani, E. *et al.*, 2004：Water transport into the deep mantle and formation of a hydrous transition zone. *Phys. Earth Planet. Inter.*, **143**, 255-269.

5) Pearson, D. G. *et al.*, 2014：Hydrous mantle transition zone indicated by ringwoodite included within diamond. *Nature*, **507**(7491), 221-224.

## 3.12

1) Marshak, S., 2015：Earth：Portrait of a Planet. W. W. Norton & Company, pp. 96-97.

2) Hernlund, J., 2013：Mantle fabric unraveled? *Nat. Geosci.*, **6**, 516-518.

3) 唐戸俊一郎, 2011：地球物質のレオロジーとダイナミクス（現代地球科学入門シリーズ14）. 共立出版.

4) Shimojuku, A. *et al.*, 2009：Si and O diffusion in (Mg,Fe)$_2$SiO$_4$ wadsleyite and ringwoodite and its implications for the rheology of the mantle transition zone. *Earth Planet. Sci.*

文　献

*Lett.*, **284**, 103-112.

5）Schubnel, A. *et al.*, 2013：Deep-focus earthquake analogs recorded at high pressure and temperature in the laboratory. *Science*, **341**, 1377-1380.

### 3.13

1）大谷栄治・掛川　武，2005：地球・生命―その起源と進化. 共立出版，196p.

2）Litasov, K. and E. Ohtani, 2002：Phase relations and melt compositions in CMAS-pyrolite-H$_2$O system up to 25 GPa. *Phys. Earth Planet. Inter.*, **134**, 105-127.

3）Fiquet, G. *et al.*, 2010：Melting of peridotite to 140 gigapascals. *Science*, **329**, 1516-1518.

4）Sun, S-S., 1984：Geochemical Characteristics of Archean Ultramafic and Mafic volcanic rocks：Implications for mantle composition and evolution. In：Archean Geochemistry：The Origin and Evolution of the Archean Continental Crust（Kröner, A. *et al.*, eds.）. Springer-Verlag, pp. 25-46.

5）Wanke, H. *et al.*, 1984：Mantle Chemistry and Accretion History of the Earth. In：Archean Geochemistry：The Origin and Evolution of the Archean Continental Crust（Kröner, A. *et al.*, eds.）. Springer-Verlag, pp. 1-2.

### 3.14

1）Cartigny, P., 2005：Stable isotopes and the origin of diamond. *Elements*, **1**, 79-84.

2）McCammon, C., 2001：Deep diamond mysteries. *Science*, **293**, 813-814.

3）Scott Smith, B. H. *et al.*, 1984：Kimberlites near Orroroo, South Australia. In：Kimberlites I：Kimberlites and Related Rocks（Kornprobst, J. ed.）. Elsevier, pp. 121-142.

4）Kaminsky, F., 2012：Mineralogy of the lower mantle：A review of 'super-deep' mineral inclusions in diamond. *Earth-Sci. Rev.*, **110**, 127-147.

5）Zedgenizov, D. A. *et al.*, 2014：Local variations of carbon isotope compositions in diamonds from Sao-Luis（Brazil）：Evidence for heterogeneous carbon reservoir in sublisthospheric mantle. *Chem. Geol.*, **363**, 114-124.

### 3.15

1）Irifune, T. *et al.*, 2003：Ultrahard polycrystalline diamnd from graphite. *Nature*, **421**, 599-600.

2）Dubrovinskaia, N. *et al.*, 2016：Terapascal static pressure generation with ultrahigh yield strength nanodiamond. *Sci. Adv.*, **2**, e1600341.

3）Ishimatsu, N. *et al.*, 2012：Glitch-free X-ray absorption spectrum under high pressure obtained using nano-polycrystalline diamond anvils. *J. Synchrotron Rad.*, **19**, 768-772.

4）Nishiyama, N. *et al.*, 2012：Synthesis of nanocrystalline bulk SiO$_2$ stishovite with very high toughness. *Scr. Mater.*, **12**, 955-958.

5）Irifune, T. *et al.*, 2016：Pressure-induced nano-crystallization of silicate garnets from glass. *Nat. Commun.*, **7**, Art. No, 13753.

### 第 4 章

#### 4.1

1）Mibe, K. *et al.*, 2011：Slab melting versus slab dehydration in subduction-zone magmatism. *PNAS*, **108**, doi：10.1073/pnas.1010968108.

2）Kawamoto, T. *et al.*, 2012：Separation of supercritical slab-fluids to form aqueous fluid and melt components in subduction zone magmatism. *PNAS*, **109**, doi：10.1073/pnas.1207687109.

#### 4.2

1）Shannon, R. D. and C. T. Prewitt, 1969：Effective ionic radii in oxides and fluorides. *Acta Crystallogr.* B, **25**, 925-946.

2）Onuma, N. *et al.*, 1968：Trace element partition between two pyroxenes and the host lava. *Earth Planet. Sci. Lett.*, **5**, 47-51.

3）川邊岩夫，2015：希土類の化学―量子論・熱力学・地球科学. 名古屋大学出版会，p. 436.

4）Matsuhisa, Y., 1979：Oxygen isotopic compositions of volcanic rocks from the east Japan island arcs and their bearing on petrogenesis. *J. Volcanol. Geotherm. Res.*, **5**, 271-296.

5）Fujii, T. *et al.*, 2006：Nuclear field vs. nucleosynthetic effects as cause of isotopic anomalies in the early Solar System. *Earth Planet. Sci. Lett.*, **247**, 1-9.

#### 4.3

1）佐野有司・高橋嘉夫，2013：地球化学. 共立出版，pp. 195-252.

#### 4.4

1）Dalrymple, G. B., 1991：The Age of the Earth. Stanford University Press.

2）兼岡一郎，1998：年代測定概論. 東京大学出版会.

3）Dauphas, N., 2009：The U/Th production ratio and the age of the Milky Way from meteorites and Galactic halo stars. *Nature*, **435**, 1203-1205.

4）Dickin, A. P., 2005：Radiogenic Isotope Geology 2nd Edition. Cambridge University Press.

5）Braun, J. *et al.*, 2006：Quantitative Thermochronology：Numerical Methods for the Interpretation of Thermochronological Data. Cambridge University Press, pp. 24-27.

#### 4.5

1）加々美寛雄ほか，2008：同位体岩石学. 共立出版.

2）三木順哉ほか，2007：短寿命放射性核種存在度と超新星元素合成モデルから推定する太陽系形成環境. 日本惑星科学会誌, **16**, 135-145.

3）Halliday, A. N. *et al.*, 2004：Tungsten lsotopes, the Timing of Metal-Silicate Fractionation, and the Origin of the Earth and Moon. In：Origin of the Earth and Moon（Canup, R. M. and K. Righter, eds.）.The University of Arizona Press, pp. 45-62.

4）Kleine, T. *et al.*, 2009：Hf-W chronology of the accretion and early evolution of asteroids and terrestrial planets. *Geochim. Cosmochim. Acta*, **73**, 5150-5188.

5）チャールズ・H・ラングミューアー，ウォリー・ブロッカー 著／宗林由樹 訳，2014：生命の惑星―ビッグバンから人類までの地球の進化. 京都大学学術出版会.

*221*

## 4.6

1）Garrels, R. M. and F. T. Mackenzie, 1971：Evolution of sedimentary Rocks. Norton, p. 397.

2）Pettijohn, F. J., 1975：Sedimentary Petrology. Harper & Row, p. 628.

3）Pettijon, F. J. *et al.*, 1987：Sand and Sandstone. Springer-Verlag, p. 553.

4）Blatt, H., 1992：Sedimentary Petrology. Freeman, p. 514.

5）Veizer, J. and F. T. Mackenzie, 2014：Evolution of sedimentary rocks. In：Treaties on Geochemistry 2nd Edition Vol. 9（Holland H. and T. Karl, eds.）. Elsevier, pp. 399-435.

## 4.7

1）Ritsema, J. *et al.*, 2011：S40RTS：A degree-40 shear-velocity model for the mantle from new Rayleigh wave dispersion, teleseismic traveltime and normal-mode splitting function measurements. *Geophys. J. Int.*, **184**, 1223-1236.

## 4.8

1）Iwamori, H. and H. Nakamura, 2015：Isotopic heterogeneity of oceanic, arc and continental basalts and its implications for mantle dynamics. *Gondwana Res.*, **27**, 1131-1152.

2）Nakagawa, T. *et al.*, 2012：Radial 1-D seismic structures in the deep mantle in mantle convection simulations with self-consistently calculated mineralogy. *G-cubed*, **13**, Q11002, doi：1029/2012GC004325.

3）Nakagawa, T. *et al.*, 2015：Water circulation and global mantle dynamics：Insight from numerical modeling. *G-cubed*, **16**, doi：10.1002/2014GC00571.

## 4.9

1）Hirschmann, M., 2010：Partial melt in the oceanic low velocity zone. *Phys. Earth Planet. Inter.*, **179**, doi：10.1016/j.pepi.2009.20.003.

2）Karato, S., 2012：On the origin of the asthenosphere. *Earth Planet. Sci. Lett.*, **321-322**, doi：10.1016/j.epsl. 2012.01.001.

## 4.11

1）SPC, 2013：Deep Sea Minerals：Sea-Floor Massive Sulphides, a physical, biological, environmental, and technical review （Baker, E. and Y. Beaudoin, eds.）. Vol. 1A, Secretariat of the Pacific Community.

2）SPC, 2013：Deep Sea Minerals：Manganese Nodules, a physical, biological, environmental, and technical review （Baker, E. and Y. Beaudoin, eds.）. Vol. 1B, Secretariat of the Pacific Community.

3）SPC, 2013：Deep Sea Minerals：Cobalt-rich Ferromanganese Crusts, a physical, biological, environmental, and technical review （Baker, E. and Y. Beaudoin, eds.）. Vol. 1C, Secretariat of the Pacific Community.

4）Nakamura, K. *et al.*, 2015：REY-Rich Mud：A Deep-Sea Mineral Resource for Rare Earths and Yttrium. *Handbook on the Physics and Chemistry of Rare Earths*, **46**, 79-127.

## 4.12

1）Iwamori, H., 2007：Transportation of $H_2O$ beneath the Japan arcs and its implications for global water circulation. *Chem. Geol.*, **239**, 182-198, doi：10.1016/j.chemgeo.2006. 08.011.

2）Kawamoto, T. *et al.*, 2013：Mantle wedge infiltrated with saline fluids from dehydration and decarbonation of subducting slab. *PNAS*, doi：10.1073/pnas.1302040110.

3）Nakamura, H. and H. Iwamori, 2013：Generation of adakites in a cold subduction zone due to double subducting plates. *Contributions Mineral. Petrol.*, doi：10.1007/s00410-013-0850-0.

4）高橋正明ほか, 2011：深層地下水データベース. 地質調査総合センター研究資料集, no. 532, 産業技術総合研究所地質調査総合センター.

## 4.13

1）Fisher, R. V. and H.-U. Schmincke, 1984：Pyroclastic Rocks. Springer-Verlag, 472p.

2）Newhall, C. G. and S. Self, 1982：Volcanic explosivity index （VEI）an estimate of explosive magnitude for historical volcanism. *J. Geophys. Res.*, **87C2**, 1231-1238.

3）De la Cruz-Reyna, S., 1991：Poisson-distributed patterns of volcanic activity. *Bull. Volcanol.*, **54**, 57-67.

4）Briffa, K. R. *et al.*, 1998：Influence of volcanic eruptions on Northern hemisphere summer temperature over the past 600 years. *Nature*, **393**, 450-455.

## 4.14

1）飯尾能久, 2009：内陸地震はなぜ起こるのか？. 近未来社.

2）Meneses-Gutierrez, A. and T. Sagiya, 2016：Persistent inelastic deformation in central Japan revealed by GPS observation before and after the Tohoku-oki earthquake. *Earth Planet. Sci. Lett.*, **450**, 366-371.

3）Nakajima, J. and A. Hasegawa, 2007：Tomographic evidence for the mantle upwelling beneath southwestern Japan and its implications for arc magmatism. *Earth Planet. Sci. Lett.*, **254**（1）, 90-105.

## 4.15

1）Hey, T. *et al.*, 2009：The Fourth Paradigm：Data-Intensive Scientific Discovery. Microsoft Pr.

2）http://georoc.mpch-mainz.gwdg.de/georoc

3）http://www.earthchem.org/petdb/

4）Iwamori, H and H. Nakamura, 2015：Isotopic heterogeneity of oceanic, arc and continental basalts and its implications formantle dynamics. *Gondowana Res.*, **27**（3）, 1131-1152.

5）Bishop, C. M., 2006：Pattern Recognition and Machine Learning. Springer.

6）Kuwatani, T. *et al.*, 2014：Machine-learning techinques for geochemical discrimination of 2011 Tohoku tsunami deposits. *Sci. Rep.*, **4**, doi：10.1038/srep07077.

7）Petrelli, M. and D. Perugini, 2016：Solving petrological problems through machine learning：the study case of tectonic discrimination using geochemical and isotopic data. *Contributions Mineral. Petrol.*, **171**, 81, doi：10. 1007/s00410-016-1292-2.

# 第 5 章

## 5.1

1）Sella, G. F. *et al.*, 2002：REVEL：A model for recent plate velocities from space geodesy. *J. Geophys. Res.*, **107**, doi：10. 1029/2000JB000033.

2）DeMets, C. *et al.*, 2010：Geologically current plate motions.

*Geophys. J. Int.*, **181**, 1-80.

3）Kreemer, C. *et al.*, 2014：A geodetic plate motion and global strain rate model. *G-cubed*, **15**, 3849-3889, doi：10.1002/2014GC005407.

4）Maus, S. *et al.*, 2009：EMAG2：A 2-arc min resolution Earth Magnetic Anomaly Grid compiled from satellite, airborne, and marine magnetic measurements. *G-cubed*, **10**, doi：10.1029/2009GC002471.

5.2

1）Fujiwara, T. *et al.*, 2011：The 2011 Tohoku-Oki earthquake：Displacement Reaching the Trench Axis. *Science*, **334**, doi：10.1126/science.1211554.

2）Okada, Y., 1992：Internal deformation due to shear and tensile faults in a half-space. *Bull. Seismol. Soc. Am.*, **82**, 1018-1040.

3）Ohta, Y. *et al.*, 2012：Quasi real-time fault model estimation for near-field tsunami forecasting based on RTK-GPS analysis：Application to the 2011 Tohoku-Oki earthquake (*Mw* 9.0). *J. Geophys. Res.*, **117**, B02311, doi：10.1029/2011JB008750.

4）Kawamoto, S. *et al.*, 2015：Development and Assessment of Real-Time Fault Model Estimation Routines in the GEONET Real-Time Processing System. *IAG Symposia*, doi：10.1007/1345_2015_49.

5）Ozawa, S. *et al.*, 2011：Coseismic and postseismic slip of the 2011 magnitude-9 Tohoku-Oki earthquake. *Nature*, **475**, 373-376, doi：10.1038/nature10227.

5.3

1）Turcotte, D. L. and G. Schubert, 1982：Geodynamics. John Wiley & Sons, pp. 104-133.

2）木戸元之，1994：地震波トモグラフィーから予想される現在のマントル対流パターンについて．地震，**47**, 411-421.

3）Kudo, T. and K. Yamaoka, 2003：Pull-down basin in the central part of Japan due to subduction-induced mantle flow. *Tectonophys.*, **367**, 203-217.

4）Forsyth, D. W., 1985：Subsurface loading and estimates of the fle-xural rigidity of continental lithosphere. *J. Geophys. Res.*, **90**, 12623-12632.

5）Kudo, T. *et al.*, 2001：Effective elastic thickness of island arc lithosphere under Japan. *Island Arc*, **10**, 135-144.

6）山路　敦，2000：理論テクトニクス入門．朝倉書店, pp. 144-148.

5.4

1）Lambeck, K. and J. Chappell, 2001：Sea level change through the last glacial cycle. *Science*, **292**, 679-686.

2）Lidberg, M. *et al.*, 2010：Recent results based on continuous GPS observations of the GIA process in Fennoscandia from BIFROST. *J. Geodyn.*, **50**, 8-18.

3）Nakada, M. *et al.*, 1998：Mid-Holocene underwater Jomon sites along the west coast of Kyushu, Japan, hydro-isostasy and asthenospheric viscosity. 第四紀研究, **37**, 315-323.

4）Abe-Ouchi, A. *et al.*, 2013：Insolation-driven 100,000-year glacial cycles and hysteresis of ice-sheet volume. *Nature*, **500**, 190-193.

5）Muto, J. *et al.*, 2013：Two-dimensional viscosity structure of the northeastern Japan islands arc-trench system. *Geophys. Res. Lett.*, **40**, 4604-4608.

5.5

1）Lutgens, F. K. *et al.*, 2012：Essentials of Geology (Eleventh edition). Pearson Prentice-Hall, p. 374.

2）Hamblin, W. K. and E. H. Christiansen, 2001：Earth's Surface Dynamics (Tenth edition). Prentice-Hall, Inc, p. 6. 4.

3）日本第四紀学会編，1987：日本第四紀地図（解説），東京大学出版会，p. 24.

4）Miyauchi, T., 2001：Late Quaternary regional crustal movement in the Korean Peninsula and Japanese Islands through paleoshoreline analysis. *Transactions, Japanese Geomorphological Union*, **22**, 277-285.

5）200万分の1活断層図編纂ワーキンググループ，2000：200万分の1日本列島活断層図．活断層研究，No19, 3-12.

5.7

1）Gross, R. S., 2007：Earth Rotation Variations-Long Period. In：Treatise in Geophysics (Editor-in-Chief Schubert, G.), Vol. 3, Geodesy (Volume Editor Herring, T.). Elsevier, pp. 239-294.

2）Dehant, V. and P. M. Mathews, 2007：Earth Rotation Variations. In：Treatise in Geophysics (Editor-in-Chief Schubert, G.), Vol. 3, Geodesy (Volume Editor Herring, T.). Elsevier, pp. 295-349.

3）L. D. ランダウ・E. M. リフシッツ（著），広重　徹・水戸　巌（訳），1986：力学（増訂第3版）．ランダウ＝リフシッツ理論物理学教程，東京図書, pp. 144-146.

5.8

1）Tanaka, S., 2012：Tidal triggering of earthquakes prior to the 2011 Tohoku-Oki earthquake (*Mw* 9.1). *Geophys. Res. Lett.*, **39**, L00G26, doi：10.1029/2012GL051179.

2）Ide, S. and Y. Tanaka, 2014：Controls on plate motion by oscillating tidal stress：Evidence from deep tremors in western Japan. *Geophys. Res. Lett.*, **41**, 3842-3850, doi：10.1002/2014GL060035.

5.9

1）Okada, Y. *et al.*, 2004：Recent progress of seismic observation networks in Japan-Hi-net, F-net, K-NET and KiK-net-. *Earth, Planets and Space*, **56**, xv-xxviii.

2）Obara, K., 2011：Characteristics and interactions between non-volcanic tremor and related slow earthquakes in the Nankai subduction zone, southwest Japan. *J. Geodynn.*, **52**, 229-248.

3）Peng, Z. and J. Gomberg, 2010：An integrated perspective of the continuum between earthquakes and slow-slip phenomena. *Nat. Geosci.*, **3**, 599-607.

4）Schwartz, S. Y. and J. M. Rokosky, 2007：Slow slip events and seismic tremor at circum-pacific subduction zones. *Rev. Geophys.*, **45**, RG3004.

5）Obara, K., 2002：Nonvolcanic deep tremor associated with subduction in southwest Japan. *Science*, **296**, 1679-1681, doi：10.1126/science.1070378.

6）Katsumata, A. and N. Kamaya, 2003：Low-frequency continuous tremor around the Moho discontinuity away from volcanoes in the southwest Japan. *Geophys. Res. Lett.*, **30**, 1020, doi：10.1029/2002GL015981.

7）Ito, Y. *et al.*, 2007：Slow earthquakes coincident with episodic tremors and slow slip events. *Science*, **315**, 503-506, doi：10.1126/science.1134454.

8）Hirose, H. and K. Obara, 2005：Repeating short-and long-term slow slip events with deep tremor activity around the Bungo channel region, southwest Japan. *Earth, Planets and Space*, **57**, 961-972.

9) Rogers, G. and H. Dragert, 2003：Episodic tremor and slip on the Cascadia subduction zone：The chatter of silent slip. *Science*, **300**, 1942-1943, doi：10.1126/science.1084783.

10) Rubinstein, J. L. *et al.*, 2008：Tidal modulation of nonvolcanic tremor. *Science*, **319**, 186-189, doi：10.1126/science.1150558.

11) Miyazawa, M. and J. Mori, 2006：Evidence suggesting fluid flow beneath Japan due to periodic seismic triggering from the 2004 Sumatra-Andaman earthquake. *Geophys. Res. Lett.*, **33**, L05303, doi：10.1029/2005GL025087.

12) Hirose, H. *et al.*, 1999：A slow thrust slip event following the two 1996 Hyuganada earthquakes beneath the Bungo Channel, southwest Japan. *Geophys. Res. Lett.*, **26**, 3237-3240.

13) Ozawa, S. *et al.*, 2002：Detection and monitoring of ongoing aseismic slip in the Tokai region, central Japan. *Science*, **298**, 1009-1012, doi：10.1126/science.1076780.

14) Kobayashi, A., 2014：A long-term slow slip event from 1996 to 1997 in the Kii Channel, Japan. *Earth, Planets and Space*, **66**, 9.

15) 小林昭夫，2012：高知市付近で1977～1980年ごろに発生した長期的スロースリップ．地震第2輯, **64**, 67-73.

16) Yarai, H. and S. Ozawa, 2013：Quasi-periodic slow slip events in the afterslip area of the 1996 Hyuga-nada earthquakes. Japan. *J. Geophys. Res.*, **118**, 2512-2527.

17) Obara, K. and Y. Ito, 2005：Very low frequency earthquake excited by the 2004 off the Kii peninsula earthquake：A dynamic deformation process in the large accretionary prism. *Earth, Planets and Space*, **57**, 321-326.

18) Yamashita, Y. *et al.*, 2015：Migrating tremor off southern Kyushu as evidence for slow slip of a shallow subduction interface. *Science*, **6235**, 676-679, doi：10.1126/science.aaa4242.

19) Hirose, H. *et al.*, 2010：Slow earthquakes linked along dip in the Nankai subduction zone. *Science*, **330**, 1502, doi：10.1126/science. 1197102.

20) Asano, Y. *et al.*, 2008：Spatiotemporal distribution of very-low frequency earthquakes in Tokachi-oki near the junction of the Kuril and Japan trenches revealed by using array signal processing. *Earth, Planets and Space*, **60**, 871-875.

21) Nakamura, M. and N. Sunagawa, 2015：Activation of very low frequency earthquakes by slow slip events in the Ryukyu Trench. *Geophys. Res. Lett.*, **42**, 1076-1082.

22) Nishimura, T., 2014：Short-term slow slip events along the Ryukyu Trench, southwestern Japan, observed by continuous GNSS. *PEPS*, 1, 22.

23) Hirose, H. *et al.*, 2014：The Boso slow slip events in 2007 and 2011 as a driving process for the accompanying earthquake swarm. *Geophys. Res. Lett.*, **41**, 2778-2785, doi：10.1002/2014GL059791.

24) Ito, Y. *et al.*, 2013：Episodic slow slip events in the Japan subduction zone before the 2011 Tohoku-Oki earthquake. *Tectonophys.*, **600**, 14-26, doi：10.1016/j.tecto.2012.08.022.

25) Kato, A. *et al.*, 2012：Propagation of Slow Slip Leading Up to the 2011 Mw 9.0 Tohoku-Oki Earthquake. *Science*, **335**,

705-708, doi：10.1126/science.1215141.

26) Matsuzawa, T. *et al.*, 2015：Very low frequency earthquakes off the Pacific coast of Tohoku, Japan. *Geophys. Res. Lett.*, **42**, 4318-4325, doi：10.1002/2015GL063959.

27) Chao, K. and K. Obara, 2016：Triggered tectonic tremor in various types of fault systems of Japan following the 2012 Mw8. 6 Sumatra earthquake. *J. Geophys. Res. B.*, **121**, 170-187, doi：10.1002/2015JB012566.

28) Dragert, H. *et al.*, 2001：A silent slip event on the deeper Cascadia subduction interface. *Science*, **292**, 1525-1528, doi：10.1126/science.1060152.

29) Ghosh, A. *et al.*, 2015：Very low frequency earthquakes in Cascadia migrate with tremor. *Geophys. Res. Lett.*, **42**, 3228-3232, doi：10.1002/2015GL063286.

30) Vergnolle, M. *et al.*, 2010：Slow slip events in Mexico revised from the processing of 11 year GPS observations. *J. Geophys. Res.*, **115**, B08403, doi：10.1029/2009JB006852.

31) Ohta, Y. *et al.*, 2006：A large slow slip event and the depth of the seismogenic zone in the south central Alaska subduction zone. *Earth Planet. Sci. Lett.*, **247**, 108-116.

32) Payero, J. S. *et al.*, 2008：Nonvolcanic tremor observed in the Mexican subduction zone. *Geophys. Res. Lett.*, **35**, L07305, doi：10.1029/2007GL032877.

33) Peterson, C. and D. Christensen, 2009：Possible relationship between non-volcanic tremor and the 1998-2001 slow-slip event, south central Alaska. *J. Geophys. Res.*, **114**, B06302, doi：10.1029/2008JB006096.

34) Wallace, L. M. and J. Beavan, 2010：Diverse slow slip behavior at the Hikurangi subduction margin, New Zealand. *J. Geophys. Res.*, **115**, B12402, doi：10.1029/2010JB007717.

35) Ide, S., 2012：Variety and spatial heterogeneity of tectonic tremor worldwide. *J. Geophys. Res.*, **117**, B03302, doi：10.1029/2011JB008840.

36) Gallego, A. *et al.*, 2013：Tidal modulation of continuous nonvolcanic seismic tremor in the Chile triple junction region. *G-cubed*, **14**, 851-863, doi：10. 1002/ggge.20091.

37) Peng, Z. and K. Chao, 2008：Non-volcanic tremor beneath the Central Range in Taiwan triggered by the 2001 Mw 7.8 Kunlun earthquake. *Geophys. J. Int.*, **175**(2), 825-829.

38) Ide, S. *et al.*, 2015：Thrust-type focal mechanisms of tectonic tremors in Taiwan：Evidence of subduction. *Geophys. Res. Lett.*, **42**, 3248-3256, doi：10.1002/2015GL063794.

39) Nadeau, R. M. and D. Dolenc, 2005：Nonvolcanic tremors deep beneath the San Andreas Fault. *Science*, **307**, 389, doi：10.1126/science.1107142.

40) Gomberg, J. *et al.*, 2008：Widespread triggering of nonvolcanic tremor in California. *Science*, **319**, 173, doi：10. 1126/science. 1149164.

41) Nadeau, R. M. and A. Guilhem, 2009：Nonvolcanic tremor evolution and the San Simeon and Parkfield, California earthquakes. *Science*, **325**, 191-193, doi：10.1126/science. 1174155.

42) Shelly, D. R., 2010：Periodic, chaotic, and doubled earthquake recurrence intervals on the deep San Andreas Fault. *Science,* **328**, 1385-1388, doi：10.1126/science.1189741.

43) Ide, S. *et al.*, 2007：A scaling law for slow earthquakes. *Nature*, **447**, 76-79, doi：10.1038/nature05780.

44) Obara, K. and A. Kato, 2016：Connecting slow earthquakes to huge earthquakes. *Science*, **353**, 253-257, doi：10.1126/science.aaf1512.

45) Matsuzawa, T. *et al.*, 2010：Modeling short-and long-term slow slip events in the seismic cycles of large subduction earthquakes. *J. Geophys. Res.*, **115**, B12301, doi：10.1029/2010JB007566.

### 5.10

1) Blewitt, G. *et al.*, 2006：Rapid determination of earthquake magnitude using GPS for tsunami warning systems. *Geophys. Res. Lett.*, **33**（11）, 6-9, doi：10.1029/2006GL026145.

2) Ohta, Y. *et al.*, 2006：Large surface wave of the 2004 Sumatra-Andaman earthquake captured by the very long baseline kinematic analysis of 1-Hz GPS data. *Earth, Planets and Space*, **58**（2）, 153-157.

### 5.12

1) Spiess, F. N., 1985：Suboceanic geodetic measurements. *IEEE Trans. Geosci. Remote Sensing*, **GE23**, 502-510.

2) Tadokoro, K. *et al.*, 2012：Interseismic seafloor crustal deformation immediately above the source region of anticipated megathrust earthquake along the Nankai Trough, Japan. *Geophys. Res. Lett.*, **39**, doi：10.1029/2012GL051696.

3) Yokota, Y. *et al.*, 2016：Seafloor geodetic constraints on interplate coupling of the Nankai Trough megathrust zone. *Nature*, **534**, doi：10.1038/nature17632.

4) Tomita, F. *et al.*, 2017：Along-trench variation in seafloor displacements after the 2011 Tohoku earthquake. *Sci. Adv.*, **3**, doi：10.1126/sciadv.1700113.

5) Hino, R. *et al.*, 2014：Was the 2011 Tohoku-Oki earthquake preceded by aseismic preslip? Examination of seafloor vertical deformation data near the epicenter. *Mar. Geophys. Res.*, **35**, doi：10.1007/s11001-013-9208-2.

# 第 6 章

### 6.1

1) Bird, P., 2003：An updated digital model of plate boundaries. *G-cubed*, **4**, doi：10.1029/2001GC000252.

### 6.2

1) Maruyama, T., 1963：On the Force Equivalents of Dynamical Elastic Dislocations with Reference to the Earthquake Mechanism. *Bull. Earthq. Res. Inst.*, **41**, 467-486.

2) Burridge, R. and L. Knopoff, 1964：Body force equivalents for seismic dislocation. *Bull. Seismol. Soc. Am.*, **54**（6）, 1875-1888.

3) 寺川寿子・松浦充宏, 2009：地震学における応力インバージョンの新展開—CMT データインバージョン法による応力場の推定. 地震第 2 輯, **61**, S339-S346.

4) Terakawa, T. and M. Matsu'ura, 2010：3-D tectonic stress fields in and around Japan inverted from CMT data of seismic events. *Tectonics*, **29**（6）, TC6008.

5) Zoback, M. L., 1992：First-and second-order patterns of stress in the lithosphere：The World Stress Map Project. *J. Geophys. Res.*, **97**（B8）, 11703-11728.

### 6.4

1) Ide, S., 2015：Slip inversion. In：Volume 4：Earthquake Seismology（Beroza, G. C. and H. Kanamori, eds.）. Treatise on Geophysics（Second Edition）. Elsevier B.V., pp. 215-241.

2) 各モデルの出典は文献 1 を参照.

3) Satake, K. *et al.*, 2013：Fault parameters of the 1896 Sanriku tsunami earthquake estimated from numerical modeling. *Bull. Seismol. Soc. Am.*, **103**, 1473-1492.

4) 三宅弘恵ほか, 2016：2011 年東北地方太平洋沖地震の強震動記録を用いた震源モデルの概要. 日本地震工学会論文集, **16**, No. 4, 12-21.

5) 各モデルの出典は文献 4 を参照.

### 6.5

1) Bouchon, M. *et al.*, 2013：The long precursory phase of most large interplate earthquakes. *Nat. Geosci.*, **6**, 299-302, doi：10.1038/ngeo1770.

2) Ando, R. and K. Imanishi, 2011：Possibility of Mw 9.0 mainshock triggered by diffusional propagation of after-slip from Mw 7.3 foreshock. *Earth, Planets and Space*, **63**（7）, 767-771.

3) Kato, A. *et al.*, 2012：Propagation of slow slip leading up to the 2011Mw 9.0 Tohoku-Oki earthquake. *Science*, **335**, 705-708, doi：10.1126/Science.1215141.

4) Lay, T. *et al.*, 2013：The February 6, 2013 Mw 8.0 Santa Cruz Islands earthquake and tsunami. *Tectonophys.*, **608**, 1109-1121, doi：10.1016/j.tecto.2013.07.001.

5) Kato, A. and S. Nakagawa, 2014：Multiple slow-slip events during a foreshock sequence of the 2014 Iquique, Chile Mw 8.1 earthquake. *Geophys. Res. Lett.*, **41**, 5420-5427, doi：10.1002/2014GL061138.

6) Ruiz, S. *et al.*, 2014：Intense foreshocks and a slow slip event preceded the 2014 Iquique Mw 8.1 earthquake. *Science*, **345**（6201）, 1165-1169.

7) Schurr, B. *et al.*, 2014：Gradual unlocking of plate boundary controlled initiation of the 2014 Iquique earthquake. *Nature*, **512**（7514）, 299-302.

8) Ohta, Y. *et al.*, 2012：Geodetic constraints on afterslip characteristics following the March 9, 2011, Sanriku-oki earthquake, Japan. *Geophys. Res. Lett.*, **39**, L16304, doi：10.1029/2012GL052430.

9) Ito, Y. *et al.*, 2013：Episodic slow slip events in the Japan subduction zone before the 2011 Tohoku-Oki earthquake. *Tectonophys.*, **600**, 14-26.

10) Mavrommatis, A. P. *et al.*, 2014：A decadal-scale deformation transient prior to the 2011 Mw 9.0 Tohoku-oki earthquake. *Geophys. Res. Lett.*, **41**, 4486-4494, doi：10.1002/2014GL060139.

11) Ozawa, S. *et al.*, 2012：Preceding, coseismic, and postseismic slips of the 2011 Tohoku earthquake, Japan. *J. Geophys. Res.*, **117**, B07404, doi：10.1029/2011JB009120.

12) Uchida, N. *et al.*, 2016：Periodic slow slip triggers megathrust zone earthquakes in northeastern Japan. *Science*, **351**, 488-492, doi：10.1126/Science.aad3108.

13) Kato, A. *et al.*, 2016：Foreshock migration preceding the 2016 Mw 7.0 Kumamoto earthquake, Japan. *Geophys. Res. Lett.*, doi：10.1002/2016GL070079.

14) Nanjo, K. Z. *et al.*, 2012：Decade-scale decrease in b value prior to the M9-class 2011 Tohoku and 2004 Sumatra

quakes. *Geophys. Res. Lett.*, **39**, L20304, doi：10.1029/2012GL052997.

15）Tanaka, S., 2012：Tidal triggering of earthquakes prior to the 2011 Tohoku-Oki earthquake（Mw 9.1）. *Geophys. Res. Lett.*, **39**, L00G26, doi：10.1029/2012GL051179.

### 6.6

1）岡田正実・谷岡勇市郎, 1998：地震の規模・深さと津波の発生率. 月刊海洋, 号外15津波研究の最前線, 18-22.

### 6.7

1）遠田晋次, 2013：内陸地震の長期評価に関する課題と新たな視点. 地質学雑誌, **119**, 105-123.

2）活断層研究会, 1991：新編日本の活断層—分布図と資料. 東京大学出版会, 437p.

3）Schwartz, D. P. and K. J. Coppersmith, 1984：Fault behavior and characteristic earthquakes：examples from the Wasatch and San Andreas fault zones. *J. Geophys. Res.*, **89**, 5681-5698.

### 6.8

1）宇佐美龍夫ほか, 2013：日本被害地震総覧 599-2012. 東京大学出版会, 694p.

2）寒川　旭, 1992：地震考古学. 中公新書, 251p.

3）茅根　創ほか, 1987：房総半島南東岸における旧汀線の指標としてのヤッコカンザシ. 第四紀研究, **26**, 47-58.

4）Taylor, F. W. *et al.*, 1987：Analysis of partially emerged corals and reef terraces in the central Vanuatu Arc：Comparison of contemporary coseismic and nonseismic with Quaternary vertical movements. *J. Geophys. Res.*, **92**, 4905-4933, doi：10.1029/JB092iB06p04905.

### 6.10

1）http://www.eri.u-tokyo.ac.jp/old/wp-content/uploads/2015/02/photo5西之島_8669.jpg

2）http://images.latintimes.com/sites/latintimes.com/files/styles/large_breakpoints_theme_lt_desktop_1x/public/2015/04/23/rtx19vv5.jpg

3）Siebelt, L. *et al.*, 2011：Volcanoes of the World（3rd Ed.）. University of California Press, 551p.

### 6.11

1）第128回火山噴火予知連絡会資料（http://www.data.jma.go.jp/svd/vois/data/tokyo/STOCK/kaisetsu/CCPVE/shiryo/128/20110311earthquake.pdf）

2）Miyazawa, M. *et al.*, 2013：Remotely triggered seismic activity in Hakone volcano during and after the passage of surface waves from the 2011 M9.0 Tohoku-Oki earthquake. *Earth Planet. Sci. Lett.*, **373**, 205-216.

3）Takada, Y. and Y. Fukushima, 2013：Volcanic subsidence triggered by the 2011 Tohoku earthquake in Japan. *Nat. Geosci.*, **6**, 637-641.

4）Pritchard, M. *et al.*, 2013：Subsidence at southern Andes volcanoes induced by the 2010 Maule, Chile earthquake. *Nat. Geosci.*, **6**, 632-636.

## 第7章

### 7.1

1）Dziewonski, A. M. and D. L. Anderson, 1981：Preliminary reference Earth model. *Phys. Earth Planet. Inter.*, **25**, 297-356.

2）Stacey, F. D. and P. M. Davis, 2008：Physics of the Earth, Cambridge University Press, p. 532.（本多　了他訳, 2013：地球の物理学事典. 朝倉書店）

3）Dziewonski, A. M. and D. L. Anderson, 1981：Preliminary reference Earth model. *Phys. Earth Planet. Inter.*, **25**, 297-356.

### 7.2

1）Obayashi, M. *et al.*, 2013：Finite frequency whole mantle P-wave tomography：Inprovement of subducted slab. *Geophys. Res. Lett.*, **40**, 5652-5657, doi：10.1002/2013GL057401.

2）Ritsema, J. *et al.*, 2011：S40RTS：a degree-40 shear-velocity model for the mantle from new Rayleigh wave dispersion, teleseismic traveltime and normal-mode splitting function measurements. *Geophys. J. Int.*, **184**, 1223-1236, doi：10.1111/j.1365-246X.2010.04884.x.

3）Moulik, P. and G. Ekström, 2014：An anisotropic shear velocity model of the Earth's mantle using normal modes, body waves, surface waves and long-period waveforms. *Geophys. J. Int.*, **199**, 1713-1738, doi：10.1093/gji/ggu356.

### 7.3

1）Debayle, E. and Y. Ricard, 2012：A global shear velocity model of the upper mantle from fundamental and higher Rayleigh mode measurements. *J. Geophy. Res.*, **117**, doi：10.1029/2012JB009288.

2）Kawakatsu, H. *et al.*, 2009：Seismic evidence for sharp lithosphere-asthenosphere boundaries of oceanic plates. *Science*, **324**, 499-502

3）Ford, H. A. *et al.*, 2010：The lithosphere-asthenosphere boundary and cratonic lithospheric layering beneath Australia from Sp wave imaging. *Earth Planet. Sci. Lett.*, **300**, 299-310.

4）上田誠也, 1989：プレートテクトニクス. 岩波書店.

5）瀬野徹三, 1995：プレートテクトニクスの基礎. 朝倉書店.

6）是永　淳, 2014：絵でわかるプレートテクトニクス. 講談社.

### 7.4

1）Moulik, P. and G. Ekstrom, 2014：An anisotropic shear velocity model of the Earth's mantle using normal modes, body waves, surface waves and long-period. *Geophys. J. Int.*, **199**, doi：10.1093/gji/ggu356.

2）Niu, F. *et al.*, 2005：Mapping the subducting Pacific slab beneath southwest Japan with Hi-net receiver functions. *Earth Planet. Sci. Lett.*, **239**, doi：10.1016/j.epsl.2005.08.009.

3）Obayashi M. *et al.*, 2006：High temperature anomalies oceanward of subducting slabs at the 410-km discontinuity. *Earth Planet. Sci. Lett.*, **243**, doi：10.1016/j.epsl.2005.12.032.

4）Niu, F. *et al.*, 2002：Mantle transition-zone structure beneath the South Paciçc Superswell and evidence for a mantle plume underlying the Society hotspot. *Earth Planet. Sci. Lett.*, **198**, 371-380.

### 7.5

1）Gail, L. C. *et al.*, 2007：Inconsistent correlation of seismic layer 2a and lava layer thickness in oceanic crust. *Nature*, **445**, 418-421, doi：10.1038/nature05517.

2）Detrick, R. S. *et al.*, 1987：Multi-channel seismic imaging of a crustal magma chamber along the East Pacific Rise. *Nature*, **326**, 35-41, doi：10.1038/326035a0.

3）Min, X. *et al.*, 2014：Variations in axial magma lens

properties along the East Pacific Rise (9°30'N-10°00'N) from swath 3-D seismic imaging and 1-D waveform inversion. *J. Geophys. Res. B.*, **119**, 2721-2744.

4 ) Maclennan, J. *et al.*, 2004：Thermal models of oceanic crustal accretion：Linking geophysical, geological and petrological observations. *G-cubed*, **5**, doi：10.1029/2003GC 000605.

5 ) Canales, J. P. *et al.*, 2005：Upper crustal structure and axial topography at intermediate spreading ridges：Seismic constraints from the southern Juan de Fuca Ridge. *J. Geophys. Res. B.*, **110**, B12104, doi：10.1029/2005JB003630.

6 ) Weir, N. R. W. *et al.*, 2001：Crustal structure of the northern Reykjanes Ridge and Reykjanes Peninsula, southwest Iceland. *J. Geophys. Res. B.*, **106**, 6347-6368.

7 ) Kitada, K. *et al.*, 2006：Distinct regional differences in crustal thickness along the axis of the Mariana Trough, inferred from gravity anomalies. *G-cubed*, **7**, doi：10.1029/2005GC001119.

## 7.6

1 ) Debayle, E. and Y. Ricard, 2012：A global shear velocity model of the upper mantle from fundamental and higher Rayleigh mode measurements. *J. Geophy. Res.*, **117**, doi：10. 1029/2012JB009288.

2 ) Debayle, E. and Y. Ricard, 2013：Seismic observations of large-sacle deformation at the bottom of fast-moving plates. *Earth Planet. Sci. Lett.*, **376**, 165-177.

3 ) Nettles, M. and A. M. Dziewonski, 2008：Radially anisotropic shear velocity structure of the upper mantle globally and beneath North America. *J. Geophys. Res.*, **113**, doi：10.1029/2006JB004819.

## 7.7

1 ) Mohorovicic, A., 1910：Das Beben vom 8.x. 1909, Jahrs. Meteorol. Obs. Zagreb fur 1909 IX, IV Teil, Abschn. 1, Zagreb, pp. 1-63.

2 ) Conrad, V., 1925：Laufzeitkurven des Tauernbebens vom 28 November, 1923, Akademische Wissenshaft 59, Mitteiler. Erdbeben. Kommission, pp. 1-23.

3 ) Meisnner, R., 1986：The C Aontinental Crust：A Geophysical Approach. Academic Press, pp. 242-316.

4 ) Litak, R. K. and L. D. Brown, 1989：A modern perspective on the Conrad discontinuity. *EOS.*, **70**, 713, 722-725.

5 ) Mooney, W. D., 2009：Crust and Lithospheric Structure- Global Crustal Structure. In：Seismogoly and Structure of the Earth (Treatise on Geophysics, vol. 1) (Dziewonski, A. M. *et al.*, eds.). Elsevier, pp. 339-390.

6 ) Durrheim, R. J. and W. D. Mooney, 1991：Archean and Proterozoic crustal evolution. *Geology*, **19**, 606-609.

7 ) Holbrook, W. S. *et al.*, 1992：The seismic velocity structure of the deep continental crust. In：Continental Lower Crust (Development in Geodynamics), vol. 23 (Fountain, D. M. *et al.*, eds.). Elsevier, pp. 1-43.

8 ) Christensen, N. I. and W. D. Mooney, 1995：Seismic velocity structure and composition of the continental crust：A global view. *J. Geophys. Res.*, **100**, 9761-9788.

9 ) Mooney, W. D. and R. Meisnner, 1992：Multi-genic origin of crustal reflectivity, A review of seismic reflection profiling of the continental lower crust and Moho. In：Continental Lower Crust (Development in Geodynamics),

vol. 23 (Fountain, D. M. *et al.*, eds.). Elsevier, pp. 45-79.

10) Pfiffner, O. A. *et al.*, 1988：Deep seismic profiling in the Swiss Alps：Explosion seismology results from line NFP 20-East. *Geology*, **16**, 987-990.

## 7.8

1 ) Debayle, E. *et al.*, 2016：An automatically updated S-wave model of the upper mantle and the depth extent of azimuthal anisotropy. *Geophys. Res. Lett.*, **43**, doi：10.1002/ 2015GL067329.

2 ) Gung, Y. *et al.*, 2003：Global anisotropy and the thickness of continents. *Nature*, **422**, 707-711.

3 ) Yoshizawa, K. and B. L. N. Kennett, 2015：The lithosphere- asthenosphere transition and radial anisotropy beneath the Australian continent. *Geophys. Res. Lett.*, **42**, doi：10. 1002/2015GL063845.

4 ) 唐戸俊一郎，2000：地球科学とレオロジー．東京大学出版会．

5 ) Yoshida, M., 2012：Dynamic role of the rheological contrast between cratonic and oceanic lithospheres in the longevity of cratonic lithosphere：A three-dimensional numerical study. *Tectonophys.*, **532-535**, 156-166.

6 ) Kaban, M. K. *et al.*, 2015：Cratonic root beneath North America shifted by basal drag from the convecting mantle. *Nat. Geosci.*, **8** (10). 797-800, doi：10.1038/ngeo2525.

## 7.9

1 ) Kodaira, S. *et al.*, 2002：Structural factors controlling the rupture process of a megathrust earthquake at the Nankai trough seismogenic zone. *Geophys. J. Int.*, **149**, 815-835, doi：10.1046/j.1365-246X.2002.01691.x.

2 ) Fujie, G. *et al.*, 2006：Confirming sharp bending of the Pacific plate in the northern Japan trench subduction zone by applying a traveltime mapping method. *Phys. Earth Planet. Inter.*, **157**, 72-85, doi：10.1016/j.pepi.2006.03.013.

3 ) Miura, S. *et al.*, 2003：Structural characteristics controlling the seismicity of the southern Japan Trench fore-arc region, revealed by ocean bottom seismographic data. *Tectonophys.*, **363**, 79-102, doi：10.1016/S0040-1951 (02) 00655-8.

4 ) Fujie, G. *et al.*, 2016：Along-trench variations in the seismic structure of the incoming Pacific plate at the outer rise of the northern Japan Trench. *Geophys. Res. Lett.*, **43**, 666-673, doi：10.1002/2015GL067363.

5 ) 岩崎貴哉・佐藤比呂志，2009：陸域制御震源地震探査から明らかになりつつある島弧地殻・上部マントル構造．地震第 2 輯，**61**，S165-S176.

6 ) 高橋成実ほか，2015：伊豆・小笠原島弧の速度構造．地学雑誌，**124**，813-827.

## 7.10

1 ) Nakajima, J. *et al.*, 2001：Three-dimensional structure of Vp, Vs, and Vp/Vs beneath northeastern Japan：Implicatins for arc magmatism and fluids. *J. Geophys. Res.*, **106**, 21843-21857.

2 ) Nakajima, J. *et al.*, 2013：Seismic attenuation beneath northeastern Japan：Constraints on mantle dynamics and arc magmatism. *J. Geophys. Res.*, **118**, 5838-5855.

3 ) 中島淳一，2016：プレートの沈み込みと島弧マグマ活動．火山，**61**，23-36.

4 ) Obayashi, M. *et al.*, 2013：Finite frequency whole mantle P-wave tomography：Inprovement of subducted slab. *Geophys. Res. Lett.*, **40**, 5652-5657, doi：10.1002/2013GL057401.

## 文　　献

### 7.12

1) Dunn, R. A. and D. W. Forsyth, 2003：Imaging the transition between the region of mantle melt generation and the crustal magma chamber beneath the southern East Pacific Rise with short-period Love waves. *J. Geophys. Res.*, **108**, 2352, doi：10.1029/2002JB002217.

2) Key, K. *et al.*, 2013：Electrical image of passive mantle upwelling beneath the northern East Pacific Rise. *Nature*, **495**, 499-502, doi：10.1038/nature11932.

3) Harmon, N. *et al.*, 2009：Thickening of young Pacific lithosphere from high-resolution Rayleigh wave tomography：A test of the conductive cooling model. *Earth Planet. Sci. Lett.*, **278**, 96-106, doi：10.1016/j.epsl.2008.11.025.

4) Baba, K. *et al.*, 2006：Mantle dynamics beneath the East Pacific Rise at 17°S：Insights from the Mantle Electromagnetic and Tomography（MELT）experiment. *J. Geophys. Res.*, **111**, B02101, doi：10.1029/2004JB003598.

### 7.13

1) Morgan, W. J., 1971：Convection plumes in the lower mantle. *Nature*, **230**, 42-43.

2) Ritsema, J. *et al.*, 2011：S40RTS：a degree-40 shear-velocity model for the mantle from new Rayleigh wave dispersion, teleseismic traveltime and normal-mode splitting function measurements. *Geophys. J. Int.*, **184**, doi：10.1111/j.1365-246X.2010.04884.x.

3) Obayashi, M. *et al.*, 2013：Finite frequency whole mantle P wave tomography：Improvement of subducted slab images. *Geophys. Res. Lett.*, **40**, 5652-5657, doi：10.1002/2013GL057401.

4) Suetsugu, D. *et al.*, 2012：TIARES Project-Tomographic investigation by seafloor array experiment for the Society hotspot. *Earth, Planets and Space*, **64**, doi：10.5047/eps.2011.11.002.

5) Tada, N. *et al.*, 2016：Electromagnetic evidence for volatile-rich upwelling beneath the society hotspot, French Polynesia. *Geophys. Res. Lett.*, **43**, 12021-12026, doi：10.1002/2016GL071331.

### 7.15

1) Kaneshima, S. and G. Helffrich, 2013：Vp structure of the outermost core derived from analyzing large scale array data of SmKS waves. *Geophys. J. Int.*, **193**, 1537-1555.

2) Kennett, B. L. N. *et al.*, 1995：Constraints on seismic velocities in the Earth from traveltimes. *Geophys. J. Int.*, **122**, 108-124.

3) Masters, G. and D. Gubbins, 2003：On the resolution of density within the Earth. *Phys. Earth Planet. Inter.*, **140**, 159-167.

4) Stevenson, D. J., 1987：Limits on lateral density and velocity variations in the Earth's outer core. *Geophys. J. Int.*, **88**, 311-319.

5) Ohtaki, T. and S. Kaneshima, 2015：Fine seismic velocity structure of Earth's lowermost outer core determined by array observations of outer-core sensitive PKP. *J. Geophys. Res.*, **120**, doi：10.1002/2015JB01.

6) Shearer, P. and G. Masters, 1990：The density and shear velocity contrast at the inner core boundary. *Geophys. J. Int.*, **102**, 491-498.

7) Gubbins, D. *et al.*, 2008：A theoretical boundary layer at the base of Earth's outer core and independent estimate of core heat flux. *Geophys. J. Int.*, **174**, 1007-1018.

## 第8章

### 8.1

1) 国立科学博物館, 2003：THE 地震展資料.

2) Hashimoto, C. *et al.*, 2009：Interplate seismogenic zones along the Kuril-Japan trench inferred from GPS data inversion. *Nat. Geosci.*, **2**, 141-144.

3) Hashimoto, C. *et al.*, 2012：The $M_W$ 9.0 northeast Japan earthquake：Total rupture of a basement asperity. *Geophys. J. Int.*, **189**, 1-5.

4) Nakata, R. *et al.*, 2016：Possible scenarios for occurrence of M～7 interplate earthquakes prior to and following the 2011 Tohoku-Oki earthquake based on numerical simulation. *Sci. Rep.*, **6**, 25704, doi：10.1038/srep25704.

5) Moore, G. F. *et al.*, 2009：Structural and seismic stratigraphic framework of the NanTroSEIZE Stage 1 transect. *Proceedings of the Integrated Ocean Drilling Program*, **314/315/316**, doi：10.2204/iodp.proc.314315316.102.2009.

6) 西浦泰介ほか, 2016：粒子法に対する動的負荷分散性能とその改良. 計算工学講演会論文集, 21.

### 8.2

1) Fukao, Y. *et al.*, 2009：Stagnant slab：a review. *Annu. Rev. Earth Planet. Sci.*, **37**, 19-46.

2) Nakakuki, T. *et al.*, 2010：Dynamical mechanisms controlling formation and avalanche of a stagnant slab. *Phys. Earth Planet. Inter.*, **183**, 309-320.

3) Nakagawa, T. *et al.*, 2010：The influence of MORB and harzburgite composition on thermo-chemical mantle convection in a 3-D spherical shell with self-consistently calculated mineral physics. *Earth Planet. Sci. Lett.*, **296**, 403-412.

### 8.3

1) Thébault, E. *et al.*, 2015：International Geomagnetic Reference Field：the 12th generation. *Earth, Planets and Space*, **67**, 79.

### 8.4

1) ファーツィガー, J. H.・M. ペリッチ, 2003：コンピュータによる流体力学. 丸善出版, p. 419.

2) Zhong, S. J. *et al.*, 2015：Numerical methods for mantle convection. In：Treatise on Geophysics（Schubert, G. ed.）. Elsevier, pp. 227-252, doi：10.1016/B978-0-444-53802-4.00130-5.

### 8.5

1) Kageyama, A. and T. Sato, 2004："Yin-Yang grid"：An overset grid in spherical geometry. *G-cubed*, **5**, Q09005, doi：10.1029/2004GC000734.

2) Matsui, H. and H. Okuda, 2002：Thermal convection analysis in a rotating shell by a parallel finite-element method—development of a thermal-hydraulic subsystem of GeoFEM. *Concurrency Computat. : Pract. Exper.*, **14**, 465-481.

### 8.6

1) 古市幹人ほか, 2012：大規模地球変動シミュレーションの可

視化技術開発. 可視化情報学会誌, **32**(127), 16-21.

2）Molnar, S. *et al.*, 1994：A sorting classification of parallel rendering. *IEEE Comp. Graph. Appl.*, **14** (4), 23-32.

3）Ohno, N. and A. Kageyama, 2007：Scientific visualization of geophysical simulation data by the CAVE VR system with volume rendering. *Phys. Earth Planet. Inter.*, **163**, 305-311.

4）Kageyama, A. and T. Yamada, 2014：An Approach to Exascale Visualization：Interactive Viewing of In-Situ Visualization. *Comput. Phys. Commun.*, **185**, 79-85.


# 第9章

## 9.4

1）Bibring, J.-P. *et al.*, 2006：Global Mineralogical and Aqueous Mars History Derived from OMEGA/Mars Express Data. *Science*, **312**, 400-404, doi：10.1126/science.1122659.

2）Ehlmann, B. L. *et al.*, 2014：Mineralogy of the Martian Surface. *Annu. Rev. Earth Planet. Sci.*, **42**, 291-315, doi：10.

1146/annurev-earth-060313-055024.

3）Malin, M. C. and K. S. Edgett, 2003：Evidence for Persistent Flow and Aqueous Sedimentation on Early Mars. *Science*, **302**, 1931-1934, doi：10.1126/science.1090544.

## 9.5

1）Canup, R. M., 2008：Lunar-forming collisions with pre-impact rotation. *Icarus*, **196**, 518-538.

## 9.8

1）DeMeo, F. E. and B. Carry, 2014：Solar System evolution from compositional mapping of the asteroid belt. *Nature*, **505**, 629-634.

2）Fujiwara, A. *et al.*, 2006：The rubble-pile asteroid Itokawa as observed by Hayabusa. *Science,* **312**, 1330-1334.

## 9.9

1）Binzel, R. P. *et al.*, 2001：MUSES-C target asteroid (25143) 1998 SF36：a reddened ordinary chondrite. *Meteorit. Planet. Sci.*, **36**(8), 1167-1172.

2）Moskovitz, N. A. *et al.*, 2013：Rotational characterization of Hayabusa II target Asteroid (162173) 1999 JU3. *Icarus*, **224**, 24-31.

# 索 引

## - INDEX -

### あ 行

アイソスタシー　116
アウターライズ　102
アウトフローチャネル　207
あかつき　202
アクリターク　42
アコースティックエミッション（AE）　73
アセノスフェア　8, 96, 114, 157, 159, 160, 166
アダムス・ウイリアムソンの方法　184
圧力　20, 184
圧力－温度経路　34, 184
圧力分布　156
アポロ計画　208
アマゾニアン　206
天の川銀河の腕構造　46
アメイジア　39
有馬型温泉水　103
アルパイン断層　4
アンチゴライト（antigorite）　71
アンビル（anvil）　50

イアペタス海　38
イオ　210
硫黄化合物　210
イオウの非質量依存同位体分別　41
イオプラズマトーラス　210
イオン半径　82
異常震域　151
イスア表成岩帯　40
板状のスラブ　72
1次元（球殻）構造　156
イトカワ　215, 216
イベント層準　147
異方性　166
隕石　215, 216
インドとアジアの巨大な衝突域　14
イン＝ヤン格子　197

ウィルソンサイクル　39
ウェッジマントル（マントルウェッジ）　3
宇宙線　86
宇宙線雲仮説　46
宇宙風化　217
宇宙放射線　46
海　208
（月の）裏側　209
ウル　38
うるう秒　123
ウルトラマイロナイト　4
運搬　80

### （中央列）

衛星　200, 214
エウロパ　210
液状化　148
液体メタンの湖　212
エクロジャイト（eclogite）　12, 16
エネルギー資源　100
エリシウム火山　206
縁海盆　118
エンセラダス（Enceladus）　31, 213
鉛直異方性　159, 167, 170
エントロピー　62

オイラー極　111
オイラーの運動方程式　122
応力　106, 136
応力テンソルインバージョン法　136
オフィオライト　164
（月の）表側　209
親核種　86
オリビン－ワズレアイト転移　62
オールトの雲　200
音響トランスポンダ　132
温室効果　202
音速プロファイル　133
温度　184
温度構造　156
オントンジャワ海台　44

### か 行

海王星型惑星　200
外核（outer core）　36, 48, 66, 87, 184
海溝　102
海山　102
塊状熱水鉱床　101
海水準変動　116
海成段丘　118
階層アスペリティモデル　139
海底圧力計　133
海底火山　101
海底間音響測距　133
海底鉱物資源　101
海底熱水鉱床　101
外転　39
壊変（decay）　22, 86
海洋起源の水　95
海洋コアコンプレックス　165
海洋堆積物　102
海洋地殻　94, 176
海洋地殻玄武岩　93
海洋底拡大説　110
海洋底年代　166

### （右列）

海洋プレート（oceanic plate）　68, 158, 166, 172
海洋プレートからの脱水　174
海洋プレート層序　32
海洋無酸素事変　45
海嶺　93
海嶺セグメント　176
化学結合　84
化学種　84
化学進化の時代　29
化学的堆積岩　91
化学的堆積鉱床　101
核（コア）　66, 196
　地球中心――　36
　地球の――　48
角運動量保存則　123
拡散クリープ　3, 72
核種（nuclide）　22
拡大軸　2
　高速――　2
　低速――　2
核の密度欠損問題　66
核－マントル境界（CMB）　66, 93, 180, 182, 184, 193
　――における熱流量　37
核－マントル結合熱化学進化モデル　37
かぐや　209
火口　105
花崗岩質地殻　98
花崗岩層　168
下降プルーム　39
下降流　93
火山　104
　――の沈降　155
火山ガス　80
火山活動　92, 202
火山砕屑岩　91
火山爆発指数（VEI）　105
火山フロント　174
火山噴火　154
価数　84
火星　204
火成岩　80
火成作用　202
活火山で局所的な沈降　154
カッシーニ・ホイヘンス探査　212
活断層　118, 149
カナダ・アカスタ片麻岩体　32
ガニメデ　210
下部地殻　106, 168, 176
下部マントル　2, 64, 76, 156, 182
ガラス　80

索　引

カリスト　210
ガリレオ衛星　210
ガリレオ探査機　210
カルデラ　105
カルデラ火山　153
川井型マルチアンビル装置　50, 78
間隙水　102
間隙弾性反発　113
干渉 SAR　154
含水鉱物 (hydrous mineral)　34, 70, 80, 102
岩石　4, 80
岩石学的モデル　169
岩石の流動　4
かんらん岩　2
かんらん石　166
かんらん石多結晶体　8

機械学習　109
機械的堆積鉱床　101
(長期間の) 気候変動　37
擬似圧縮性法　195
擬スペクトル法　197
希土類元素 (レアアース)　101
キネマティック GNSS 測位　132
揮発性元素　75
揮発性成分　214
ギブスエネルギー　62
逆断層　119, 136
逆問題　109
吸着　84
旧汀線高度　119
キュービックアンビルプレス　50
キュリオシティ　205
凝縮　74
強親鉄元素　75
強震動　150
強震動生成域　141
共振法　58
極運動　122
局所アイソスタシー　115
局所構造　84
局所密度近似 (LDA)　52
巨大火山　204
巨大火成岩区　180
巨大地震　154
巨大衝突　88
巨大衝突説　209
巨大噴火　105
巨大分子雲　46
極冠　204
銀河宇宙線　46
金星　202
金星探査　202
金属鉱物資源　100

屈折法地震探査　164
グーテンベルグ不連続面　156

グーテンベルク・リヒターの法則　134
クラウジウス・クラペイロンの式　62
クラスター分析　108
クラトン　96, 170
グラニュライト　17
クラペイロン勾配　62, 69
グリパニア化石　42
クリープ　3
　拡散——　3, 72
　転位——　3, 72
クレータ　208
クーロンの破壊条件 (Coulomb failure criterion)　6
群発地震　135

系外惑星　201
軽元素 (light elements)　48, 66
係留ブイ　132
結晶方位定向配列 (CPO)　3
結晶方位ファブリック　3
ケノーランド　38
原子核宇宙年代測定法　86
原始太陽系星雲　88
原始惑星　26
原始惑星系円盤　26
元素分配　82, 94
玄武岩　202, 208
玄武岩層　168

コア (核)　66, 196
高圧型 (high-pressure type)　20
高圧含水鉱物 (high-pressure hydrous mineral)　70
高圧プレス　54
広域的な伸張応力場　15
高温　55
後期重爆撃期　209
考古遺跡　148
光子　58
格子選択配向 (LPO)　3, 73
格子定向配列 (格子選択配向)　3
鉱床　100
洪水地形　204
合成開口レーダー　130, 202
剛性率 (rigidity)　145
構造浸食　93, 102
構造性侵食作用 (tectonic erosion)　10
構造地形　202
構造地質学 (structural geology)　21
高速拡大軸　2
後続波　144
高地　208
後背地　90
後氷期　116
降伏応力　95
鉱物　80
鉱物物性理論　94
鉱物への最大溶解度　95

高密度含水マグネシウムケイ酸塩 (DHMS 相)　71
鉱脈型鉱床　101
弧-海溝系　118
古海洋　207
枯渇マントル　89
コース石　16
湖段丘　19
固着　142, 188
　——のはがれ　142
古テチス海　38
コバルトリッチクラスト　101
個別要素法 (DEM)　189
コマチアイト (komatiite)　31
固有周期　150
コロナ　203
コロンビア　38
ゴンドワナ　38, 43
コンピュータグラフィクス (CG)　198
コンラッド面　168

## さ　行

最古の物質　86
歳差　122
最上部マントル構造　172
最上部マントル層　176
砕屑性堆積岩　90
砕屑粒子　90
差応力　134
削剥型 (侵食型) 縁辺　10
サブソリダス　80
サンアンドレアス断層　5

磁気地衡流　193
磁気流体力学　192
磁気流体力学 (MHD) 方程式　196
資源　100
　エネルギー——　100
　金属鉱物——　100
　非金属鉱物——　100
示準化石 (標準化石)　88
地震　92, 112
地震学的スロー地震　126
地震サイクル　113
地震性地殻変動　119
地震断層　146
地震波　150
地震波減衰　185
地震波速度　53, 107, 178, 184
地震波速度異方性　73, 183
地震波速度構造　58, 164
地震発生層　146
地震波トモグラフィー　92, 94, 158, 162, 180, 190
地震モーメント　134
沈み込み (subduction)　12, 17

231

索　引

沈み込み帯 (subduction zone)　24, 81, 94, 102, 118, 135, 137, 163, 188
　　——の熱史　34
　　プレート——　152
沈み込むプレート (スラブ)　68, 102, 159
質量依存効果　83
質量依存の同位体分別　83
　　非——　83
自転角速度変動　123
シート状岩脈群　164
磁場　210
　　——の西方移動　184
ジャイアント・インパクト　26, 74, 88
斜長岩　208
斜面崩壊　148
蛇紋岩 (serpentinite)　95, 102
蛇紋石 (serpentine)　71
重回帰分析　108
周期表　82
自由コア章動　123
集積　74
収束境界　92, 96
シュードタキライト (pseudotachylyte)　7
重力異常　115
重力エネルギー　92
重力加速度　120
重力ポテンシャルエネルギー　14
主成分分析　108
準日周自由ウォブル　123
準プリニー式噴火　152
順問題　109
準惑星　200
小繰り返し地震　143
衝撃圧縮実験　185
衝上断層　14
上昇プルーム　39
上昇流　93
小天体　200
章動　122
衝突盆地　209
上部地殻　168, 176
　　透明な (非反射的) ——　169
上部マントル　2, 76, 156
上部臨界端点 (第 2 臨界端点)　81
消滅核種　86
小惑星　214, 216
小惑星帯　214
食物連鎖　87
ジルコン　28
ジルコン年代　87
震源過程　138, 140
震源断層　119, 140
侵食 (erosion)　23, 101
侵食運搬作用　213
侵食型 (削剥型) 縁辺　10
親石元素　75, 88

親鉄元素　75, 88
親銅元素　75
深発地震 (deep earthquake)　73

水蒸気噴火　152
水蒸気マグマ噴火　152
彗星　214
数値シミュレーション　52, 198
数値年代　86
スカルン鉱床　101
スコリア丘　153
スターティアン氷河期　42
スタガード格子　194
スタグナントスラブ (stagnant slab)　68, 158, 174
ストークス近似　194
ストッピングフェーズ　139
ストロンボリ式噴火　152
スパター丘　153
スーパープルーム　191
スペクトル法　196
すべり (slip)　140
スラブ (沈み込むプレート)　68, 102, 159
　　板状の——　72
スラブ起源流体　102
すれ違い境界　92
スロー地震　125, 126
　　地震学的——　126
　　測地学的——　126
スロースリップ　189

青色片岩 (blueschist)　12
成層火山　153
成層構造　88
正断層　119, 136
正断層運動　15
成長曲線　87
生物攪乱　88
生物源堆積岩　91
生物大量絶滅事変　44
正マグマ鉱床　100
絶対年代　86
全球凍結　41, 46
線形近似　144
前震　142
せん断応力　189
全地殻の流動　19
全地球測位システム (GNSS)　110, 112, 128
全マントル水循環　95

相　62
双極子磁場　36
造山運動　93
造山帯　170
層状貫入岩体　45
相対年代　88
相転移　62, 68

相平衡図　62
掃流　90
側火山　153
続成作用　90
測地学的スロー地震　126
側噴火　153
組成対流 (compositional convection)　48
組成分析　94
その場観察　54, 57
その場観察実験　51
ソリダス温度　97

## た　行

第一原理計算　185
第一原理格子動力学 (LD) 法　53
第一原理電子状態計算法　52
第一原理分子動力学 (MD) 法　52
大気　87
大気散逸　204
大規模一斉更新説　203
大規模地震波低速度域　191
大規模組成異常　95
大規模な水平短縮　14
大気や浅海の酸素濃度　41
大酸化イベント　42
堆積過程　80
堆積岩　80, 90
堆積鉱床　100
堆積作用　100
堆積物　93
タイタン　212
だいち 2 号　130
ダイナミックトポグラフィ　115
ダイナモ作用　192
ダイナモシミュレーション　199
　　地球——　197
第 2 臨界端点 (上部臨界端点)　81
ダイヤモンド　76, 78
ダイヤモンドアンビルセル (DAC)　51, 54
ダイヤモンド焼結体　50
太陽　26
太陽系　26, 86, 200
太陽系形成　87
太陽系小天体　214
太陽系探査　201
平らな地形　18
大陸移動　93
大陸移動説　110
大陸衝突域の地殻における岩石流動　18
大陸衝突帯　16
大陸地殻　93, 168
大陸地殻のリサイクル　32
大陸プレート (continental plate)　172
大陸リソスフェア　170
対流運動　92
滞留時間　95

232

索　引

滞留スラブ　190
大量絶滅　46, 87
多結晶体　80
多圏地球システム相互作用　37
多重格子法　195
脱ガス　95
脱水　102
脱水脆性化説 (dehydration
　　embrittlement hypothesis)　25
脱水反応　95
脱水分解反応 (dehydration)　70
脱水溶融反応　17
タービダイト　149
タフリング　153
ダブルカップル　136
多変量解析　108
タルシス高地　206
短期的スロースリップイベント (SSE)　126
タングステンカーバイト (超硬合金)　50
炭酸塩　206
炭酸塩鉱物　34
短周期地震波　145
短寿命核種　88
単成火山　153
弾性波速度　58
断層 (fault)　23
断層運動　144
断層潤滑 (fault lubrication)　7
断層変位地形　146
炭素質コンドライト (carbonaceous
　　chondrite)　70
炭素－14　86
炭素循環　77
炭素同位体組成　76

小さなポーラロン伝導　61
地温曲線 (geotherm)　20
地下海　210, 212
地殻　87, 172, 188
地殻構造　172
地殻熱流量　92, 115
地殻変動　112, 132, 144, 148
地下凍土層　207
地球型惑星　200
地球磁場　87, 192
　――強度の上昇　41
地球ダイナモ　36
地球ダイナモシミュレーション　197
地球中心核　36
地球と生物の共進化　87
地球内部構造　156
地球内部粘性構造　117
地球ニュートリノ　93
地球の核 (Earth's core)　48
地衡流　192
地表地震断層　146
チャンドラー極運動　122
チャンネルフロー　19

中央海嶺　2, 152, 176, 178
柱状対流　192
中性子　54
中部地殻の有効粘性　19
中部地殻の流動　15
潮位　124
超音波法　58
超回転　187, 188
長期的スロースリップイベント (SSE)　126
超巨大地震　140
超苦鉄質岩類 (ultramafic rocks)　21
超高圧　78
超高圧変成岩　16
超高圧変成作用　16
超高温変成岩　34
超高温変成作用　17
超硬合金 (タングステンカーバイト)　50
長周期地震動　151
超新星爆発　46
超深部起源ダイヤモンド　76
潮汐　124, 210
潮汐加熱　213
超塑性 (superplasticity)　8, 73
超大陸　44, 87
超大陸サイクル　39
超低周波地震　126
長波　144
超臨界水の比誘電率　81
超臨界流体　80
超臨界流体マグマ　81
直接解法　195
直接変換　78
(2014 年) チリ地震　138

月　27, 208
　――の裏側　209
　――の表側　209
津波観測網　145
津波地震　139, 145
津波堆積物　148

泥火山　102
低周波地震 (low-frequency
　　earthquake)　24
低周波微動　126
低速拡大軸　2
テクトスフェア　96
テチス海　38
鉄　66
　――のスピン転移　65
鉄合金の融点　185
鉄還元バクテリア　40
鉄酸化バクテリア　40
デュープレックス構造　32
転位クリープ　3, 72
電気伝導度　61, 107, 178
天水線　103
天体衝突　28

同位体　83
同位体分別　85
同化モデル　133
凍結異方性　170
島弧　118
島弧－海溝系　118
島弧火山列　152
島弧マグマ　102
東北地方太平洋沖地震 (Tohoku
　　earthquake)　106, 132, 138, 140,
　　154
透明な (非反射的) 上部地殻　169
独立成分分析　108
独立単成火山群　153
トランスフォーム断層　110

## な 行

内核 (inner core)　36, 48, 66, 87, 185,
　　186
内核－外核境界 (ICB)　48, 66, 184, 186
内転　39
内部無撞着 LSDA+U 法　52
内陸地震　106
　――の予測　147
流れ関数　195
ナップ (nappe)　21
ナノセラミックス　79
ナノ多結晶ダイヤモンド　78
難揮発性元素　75

二重深発地震面 (double seismic zone)
　　25
2 パス差分 SAR 干渉法　130
二分性　206
日本列島　81

ヌーナ　38
ヌリアック表成岩　40

熱機関　92
熱境界層　60
熱水活動　100
熱水鉱床　100
熱水循環 (hydrothermal circulation)
　　30, 177
熱水噴出孔 (hydrothermal vent)　30
熱水変質作用　34
熱測定実験　63
熱的進化 (thermal evolution)　48
熱伝導度　60
熱容量　63
熱力学　62
ネーナ　38
(2015 年) ネパール地震　139
粘性　106
粘性構造　157
粘性率　194

233

索　引

粘弾性　116
粘弾性緩和　113
粘土鉱物　85, 206

ノアキアン　206
のぞみ (Planet-B)　204

## は　行

背弧海盆　118
波形インバージョン法　138
波数不確定性　128
バックプロジェクション法　138
発散境界　92, 96
ハビタブルゾーン　201
はやぶさ　215, 216
はやぶさ2　217
バヤリーの法則 (Byerlee's law)　6
パラメータ化対流理論　36
バルク音速　94
ハワイ式噴火　152
パンゲア　38
パンゲア・ウルティマ　39
半減期 (half life)　22, 86
パンサラッサ　38
反射的下部地殻　169
反射法地震探査　165, 169
阪神・淡路大震災　140
搬送波　128
反転テクトニクス　119
万有引力　124
斑れい岩　164

東太平洋海膨　178
東日本大震災　140
非金属鉱物資源　100
非質量依存の同位体分別　83
ひずみ　188
ひずみ集中帯　106
非弾性流体近似　194
ビッグデータ　108
非反射的 (透明な) 上部地殻　169
ヒューロニアン氷河期　42
標準化石 (示準化石)　88
氷床変動　117
表面波　150
微惑星　26, 74, 88

フィッショントラック (FT) 年代測定法
　89
風化　80, 101
　──作用　90
風化残留鉱床　101
ブーゲー異常　120
風成地形　213
フェロペリクレース　64
フォトン伝導　60
フォノン　58

フォノン伝導　60
付加　102
　──作用 (accretion)　10
付加型縁辺 (accretionary margin)　10
付加体 (accretionary prism あるいは
　accretionary complex)　10, 93,
　188
付加体由来　32
不均質構造　107
複成火山　153
浮沈法　56
物質循環　34, 94
物性の違い　96
不適合元素　100
部分融解　17, 97, 178
ブラックスモーカー (black smoker)
　30, 177
フリーエア異常　120
ブリッジマナイト　64
プリニー式噴火　152
浮流　90
ブリルアン散乱法　58
プルーム　87, 191, 213
プルームの冬仮説　47
ブルカノ式噴火　153
プレート　8, 92, 96, 102, 110, 152, 160,
　188, 190
プレート運動　95, 124, 137
プレート境界　92
プレート境界型巨大地震　144
プレート境界地震 (interplate
　earthquake)　24, 188
プレート沈み込み帯　152
プレート収束境界 (convergent plate
　boundary)　21, 172
プレートテクトニクス　36, 98, 110, 114,
　160
プレート発散境界　152
不連続面　65
　410km──　162
　660km──　162
噴火　104
　──の規模　104
　準プリニー式──　152
　ストロンボリ式──　152
　ハワイ式──　152
　プリニー式──　152
　ブルカノ式──　152
分化　88
分子地球化学　84
分配係数　82

平均海面高　133
平均滞留時間　93
平衡　80
閉鎖温度　22, 86
ベイズ推論　109
ペグマタイト鉱床　100

ヘスペリアン　206
ペロフスカイト　64
変質鉱物　30
変成岩　80
変成作用 (metamorphism)　12
変成相 (metamorphic facies)　13
変成帯 (metamorphic area)　20
変動地形　118

ボイジャー探査機　210, 212
方位異方性　159, 166, 170
縫合帯　171
放射光X線　72
放射光実験施設　51
放射状岩脈群　45
放射性元素　86
放射性元素濃度　93
放射性発熱　92
放射年代 (radiometric age)　22, 86
暴走成長　88
包有物　76
飽和蒸気圧曲線　80
ポストスピネル転移　63
ポストペロフスカイト　64
ホットスポット　93, 111, 115, 152, 163,
　180
ホワイトスモーカー　30

## ま　行

マイクロアトール　149
マイクロ・ダイヤモンド　16
マイロナイト　4
マグニチュード　134
マグネトテルリック法　181
マグマ　80, 104
　──の粘性　104
　──の密度　56
マグマオーシャン (LMO)　27, 74, 80,
　208
マグマ活動　100
マグマだまり　165
マグマ噴火　152
曲げ剛性　114
摩擦強度 (frictional strength, $\tau_f$)　6, 189
マーズ・エクスプロレーション・ローバー
　205
マーズ・グローバル・サーベイヤ　204
マーズ・リコネサンス・オービター　205
マリノアン氷河期　42
マール　153
マルチ GNSS　128
マンガンクラスト　101
マンガン団塊　101
マントル　2, 68, 87, 160, 190
　下部──　2, 64, 76, 156, 182
　上部──　2, 76, 156

234

索　引

マントルウェッジ (mantle wedge)　3, 102, 174
マントルオーバーターン　40
マントル遷移層　64, 76, 156, 162, 180
マントルダイナミクス　63
マントル対流　36, 80, 92, 159, 190
マントルプルーム　163, 180

水　94, 106, 179
水噴出　211
密度　56, 184
密度構造　156
密度勾配補正 (GGA)　52
密度汎関数理論 (DFT)　52
ミラートランスポンダ　132

娘核種　86

冥王代　28
　──ジルコン　28
メガスラスト　140
メカニズム解　136
メタン　205, 212
メタン生成菌　31
メルト　178

木星型惑星　200
モデル年代　88
モホロビチッチ不連続面 (モホ面)　156, 164, 168
モーメント・マグニチュード　134

**や　行**

ヤッコカンザシ　149

融解　74, 80
有機物エアロゾル　212
有限差分法　194, 197
有限体積法　194, 197
有限要素法　194
有効弾性厚　114
ユーリー比　74
輸送特性　53
ゆっくりすべり　143

溶解度　100
溶岩　210
溶岩層　164
溶岩ドーム　153
余効すべり　113
余効変動　5, 113
横ずれ断層　15, 119, 136
余震　135

**ら　行**

ラセミ化年代測定法　89

リキダス温度　97
陸弧　118
リサイクルシステム　91
リソスフェア　8, 96, 110, 114, 157, 160, 190
リソスフェア-アセノスフェア境界　161
リフティング　115
リフト　152
隆起 (uplift)　23
リュウグウ　217
硫酸塩　206
流体　61
流体包有物　102
流動性の含水率依存性　95
領域アイソスタシー　115
量子ビーム　54
緑泥石 (chlorite)　71
臨界点　80
リングウッダイト　64

ルミネッセンス年代測定法　89

レアアース (希土類元素)　101
レアアース泥　101
レイク海　38
レイリー数　36
レーザー加熱式 DAC (LHDAC)　51
レオロジー　80, 194
歴史記録　148

ロディニア　38, 43

**わ　行**

惑星　200
　海王星型──　200
　地球型──　200
　木星型──　200
惑星形成過程　26

**欧　文**

accretion　10
accretionary complex　10, 93, 188
accretionary margin　10
accretionary prism　10, 93, 188
AE (Acoustic Emission)　73
AK135　184
antigorite　71
anvil　50

$b$ 値　134
Birch–Murnagham の状態方程式　56
black smoker　30, 177
blueschist　12
Byerlee's law　6

C 型小惑星　217

C/A (Coarse/Acquisition) コード　128
carbonaceous chondrite　70
CAVE　199
CG (computer graphics)　198
chlorite　71
CMB (core–mantle boundary)　66, 93, 180, 182, 184, 193
CMT (centroid moment tensor) 解　136
CM コンドライト　217
$CO_2$ 除去　34
$CO_2$ 大気　34
$CO_2$ 流体　35
compositional convection　48
continental plate　172
convergent plate boundary　21, 172
Coulomb failure criterion　6
CPO (crystallographic preferred orientation)　3

D″層　182
D″不連続面　183
DAC (diamond anvil cell)　51, 54, 185
decay　22, 86
deep earthquake　73
Deformation DIA　72
dehydration　70
dehydration embrittlement hypothesis　25
DEM (Distinct Element Method)　189
DFT (density functional theory)　52
DHMS (dense hydrous magnesium silicate) 相　71
DONET (Dense Oceanfloor Network system for Earthquakes and Tsunamis)　133
double seismic zone　25

Earth's core　48
eclogite　12, 16
Enceladus　31, 213
erosion　23, 101
erosional margin　10
ESR (Electron Spin Resonance) 年代測定法　89
ETS (episodic tremor and slip)　126

F 層　185
fault　23
fault lubrication　7
frictional strength ($\tau_f$)　6, 189
FT (fission track) 年代測定法　89

GEONET (GNSS 連続観測網)　129
geotherm　20
GGA (generalized gradient approximation)　52

*235*

索　引

GIA (glacio-hydro isostatic adjustment)　117
GMT (The Generic Mapping Tools)　198
GNSS (Global Navigation Satellite System)　110, 112, 128
GNSS 音響結合方式　132
GNSS 連続観測網 (GEONET)　128
GPS　128
GRACE (Gravity Recovery and Climate Experiment)　121

half life　22, 86
$^{182}$Hf-$^{182}$W 法　88
high-pressure hydrous mineral　70
high-pressure type　20
high-spin 状態　65
hydrothermal circulation　30, 177
hydrothermal vent　30
hydrous mineral　34, 70, 80, 102

ICB (inner core boundary)　48, 66, 184, 186
inner core　36, 48, 66, 87, 185, 186
Interplate earthquake　24, 188
IASP91　184

$^{40}$K-$^{40}$Ar 法　86
KMA (Kawai-type Multianvil Apparatus )　50, 78
komatiite　31

LAB (lithosphere-asthenosphere boundary)　96, 161
LD 法　53
LDA (local density approximation)　52
LGM (Last Glacial Maximum)　116
LHDAC (laser-heated diamond anvil cell)　51
light elements　48, 66
LIPs (Large Igneous Provinces)　44
　——の活動期間　44

LLSVP (large low shear-wave velocity province)　159, 182
LMO (lunar magma ocean)　27, 74, 80, 208
LOD (Length of Day) 変化　123
Low-frequency earthquake　24
low-spin 状態　65
LPO (lattice preferred orientation)　3, 73
$^{176}$Lu-$^{176}$Hf 法　86, 88

mantle wedge　3, 103, 174
MD (molecular dynamics) 法　52
metamorphic area　20
metamorphic facies　13
metamorphism　12
MHD (magnetohydrodynamics) 方程式　196
MIS5e 期　119
MLD (mid-lithosphere discontinuity)　96
MUSES-C　216

nappe　21
NPD (Nano-Polycrystalline Diamond)　79
nuclide　22

oceanic plate　68, 158, 166, 172
outer core　36, 48, 66, 87, 184

PC-IR 図　84
PKiKP　186
PKIKP 波　187
PKP 波　187
Planet-B　204
PREM (Preliminary Reference Earth Model)　156, 184
pseudotachylyte　7
pull apart 構造　15

radiometric age　22, 86
$^{87}$Rb-$^{87}$Sr 法　86

rigidity　145

S 型小惑星　216
S 波　94
SAR (synthetic aperture radar)　130
SAR 衛星　131
serpentine　71
serpentinite　95, 102
SIMPLE　195
$^{147}$Sm-$^{143}$Nd 法　86
S-Net　133
SSE (slow slip event)　126
stagnant slab　68, 158, 174
structural geology　21
subduction　12
subduction zone　24, 81, 94, 102, 118, 135, 137, 163, 188
superplasticity　8, 73

tectonic erosion　10
thermal evolution　48
Th-Pb 年代測定法　86
Tohoku earthquake　106, 132, 138, 140, 154

ultramafic rocks　21
ULVZ (ultra-low velocity zone)　183
uplift　23
U-Th-Pb 年代測定法　86
$^{235}$U-$^{207}$Pb 法　87
$^{238}$U-$^{206}$Pb 法　86

VEI (volcanic explosivity index)　105
VLBI (very long baseline interferometry)　122
VLF (very-low-frequency)　126

X 線　54
X 線回折実験　51
X 線吸収微細構造 (XAFS)　84
X 線吸収法　56
X 線非弾性散乱法　59

図説　地球科学の事典　　　　　　　　　　定価はカバーに表示

2018 年　4 月 25 日　初版第 1 刷
2021 年 10 月 20 日　　　第 3 刷

編集者　　鳥　海　光　弘
　　　　　入　舩　徹　男
　　　　　岩　森　　　光
　　　　　ウォリス　サイモン
　　　　　小　平　秀　一
　　　　　小　宮　　　剛
　　　　　阪　口　　　秀
　　　　　鷺　谷　　　威
　　　　　末　次　大　輔
　　　　　中　川　貴　司
　　　　　宮　本　英　昭

発行者　　朝　倉　誠　造

発行所　　株式会社　朝　倉　書　店

東京都新宿区新小川町 6-29
郵便番号　　162-8707
電　話　03(3260)0141
F A X　03(3260)0180
https://www.asakura.co.jp

〈検印省略〉

ⓒ 2018 〈無断複写・転載を禁ず〉　　　　　ウイル・コーポレーション

ISBN 978-4-254-16072-7　C 3544　　　　　Printed in Japan

JCOPY ＜出版者著作権管理機構 委託出版物＞

本書の無断複写は著作権法上での例外を除き禁じられています．複写される場合は，
そのつど事前に，出版者著作権管理機構（電話 03-5244-5088，FAX 03-5244-5089，
e-mail: info@jcopy.or.jp）の許諾を得てください．

前海洋研究開発機構 藤岡換太郎著

# 深 海 底 の 地 球 科 学

16071-0 C3044　　　　A 5 判 212頁 本体3400円

世界各地の深海底における地質・生態・地球科学の興味深いトピックを取り上げ，専門家の視点から平易に解説。〔目次〕大洋中央海嶺／トランスフォーム断層／オフィオライト／海溝／背弧海盆／海山と海台／深海底に生息する生物／他

愛媛大 山本明彦編著

# 地 球 ダ イ ナ ミ ク ス

16067-3 C3044　　　　B 5 判 232頁 本体4700円

固体地球物理学の主要テーマをおさえた教科書。基礎理論だけでなく，近年知見の集積と進歩の著しい観測についても解説。〔内容〕地震／地殻変動／火山／津波／磁気／重力／温度・熱／地球内部の物質科学／地球内部のダイナミクス

立正大 吉崎正憲・前海洋研究開発機構 野田　彰他編

# 図説 地 球 環 境 の 事 典
〔DVD－ROM付〕

16059-8 C3544　　　　B 5 判 392頁 本体14000円

変動する地球環境の理解に必要な基礎知識(144項目)を各項目見開き2頁のオールカラーで解説。巻末には数式を含む教科書的解説の「基礎論」を設け，また付録DVDには本文に含みきれない詳細な内容(写真・図，シミュレーション，動画など)を収録し，自習から教育現場までの幅広い活用に配慮したユニークなレファレンス。第一線で活躍する多数の研究者が参画して実現。〔内容〕古気候／グローバルな大気／ローカルな大気／大気化学／水循環／生態系／海洋／雪氷圏／地球温暖化

東大 本多　了訳者代表

# 地 球 の 物 理 学 事 典

16058-1 C3544　　　　B 5 判 536頁 本体14000円

Stacey and Davis 著"Physics of the Earth 4th"を翻訳。物理学の観点から地球科学を理解する視点で体系的に記述。地球科学分野だけでなく地質学，物理学，化学，海洋学の研究者や学生に有用な1冊。〔内容〕太陽系の起源とその歴史／地球の組成／放射能・同位体・年代測定／地球の回転・形状および重力／地殻の変形／テクトニクス／地震の運動学／地震の動力学／地球構造の地震学的決定／有限歪みと高圧状態方程式／熱特性／地球の熱収支／対流の熱力学／地磁気／他

日本地球化学会編

# 地 球 と 宇 宙 の 化 学 事 典

16057-4 C3544　　　　A 5 判 500頁 本体12000円

地球および宇宙のさまざまな事象を化学的観点から解明しようとする地球惑星化学は，地球環境の未来を予測するために不可欠であり，近年その重要性はますます高まっている。最新の情報を網羅する約300のキーワードを厳選し，基礎からわかりやすく理解できるよう解説した。各項目1〜4ページ読み切りの中項目事典。〔内容〕地球史／古環境／海洋／海洋以外の水／地表・大気／地殻／マントル・コア／資源・エネルギー／地球外物質／環境(人間活動)

元東大 宇津徳治・元東大 嶋　悦三・前東大 吉井敏尅・前東大 山科健一郎編

# 地 震 の 事 典 (第 2 版)(普及版)

16053-6 C3544　　　　A 5 判 676頁 本体19000円

東京大学地震研究所を中心として，地震に関するあらゆる知識を系統的に記述。神戸以降の最新のデータを含めた全面改訂。付録として16世紀以降の世界の主な地震と5世紀以降の日本の被害地震についてマグニチュード，震源，被害等も列記。〔内容〕地震の概観／地震観測と観測資料の処理／地震波と地球内部構造／変動する地球と地震分布／地震活動の性質／地震の発生機構／地震に伴う自然現象／地震による地盤振動と地震災害／地震の予知／外国の地震リスト／日本の地震リスト

元東大 下鶴大輔・前東大 荒牧重雄・前東大 井田喜明・東大 中田節也編

# 火 山 の 事 典 (第 2 版)

16046-8 C3544　　　　B 5 判 592頁 本体23000円

有珠山，三宅島，雲仙岳など日本は世界有数の火山国である。好評を博した第1版を全面的に一新し，地質学・地球物理学・地球化学などの面から主要な知識とデータを正確かつ体系的に解説。〔内容〕火山の概観／マグマ／火山活動と火山帯／火山の噴火現象／噴出物とその堆積物／火山の内部構造と深部構造／火山岩／他の惑星の火山／地熱と温泉／噴火と気候／火山観測／火山災害と防災対応／外国の主な活火山リスト／日本の火山リスト／日本と世界の火山の顕著な活動例

上記価格（税別）は 2021 年 9 月現在